煤的综合利用基本知识问答

向英温　杨先林　编著

北　京
冶 金 工 业 出 版 社
2011

内容提要

本书以问答形式，简明通俗地介绍了煤的生成、组成、性质及分类，煤的洗选加工，煤的炼焦生产，煤的气化，煤的液化，煤的综合利用，煤炭综合利用的环境保护。本书可供从事煤炭生产及管理、煤焦化及煤化工生产和管理的工程技术人员、管理人员在制订煤的综合利用技术方案和生产时参考，也可供大专院校从事有关煤的生产加工及综合利用专业的师生学习，还可供有关领导干部在决策煤的综合利用及环境保护规划时参考。

图书在版编目(CIP)数据

煤的综合利用基本知识问答/向英温，杨先林编著．—北京：冶金工业出版社，2002.1(2011.7重印)
ISBN 978-7-5024-2906-5

Ⅰ．煤…　Ⅱ．①向…　②杨…　Ⅲ．煤-综合利用-问答　Ⅳ．TD849-44

中国版本图书馆CIP数据核字(2001)第077984号

出 版 人　曹胜利
地　　址　北京北河沿大街嵩祝院北巷39号，邮编100009
电　　话　(010)64027926　电子信箱　yjcbs@cnmip.com.cn
责任编辑　李培禄　张登科　美术编辑　张媛媛
责任校对　朱　翔　责任印制　李玉山
ISBN 978-7-5024-2906-5
北京百善印刷厂印刷；冶金工业出版社发行；各地新华书店经销
2002年1月第1版，2011年7月第5次印刷
850mm×1168mm　1/32；16.625印张；446千字；507页
38.00元

冶金工业出版社投稿电话:(010)64027932　投稿信箱:tougao@cnmip.com.cn
冶金工业出版社发行部　电话:(010)64044283　传真:(010)64027893
冶金书店　地址:北京东四西大街46号(100010)　电话:(010)65289081(兼传真)
(本书如有印装质量问题，本社发行部负责退换)

前　言

我国煤炭资源十分丰富,已探明的可采贮量达7300亿t以上,占世界总贮量的45.7%,名列世界第一。全世界已经探明的煤炭贮量分布在40多个国家里,每年平均采煤量在35亿t以上,按照目前的开采水平,煤的贮量估计可供人类使用200多年,而现已探明的石油和天然气资源,最多只够人类使用50年。丰富的煤炭资源为我国现代化建设提供了可靠的一次能源,根据我国目前煤炭消费水平,我国的煤炭贮量可供使用500年之久。

以煤为主的能源结构,在我国相当长的时间里是难以改变的。目前我国一次能源总消费大约为每年14.4亿t标煤,其中优质能源石油和天然气分别占19.8%和2.8%左右,水电占6.9%,核能占0.97%,煤炭占69.4%。预测到2050年,一次能源总消费将增加到每年40亿t标煤,其中石油仅占4.28%,天然气占5.33%,水电占7.75%,新能源将有较大发展,占2.5%,核能占12.5%,煤炭仍然占67.65%。一次能源的供应以煤为主的格局在相当长时间里是不会改变的。这给煤炭工业和煤炭利用及加工工业的发展带来了千载难逢的机遇。既是机遇也是挑战。这种机遇和挑战并存的局面也将促使从事煤炭生产、加工和综合利用的广大工作者、工程技术人员不断更新观念,不断吮吸现代新技术的营养,把我国煤炭及其综合利用推向一个崭新的阶段。

煤的综合利用包括将煤炭本身作为一次能源,用煤制造二次能源和化工原料等几个方面,它与能源、冶金、化工、材料、环保、农业等关系极为密切。对煤的综合利用可采用多种方式的联合,以提高煤的利用效率,推动煤炭应用科学技术的迅速发展。

煤给人类带来了光明和温暖,但也对人类赖以生存的环境造成了破坏。煤在燃烧过程中产生大量有害于环境的气体,如二氧化硫、氮氧化物和二氧化碳，同时还产生大量的悬浮微粒。这些有害气体不仅直接影响人体的健康，而且还直接构成污染范围更广泛、危害更大的酸雨，二氧化碳还是导致使全球气候变暖的温室效应的气体。在我国每年排尘量约为 2300 万 t，其中煤炭排尘量约占 73%。

煤的焦化过程也会产生并排散出烟气、粉尘、CO、烃类、H_2S、NH_3、SO_x、NO_x，尤其是在煤焦油加工过程中，所产生的有强致癌作用的多环芳烃(如 3,4—苯并芘等)，会严重污染大气和水体。

煤在燃烧、气化、液化过程中产生的灰渣和固体废弃物在堆放过程中流散出含有多种重金属离子的酸性废水而污染环境。

不难看出，煤的生产、加工和综合利用所产生的对环境的污染必须引起我们高度的关注。多年来，我们在治理这些污染物质方面已经取得了十分可喜的成就，但是如何清洁而有效地利用煤炭，仍是一个摆在人们面前的亟待解决的问题。我们应该尽早开发多种煤炭利用的新技术，走清洁、高效的道路，逐步实现高新技术的转变。

本书在编写过程中，承蒙水城钢铁(集团)有限责任公司煤化工高级工程师区贵玉同志对初稿进行全面的审定，并得到了贵州六盘水市科学技术协会的大力支持，在此深表感谢。

由于本书涉及内容较为广泛，编者水平有限，书中不妥之处敬请读者批评指正。

著　者

2001 年 9 月

目　录

第一章　煤的生成、组成、性质及分类

1. 煤是怎样生成的? ······ 1
2. 根据成煤植物的不同,煤可分为哪两大类,其主要特征是什么? ··· 2
3. 成煤植物是怎样产生和发展的? ······ 3
4. 形成煤田的最主要的地质条件是什么? ······ 4
5. 什么是植物的族组成,植物的族组成在成煤过程中发生了什么变化? ······ 4
6. 什么是全败作用? ······ 8
7. 什么是半败作用? ······ 8
8. 什么是腐败作用? ······ 8
9. 什么是泥炭化作用? ······ 8
10. 泥炭沼是怎样进行分类的? ······ 9
11. 什么是煤化阶段,在煤化阶段中成岩作用是怎样产生和变化的? ······ 10
12. 什么是煤化阶段中的变质作用? ······ 10
13. 煤层中瓦斯和煤层气田的成因是什么? ······ 12
14. 什么是煤岩学? ······ 13
15. 煤岩学研究的对象和方法是什么? ······ 14
16. 煤的宏观岩相成分分为哪几种? ······ 15
17. 煤的有机和无机显微组分有哪几种? ······ 16
18. 煤的显微组分与宏观组分有何关系? ······ 17
19. 煤岩显微组分的主要性质及在煤化过程中是怎样变化的? ······ 17
20. 煤岩学在哪些方面得到了应用? ······ 19
21. 什么是煤的物理性质? ······ 20

22. 什么是煤的化学性质？ …………………………………………………… 20
23. 什么是煤的工业分析和元素分析？ ……………………………………… 21
24. 煤中水分存在的形态有哪几种类型？ …………………………………… 21
25. 煤的变质程度与水分含量有何关系？ …………………………………… 21
26. 煤的水分含量对其应用有何影响？ ……………………………………… 23
27. 什么是煤的灰分？ ………………………………………………………… 24
28. 灰分对煤的应用有何影响？ ……………………………………………… 24
29. 什么是煤的挥发分？ ……………………………………………………… 25
30. 煤的挥发分与其变质程度有何关系？ …………………………………… 25
31. 什么是煤的固定碳？ ……………………………………………………… 27
32. 煤的元素组成与煤的变质程度有什么关系？ …………………………… 27
33. 煤中的硫有几种状态？ …………………………………………………… 28
34. 煤的硫含量对其应用有什么影响？ ……………………………………… 29
35. 什么是煤的高、低发热量，发热量与煤的变质程度有何关系？ …… 31
36. 煤的工业分析和元素分析结果的表示方法及其相互关系是什么？ …………………………………………………………………… 32
37. 怎样利用换算关系进行分析结果的基准换算？ ………………………… 34
38. 什么是煤的真密度、视密度及堆密度，煤的显微组分的密度与煤化程度有何关系？ …………………………………………………… 35
39. 什么是煤的孔隙率，它与煤化程度有何关系？ ………………………… 37
40. 用什么方法表示煤粉碎时的难易程度，它与煤化程度有何关系？ ……………………………………………………………………… 38
41. 什么是煤的热性质？ ……………………………………………………… 39
42. 煤的电、磁性质与煤化程度有何关系？ ………………………………… 40
43. 研究煤的光学性质的主要目的是什么？ ………………………………… 42
44. 什么是煤的卤化反应，研究卤化反应的目的是什么？ ………………… 43
45. 煤的氧化分为哪几个阶段，煤的氧化在工农业生产中有什么影响？ …………………………………………………………………… 44
46. 煤的风化对其性质和应用有什么影响，如何防止煤的氧化和自燃？ …………………………………………………………………… 44

47. 研究煤的热解化学有什么作用? ………………………… 46
48. 什么是煤的可塑性,测定可塑性的基本方法有哪些? ………… 46
49. 煤的胶质层厚度是什么,怎样测定,此种测定方法有何优缺点? …… 47
50. 什么是煤的奥亚膨胀度,怎样测定? ………………………… 49
51. 何谓煤的基氏流动度,怎样测定? …………………………… 51
52. 什么是煤的罗加指数,怎样测定? …………………………… 52
53. 什么是煤的黏结指数,怎样测定? …………………………… 53
54. 自由膨胀序数是表征煤的何种性能的指标之一,如何测定? … 54
55. 煤的各种黏结性指标之间有何关系? ………………………… 55
56. 不同显微组分(或微成分)的黏结性如何? ………………… 56
57. 煤的溶剂抽提有什么意义,常用的有机溶剂有哪些,溶剂抽提分几种类型? ………………………………………… 56
58. 烟煤的溶剂抽提对研究煤的黏结性能提供什么重要信息? …… 58
59. 研究煤的有机质化学结构有何重大意义? …………………… 58
60. 有何依据可以表明煤基本结构单元的相似性和高分子聚合物的特征? ………………………………………… 59
61. 煤中含有哪些官能团,它与煤化程度有何关系? …………… 60
62. 试比较几种典型煤的局部结构有什么异同? ……………… 61
63. 烟煤分子结构的威斯和本田模型是什么? ………………… 62
64. 关于煤分子结构的近代概念有哪些基本内容? …………… 63
65. 为什么要对煤进行分类? …………………………………… 64
66. 反映煤的煤化程度、工艺性质的指标有哪些? …………… 65
67. 硬煤国际分类指标有哪些? ………………………………… 65
68. 中国煤分类指标是什么? …………………………………… 67

第二章　煤的洗选加工

69. 原煤为什么要经过洗选加工? ……………………………… 70
70. 选煤是利用煤与矸石的哪些物理性质的差别? …………… 71
71. 什么叫洗煤,其主要产品和副产品是什么? ……………… 72
72. 选煤厂的生产能力是以什么来表征的? …………………… 72

73. 筛子在选煤厂中有哪些用途? …………………………… 73
74. 什么叫筛分顺序,如果要用一台筛子筛出三级产品,
怎样布置筛面比较合理? ………………………………… 74
75. 筛子有哪些类型,它们都适用于哪类作业? ……………… 75
76. 摇动筛是怎样工作的? ……………………………………… 75
77. 振动筛的工作原理是什么? ………………………………… 77
78. 共振筛的特点是什么? ……………………………………… 78
79. 什么叫筛分效率,怎样计算? ……………………………… 78
80. 影响筛分效率的高低有哪些因素? ………………………… 79
81. 破碎机在选煤厂中有哪些用途? …………………………… 80
82. 按破碎产物的粒度,破碎作业分为几种类型,破碎机
依靠什么作用将煤块破碎? ………………………………… 81
83. 选煤厂常采用哪种破碎系统,为什么? ……………………… 81
84. 煤块在锤式破碎机中的破碎过程是怎样的? ……………… 83
85. 反击式破碎机的工作原理和特点是什么? ………………… 83
86. 使用破碎机时要注意哪些问题? …………………………… 84
87. 减轻或取消人工拣矸的方法是什么? ……………………… 85
88. 手选皮带的速度以多大最合适? …………………………… 86
89. 什么叫电力拣矸和放射线拣矸,它们是怎样分离煤和矸石的? … 86
90. 什么是拣矸效率,如何计算? ……………………………… 88
91. 碎选机是怎样工作的,在什么条件下可以采用这种设备? …… 89
92. 跳汰选煤机是怎样工作的? ………………………………… 89
93. 什么叫等沉比,跳汰机的入洗原煤粒度实际上是否受
等沉比的限制? ……………………………………………… 91
94. 在跳汰过程中,床层的位能发生了什么变化? …………… 92
95. 跳汰机的种类有哪些? ……………………………………… 93
96. 活塞跳汰机有哪些优、缺点? ……………………………… 94
97. 立式风阀跳汰机与卧式风阀跳汰机的主要区别在哪里? ……… 94
98. 筛下气室跳汰机有哪些优点? ……………………………… 94
99. 跳汰机的主要调节参数有哪些? …………………………… 96

100. 怎样选择跳汰机的风阀转数? …… 97
101. 跳汰机的操作要点是什么? …… 98
102. 试比较分级与不分级跳汰流程的优缺点。 …… 99
103. 流槽洗煤法有哪些特点,它适于洗什么样的煤? …… 100
104. 物料在洗煤槽中的分层情况及其原理是什么? …… 100
105. 什么叫等速颗粒? …… 101
106. 在块煤洗槽中,怎样防止煤块落入矸石中? …… 101
107. 末煤洗槽为什么需要很长的长度? …… 102
108. 末煤洗槽排料漏斗的构造有何特点? …… 102
109. 怎样实现块煤洗槽排料的自动化? …… 103
110. 重悬浮液与重液有何区别? …… 104
111. 重介质选煤法的优点是什么? …… 105
112. 利用重介质分选机分选块煤和末煤的基本工艺过程是什么? …… 105
113. 哪些物质可作配制悬浮液的加重剂? …… 107
114. 为什么磁铁矿悬浮液能得到广泛应用? …… 108
115. 在重介质选煤过程中,悬浮液的回收与再生有何意义? …… 108
116. 怎样进行悬浮液的再生? …… 108
117. 悬浮液的相对密度是怎样调节的? …… 109
118. 为什么重介质选煤法适用于处理块煤? …… 110
119. 煤泥的精选和回收在洗煤厂中有何意义? …… 111
120. 浮游选煤的原理是什么,其常用的浮选药剂有哪些? …… 111
121. 捕集剂和起泡剂在洗煤中起什么作用? …… 112
122. 煤泥浮选的流程有哪些? …… 112
123. 影响浮选效果的主要因素有哪些? …… 113
124. 为什么洗后的末煤比块煤含水多而且不易脱除? …… 114
125. 块煤、末煤、煤泥常使用什么设备脱水? …… 114
126. 为什么脱水用的斗子机必须是倾斜的? …… 115
127. 用捞坑做精煤的初步脱水与使用筛子有什么不同? …… 115
128. 为什么弧形筛单位面积的脱水能力大? …… 116
129. 卧式振动离心机的工作原理和特点是什么? …… 117

130. 真空过滤机的工作原理是什么？ …………………………… 118
131. 为什么要使用火力干燥,火力干燥的设备有哪些类型？ …… 119
132. 管式干燥脱水的基本生产过程是什么？ ……………………… 120
133. 湿煤在冬季运输时,其冻结程度取决于哪些因素？ ………… 121
134. 运输湿煤的防冻措施有哪些？ ……………………………… 121
135. 为什么要处理煤泥水？ ……………………………………… 122
136. 简述煤泥水处理的基本流程是什么？ ……………………… 123
137. 凝聚剂为什么能加速煤泥的沉淀,常用哪些物质作凝聚剂？ … 124
138. 很小的水力旋流器为什么能处理大量的煤泥水？ ………… 124
139. 洗选炼焦用煤的基本工艺是什么？ ………………………… 126
140. 洗煤厂的主要技术经济指标有哪些？ ……………………… 128
141. 何谓煤样,煤样有几种类型？ ……………………………… 128
142. 煤层煤样和生产煤样是怎样采取的？ ……………………… 129
143. 怎样采取商品煤样？ ………………………………………… 129
144. 某厂精煤的外在水分(M_f)为 9.6%，分析试样水分(M_{ad})
为 1.4%，试求其全水(M_t)为多少？ ……………………… 130
145. 某矿井外销原煤灰分为 25%,在载重量为 30t 的铁路货车中应
采取几份小样,每份小样应该多重,煤样挖取深度要达到多少？ … 130
146. 某厂洗精煤中,－1.4 相对密度的浮煤灰分为 9.4%，+1.4
的沉下物灰分为 24.8%，如想获得灰分为 10.5%的精煤,
则浮煤量应达到多少？ ………………………………………… 131
147. 在实际工作中,有时发现洗煤机的精煤虽然达到了规定
快速沉浮定额,而为什么灰分却超过了相应指标？ ………… 131
148. 为把基本煤样缩制成化验室煤样,为什么需按照一定的规则逐
级破碎和筛分,在缩取浮沉试样所用的试料时,是否需破碎？ … 131
149. 采取生产煤样 10.2t，经筛分试验得到如下数据：＞100mm
级 504kg,100～50mm 级 1115kg,50～25mm 级 930kg,25～13mm
级 675kg,13～6mm 级 198kg,6～3mm 级 247.5kg,3～1mm 级
58kg 及 1～0mm 级 50.5kg,另外在筛分到 13～0mm 级时曾缩分
扔掉 6010kg,在筛至 3～0mm 时又扔掉 312kg,问这次筛分试验是

否有效,如果有效试计算各级产物的质量分数? …………… 132
150. 怎样进行浮沉试验? …………………………………………… 133
151. 评价煤炭可选性的主要依据是什么? ………………………… 134
152. 煤炭可选性曲线有什么用途? ……………………………… 135
153. 某洗煤厂原煤样浮沉试验结果如表 2-15 所示,此原煤的
可选性曲线是怎样绘制的? ………………………………… 136
154. 什么是分配曲线,怎样绘制分配曲线? ……………………… 138
155. 分配曲线有何用途? ……………………………………… 140

第三章 煤的炼焦生产

156. 什么是煤的高温干馏? …………………………………… 142
157. 烟煤热解的基本过程是什么? …………………………… 142
158. 高变质程度的煤是否适于用干馏方法进行热加工? ………… 144
159. 煤在高温干馏过程中所获得并回收的主要产品有哪些? …… 144
160. 怎样估算煤在高温干馏过程中主要产品的产率? ………… 145
161. 炼焦用煤的接收有哪些基本要求? ………………………… 145
162. 炼焦用煤的贮存应注意哪些问题? ………………………… 146
163. 什么叫煤的氧化和自燃,为什么会发生这种现象? ………… 147
164. 氧化对煤质有何影响,如何防止? ………………………… 148
165. 炼焦用煤为什么要进行解冻? …………………………… 148
166. 煤解冻的基本形式有几种? ……………………………… 148
167. 为什么要配煤炼焦? ……………………………………… 149
168. 炼焦配煤应注意的几个基本点是什么? …………………… 149
169. 什么是煤的黏结性和结焦性? …………………………… 150
170. 什么是单种煤的结焦性? ………………………………… 150
171. 炼焦配煤的主要工艺是什么? …………………………… 152
172. 煤料细度对炼焦生产有何影响? ………………………… 153
173. 炼焦用煤对配煤质量指标有何要求? ……………………… 155
174. 配煤槽有何作用,设置配煤槽应考虑哪些问题? …………… 157
175. 配煤的主要设备是什么? ………………………………… 158

176. 自动配煤的工作原理是什么? …… 159
177. 自动配煤的主要生产工艺装置是什么? …… 160
178. 计算机配煤技术的基本点是什么? …… 161
179. 怎样用人工跑盘检测配煤比? …… 161
180. 什么是配煤准确性? …… 162
181. 如何用标准离差和 t 分布来评价配煤操作? …… 164
182. 影响配煤准确性的因素有哪些? …… 165
183. 为什么要进行配煤实验? …… 166
184. 进行配煤试验的基本步骤和方法是什么? …… 166
185. 扩大炼焦配煤的基本途径有哪些? …… 166
186. 什么是炼焦煤的调湿技术? …… 167
187. 煤干燥的主要工艺有哪些? …… 169
188. 什么是煤预热技术? …… 169
189. 什么叫型煤,配型煤炼焦有何优越性? …… 171
190. 配型煤的主要工艺有哪些? …… 172
191. 何谓缚硫焦,炼制缚硫焦的基本原理是什么? …… 172
192. 缚硫焦的主要特性及生产中存在的主要问题是什么? …… 174
193. 焦炭按其用途分哪几种? …… 175
194. 何谓冶金焦,主要质量指标有哪些? …… 175
195. 高炉生产的基本原理和过程是什么? …… 176
196. 冶金焦炭在高炉冶炼中的主要作用是什么? …… 178
197. 冶金焦炭的质量指标对高炉生产的主要影响是什么? …… 179
198. 何谓铸造焦,它的质量指标是什么? …… 180
199. 铸造焦炭在化铁炉中起什么作用? …… 181
200. 化铁炉工艺要求铸造焦应具有何种特性? …… 182
201. 何谓铁合金用焦,铁合金冶炼工艺对焦炭质量有何要求? …… 182
202. 在电弧炉中生产电石,焦炭质量指标对其有何影响? …… 183
203. 什么是焦炭的工业分析,其主要内容有哪些? …… 184
204. 什么是焦炭的耐磨强度和抗碎强度? …… 185
205. 如何测定焦炭的耐磨强度和抗碎强度? …… 187

206. 什么是焦炭的反应性能? ······ 187
207. 怎样测定焦炭的反应性能,这种反应性能对指导高炉生产有何意义? ······ 188
208. 我国炼焦炉发展分为几个阶段? ······ 189
209. 什么是土法炼焦,土法炼焦有何危害? ······ 190
210. 现代焦炉是怎样进行分类的? ······ 191
211. 现代焦炉炉体结构的发展应满足哪些要求? ······ 191
212. 焦炉炉体各部位的主要作用和结构是什么? ······ 192
213. 怎样计算炼焦炉的生产能力? ······ 194
214. 炼焦炉的选型应考虑哪些问题? ······ 194
215. 炼焦炉的护炉铁件包括哪几个部分? ······ 195
216. 生产中怎样进行炉柱、拉条、弹簧的管理和调节? ······ 198
217. 怎样用三线法测量和计算炉柱曲度? ······ 199
218. 对焦炉炉门结构有何要求,怎样保证炉门的严密性? ······ 200
219. 焦炉加热设备包括哪几个部分? ······ 201
220. 焦炉加热换向的基本程序是什么? ······ 202
221. 荒煤气导出设备有哪些,其主要作用是什么? ······ 203
222. 在炼焦炉上设置双集气管有哪些优点? ······ 204
223. 焦炉机械包括哪些部分,各类焦化厂的焦炉机械配置如何? ··· 205
224. 什么是推焦顺序,确定推焦顺序应考虑什么问题? ······ 205
225. 常用的推焦顺序有哪些,各有何种利弊? ······ 206
226. 何谓周转时间、结焦时间、操作时间、检修时间等"时间"概念? ······ 207
227. 如何编制循环推焦计划表? ······ 208
228. 如何编排每班推焦计划,如何处理非正常情况? ······ 209
229. 推焦装煤操作的主要步骤是什么? ······ 210
230. 熄焦筛焦操作的主要步骤有哪些? ······ 211
231. 怎样计算各推焦系数,推焦系数对生产有何指导意义? ······ 212
232. 什么叫焦饼难推,难推的主要原因可能有哪些? ······ 213
233. 焦炉操作中有哪些特殊情况? ······ 214

234. 绝对温度和摄氏温度有何关系? …… 214
235. 焦炉调火中常测的吸力与正压有何区别? …… 215
236. 焦炉流体在通道中流动的流量与流速有何区别? …… 215
237. 什么是气体的标准状况,标准状况下的气体密度是怎样计算的? …… 216
238. 气体的浮力是怎样产生的,怎样计算? …… 217
239. 焦炉内气体流动的主要特点是什么? …… 219
240. 应用柏努利方程说明焦炉内上升气流、下降气流、水平气流、循环上升和下降气流基本公式和意义是什么? …… 219
241. 柏努利方程式各项的意义及其在焦炉流体中有何作用? …… 221
242. 焦炉烟囱的工作原理是什么,如何确定烟囱高度? …… 222
243. 焦炉煤气与高炉煤气的组成和性质有何区别? …… 224
244. 什么叫燃烧? 燃烧应同时具备哪些条件? …… 225
245. 什么是煤气的高、低发热量,如何计算煤气的低发热量? …… 226
246. 什么是空气过剩系数,怎样进行燃烧计算? …… 227
247. 什么叫传热,焦炉传热有哪三种方式? …… 228
248. 什么是焦炉的热效率和热工效率? …… 230
249. 什么叫炼焦耗热量,如何计算? …… 230
250. 降低炼焦耗热量有哪些途径? …… 232
251. 什么是炼焦炉的加热制度,制订合理的加热制度有何意义? …… 233
252. 如何确定焦炉的标准温度? …… 233
253. 焦炉温度的四大系数有何意义? …… 235
254. 制订焦炉操作的压力制度有哪些原则? …… 236
255. 怎样用集气管压力来控制炭化室底部压力? …… 238
256. 为什么要使用混合煤气加热,使用混合煤气要注意什么问题? …… 239
257. 焦炉用耐火材料有哪些基本性质? …… 240
258. 焦炉硅砖晶型转变的主要特点是什么? …… 241
259. 炼焦炉为什么要烘炉,烘炉计划是怎样编制的? …… 243
260. 炼焦炉损坏的主要原因有哪些? …… 244
261. 维护好焦炉有哪些主要措施? …… 245

262. 焦炉大修的主要标准是什么? …… 246

第四章 煤的气化

263. 什么是煤的气化? …… 247
264. 用于气化的主体设备是什么? …… 247
265. 发生炉煤气的种类、性质及用途如何? …… 247
266. 试述几种工业用煤气的组成,获得这种组成的煤气应采取哪些主要措施? …… 249
267. 气化用燃料的质量指标主要是什么? …… 249
268. 什么是燃料的反应性,气化用燃料对反应性有何要求? …… 251
269. 燃料的灰熔点和成渣性能对气化过程有何影响? …… 251
270. 燃料的机械强度对气化过程有何影响? …… 252
271. 气化用燃料对黏结性指标有何要求? …… 252
272. 根据燃料的性质,气化用燃料一般分为哪几种类型? …… 252
273. 在煤气发生炉中,各处的气相组成如何? …… 253
274. 煤的气化过程发生哪些主要的化学反应? …… 254
275. 怎样理解燃料中的碳在气化过程中的氧化机理? …… 255
276. 二氧化碳在气化过程中是怎样被还原的? …… 256
277. 水蒸气分解的主要过程是什么? …… 256
278. 什么是空气煤气,理想空气煤气的组成、产率、热值及气化效率约为多少? …… 257
279. 空气煤气的气化原理是什么? …… 259
280. 煤灰中的某些无机盐类对气化过程是否有催化作用? …… 260
281. 空气煤气发生炉为什么采用液态排渣? …… 261
282. 空气煤气在工业上的应用存在什么问题? …… 262
283. 何谓混合煤气,混合煤气有何特点? …… 262
284. 混合煤气的生产过程怎样? …… 262
285. 混合煤气的组成与其炉料层高度有何关系? …… 263
286. 影响混合煤气气化指标的因素有哪些? …… 264
287. 什么是煤气发生炉的气化强度,提高气化强度的途径有哪些? …… 265

288. 何谓水煤气,采用燃烧部分燃料供热时,发生水煤气的基本过程是什么? …… 266
289. 为制取纯的水煤气,用哪些方法可以从外部供热? …… 268
290. 采用不同气化燃料所制得的水煤气的组成、热值等技术指标有何不同? …… 268
291. 水煤气发生炉构造的主要特点是什么? …… 271
292. 什么叫蒸汽—氧煤气? …… 272
293. 蒸汽—氧煤气与间歇式水煤气、半水煤气比较有何特点? …… 273
294. 加压制取蒸汽—氧煤气的原理是什么? …… 274
295. 加压气化对煤气的组成有何影响? …… 274
296. 移动床煤气发生炉加压气化的主要特点是什么? …… 276
297. 目前国内常用的煤气发生炉的型号和主要技术参数是什么? …… 276
298. 煤气发生炉在投产前为什么要煮炉,其主要步骤是什么? …… 277
299. 煤气发生炉为什么要烘炉? …… 278
300. 煤气发生炉点火烘炉前应做好哪些准备工作? …… 278
301. 烘炉点火操作的基本过程是什么? …… 279
302. 怎样确定发生炉的烘炉升温计划? …… 279
303. 当前国内外工业化煤的气化方法主要有哪些? …… 280
304. 什么是移动床块煤气化? …… 281
305. 何谓沸腾床气化法? …… 281
306. 什么叫气流床气化法? …… 282
307. 鲁奇炉移动床气化生产的主要特点是什么? …… 283
308. 比较几种工业化制气方法有何不同? …… 284
309. 煤的气化工艺发展方向大概有哪几个方面? …… 285
310. 国外关于煤的气化新工艺的研究动向如何? …… 285
311. 什么是催化气化法? …… 286
312. 我国在煤气化的新工艺的研究中有哪些突出的成果? …… 287

第五章 煤的液化

313. 什么是煤的液化? …… 289

314. 煤液化的目的是什么？ …………………………………………… 290
315. 如何从技术经济上评价煤的液化和气化工艺？ ……………… 290
316. 液化用原料煤对煤质有何要求？ ……………………………… 291
317. 如何根据原料煤的元素分析值来判断该种煤的加氢效果？ … 291
318. 煤液化的难易程度与哪些因素有关？ ………………………… 292
319. 煤液化的方法有哪些？ ………………………………………… 292
320. 煤直接加氢液化的工艺过程包括哪几个方面？ ……………… 293
321. 什么叫煤—氢液化法？ ………………………………………… 294
322. 煤—氢液化法工艺的主要特点是什么？ ……………………… 294
323. 什么叫抽提加氢液化法？ ……………………………………… 295
324. 什么是SRC法,SRC—1和SRC—2有何区别？ ……………… 296
325. SRC—1法工艺流程的主要过程是什么？ …………………… 296
326. SRC—1煤液化工艺的主要优点是什么？ …………………… 297
327. 什么是煤的间接液化法？ ……………………………………… 298
328. 什么是煤的部分液化法？ ……………………………………… 298
329. 煤的直接加氢液化方法的不同,其操作温度和压力有何区别？ ……………………………………………………………… 298
330. 煤的加氢液化可能发生哪些反应？ …………………………… 299
331. 什么是煤液化时的氢迁移反应？ ……………………………… 300
332. 使用分子氢和供氢溶剂对煤液化的转化效率有何影响？ …… 300
333. 煤转化的液态产品可分为几类？ ……………………………… 302
334. 煤液体是怎样形成的？ ………………………………………… 302
335. 煤液体物质有何特征？ ………………………………………… 303
336. 在煤、供氢溶剂、氢和催化剂共同存在时将发生哪些反应？ … 304
337. 影响煤的加氢液化反应的活性因素有哪些？ ………………… 304
338. 煤加氢液化的反应机理是什么？ ……………………………… 306
339. 煤加氢液化时,其结构中各种化学键断裂降解的难易程度如何？ ……………………………………………………………… 307
340. 煤在加氢过程中,对硫、氮等元素有何影响？ ………………… 309
341. 什么是破坏加氢法,各种不同变质程度的煤在此条件下

氢解其产物产率有何不同? …………………………… 310
342. 什么是轻度加氢法,轻度加氢法有何工业意义? ………… 310

第六章　煤的综合利用

343. 煤的综合利用有何意义? ………………………………… 312
344. 煤的综合利用的主要工艺方法有哪些? ……………… 313
345. 煤的综合利用要着重考虑哪些问题? ………………… 314
346. 煤作为燃料燃烧时,评价它的主要质量指标是什么? ……… 315
347. 为什么说煤的焦化是发展煤炭综合利用的一个重要途径? … 316
348. 炼焦化学产品是怎样生成的,其数量和组成如何? ……… 318
349. 配煤性质和组成对炼焦化学产品的产率有何影响? ……… 319
350. 炼焦炉的操作条件对化学产品的组成和质量有何影响? …… 321
351. 煤气在焦炉集气管内是怎样冷却的,为什么要采用70~75℃
的热氨水冷却? ………………………………………… 322
352. 为什么煤气在初步冷却器中要进一步冷却? ………… 324
353. 剩余氨水是怎样产生的,如何计算? ………………… 324
354. 怎样从剩余氨水中制取黄血盐? …………………… 325
355. 怎样去除煤气中的焦油雾滴? ……………………… 327
356. 硫铵产品是怎样生产的? ………………………………… 327
357. 从饱和器母液中怎样生产粗轻吡啶? ………………… 329
358. 为什么要除去煤气中的萘? ………………………… 330
359. 粗苯有哪些性质,为什么要回收粗苯? ……………… 330
360. 怎样从煤气中回收粗苯? ……………………………… 331
361. 如何从含苯富油中分离出粗苯产品? ………………… 333
362. 焦炉煤气中的硫化氢是怎样生成的,它有何危害? ……… 334
363. 去除焦炉煤气中硫、氰的基本方法有哪些? …………… 335
364. 连续精馏法粗苯精制的主要工艺是什么? …………… 336
365. 苯类产品的主要用途是什么? ……………………… 340
366. 古马隆-茚树脂是怎样生产的? ……………………… 340
367. 煤焦油产品的主要用途是什么? …………………… 341

368. 煤焦油加工前为什么要脱水脱盐,怎样脱水脱盐? ………… 343
369. 连续式焦油蒸馏的主要工艺是什么? ………………… 344
370. 工业萘是怎样生产出来的? ………………… 345
371. 改质沥青的主要用途及连续法生产工艺是什么? ………… 346
372. 如何利用一蒽油馏分生产粗蒽? ………………… 347
373. 从煤焦油馏分中提取粗酚的基本过程是什么? ………… 349
374. 怎样用燃料油(二蒽油)生产炭黑? ………………… 351
375. 用焦炭生产电石的基本过程是什么? ………………… 353
376. 什么是腐殖酸肥料,生产腐肥的主要方法有哪些? ………… 353
377. 磺化煤的用途和生产方法是什么? ………………… 355
378. 苯酐的主要性质和用途是什么,怎样由工业萘生产苯酐? … 357
379. 怎样以纯苯为原料生产马来酸酐,其主要性质和用途
是什么? ………………… 358
380. 焦炉煤气化工综合利用的途径有哪些? ………………… 361
381. 何谓苯加氢,其基本过程和主要产品是什么? ………… 362
382. 以粗苯为原料的苯加氢为什么要进行预备蒸馏,
其工艺过程如何? ………………… 363
383. 什么是阻聚剂,它有何特性? ………………… 364
384. 轻苯加氢预处理的工艺是什么? ………………… 365
385. 什么叫 LITOL 加氢生产工艺? ………………… 367
386. LITOL 加氢反应的机理是什么? ………………… 368
387. 怎样使加氢油进一步精制成特号纯苯? ………………… 371
388. 在制氢系统中脱除 H_2S 的目的和主要工艺方法是什么? …… 372
389. 在脱除 H_2S 工艺过程中采取了哪些防腐蚀、防堵塞、
防高温分解的措施? ………………… 374
390. 甲苯洗净塔的作用是什么? ………………… 375
391. 重整、转换的工艺过程是什么? ………………… 375
392. 重整、转换的原理是什么? ………………… 376
393. 怎样进行氢精制? ………………… 377
394. 煤层中瓦斯和煤成气田的成因如何,怎样开采利用,

煤层中的瓦斯有何危害和用途? ………………………… 379

第七章　煤炭综合利用的环境保护

395. 什么是生态环境? ………………………………………… 381
396. 为什么要保护生态环境? …………………………………… 381
397. 我国环境保护的工作方针是什么? ……………………… 382
398. 什么是生物圈? …………………………………………… 382
399. 什么叫生态系统? ………………………………………… 383
400. 什么是生态系统的动态平衡? …………………………… 383
401. 何谓生态系统的能量流动? ……………………………… 384
402. 什么是食物链? …………………………………………… 384
403. 什么是碳物质的循环? …………………………………… 385
404. 如何理解氮物质的循环? ………………………………… 386
405. 从生态的观点如何理解环境污染或公害? …………… 387
406. 什么是环境质量标准? …………………………………… 387
407. 目前国内常用的环境标准有哪些? ……………………… 387
408. 大气污染对人类生存环境有什么影响? ………………… 389
409. 何谓大气污染发生源? …………………………………… 389
410. 大气污染物质发生的形态有哪些? ……………………… 390
411. 各种大气污染物质对人体器官有何危害? ……………… 390
412. 粉尘分几种类型,对城市空气中粉尘浓度有何要求? ……… 391
413. 粉尘对人体有何危害? …………………………………… 392
414. 二氧化硫污染是怎样产生的? …………………………… 393
415. 二氧化硫的主要危害有哪些? …………………………… 393
416. 氮的氧化物有哪几类,它们对人体有什么危害? ………… 395
417. NO_2 是怎样引起光化学烟雾的? ……………………… 395
418. 一氧化碳的生成及其对人体有何危害? ………………… 396
419. 不同浓度的 CO 对人体有什么危害? …………………… 396
420. 硫化氢的产生及其对身体和环境有何影响? …………… 397
421. 燃料燃烧和大气污染有何关系? ………………………… 397

422. 燃烧产物而引起的危害主要分为哪两种类型? …………… 399
423. 烟尘如何分类? …………………………………………… 400
424. 什么是气相析出型烟尘,它与剩余型烟尘有什么区别? …… 400
425. 何谓预混燃烧和扩散燃烧,采用何种燃烧有利? ………… 400
426. 液体燃料燃烧时的烟尘是怎样形成的? ………………… 401
427. 固体燃料燃烧时烟尘是如何形成的? …………………… 401
428. 什么叫烟点? ……………………………………………… 403
429. 液体燃料的烟尘浓度和残留炭含量有什么关系? ……… 404
430. 如何控制燃烧设备往大气中排放的烟尘? ……………… 404
431. 硫的氧化物的种类和性质有哪些? ……………………… 405
432. 燃料燃烧时,SO_2 的生成量与燃料的含硫量有何关系? …… 406
433. 在燃烧过程中,如何控制 SO_3 的生成量? ……………… 407
434. 影响三氧化硫转化为硫酸的因素有哪些? ……………… 408
435. 酸性尘是怎样生成的? …………………………………… 409
436. 白烟是怎样产生的,影响白烟产生的主要因素有哪些? …… 410
437. 降低 NO_x 生成量的主要途径有哪些? ………………… 411
438. 燃烧产生的烟气排入大气后,能否造成污染
取决于哪些条件? ……………………………………… 412
439. 人类活动、地理条件和气象条件是怎样影响污染程度的? … 413
440. 何谓逆温层,逆温层分几种类型? ……………………… 415
441. 什么是大气稳定度,它分为几类? ……………………… 416
442. 废气的大气扩散有哪几种类型? ………………………… 416
443. 怎样进行废气排往大气时的扩散计算? ………………… 418
444. 什么是粉尘的真密度和堆积密度? ……………………… 420
445. 何谓粉尘粒径的分布规律? ……………………………… 420
446. 何谓粉尘的黏着性,黏着性对除尘有何影响? ………… 422
447. 粉尘的导电性能对电除尘效率有何影响? ……………… 423
448. 什么是除尘装置的除尘效率? …………………………… 424
449. 什么是除尘装置的分级除尘效率? ……………………… 425
450. 粒径分布与分级除尘效率及总除尘效率有何关系? …… 425

451. 什么是通过率和净化指数? …………………… 427
452. 烟气处理量和除尘效率有何关系? …………………… 427
453. 含尘浓度对除尘效率有何影响? …………………… 428
454. 选用除尘装置时,除了考虑除尘效率外,还应
考虑什么问题? …………………… 428
455. 比较各种除尘装置的实用性能有何不同? …………………… 430
456. 什么是重力除尘,它具有什么特点? …………………… 431
457. 何谓惯性除尘,比较典型的惯性除尘装置结构有哪些类型? … 432
458. 离心分离装置的基本原理是什么? …………………… 433
459. 旋风除尘装置的结构主要有哪些类型? …………………… 435
460. 为什么洗涤式除尘器能较有效地捕集微细尘粒? …………………… 436
461. 过滤除尘装置的基本原理是什么? …………………… 437
462. 过滤除尘对滤布的性能有何要求? …………………… 437
463. 布袋除尘器和清灰设施的结构特点是什么? …………………… 438
464. 影响布袋除尘效率的因素有哪些? …………………… 439
465. 电除尘器工作的基本原理是什么? …………………… 441
466. 影响电除尘效率的因素有哪些? …………………… 443
467. 从干式电除尘器的结构分析其除尘效率如何? …………………… 444
468. 烟气中的各种成分对脱硫过程有何影响? …………………… 446
469. 硫的氧化物有哪些特点? …………………… 447
470. 常用的净化 SO_2 的方法有哪些? …………………… 448
471. 采用碱性吸收剂水溶液吸收 SO_2 装置的工艺流程是什么? … 449
472. 什么是 WL 法脱硫技术? …………………… 450
473. 采用氨为吸收剂的脱硫技术主要特点是什么? …………………… 450
474. 用碱土吸收剂脱硫的工艺特点是什么? …………………… 452
475. 用金属氧化锰作吸收剂,其再生工艺有何特点? …………………… 452
476. 何谓活性炭吸附脱硫? …………………… 455
477. 活性炭再生有哪些方法,它们的主要特点是什么? …………………… 455
478. 高温催化剂氧化法脱硫的主要特点是什么? …………………… 457
479. 什么是低温催化氧化法脱硫? …………………… 458

480. 为什么要治理氧化氮？ …………………………………… 459
481. 氧化氮的物理化学性质是什么？ …………………………… 460
482. 什么是干法脱硝，干法脱硝有几种类型？ ………………… 460
483. 氨选择性接触还原法的主要特性有哪些？ ………………… 461
484. 氨选择性接触还原法的工艺流程是什么？ ………………… 463
485. 湿法脱硝的具体方法有哪些？ ……………………………… 463
486. 气相氧化吸收还原法脱硝脱硫的工艺特点是什么？ ……… 463
487. 什么叫液相氧化吸收法？ …………………………………… 465
488. 用湿式还原法脱硝有何特性？ ……………………………… 465
489. 何谓摩尔溶液吸收法？ ……………………………………… 465
490. 湿法排烟脱硝和干法排烟脱硝各有什么优缺点？ ………… 466
491. 不同的燃料品种其单位燃料量排出的 NO_x 量有何不同？ … 466
492. 什么是石灰-石膏法脱硝？ ………………………………… 467
493. 什么是碱-石膏法脱硫脱硝？ ……………………………… 467
494. 灰渣的治理途径和灰渣的物理化学特性有哪些？ ………… 468
495. 灰渣可分为几种类别，其用途有何不同？ ………………… 470
496. 灰渣制砖的主要工艺流程是什么？ ………………………… 470
497. 怎样用灰渣作人造骨料-陶粒和陶粒混凝土？ …………… 471
498. 用灰渣怎样制成水泥？ ……………………………………… 472
499. 粉煤灰水泥与普通水泥的性能有何不同？ ………………… 472
500. 国内外对灰渣在农业生产上的应用有哪些研究成果？ …… 474
501. 施用粉煤灰为什么会使农作物增产？ ……………………… 475
502. 施用粉煤灰对蔬菜和粮食质量有何影响？ ………………… 476
503. 粉煤灰中的空心微珠有何特性？ …………………………… 476
504. 从粉煤灰中可提取哪些有用元素和物质？ ………………… 477
505. 从粉煤灰中提取多量金属元素有哪些方法？ ……………… 477
506. 煤炼焦时排入大气中的污染物的主要特点是什么？ ……… 478
507. 如何加强装煤操作，以减少排入大气中的荒煤气量？ …… 479
508. 湿法熄焦对大气环境有何危害？ …………………………… 479
509. 炼焦炉加热燃烧，从烟囱排出的废气的组成和性质是什么？ … 480

510. 炼焦炉因生产方式和产量不同,其污染物排放量有何特点? …… 481
511. 在焦化厂的不同生产工序中,污染物排放量有何不同? …… 482
512. 同一焦化厂,不同污染物质排放量有何区别? …… 482
513. 焦油加工时产生的沥青烟气是怎样污染大气环境的? …… 483
514. 蒸汽喷射装煤是怎样防止荒煤气泄漏入大气的? …… 484
515. 为什么要采用高压氨水消烟装煤? …… 484
516. 为实现无烟装煤,在装煤车结构上采取了哪些措施? …… 485
517. 防止推焦逸散物对大气的污染有哪些措施? …… 486
518. 常规湿法熄焦,采用何种措施减少熄焦逸散物对大气的污染? …… 488
519. 焦化厂在原料贮存中,如何防止煤尘对大气的污染? …… 489
520. 在炼焦用煤的准备车间,采取什么措施防止煤尘逸出而污染大气? …… 490
521. 如何治理并控制沥青烟气的排放? …… 491
522. 采用高效文氏管喷射器吸收洗涤沥青烟气有何特点? …… 492
523. 为什么说干法熄焦是防止炼焦出炉对环境污染的主要措施? …… 493
524. 煤的焦化所产生的酚氰污水主要来源于哪几个方面,其水质有何特征? …… 493
525. 什么叫蒸汽循环法脱酚? …… 496
526. 溶剂萃取法脱酚的基本原理是什么? …… 497
527. 如何选择萃取剂? …… 497
528. 脉冲萃取脱酚的工艺过程是什么? …… 498
529. 采用先脱酚后蒸氨的工艺有何优点和缺点? …… 499
530. 影响溶剂萃取脱酚效率的因素有哪些? …… 500
531. 污水生化处理的基本原理是什么? …… 501
532. 活性污泥法的工艺流程是什么? …… 502
533. 怎样获取活性污泥? …… 504
534. 影响生化处理的主要因素有哪些? …… 504
535. 什么是污泥指数、COD和BOD? …… 506
参考文献 …… 507

第一章　煤的生成、组成、性质及分类

1. 煤是怎样生成的？

煤是一种固体燃料，由于它的岩相组成、物理化学性质不同，而有着各种不同的用途，有的适用于作燃料，有的适用于高温干馏（炼焦），有的适用于低温干馏和气化，有的适用于液化等。煤在加工过程中，所得到的各种产品将是冶金、化工、医药等行业的重要的能源和原料。从工业生产到日常生活，我们都会遇到煤及煤的加工产品，这是众所周知的事实。

可是，煤到底是由什么东西变来的，又是怎样生成的呢？这并不为所有使用煤及从事煤加工产品的人们所了解。有人说，煤是由石头变来的，还有人说，煤是埋在地下很深的泥土变成的，这些说法都是不对的。简单地说，煤是古代植物埋藏在地下，在缺氧和某些细菌的作用下，经过几千年的漫长时间，在温度、压力及地质化学作用条件下而变成的。

在古代的自然界中，经常进行着植物的生长和死亡。地球上大规模的成煤作用是在高等植物大量生长之后进行的，由于大量植物的死亡，这些大量植物残骸不断堆积，植物残骸在未被全部分解的条件下，对高等植物而言，形成的是沼泽地带；对低等植物而言，形成的是沼泽的深水、湖泊、海湾地带。沼泽地带的残骸大量堆积之后，地下水往上升，氧气越来越少，好氧细菌的氧化分解逐步被厌氧细菌的还原作用所代替，植物残骸在厌氧细菌的作用下，发生了一系列合成作用，并产生了一系列新的产物，这些产物及一些未被分解的植物组分在继续隔离空气时，这种生物化学作用将植物残骸变成泥炭。

由于地壳的变迁，泥炭被沉积覆盖而埋入地下，生物化学作用逐步停止，取而代之的是以温度、压力为主的成岩作用和变质作用等物理化学作用。埋入地下的泥炭受到压紧并发生脱水和胶体老化而变成褐煤；继续受到高温高压作用，并以变质作用为主的煤化过程；使褐煤变为烟煤，烟煤进一步变成无烟煤。由于温度和压力越来越高，变质作用也越剧烈，则煤的变质程度也越深。

可见，从远古死亡植物的残骸到没入水中经过生物化学作用，然后被地层覆盖而经过地质生物作用形成的煤是一种有机生物岩。人们在煤层中发现有保存完好的古代植物化石和由树干变成的煤，有的甚至还保留了原来断裂树干的形状；在煤层底板的黏土类岩石中找到了植物根部的化石；在显微镜下观察由煤磨成的薄片可看到原始植物的残体，如孢子、花粉、树脂、角质层和木栓质，还可看到植物的木质细胞结构等。这些事实足以证明，煤是由植物，而且主要是由高等植物生成的。人们在煤的勘探、开采、加工及使用过程中，通过观察、分析、研究，逐步认识到煤的基本特征、煤的成因与其开采、使用和加工有着密切的关系。

2．根据成煤植物的不同，煤可分为哪两大类，其主要特征是什么？

根据成煤植物的不同，我们将煤分为腐殖煤和腐泥煤两大类。

腐殖煤是由高等植物形成的煤，在自然界中储量最大，分布最广。它又可分为陆植煤和残植煤两种类别，前者是由植物中的纤维素和木质素等主要部分形成的；后者是由植物中含量较少，在成煤初期最不易被微生物分解的组分所形成，多以薄层或透镜体夹在陆植煤中。我国江西乐平和浙江长广煤田有典型的树皮残植煤，云南禄劝泥盆纪地层中有典型的角质残植煤等。如非特别注明，通常说的煤就是指腐殖煤中的陆植煤。在成煤序列中，腐殖煤根据煤化程度的不同，可分为泥炭、褐煤、烟煤和无烟煤 4 类。

腐泥煤是由低等植物（以藻类为主）和浮游生物经过部分腐解而形成的煤，它又有藻煤、胶泥煤和油页岩等之分。藻煤主要由藻类生成,山西浑源有不少藻煤;胶泥煤是无结构的腐泥煤,其成煤植物分解彻底,几乎完全由基质组成,这种煤数量很少;油页岩实际上是胶泥煤的变种,当其灰分达到 50% ~70% 时就成为油页岩,辽宁抚顺、吉林桦甸、广东茂名和山东黄县等地有丰富的油页岩资源。

腐殖煤和腐泥煤的主要特征见表 1-1。

表 1-1 腐殖煤和腐泥煤的主要特征

煤种 特征	腐殖煤	腐泥煤
颜色	褐色和黑色,多数为黑色	多数为褐色
光泽	光亮点具多	暗
用火柴点燃	不燃烧	燃烧有沥青气味
氢含量(体积分数)/%	一般<6	一般>6
低温干馏焦油产率/%	一般<20	一般>25

3. 成煤植物是怎样产生和发展的?

煤是由植物变来的。植物本身并不是从地球开始存在那一天起就有的,因此,也并不是从形成地球开始世界上就有煤的。地球上植物的产生和发展与气候、地理环境的关系十分密切,而气候、地理环境又与地壳的变动紧密相关。自地球形成以来,地壳多次变动引起气候和地理环境的改变,而植物在这种外界条件的变化中,从无生命到单细胞生物的出现,从单细胞生物到裸子植物,从裸子植物到被子植物,走过了从无到有,从低级到高级的道路,在整个地质年代中,有三个时期是植物特别繁盛的时期。

一是古生代的石炭纪和二迭纪,这个时期的主要植物为孢子植物;二是中生代的侏罗纪、白垩纪,这个时期的主要植物为裸子植物;三是新生代的第三纪,其主要植物为被子植物,如白杨、枫树等。这三个时期的气候条件是温暖潮湿,特别有利于植物的生长和繁殖。

人们根据古代植物的生活条件和结构的不同，将其分为高等植物和低等植物。高等植物主要包括苔藓植物、蕨类植物、裸子植物和被子植物，它们都生长在陆地上。低等植物主要指的是藻类植物和菌类植物，它们大都生活在陆地、湖泊和海洋中。地质年代与成煤植物的分布见表1-2。

4. 形成煤田的最主要的地质条件是什么?

煤的生长时期与植物生长的繁殖时期有着密切的关系，但是煤的埋藏量并不能直接反映当时植物生长的数量。煤田的生成，除了具备造煤植物的生长繁殖条件外，还必须具备形成煤田的地质条件。形成煤田最主要的地质条件是地壳上升或下沉的垂直运动，正是由于这种垂直运动，在地球上才出现了高山和海洋，陆地和湖泊，当地壳下沉得不太深时，则形成了沼泽。在沼泽中有可能生长大量的水生植物、沼泽植物、孢子植物，当这些植物死亡后就堆积在沼泽水中，这种沼泽就逐步变为泥炭沼。

如果地壳下沉和植物生长的速度能相互配合，则形成很厚的泥炭层，这种泥炭层埋于地下以后，在地下热力和压力的作用下就逐步形成褐煤和烟煤。如果地球上不出现这种沼泽，则植物死亡后就不能埋没于水中而暴露于大气中，那么植物残体由于充分的氧化作用，经过一个时期以后，所能残留下来的只能是灰分，就不能形成煤田。

植物成煤过程中的地质条件和地理环境都是非常重要的不可缺少的因素。

地壳升降运动与煤堆积的关系可参见图1-1。

5. 什么是植物的族组成，植物的族组成在成煤过程中发生了什么变化?

了解植物的族组成及其在成煤过程中的变化，将更加有助于

表 1-2　主要成煤植物的演变和成煤情况

地质年代			成煤植物的演变	植物种类	煤种	我国煤田举例
代	纪	距今年代/百万年				
始生代		2003	无植物化石发现	无		
原生代		1453	海藻			
古生代	寒武纪 奥陶纪 志留纪 泥盆纪	553 448 381 354	石灰藻等藻类 石灰藻遍地，陆生植物少见 藻类为主，有陆生植物	藻类植物	石煤	南方几省，如浙江、湖南
	石炭纪	309	陆生植物渐盛，有裸蕨、石松类 孢子植物繁盛	孢子植物	无烟煤	云南禄劝、广东台山、秦岭西段等
	二迭纪	223	裸子植物（松、柏、银杏）繁盛	裸子植物	无烟煤和烟煤	山西太行山、开滦、淮南、本溪等
中生代	三迭纪 侏罗纪	185 157	裸子植物（松、柏、银杏）繁盛 裸子植物全盛	被子植物	烟煤	内蒙、新疆等
	白垩纪	125	被子植物兴起		烟煤和褐煤 褐煤和烟煤	大同、阜新、萍乡等 云南、广西、辽宁等
新生代	第三纪 第四纪 现　代		现代植物		褐煤和泥炭 泥炭	

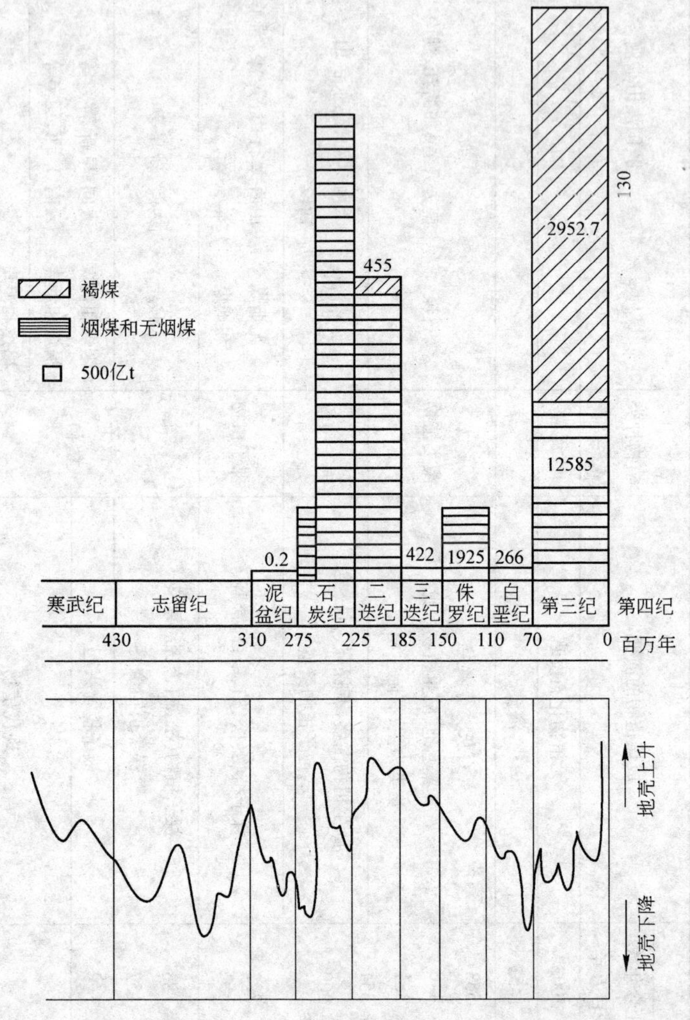

图 1-1　地壳升降运动与煤堆积的关系

了解煤的生成和煤的特征及煤和原始植物的关系。

人们知道，在生物史上，植物经历了由低级向高级逐步发展演变的漫长过程，就其类别而言，植物分为低等植物和高等植物。低等植物如菌藻植物，无根、茎、叶器官的分化，大多生活在水中，它们是地球上最早出现的生物，从原生代一直到现在，其种类达 2 万种以上。高等植物构造复杂，根、茎、叶分明，包括苔藓、蕨类、裸子植物和被子植物，除苔藓外，它们大多数形体高大。

无论是低等植物还是高等植物，它们的基本单元都是细胞。而细胞又是由细胞壁、细胞膜、细胞质和细胞核组成的。细胞壁和细胞膜的主要成分是纤维素、木质素和半纤维素；细胞质和细胞核主要由蛋白质、脂肪和碳水化合物组成，也含有叶绿素、酵母和树脂等。从化学的观点看，植物的族组成可分为 4 类：糖类及其衍生物，包括纤维素、半纤维素、果胶等；木质素；蛋白质和脂类化合物及其类脂化合物。

某些植物的成分见表 1-3。

表 1-3　某些植物的成分

植物种类	脂肪、树脂、树脂含量/%	纤维素和嵌入醣/%	木质素/%	蛋白质/%
水藻类	20～30	10～20	0	20～30
阔叶苔类	8～10	30～40	10	15～20
真蕨纲	3～5	40～50	20～30	10～15
木贼纲	3～5	40～50	20～30	10～15
石松纲	3～5	40～50	20～30	10～15
针叶树	1～2	750	30	1～10
阔叶树	1～3	750	30	1～10
草 类	5～10	50	20～30	5～10

这些植物的族组成，在成煤过程中的不同条件下，生成了不同的产物。

纤维素、半纤维素和果胶类物质容易被微生物破坏而形成甲烷、水、二氧化碳，但也可能经过缩合变成稳定的化合物，直接形成芳香化合物。

木质素是造煤植物中最主要的有机组分，是成煤的主要植物成分，它对各种不同生物的化学作用都是很稳定的，其分子具有芳香化合物的结构。

蛋白质是构成细胞原生质的主要物质，在需氧细菌的作用下迅速分解为气态氨；在厌氧细菌的作用下主要生成氨基酸，氨基酸和醣类分解产物通过合成形成一种稳定的含氮化合物。

脂肪、树脂、树蜡等也通过不同的途径参与成煤，脂肪型物质在一定条件下可以形成具有环状结构的新物质，这是由蛋白质形成的氨基酸、脂肪与醣类转化产物芳构化和环化的结果。

6. 什么是全败作用？

在成煤过程中，堆积的死亡植物残骸在空气充足的条件下，完全氧化分解为二氧化碳和水的过程称为全败作用。很明显，这种作用的结果是不能生成煤，留下的只能是灰分。

7. 什么是半败作用？

半败作用也称为不完全的“全败作用”，就是堆积的死亡植物残骸在空气不充足的条件下，发生不完全氧化分解的过程。例如，在阔叶树林里堆积起来潮湿的树叶，由于不完全氧化，形成一层黑颜色的“腐殖土”，这层物质存在时间不长，或进一步转变成泥炭，或分解成为二氧化碳和水。

8. 什么是腐败作用？

生长在静水湖泊中的微生物主要是低等植物中的浮游生物，这类生物繁殖力很强，当它们在死亡以后，就沉入水底，在没有空气的情况发生分解过程，这种过程即为腐败作用。由于腐败作用，生成一种较原物质含碳、氢多、含氧少的物质，这种物质称为“腐泥”。

9. 什么是泥炭化作用？

泥炭化过程只有在低地沼泽中的死亡植物（一般都是高等植

物）才能发生，因低地沼泽中充满着水，植物死亡之后就慢慢堆积在水中，堆积在最上面的一层植物，与水面很接近或在水面之上，空气仍可进入，从而发生半败作用，变成了腐殖土，但后来由于植物继续死亡堆积，它们就完全与空气隔离，氧气停止进入，此时死亡植物就依靠本身所含的氧，发生去羧基、脱水等作用，放出二氧化碳、水蒸气及甲烷，使碳的百分含量增加，而氢、氧则减少。死亡植物经过这些作用后，就失去了原来的形态结构，变成更稳定、更均匀、含水很多的黑褐色物质，这种物质称为泥炭，使死亡植物变成泥炭的整个过程，就是泥炭化作用。

10．泥炭沼是怎样进行分类的?

泥炭化作用是在泥炭沼中进行的，在自然界中进行着植物的生长和死亡，但能将死亡植物堆积起来变为泥炭的基本条件是植物残骸与空气的隔离，静水是制造这个条件的介质。除此之外，还需保持植物的生长，供给泥炭沼足够的水量。根据地形和植物供给养料的方式，可将泥炭沼分为三类：

一类是低地泥炭沼：位于地势较低之处，地下的水位与地表面基本一致，由于地下水溶解了许多矿物质，这些矿物质成了低地沼泽植物生长营养的来源，在这种环境下死亡植物堆积而形成的泥炭沼为低地泥炭沼，其泥炭中的矿物质含量也较高。

另一类是过渡型泥炭沼：过渡型泥炭沼是在低地泥炭沼的基础上形成的，在泥炭沼中死亡的植物逐步堆高，使其表面隆起，地下水难于封住上面，在其上部生长的植物难以从地下水中吸吮矿物质营养，使木本植物逐渐枯死，而由大气供养的苔藓植物大量生长，这样便形成了过滤型泥炭沼。

还有一类是高地泥炭沼：在过渡型泥炭沼基础上，植物继续死亡和堆积，沼泽继续升高，生长植物吸收地下营养就更为困难，此时植物全部为苔藓所代替，于是便形成了高地泥炭沼。

在泥炭沼中植物残骸转变为泥炭的过程，是植物组织腐败分解及植物残骸成分深度化学变化和分解物质合成的过程，这些过程都是在微生物的作用下进行的。

在泥炭化过程中形成一种新的物质就是腐殖酸，这是形成泥炭的主要特征。由于泥炭化作用是在各种不同因素影响下进行的，便形成了各种不同性质的泥炭。泥炭的不同性质，对于形成的煤的性质将起着很大的作用。

11. 什么是煤化阶段，在煤化阶段中成岩作用是怎样产生和变化的？

当泥炭被其他沉积物所覆盖后，泥炭化作用即告结束，生物化学作用逐步减弱以至停止，从而开始了从泥炭经褐煤和烟煤转变为无烟煤的漫长过程，人们把这一过程称之为煤化阶段。煤化阶段又分为两个分阶段，就是成岩作用和变质作用。

一般认为泥炭转变为褐煤的过程为成岩过程。成岩作用的起因主要是由于地壳的运动，泥炭层形成后发生下沉。当泥炭的下沉速度和植物生长的速度相匹配时，就会形成很厚的泥炭层。地壳下沉的速度高于植物遗体堆积速度时，泥炭的堆积停止，而代之以黏土和泥砂的堆积，这些黏土和泥砂在长期地质因素（如搬运、沉积和固结成岩等）作用下形成了坚实的顶板。这样，泥炭层就从地表或地表附近转入地下成为埋藏泥炭。如果地壳运动不是下沉而是上升，则已形成的泥炭层将高于沼泽水面而暴露于大气中，遭到自然因素的破坏而不能成煤。

当埋藏泥炭受到顶板和上盖岩层的压力时，同时也受到一定的温度作用，泥炭被压实和脱水，并发生分解和缩聚反应逐渐转变为褐煤，这是一个从无定形胶态物质逐步转变为岩石状物质的过程，故也称成岩过程。

在成岩阶段，泥炭中的植物残留成分，如少量纤维素、半纤维素和木质素等逐步消失，腐殖酸含量先增加、后减少。

12. 什么是煤化阶段中的变质作用？

在褐煤形成以后，地层继续下沉到地壳深处，受到地热和高压的影响。煤层所受到压力可达数千到几万大气压，绝大多数地区的地热梯度每深百米增温 3～5℃。引起煤质发生变化的温度一般在 220℃以下。这种受地热和高压的影响，导致褐煤改变原来的组成、结构和性质，转变为烟煤、无烟煤的过程称为变质作用。煤化阶段从成岩作用阶段转入变质作用阶段。

变质作用阶段又分为：深成变质作用、岩浆变质作用和动力变质作用三种类型。

深成变质作用是由地热及上覆盖地层静压力而使煤的变质随深度而递增的变质作用，它具有广泛的区域性，故又称区域变质。在深成变质作用下，煤的变质往往呈现有规律的变化。首先是变质具有垂直分布的规律，它系指在同一煤田中，随着深度的增加，煤的挥发分逐渐减少，变质程度逐渐增加。如我国鸡西煤田，含煤地层共厚 1000 余 m，含煤 10 余层，上部煤层为低变质程度，下部为中变质程度。其次是变质程度具有水平分带规律。

岩浆变质作用是指使煤变质的增温热源来自于岩浆时的变质作用，这种变质又可分为区域热（力）变质和接触变质两种类型。前者的起因一般是隐伏的岩浆侵入，即靠近含煤岩系，而并非直接接触，如我国双鸭山煤田的分布（见图 1-2）。双鸭山煤田有长 4km、宽 2km 的辉长岩岩浆浸入到侏罗纪含煤系中，使得煤变质

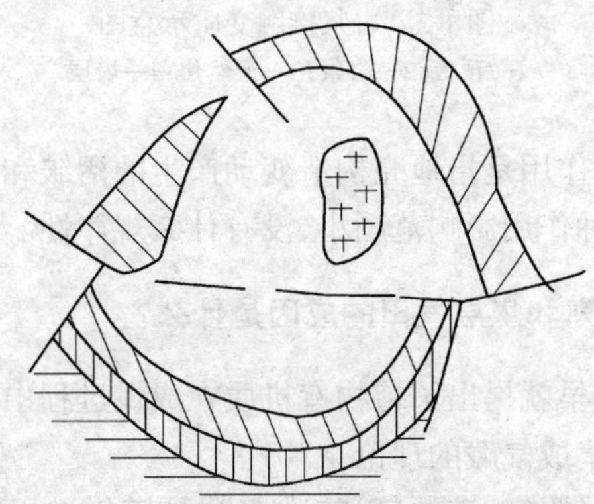

图 1-2　双鸭山煤田的煤质分带示意图

▤—低变质烟煤；▥—中变质烟煤；▧—高变质烟煤；

□—无烟煤；+++—辉长岩

带围绕岩株呈环带分布，紧邻辉长岩体的是宽1～5km的无烟煤带，稍远的是高、中变质烟煤带，最外层为正常低变质烟煤带。

接触变质是由于岩浆侵入、穿过或靠近煤层或含煤岩系时，岩浆本身带来的高温、挥发性气体和压力的影响，对煤层快速加热，就像炼焦一样，接触到煤就可变成天然焦，如山东淄博和辽宁阜新煤田的天然焦就是这样形成的。

岩浆变质是局部性的，其示意图如1-3所示。

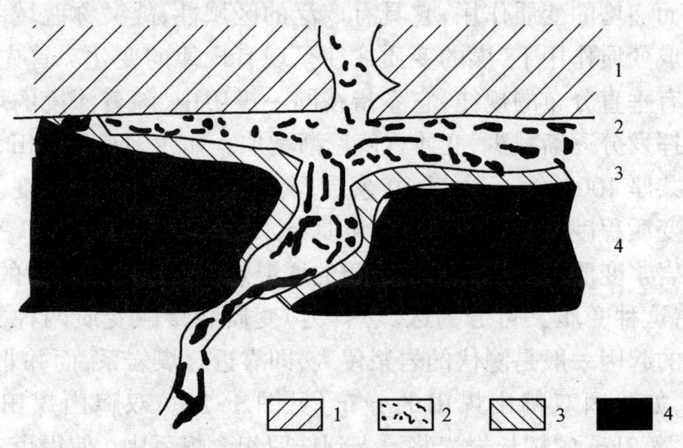

图1-3 岩浆接触变质示意图

1—顶板；2—岩浆；3—天然焦；4—煤层

动力变质作用是指地壳构造变动产生的褶皱和断裂使煤发生变质作用，这种作用影响范围小，没有什么规律性。

13．煤层中瓦斯和煤层气田的成因是什么？

有关学者早就提出了植物有机质在成煤过程中将产生大量天然气，并能聚集成气藏的理论。

煤内瓦斯（沼气、矿井气）绝大多数是煤化过程中形成的。在自然条件下，如果煤层围岩不透气，每吨煤在形成过程中约发生600～700m^3的瓦斯。有关植物成煤物质平衡研究表明，煤的变质过程中能够析出大量气态烃，其中绝大部分是甲烷(70%～96%)，在生成1t褐煤过程中可产生甲烷68m^3，生成1t肥煤、瘦煤、无烟煤时分别可产甲烷230、330、400m^3。

一般认为，在埋深小于1000m、地温低于50℃的条件下，泥炭转变为褐煤，这一阶段以生物化学作用为主，可产生甲烷和C_2、C_3的液态烃，我国长江三角洲砂层内的天然气、青海柴达木盆地第四系的气藏可能就是这一阶段的实例。随着深度的增加，温度升高到50～160℃时，则温度产生的热分解起决定作用，煤化作用处于气煤到肥煤的煤化阶段，这时不仅产生大量甲烷，而且在中晚期也是出油的阶段。当埋藏深度达6000～7000m，温度超过160～200℃，煤转变为无烟煤时，复杂的烃类遭到破坏，只能产生甲烷而不能产生石油。

成煤进程中产生的瓦斯以下列方式分布：(1)保留在煤层中；(2)从煤层转移出来，积存在围岩中；(3)从煤层中转移出来，溶于地下水中；(4)排放到大气中；(5)积聚到气藏中。保留在煤层中的甲烷，含气量虽较大，但绝大部分为吸附状态，在煤层条件不发生变化时，是难以释放的；积存围岩中的气体，一般积存的范围和贮气量都较小，多呈局部分布。这两部分就是现今在煤开采过程中涌出的瓦斯，称为煤田瓦斯。聚集成气藏的瓦斯则称为天然气田。

14. 什么是煤岩学?

从岩石学的观点来看，煤是一种含有有机质的沉积岩石，利用研究岩石的方法来研究煤，这就是煤岩学。

煤岩学的研究起源于19世纪末期，当时只是从古生物学的观点来研究煤中植物的各组成分。1830年，英国的赫顿(Hutton)发展了在显微镜下观察煤的薄片技术，发现煤中存在某些植物结构，提出了煤是由植物生成的这一论断，为煤岩学奠定了基础。直到1919年，斯托普斯(Stopes)提出将煤的宏观煤岩成分划分为4类，即镜煤、亮煤、暗煤和丝炭后，才能使煤岩学研究与煤化学研究联系起来。后来，煤的制片技术和显微技术的发展，才把煤岩学研究从定性发展到定量,从孤立发展到与煤的性质、成因、地质特征联系起来。

煤岩学在煤的研究工作中,已经成为一门重要的独立的学科。煤岩学的研究成果告诉我们,煤并不是一种均一的物质,而是由许多性质不同的显微组分所组成的。这种性质不同的显微组分的相互组合,形成了煤的外表和显微结构上的差异,造成了煤在工艺性质上的多样性。若不考虑煤的岩相性能,就不能全面正确地认识和评价煤的特性。

15. 煤岩学研究的对象和方法是什么?

煤岩学研究的对象一是煤岩成因、造煤物料植物残骸的变化条件、按其成因分类的煤岩标准;二是煤岩应用,探讨煤层成分、成煤条件与煤的工艺特性的关系。

进行煤岩学研究的目的是,弄清楚煤的岩石特性,从岩石学的观点来认识煤的性质及这些性质在成煤过程中的变化及规律,使各种不同性质的煤能得到充分合理的使用。

煤岩学研究的方法一般分为两种,一种是宏观研究法,也叫粗视研究法。我们知道,当用肉眼观察煤时发现煤的颜色随变质程度的不同而有规律地变化。例如褐煤呈褐色的,烟煤是黑色的,无烟煤是深灰色的等,它们不仅在外观颜色方面不一样,而且在光泽方面也是不一样的,可以明显看出光辉强弱不等的条带,特别是烟煤最为显著。对于条带状煤来说,用肉眼就可以看出它是由不同的拼分组成的,其中光辉强的煤就是镜煤和亮煤,暗的则是暗煤和丝炭。不同产地的烟煤,甚至同一煤田不同地区的烟煤,其 4 种拼分的含量是各不相同的。这种粗视法方法简单,只适用于野外勘探及采煤工作。

煤岩学研究的另外一种方法叫微观研究法,也叫显微研究法。这种方法就是利用显微镜来研究煤中各种微细结构。在微观研究中根据其样品的不同,又可分为两种方法,一种是将煤表面磨光,制成光片,用反射金相显微镜或偏光金相显微镜来观察;另一种是将煤磨成透明的薄片后，用生物显微镜来进行观察。

近年来，尤其是光电倍增管及各种型号的反射率自动测定装置及计算机的应用，使煤岩学的研究技术得到迅速发展。

16. 煤的宏观岩相成分分为哪几种？

用肉眼或放大镜观察煤，可以将煤区分为镜煤、亮煤、暗煤、丝炭四种宏观煤岩成分。它们在颜色、光泽、断口、裂隙等方面各具特征，其性质也各不相同，如表 1-4 所示。

表 1-4　宏观煤岩成分

煤岩成分	宏观可见特征	相对密度	灰分/%	挥发分/%	固定碳/%	相对硬度
镜　煤	均匀发亮，呈黑色透镜钵，有裂隙	约 1.3	0.5～1（母体灰分）	35.1	64.9	2
亮　煤	由亮的或暗的极细的夹层组成	约 1.3	0.5～2	40.3	59.1	3
暗　煤	暗的，黑色或灰黑色；硬的，粗糙的表面	1.25～1.45	3.5，有时还要高，多为外在灰分	53.8	46.2	7.5
丝　炭	黑色丝绢光泽，木炭状碎屑	1.35～1.45 软丝炭 1.6 以上硬丝炭	5～10，有时还高	9.5	90.5	1

注：1. 相对硬度：以粉碎软丝炭到 0.1mm 所需能量为 1。

2. 挥发分、固定碳为可燃基。

3. 此表数据为等煤层煤样化验所得，一般煤样应有波动范围。

根据煤的平均光泽强度、煤岩成分的数量比例和组合情况，可划分出宏观煤岩类型，并以此作为宏观岩相分类的基本单位。其宏观岩相成分可分为：

（1）光亮型煤：主要由镜煤、亮煤组成。

(2) 半亮型煤：常以亮煤为主，有时由镜煤、亮煤、暗煤组成，也可能夹有丝炭。

(3) 半暗型煤：由暗煤及亮煤组成，常以暗煤为主，有时也夹有镜煤和丝炭的线理、细条带和透镜体。

(4) 暗淡型煤：主要由暗煤组成，有时有少量镜煤、丝炭和夹矸透镜体。

17. 煤的有机和无机显微组分有哪几种？

有机显微组分是指在显微镜下能够识别的煤的成分，按其成煤植物、成煤条件及性质的情况将显微组分分为：

(1) 镜质组：是腐殖煤中最主要的显微组分。它是由植物茎、叶的木质纤维组织经凝胶化作用形成的各种凝胶体。国内绝大多数煤都以镜质组为主，其性质随变质程度呈现规律性的变化。

(2) 丝质组：原始物料与镜质组相同，但它是经丝质化作用而形成的，丝质组没有黏结性，又称惰性组。

(3) 稳定组：它是由植物的繁殖器官如孢子、花粉壁的壳质及保护器官所形成的。

(4) 过渡性组分：在镜质组和丝质组之间存在一系列过渡性组分。

(5) 藻类及腐泥基质。

煤的无机显微组分主要有：

(1) 黏土矿物：是煤灰的主要来源，在煤中常呈透镜状、薄层状，有的以微粒状分布在基质中或填充在细胞腔里，这种浸染状黏土很难洗选。

(2) 黄铁矿：颗粒较大的则易洗选去掉，微粒、浸染状的则很难与煤分离。

(3) 石英：中、新生代陆相含煤建造的煤中存在较普遍。

(4) 方解石：常呈薄膜状充填于煤的裂隙中，有时方解石呈粒状分布在基质中或呈薄膜状沿层面分布。

18．煤的显微组分与宏观组分有何关系?

有学者曾经用图 1-4 表达了显微组分与宏观组分的关系。

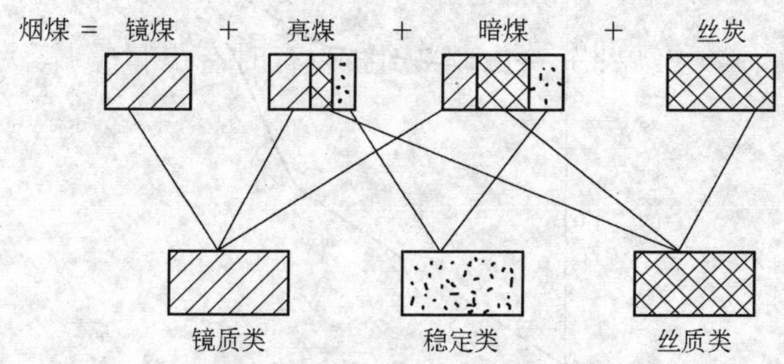

图 1-4 三类显微组分与四种宏观组分之间的关系

上图表明,镜煤和丝炭分别由单一组分镜质类和丝炭类构成,而亮煤和暗煤分别为三种组分的混合物。

19．煤岩显微组分的主要性质及在煤化过程中是怎样变化的?

煤岩显微组分的主要性质表现为:

(1) 反射率:三类显微组分的反射率由大到小的排列顺序为:丝质类>镜质类>稳定类。镜质类的反射率和煤中 w(C)的关系如图 1-5 所示。

(2) 三类显微组分的化学组成:对同一煤化程度的煤而言,碳含量以丝炭类为最高,氢含量以稳定类为最高。随着煤化程度的增加,化学组成和性质的差别逐步缩小最后趋于一致。

(3) 炼焦性质:处于一定变质阶段的镜煤类具有良好的膨胀性和黏结性,并随变质程度的变化而变化,先由低到高,再由高到低,大多数在肥煤处出现最大值;稳定类的软化温度最低,有良好的流动性,也是炼焦的活性组分;丝质类在隔绝空气加热时,既不软化,也不黏接,它不能炼成块状焦炭,属惰性组分。

(4) 其他性质:干馏时,稳定类的煤气和焦油产率最高,其次是镜质类,最低是丝质类。加氢液化时,稳定类和镜质类为活性组

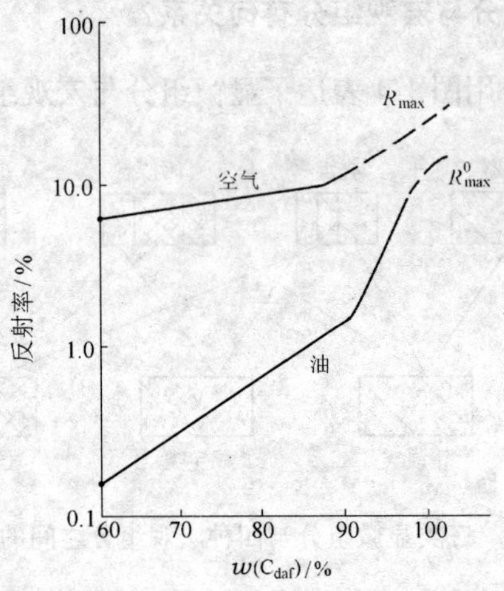

图 1-5　镜质类的反射率和煤中 w(C)的关系

R_{max}^0—油侵物镜下测定值；R_{max}—干物镜下测定值

分，丝质类为惰性组分，很难液化。

三类显微组分在煤化过程中的变化如图 1-6 所示。

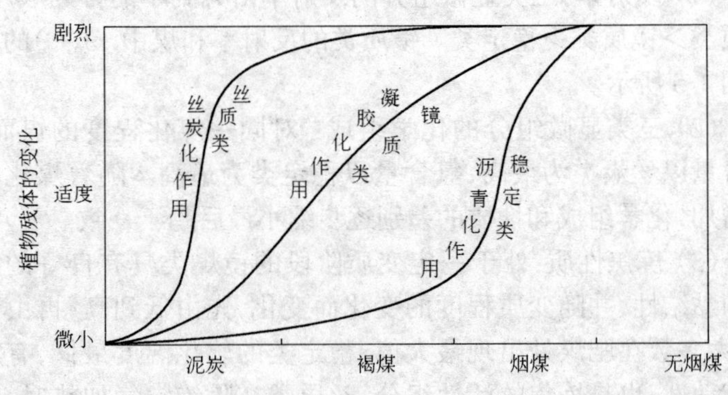

图 1-6　三类煤岩显微组分在煤化过程中的变化

丝质类在泥炭化阶段就发生了剧烈的变化，在以后的煤化阶段中变化很小;镜质类在整个煤化过程中变化大致是均匀的;稳定类在泥炭化阶段中变化很小,只有在深度变质时变化才加快。这三种组分虽有各自不同的变化路线,但最后趋于一致。

20. 煤岩学在哪些方面得到了应用?

煤岩学的研究,对于阐明煤的成因、性质的变化规律,指导煤田勘探和开采,预测煤的可选性,深入认识煤的化学工艺性质与煤岩组成之间的关系,都起到了重要作用。煤岩学的应用主要体现在以下几个方面:

(1) 煤的成因研究。根据显微镜下观察到的植物残体可以确定成煤植物的种类,研究煤岩及煤层围岩的沉积相可以确定煤层形成时的古地理环境、古气候条件和古构造条件等,并可编制煤层形成曲线。

(2) 煤的可选性研究。煤中矿物质的成因、种类、粒度、数量及其分布特征,对煤的可选性影响很大。如矿物粒度大,分布较集中,与有机质的相对密度差别大,数量又少,则较易洗选;反之则难洗选。所以对宏观煤岩类型、显微煤岩类型、显微组分的组成及其与可选性的关系进行研究,对选煤很有意义。

(3) 用钻孔岩芯评价煤质。采用钻孔岩芯评价煤质时,仅用几克试样就能预测煤的各种性质,所获得的信息比钻探和煤田调查阶段所采用的其他任何手段都多。

(4) 用于油气勘探。煤的岩相变质比周围的沉积岩开始得早,变化明显。前者从褐煤阶段开始,后者要到无烟煤阶段才开始,而且变化不明显,难以分辨。所以,煤岩学研究对确定围岩的变质程度很适用。许多研究成果发现,油气形成阶段与镜质组反射率之间有很好的对应关系,如德国曾发现,当镜质组反射率为0.3%~1.0%时,可有具有工业开采价值的石油,最经济的油田反射率小于0.75%;而反射率达到1.0%~2.0%时,只能出现具有工业开采价值的天然气。在我国,镜质组反射率为0.3%~0.7%时常有石油发现;反射率为0.7%~1.0%时不常有石油;反射率为1.0%～1.3%时很少有石油;反射率为1.3%～2.0%时则为石油消失区,而有天然气发现;反射率超过2.0%时天然气也消失了。

(5) 用于煤质评价。岩相组成已成为煤质评价的基本数据之一,对炼焦和其他热解加工以及加氢液化尤为重要。因为镜质类的反射率与变质程度有较好的线性关系,故可作为变质程度的指标,对炼焦煤分类有实用价值。

(6) 用于配煤炼焦。在配煤工艺中,可采用选择破碎的工艺。难碎的惰性或半惰性组分细碎,防止镜煤、亮煤过度粉碎,贵州水城钢铁公司焦化厂已应用了这种流程。

(7) 估计预测焦炭质量。将煤样加热到其流动度最大时的温度,形成半焦并骤冷,这时活性组分全部熔化,惰性组分不熔,用显微镜观察半焦光片,可测出煤中的惰性组分含量,此法比直接测煤中的惰性组分含量更简单、更准确。

从半焦结构可估计并预测焦炭质量。

21. 什么是煤的物理性质?

煤的物理性质主要包括的内容是:空间结构性质、表面性质、力学性质、热性质、电性质、光学性质等。分析和研究煤的物理性质既有理论意义又有实践价值,它将为煤炭加工技术的发展提供许多重要的信息。

22. 什么是煤的化学性质?

所谓煤的化学性质就是在进行某种反应时能产生新的物质的特征。煤的化学性质是指煤与各种化学试剂在一定条件下进行不同的化学反应的性质。例如,煤和一般有机化合物一样可以进行许多化学反应,如卤化、氧化、氢化、碳化、水解、烷基化、酰基化等。了解煤的化学性质,对进一步认识成煤过程和对煤的直接或间接加工有着十分重要的意义。

23. 什么是煤的工业分析和元素分析?

煤一方面是主要能源,另一方面又是冶金和化工等部门的重要原材料的来源。为确定煤的性质,评价煤的质量和合理利用煤炭资源,工业上最重要和最普通的分析方法就是煤的工业分析和元素分析。

煤的工业分析是指对煤中的水分、灰分、挥发分和固定碳、煤的有机部分进行分析。煤的有机部分主要是由碳、氢、氧、氮、硫等元素构成的复杂的多种高分子物质的混合物,元素分析就是测定这些元素的组成。

24. 煤中水分存在的形态有哪几种类型?

煤中水分存在的形态有三种类型:

(1) 外在水分。在煤的开采、运输、储存和洗选过程中润湿在煤的外表以及大毛细孔(直径大于 10^{-5}cm)中的水分为外在水分。它以机械方式与煤连接,其蒸汽压与纯水的蒸汽压相等。在空气中放置时,外在水分不断蒸发,直至煤中水分的蒸汽压与空气的相对湿度达到平衡时为止,此时失去的水分就是外在水分。含有外在水分的煤为应用煤,失去外在水分的煤为风干煤。

(2) 内在水分。吸附或凝聚在煤粒内部的毛细孔(直径小于 10^{-5}cm)中的水称为内在水分。内在水分是指将风干煤加热到105~110℃时所失去的水分,主要以吸附等物理方式与煤连接,较难蒸发,故其蒸汽压小于纯水的蒸汽压。失去内在水分的煤为绝对干燥煤。

(3) 结晶水。结晶水在煤中以化学方式与矿物质结合,如硫酸钙($CaSO_4 \cdot 2H_2O$)、高岭土($Al_2O_3 \cdot 2SiO_2 \cdot 2H_2O$)等。结晶水通常要在200℃以上才能分解析出。

25. 煤的变质程度与水分含量有何关系?

煤的水分含量变化范围很大,由于其内在水分是以吸附或凝聚在小毛细孔中的方式存在的，它的数量和变化规律与煤的内表面积的大小有关，亦即反映了煤内部化学结构上的差异。不同煤种其内在水分的含量是不相同的，变化情况参见表1-5。

表1-5 不同煤种的内在水分含量

种　类	内在水分含量/%
泥　类	45～12
褐　煤	24.5～5
长烟煤	8.7～0.9
气　煤	4.9～0.6
肥　煤	3.2～0.5
焦　煤	2.6～0.4
瘦　煤	1.6～0.3
贫　煤	0.6～0.0
无烟煤	4.0～0.1

从表1-5可以明显地看出，泥炭的水分含量最高，随着煤的变质程度的增加内在水分含量减少，但到了无烟煤阶段又上升。

这种变化的规律可以这样来解释，现代对煤的研究的观点认为，煤中的有机质是一种具有胶体性质的高分子化合物，在泥炭的有机质聚合物分子周围含有许多极性官能团，这些官能团具有显著的溶剂化作用，能够吸呼很多水分，所以泥炭的水分含量很高。随着煤的变质程度的增加，在变质作用的影响下，煤中的有机物进行缩聚和分解，使分子中所含的极性官能团不断减少，从而使原来具有亲水性质的煤逐步变成憎水性质的，随着变质程度的增加其憎水性质也越强，水分含量也逐步减少。到了无烟煤阶段，水分含量又上升，这种现象主要是由于无烟煤的内表面积比烟煤的内表面积大。

通过对煤的容积水分的测定，发现其变质程度和容积水分(是吸呼和凝聚在毛细孔中的水分的饱和值)之间有着一定的联系和规律性。煤的挥发分、碳含量与容积水分的关系参见图 1-7。

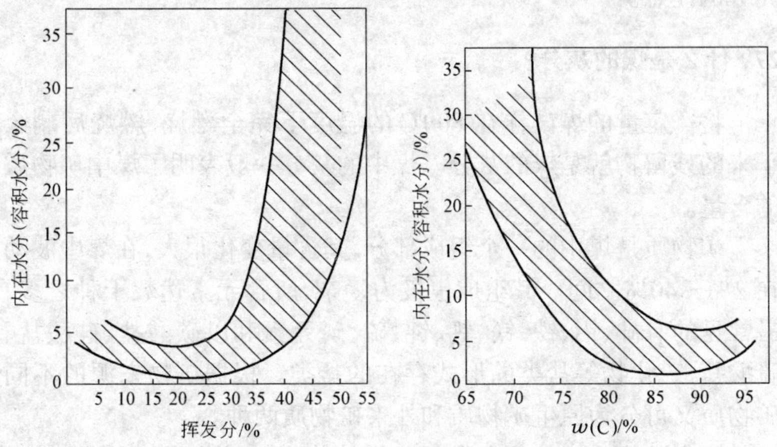

图 1-7 容积水分与煤的变质程度之间的关系曲线

26. 煤的水分含量对其应用有何影响?

煤中水分含量高时对煤的应用是一种有害的影响。主要危害体现在以下几个方面:

(1) 在运输过程中,增加不必要的质量,增大运输量和运输费用的消耗。

(2) 在冬季天气寒冷时易于冻结,使装卸或加工都需要先解冻,势必增加消耗,加大劳动强度。

(3) 在燃烧或低温干馏时,如果煤中水分过大,则要消耗大量的热量;在高温干馏时,配合煤水分每增 1%,结焦时间将延长 10min 左右,炼焦耗热量将增加 60～80kJ。同时水分含量高对装煤操作及炉墙都有一定的危害。

(4) 由于煤中水分的存在,在煤贮存时会加速煤的风化和自燃。

只有在粉煤作为锅炉燃料时,才加入适当的水分,降低气流阻力,以利于燃烧。可见,当煤中水分含量过高时,害多利少,降低煤的含水量是一举多得的提高社会经济效益的重要措施，应当引起充分的注意。

27．什么是煤的灰分？

将一定量的煤试样在800℃的温度下完全燃烧，燃烧后剩余下来的残留物就是煤的灰分。煤中的灰分一般表明了煤中矿物质的含量。

矿物质是煤中的一个组成部分，其含量变化很大，在煤中波动在2%～40%之间。其组成也极为复杂，所含元素达数十种之多，最常见的有硅、铝、铁、镁、钙、钾、硫、磷元素和以碳酸盐、硅酸盐、硫酸盐、硫化物等盐类的形式存在的盐类。根据矿物来源的不同矿物质又可分为原生矿物质和外来矿物质两种。

原生矿物质指的是存在于成煤植物中的矿物质，而在成煤过程中又仍然保留在煤中，主要由各种碱金属和碱金属的盐类组成。这些矿物质又很紧密地和煤中的有机质连接在一起，很难以机械的方法将其分开。

外来矿物质指的是在成煤过程中，经煤层裂缝透入的各种矿物质溶液而积聚起来的，由风和水带来的，开采时由底板、顶板、夹层及周围掉入的矿物质，它们主要由硅酸盐、氧化物、硫化物、硫酸盐、碳酸盐所组成。后一种情况带来的矿物质可以用机械的方法进行分离。

了解煤的灰分的组成，对改善洗精煤的质量有着一定的指导意义。

28．灰分对煤的应用有何影响？

煤的矿物质含量不完全是煤的灰分，因为灰分是煤在高温燃烧后的残留物，在燃烧过程中矿物质已发生了变化，灰分的质量已不是原来矿物质的质量了。煤的灰分含量应确切地说成是灰分产率。灰分对煤来说是一种废物，它的产率越高，越降低了煤的工业使用价值，主要影响有以下几个方面：

（1）增加运输量和运输费用。

（2）在燃烧和气化时造成了大量的灰渣，如果灰分熔点很低时，则会造成炉渣烧结，影响炉灰的排除和煤的燃烧。

（3）当用高灰煤进行炼焦时，所生产的焦炭质量也差，不仅机械强度、耐磨强度低，而且焦炭灰分也高，用高灰焦炭在高炉冶炼时就会降低高炉生产能力和效率及增大能耗。例如：焦炭灰分每增加1%时，高炉中熔剂用量增加1.0%～1.8%，焦炭耗量增加2%～2.5%，高炉生产能力降低5%。

（4）若煤用作低温干馏的原料时，灰分过高将会降低焦油产率，影响化产回收。

（5）当对煤进行直接化学加工时，例如煤加氢，灰分徒占装备的容积并且对设备有损害，因此要求加氢用煤的灰分要控制在5%以下。

（6）煤中含有黄铁矿时，在储存时能加速煤的风化和自燃。

29．什么是煤的挥发分？

将煤与空气隔绝，在温度为(850±20)℃的条件下加热7min，则煤中的有机质就会分解，分解后的失重就称为煤的挥发分。挥发分是煤在高温下受热分解的产物，并不是原来就以某种形态存在于煤中的，而属分解产物的产率。

在测定煤的挥发分产率时，要严格遵守试验方法所规定的条件，否则其化验结果就没有什么意义。

30．煤的挥发分与其变质程度有何关系？

煤中的有机质受热分解而产生的挥发分，其产率的数量多少与煤中有机质的组成和性质有着密切的关系，不同煤种和不同岩相组分的挥发分是不相同的，参见表1-6、表1-7。

表 1-6　不同煤种的挥发分产率

煤　种		挥发分产率　V_{daf}/%
泥　炭		近 70.0
褐　煤		41.0～67.0
烟　煤	长烟煤	＞42
	气　煤	44～35
	肥　煤	35～26
	焦　煤	26～18
	瘦　煤	18～12
	贫　煤	＜17
无 烟 煤		10～2

表 1-7　褐煤、烟煤粗视拼分和显微组分的挥发分产率

名　称		煤的显微组成	挥发分 V_{daf}/%	粗视拼分	挥发分 V_{daf}/%
褐　煤		镜煤类物质	40.0	暗　煤	55.0～45.0
		丝炭类物质	18.4		
		孢子	63.3		
		角质层	55.2		
		树脂体	59.5		
烟煤	低变质程度(长烟煤气煤)	镜煤类物质	47.5～31.4	孢子型暗煤	59.5～45.9
		丝炭类物质	17.9～12.8		
		孢子	75.9～2.0		
		树脂体	97.4～80.0		
	中变质程度(肥、焦煤)	镜煤类物质	32.7～23.3	暗　煤	35.6～27.9
		丝炭类物质	16.7～8.6		
		孢子	67.6～48.4		
	高变质程度(贫煤、瘦煤)	镜煤类物质	12.1～8.9		
		丝炭类物质	5.5～4.6		
无　烟　煤		镜煤类物质	1.4		
		丝炭类物质	1.1		

从上两表所列的数据，关于挥发分与变质程度的关系我们可以看出如下几点：

（1）在腐殖煤中，泥炭的挥发分最高，随着变质程度的增加，挥发分逐步减小。

（2）烟煤的性质随着挥发分变化又有显著的变化，其工业使用价值有着显著的不同，因此又根据挥发分的高低将其分为 6 个不同的种类。

（3）同一种煤不同岩相组分中角质类物质挥发分最高，镜煤类物质次之，丝炭类物质最低。

由于挥发分反映了煤的变质程度的深浅，所以在煤分类指标中把挥发分列为其中指标之一。

31．什么是煤的固定碳？

在测定煤的挥发分时残留下来的不挥发固体，我们称之为焦饼，这时灰分也全部转入焦饼中，以焦饼的质量减去灰分的质量，最后所得的质量就是煤中固定碳的数量。按照工业分析的要求，可以人为地把煤划分为水分、灰分、挥发分和固定碳 4 个分析项目。

32．煤的元素组成与煤的变质程度有什么关系？

煤的有机质主要由碳、氢、氧、氮、硫 5 个元素组成，煤的元素组成随煤的种类、产地、岩相组成及煤化程度的不同而不同，可参见表 1-8。

表 1-8　腐殖煤元素组成表

名称		元素组成 w/%				
		C	H	O	S	N
泥炭		53.3～62.1	5.7～6.5	28.9～40.0	0.1～0.4	0.6～0.4
褐煤	土状褐煤	63.4～76.2	5.0～6.7	20.9～31.6	0.5～1.2	0.2～1.14
	暗褐煤	67.4～74.4	4.0～5.9	19.6～29.1		0.2～1.14
	半亮褐煤	73.4～75.7	5.0～5.3	17.0～19.6	<1.0	<1.0

续表 1-8

名称		元素组成 w/%				
		C	H	O	S	N
烟煤	长烟煤	76.0~86.0	5.0~6.0	10.0~17.5	10.0~17.5	1.8
	气煤	78.0~89.0	4.5~5.5	6.8~16.0	6.8~16.0	1.7
	焦煤	87.0~92.0	4.0~5.2	3.0~8.0	3.0~8.0	1.5
	瘦煤	89.0~94.0	3.8~4.9	2.0~5.0	2.0~5.0	1.4
	贫煤	90.0~95.0	3.4~4.4	1.6~4.5	1.6~4.5	1.2
无烟煤		89.2~96.1	1.3~3.0	0.1~2.3	0.1~2.3	0.1~1.3

从表 1-8 可看出：

(1) 随着变质程度的加深，碳的质量分数从泥炭至无烟煤自 53.3%~62.1%增至 89.2%~96.1%。

(2) 从泥炭到无烟煤氧含量逐步减少。

(3) 在腐殖煤中氢含量的变化没有什么显著的规律性，只是略有降低。

根据现代对煤结构的观点认为：煤的有机质是一种高分子化合物，主要由稠环所组成，在稠环的周围有很多侧链，这些侧链由许多官能团和各种基所组成，绝大部分的碳集中在稠环上，氧和氢则大部分分布在侧链上，在成煤过程中，稠环扩大，侧链断裂，因而碳含量不断增加，而氢和氧含量不断减少。

33. 煤中的硫有几种状态？

煤中的硫总的来说分为两大类：

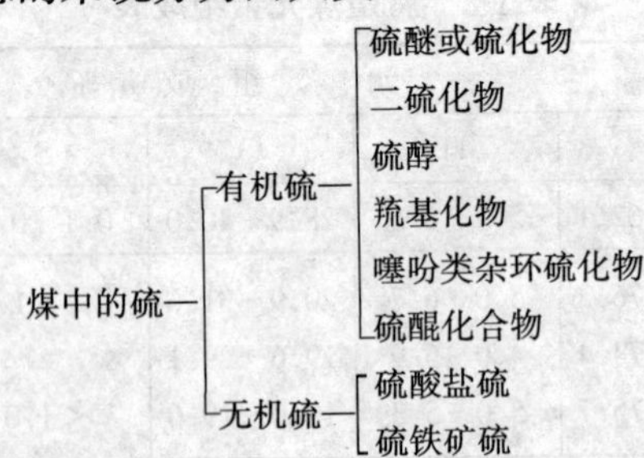

现将其两种状态的硫分述如下：

(1) 有机硫。有机硫的来源认为是造煤场料——植物本身所带来的硫，如植物的蛋白质（硫的质量分数为0.2%～2.3%）中所含的硫，在成煤过程中这些硫化物参与了煤的生成并均匀地分布在煤中。一般含硫量低的煤，这部分硫占总含量的大部分。

(2) 硫铁矿硫。从来源看，分两个方面：一是在泥炭集聚的地方生长存在着某些低等动植物，它们的蛋白质含量都较高，当这些低等动植物死亡后堆积起来，在成煤过程中蛋白质分解后产生硫化氢气体，一部分气体散失到大气中，另一部分则溶解于泥炭沼的水中，再与水中的铁盐作用而生成硫铁矿；二是水中的铁被还原而生成的硫铁矿，例如：

$$Fe_2(SO_4)_3 + 3H_2O + S \longrightarrow 2FeS_2 + 3H_2SO_4$$

硫铁矿在煤中的存在可能是层状的，也可能嵌在煤的裂缝中呈脈石状的，还有的呈细粒状均匀地分布在煤中。前两种状况的矿物质在煤中含量较多，一般可以用机械选煤的方法去除，后一种情况的矿物质洗煤时难以除去。

在含硫量高的煤中，硫铁矿硫的含量占总含量的大部分。

(3) 硫酸盐硫。煤中硫酸盐硫主要是以石膏（$CaSO_4 \cdot 2H_2O$）和硫酸亚铁（$FeSO_4$）的形式存在，少量是以硫酸镁（$MgSO_4$）和硫酸钡（$BaSO_4$）的形式存在。在新开采的煤中，硫酸盐硫的含量是很少的，但经风化后其含量增加，这主要是因为FeS_2被氧化所致，其反应为：

$$2FeS_2 + 7O_2 + 2H_2O \longrightarrow 2FeSO_4 + 2H_2SO_4$$

$$FeS_2 + 3O_2 + H_2O \longrightarrow FeSO_4 + SO_3 + H_2O$$

$$4FeS_2 + 15O_2 + 3H_2O + 8CaCO_3 \longrightarrow 2Fe_2O_3 \cdot 3H_2O + 8CaSO_4 + 8CO_2$$

所以，硫酸盐硫含量较高的煤，可能曾受过氧化。

34. 煤的硫含量对其应用有什么影响?

不同的煤中，硫含量（均为质量分数）的差别可能很大，从

0.1%波动到10%之间，一般平均都在0.75%～1.5%左右。我国各地煤田的煤，硫含量均比较低，大多数在1%以下，如抚顺煤硫含量在0.32%～0.78%之间；本溪煤硫含量在0.49%～0.99%之间；山西烟煤硫含量较高，一般在1.39%；西南地区特别是贵州煤的硫含量也较高。煤中的硫是危害极大的一个组分，在实际应用时，其危害主要体现在以下几个方面：

(1) 在煤的储存时，FeS_2 易氧化而放出热量，加速了煤的风化和自燃。其放热反应如下：

$$FeS_2 + 3O_2 + H_2O \longrightarrow FeSO_4 + SO_3 + H_2O + 1.164kJ$$

(2) 当煤用作动力燃料时，在燃烧过程中生成 SO_2，既对设备有强烈的腐蚀作用又严重地污染大气环境。

(3) 煤作为生产陶瓷的燃料时，燃烧所产生的 SO_2 将在陶瓷制品上生成可溶性的硫化物，降低了产品质量。

(4) 煤在进行干馏时，一部分硫被分解而随着挥发物一起逸出，分布在煤气及焦油中，而大部分则留在焦炭里，其分布情况见表1-9。

表1-9　煤在干馏时其硫在产品中的分布

过程 分布	占煤中总含硫量(质量分数)/%	
	低温干馏	高温干馏
焦炭中	50～60	70～75
焦油中	3	
煤气中	40	25～30

这些产品中的硫含量，对它们质量影响是很大的，例如煤气中的硫主要以 H_2S 和 CS_2 的形式存在，当煤气用于合成原料时，必须除去煤气中的硫化物，否则将引起催化剂中毒；当作城市民用煤气时，煤气中的硫含量应达到国家规定的标准。焦炭中的硫含量更是一种有害的组分，用焦炭作高炉冶炼的燃料时，焦炭中硫的质量分数每增加0.1%，则石灰石及焦炭消耗量增加约2%，高炉生产能力降低2%～2.5%；应用于铸造时，高硫的铸造焦将严重地破坏铸件产品的质量。

35. 什么是煤的高、低发热量,发热量与煤的变质程度有何关系?

煤的发热量也称为煤的热值,是指单位质量的煤完全燃烧后所放出的热量。由于煤在燃烧时其燃烧产物中水的状态不同,放出的热量也不相同,因而将发热量又分为高发热量和低发热量。

煤的高发热量是工业上应用的发热量标准。假定燃烧产物中所有的水汽都冷凝下来成为零摄氏度时的液态水,在这种假定的条件下,单位质量的煤完全燃烧后放出的热量称为高发热量。去除对燃烧产物中水汽处理的假定条件所测得的热值就是煤的低发热量。

煤的高低发热量的核算关系可用下式表示:

$$Q_{高} = Q_{低} + 25.12(w(H_2O) + 9w(H)) \tag{1-1}$$

式中 $Q_{高}$——煤的高发热量;

$Q_{低}$——煤的低发热量;

$w(H_2O)$——煤中水分的质量分数;

$w(H)$——煤中氢的质量分数;

9——煤中每含 1kg 的氢可生成 9kg 的水;

25.12——20℃的水蒸气与0℃的水之间的热量差为25.12kJ/kg。

煤的发热量一般是在热量计中直接测定,也可根据工业分析和元素分析的数据采用某些经验公式来进行计算。

不同牌号煤的发热量参见表 1-10 内的数据。

表 1-10 不同牌号煤的发热量

煤种	产地	发热量/$kJ\cdot kg^{-1}$
褐煤	内蒙	24702~25539
长烟煤	辽宁阜新	33494~33913
气煤	辽宁双鸭山	33913~36425
肥煤	河北开滦	34332~36006
焦煤	辽宁本溪	37263~39775
瘦煤	辽宁本溪	36425~36844
无烟煤	河北	31401~33076

煤的发热量波动范围很大,在腐殖煤系统中,随着变质程度的提高,煤的发热量逐渐增大,到焦煤和瘦煤阶段达到了最高峰,此后随着变质程度的增加而降低。造成这种现象的主要原因乃是从褐煤到长烟煤、焦煤阶段的变化过程中,煤中的碳含量增加,氢含量减少,氧含量迅速下降,从而发热量不断增加。在焦煤阶段之后,由于碳含量增加的速度小于氧含量减少的速度,氢含量的下降速度也相对地加大,氢的发热量较碳大 4.2 倍,因此发热量又反而下降。

发热量还与反映煤的变质程度的挥发分有着密切的关系,参见图 1-8。

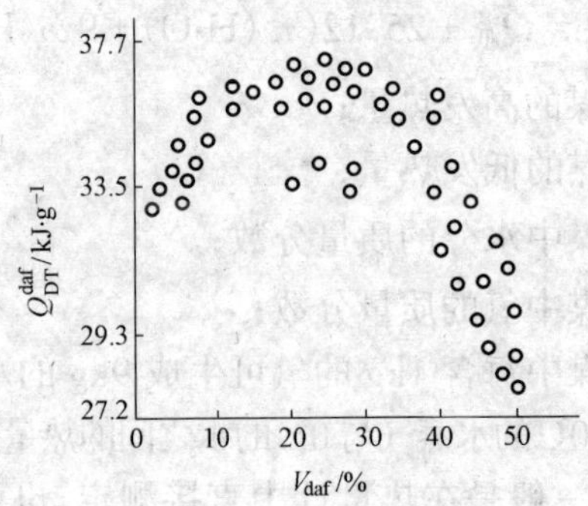

图 1-8 挥发分与发热量之间的关系

36. 煤的工业分析和元素分析结果的表示方法及其相互关系是什么?

煤的工业分析和元素分析由于所采用的计算基准不同而得到的结果是大不相同的,为了使分析结果能清楚地给人们以比较的关系,必须采用统一的基准表示,基准不同,分析结果是无法进行比较的。但是,在煤质分析中得出的煤质指标,根据不同的需要,也可用不同的基准来表示,常用基准与煤质指标的关系如图 1-9 所示。

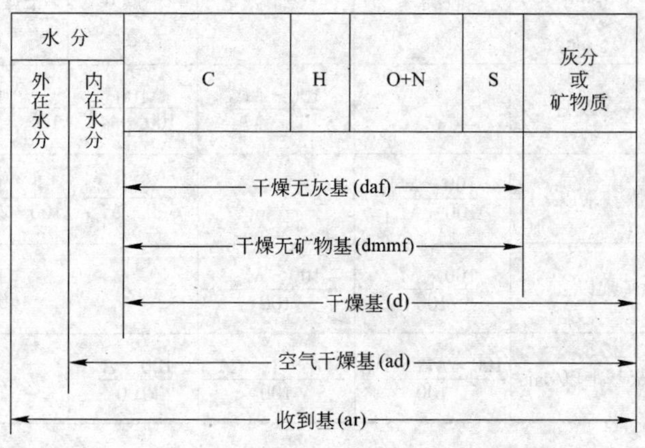

图 1-9　煤质指标与常用基准关系图

各种基准的煤质指标 X(%)(如 C、H、O、N、S 等)之间可用下式换算：

$$X_{ar}=X_{ad}\frac{100-M_{ar}}{100-M_{ad}} \tag{1-2}$$

$$X_{d}=\frac{X_{ad}}{100-M_{ad}}\times 100 \tag{1-3}$$

$$X_{daf}=\frac{100}{100-M_{ad}-A_{ad}} \tag{1-4}$$

$$X_{daf}=X_{d}\frac{100}{100-A_{d}} \tag{1-5}$$

式中　M——煤中水分，%；

A——煤中灰分，%。

一般煤质分析结果换算公式可参照表 1-11。

表 1-11　煤质分析结果换算公式

已知的基准 \ 要求换算的基准	收到基 ar	空气干燥基 ad	干燥基 d	干燥无灰基 daf
收到基乘以 ar		$\frac{100-M_{ad}}{100-M_{ar}}$	$\frac{100}{100-M_{ar}}$	$\frac{100}{100-M_{ar}-A_{ar}}$
空气干燥基乘以 ad	$\frac{100-M_{ar}}{100-M_{ad}}$		$\frac{100}{100-M_{ad}}$	$\frac{100}{100-M_{ad}-A_{ad}}$
干燥基乘以 d	$\frac{100-M_{ar}}{100}$	$\frac{100-M_{ad}}{100}$		$\frac{100}{100-A_{d}}$
干燥无灰基乘以 daf	$\frac{100-M_{ar}-A_{ar}}{100}$	$\frac{100-M_{ad}-A_{ad}}{100}$	$\frac{100-A_{d}}{100}$	

37. 怎样利用换算关系进行分析结果的基准换算?

对某一分析指标来讲,并不是可以用任何基准表示的,如水分不能用干燥基表示,灰分不能以干燥无灰基或有机基表示等。对基准换算举例如下:

(1) 某煤种收到基灰分为 $A_{ar}=14.32\%$, $M_{ar}=11.2\%$,那么干燥基灰分是多少?

解:

$$A_{d}=A_{ar}\frac{100}{100-M_{ar}}=14.32\%\times\frac{100}{100-11.2}=16.13\%$$

则干燥基灰分 A_{d} 为 16.13%。

(2) 某煤种经化验分析结果为: $M_{ad}=4.5\%$, $A_{ad}=9.40\%$, $V_{ad}=26.70\%$,求 $V_{daf}=?$

解:

$$V_{daf}=V_{ad}\frac{100}{100-M_{ad}-A_{ad}}=26.70\%\times\frac{100}{100-4.5-9.4}$$

$$=26.70\%\times\frac{100}{86.1}=31.01\%$$

基准间的换算,其基本思路为:确定基准是什么,即假定以什么质量作为100,找出换算前后的变量,列出等式;不同的基准不具有加和性,进行加、减、乘、除的各项的基准必须相同,否则应先换算为相同的基准后才能运算。

(3) 已知某烟煤 $M_{ad}=2.05\%$,$A_d=14.14\%$,$V_d=28.35\%$,求 V_{ad}和 V_{daf}。

解:

$$V_{ad}=V_d\frac{100-M_{ad}}{100}=28.35\%\times\frac{100-2.05}{100}=27.77\%$$

$$V_{daf}=V_d\frac{100}{100-A_d}=28.35\%\times\frac{100}{100-14.14}=33.02\%$$

(4) 称分析煤样1.0400g放入事先鼓风并加热到105~110℃的烘箱中干燥2h,煤样失重为0.0312g;又称此分析煤样1.0220g,灼烧后失重0.1022g;再称此分析煤样1.0550g,在(900±10)℃下加热7min,失重为0.2216g,试求该分析煤样的 A_d 和 V_{daf}及 C_{ad}。

解:

$$M_{ad}=\frac{0.0312}{1.0400}\times100\%=3.0\%$$

$$A_{ad}=\frac{0.1022}{1.0220}\times100\%=10.0\%$$

$$V_{ad}=\frac{0.2266}{1.0550}\times100\%-3\%=18.0\%$$

则

$$A_d=A_{ad}\frac{100}{100-M_{ad}}=10\%\times\frac{100}{100-3}\approx10.0\%$$

$$V_{daf}=V_{ad}\frac{100}{100-M_{ad}-A_{ad}}=18\%\times\frac{100}{100-3-10}=20.69\%$$

$$C_{ad}=100\%-(M_{ad}+A_{ad}+V_{ad})=100\%-(3\%+10\%+18\%)=69\%$$

38. 什么是煤的真密度、视密度及堆密度,煤的显微组分的密度与煤化程度有何关系?

煤的密度的三种表示方法为:

(1) 真密度:单位体积(不包括煤的所有空隙)煤的质量,用比重瓶法或其他置换方法测定。

(2) 视密度:单位体积(不包括煤粒间的空隙,但包括煤粒内的空隙)煤的质量,用水中称量法(涂蜡法、涂凡士林法和水银法)测定。

(3) 堆密度:单位体积(包括煤粒间的空隙,也包括煤粒内的空隙)煤的质量。

对同一煤样,以上三种密度的数值从上到下依次减小。

不同显微组分的真密度,由大到小的排列顺序是:丝质组>镜质组>稳定组,当 w(C)达到94%以上时,三者趋于一致。其分布如图 1-10 所示。

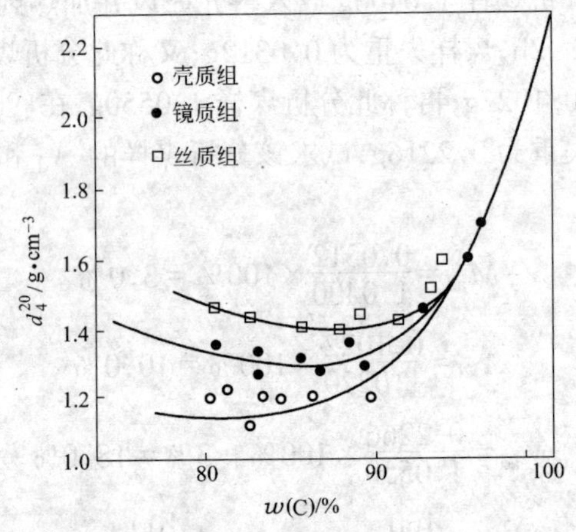

图 1-10　三种显微组分的密度和煤化程度的关系

镜质组密度和煤化程度的关系如图 1-11 所示,它开始随煤化程度的增加而慢慢降低,在 w(C)为85%～87%之间达到最低值,当 w(C)达到90%以上时,密度急剧增高。密度开始下降的原因是氧含量降低的影响大于碳含量增加的影响 ,在这一阶段煤分子结构的紧密程度变化不大,在高变质阶段密度急增表明芳香碳网增大,排列规则化和更为紧密。

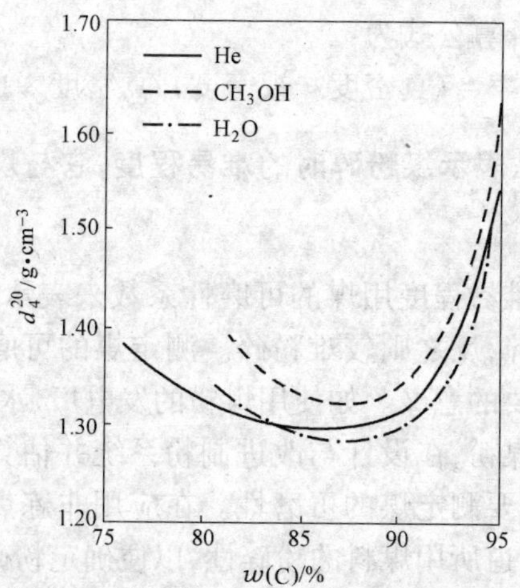

图 1-11　镜质组密度和煤化程度的关系

39. 什么是煤的孔隙率，它与煤化程度有何关系？

煤的孔隙体积与煤的总体积之比称为孔隙率或气孔率，也可用单位质量的煤所包含的孔隙体积(cm^3/g)来表示。

煤的孔隙率与煤化程度的关系如图 1-12 所示。

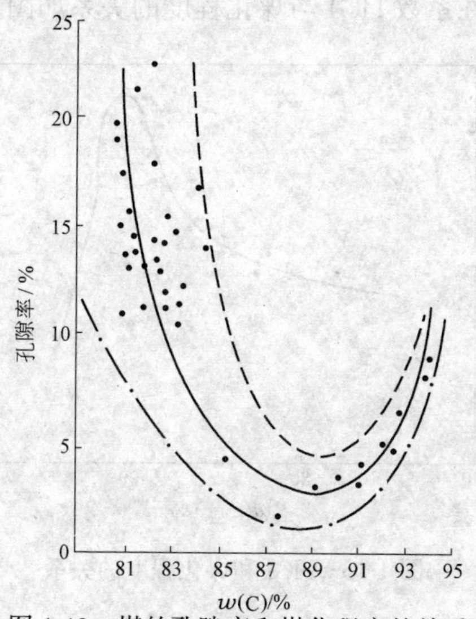

图 1-12　煤的孔隙率和煤化程度的关系

孔隙率的计算公式为：

$$孔隙率=(真密度-视密度)/真密度\times 100\%$$

40. 用什么方法表示煤粉碎时的难易程度，它与煤化程度有何关系？

煤粉碎的难易程度用煤的可磨性系数来表示，可磨性系数越大则越容易粉碎，反之则较难粉碎。测定煤的可磨性在很多工业部门中具有重要的意义。如使用煤粉的发电厂、水泥厂、钢铁企业中的高炉喷吹煤粉，在设计与改进制粉系统并估算磨煤机的产量和耗电时，常需要测定煤的可磨性。在应用非炼焦煤为主的型焦工业中，为了知道所用煤料的粉碎性，以便确定粉碎系统的级数及粉碎机的类型，也需预先测定煤的可磨性。

由于煤结构的复杂性，不同牌号的煤往往具有不同的可磨性，有时即使是同一矿区和同一煤层的煤，因其所包含的矿物质的性质、数量的不同和煤的结构、挥发分产率以及水分的差异，其可磨性也是不同的。

煤的可磨性系数 HGI 与煤化程度的关系如图 1-13 所示。

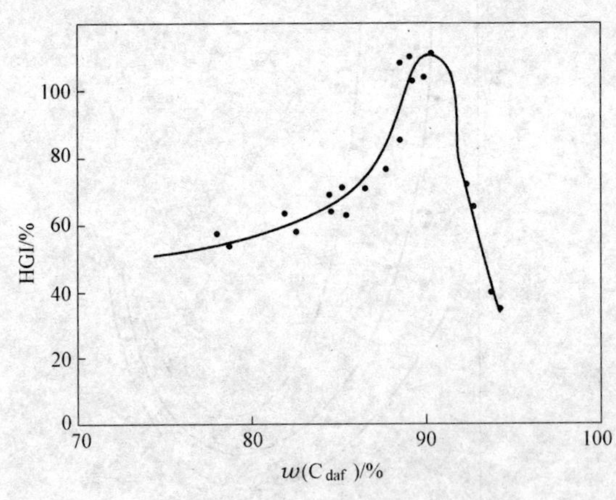

图 1-13　HGI 和煤化程度的关系

随着煤化程度的加深，可磨性系数呈抛物线变化，在碳的质量分数为 90％处出现最大值，大于 90％后急剧降低。

41．什么是煤的热性质？

煤的热性质指的是煤的比热容、导热性和热稳定性等。对煤进行热加工是煤的最主要的加工方式，故了解煤的热性质是十分必要的，同时，某些热性质可提供有关煤结构的重要信息。

煤的比热容不是恒定的，它随煤化程度、水分、灰分及温度而变化。室温下，煤的比热容为 0.8～1.7J/(g·℃)；温度在 0～350℃时，比热容随温度的增加而增加；在 350～1000℃时，比热容随温度的增加而降低，最后接近于石墨的比热容 0.69J/(g·℃)。室温下，比热容和碳含量的关系如图 1-14 所示。

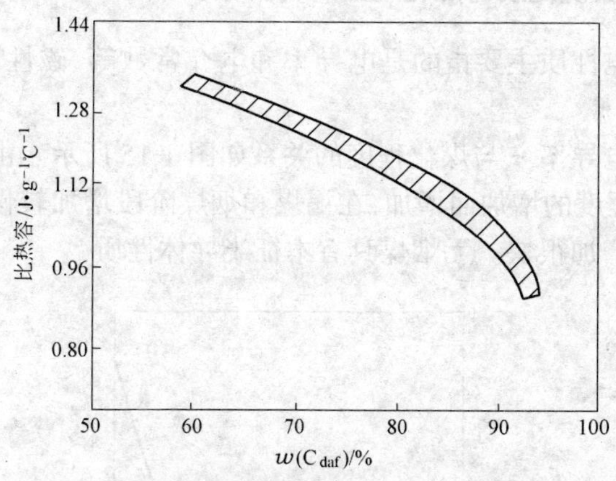

图 1-14　煤的比热容和碳含量的关系

煤的导热性参数包括煤的导热系数 λ(kJ/(m·h·℃))和热扩散率 a(m^2/h)两个基本常数，它们之间的关系为：

$$a = \lambda / c \cdot \gamma$$

式中　c——煤的比热容，kJ/(kg·℃)；

γ——煤的密度，kg/m^3。

煤的导热系数可理解为热量在煤中直接传导的速度。而热扩散率是不稳定导热的一个特征的物理量,它代表物体具有温度变化的能力。导热系数与煤的水分含量、灰分产率及温度有关,并随水分含量的增高而变大。有机物的导热性大大低于灰分的导热性,所以 λ 随灰分的增高而增大,也随温度的上升而增大;同时,整块煤或型块、煤饼的 λ 比散状煤的高。煤的热扩散率有与导热系数相似的影响因素。

煤的热稳定性是指煤在高温下保持其原来粒度大小的能力。它对煤的移动床气化、型煤和型焦加工有重要意义。热稳定性好的煤在气化过程中,能保持原来的块度或只碎裂成不多的几块,而热稳定性差的煤,一旦受热便爆裂成细小颗粒,甚至变成粉末。

42. 煤的电、磁性质与煤化程度有何关系?

煤的电性质主要指的是电导率和电介常数等,磁性质主要有磁化率等。

煤的电导率 σ 与煤化程度的关系如图 1-15 所示。由图可知,σ 随煤化程度的增加而增加,在褐煤和烟煤阶段增加较慢,而在无烟煤阶段增加很快。无烟煤具有本征半导体性质。

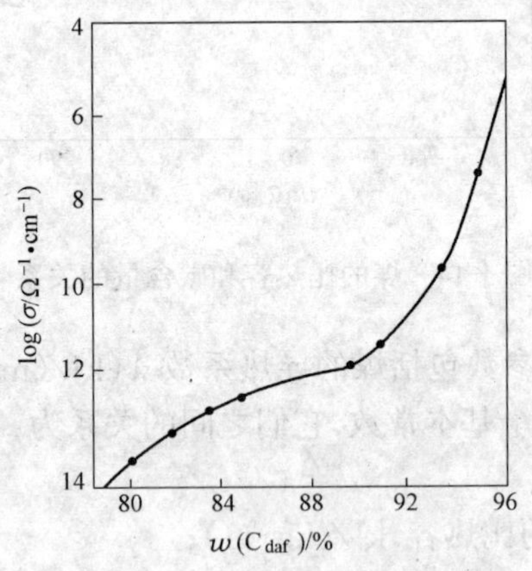

图 1-15 电导率与煤化程度的关系

煤的电介常数 ε 是某一物质处于两块金属板之间构成电流器的蓄电量和两块为真空时的蓄电量之比，即 $\varepsilon = C/C_0$，对非极性绝缘体而言 $\varepsilon = n^2$，n 为折射率。

煤的电介常数与煤化程度的关系如图 1-16 所示。

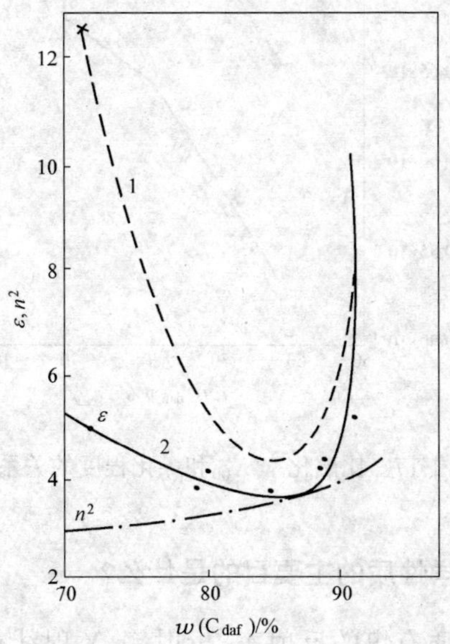

图 1-16 ε 和 n^2 与煤化程度的关系

1—空气干燥试样；2—干燥样

从图 1-16 可见，只有在碳的质量分数为 87%左右时 ε 与 n^2 才大致相等，对煤化程度很低和很高的煤，二者相差悬殊。年轻煤的含氧官能团多，故极性高，$\varepsilon > n^2$；年老煤的 ε 更高，原因是导电性增加；只有中等变质程度的煤才接近于非极性的绝缘体，所以 $\varepsilon = n^2$。

煤的有机质具有抗磁性，即磁化产生的附加磁场和外磁场相反，煤的比磁化率 X_{00}和变质程度的关系如图 1-17 所示。

X_{00}和煤化程度的关系大致为一折线，在 $w(C) = 79\%$ 和 $w(C) = 91\%$处有两个明显的折点，利用磁化率可计算煤的结构参数。

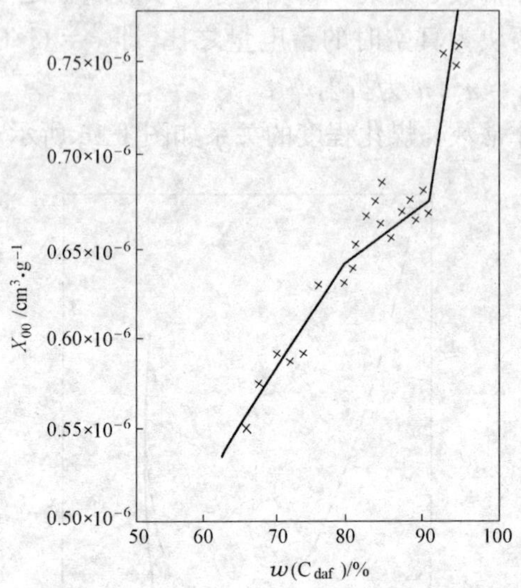

图 1-17　比磁化率 X_{00}和煤化程度的关系

43. 研究煤的光学性质的主要目的是什么?

煤的光学性质有煤的反射率、折射率、X 射线衍射、红外光谱等,它们对煤的分类和结构研究十分重要。

反射率:煤岩显微组分中的镜质组的反射率与煤化程度之间有较好的线性关系,故可作为煤分类指标。

煤的折射率:它随煤化程度的增加而增加,在碳的质量分数高于 85%时,折射率出现最大和最小值,说明褐煤和年轻烟煤在光学上是各向同性的。从中等变质程度烟煤开始,光学各向异性现象趋于明显,这正是煤空间结构发生变化的反映。

煤的 X 射线衍射:通过对煤的 X 射线衍射研究煤的结构,证明煤不是晶体物质,但在结构中存在着类似于石墨结构而尚未发育完全的微晶子,它的大小和定向排列规则化程度随煤化程度的变化而变化。

煤的红外光谱：这是研究有机化合物结构的最主要方法之一，根据红外光谱图可得出有关定性结论。煤中存在—CH_3—、—CH_2—和 $-\overset{|}{\underset{|}{C}}H-$等脂肪结构，其含量随煤化程度的增加而减少；煤中有不同取代程度的芳香环结构，其含量随煤化程度增加而提高；煤中不存在孤立的 C═C 和 C≡C 等不饱和键；煤中存在含氧官能团，如氢键缔合的—OH 等。还可定量测定煤中的甲基氢和芳香氢，从而了解煤中氢的分布，由此推测碳原子的分布。

44. 什么是煤的卤化反应，研究卤化反应的目的是什么？

煤的氯化方法主要有两种：一是在较高温度（如 175℃左右或更高）下有氯气进行气相氯化，二是在不大于 100℃下在水介质中氯化。由于水的强离子化作用，氯化反应速度快，煤的转化程度较深，故主要是研究后者。

煤在水介质中氯化时发生的反应有：

(1) 取代和加成反应：

$$RH + Cl_2 \longrightarrow RCl + HCl$$

(2) 氧化反应：氯水产生盐酸和氧化能力很强的次氯酸，它可将煤氧化产生碱、可溶性腐殖酸和水溶性有机酸，与氯化相比，一般不是主要的。

(3) 盐酸生成反应：一部分来自取代反应，一部分来自氯与水的反应，在煤的氯化中，盐酸生成量最大。

(4) 脱矿物质和脱硫反应：脱矿物质反应主要是盐酸与矿物质中的碱性成分起中和反应。脱硫反应如下：

$$R—S—R' + Cl_2 \rightarrow RSCl + R'Cl$$

$$RSCl + 3Cl_2 + 4H_2O \rightarrow RCl + H_2SO_4 + 6HCl$$

$$2FeS_2 + 5Cl_2 \rightarrow 2FeCl_3 + 2S_2Cl_2$$

$$S_2Cl_2 + 5Cl_2 + 8H_2O \rightarrow 2H_2SO_4 + 12HCl$$

氯化煤的溶剂抽提物可作为涂料和塑料的原料，还可作为水泥分散剂和钻井泥浆稳定剂等。

45. 煤的氧化分为哪几个阶段，煤的氧化在工农业生产中有什么影响？

煤的氧化分为5个阶段，其氧化情况见表1-12。

表1-12 煤的氧化情况

氧化阶段	主要氧化条件	主要反应产物
1	从常温到100℃，空气或氧气	表面碳氧混合物
2	100～250℃，空气或氧气 100～200℃碱溶液中，空气或氧化 80～100℃硝酸	可溶于碱的高分子有机酸（再生腐殖酸）
3	200～300℃碱溶液中，空气或氧气 100℃碱性 KMO_4 氧化 100℃ H_2O_2 氧化	可溶于水的复杂有机酸（次腐殖酸）
4	与3相同，但增加氧化剂量和延长反应时间	可溶于水的苯羧酸
5	彻底氧化	二氧化碳和水

氧化对煤的性质有重大影响，它是煤风化甚至自燃的原因。有氧化法研究煤可以得到有关煤结构的重要信息，将煤深度氧化可以制取苯羧酸、草酸等，将煤轻度氧化可以制取腐殖酸物质、腐殖酸类肥料，用于工农业生产。

46. 煤的风化对其性质和应用有什么影响，如何防止煤的氧化和自燃？

煤在大气中堆存时，离地表面很近的煤层由于受到大气因素（包括空气中的氧、地下水和地面气温的变化等化学和物理的作用）的综合影响，其物理性质、化学性质、工艺性质发生一系列的变化，这种变化称为风化。

风化煤与未风化煤比较如下：

化学组成方面：碳、氢含量减少，氧含量增加，活性酸性基团增加。

物理性质方面：煤的强度和硬度减小，易碎，吸湿性增加，表面的酸性基团增加，润湿性增加，其浮选性能变坏。

工艺性质方面：在其元素组成和热值没有发生显著变化之前，煤的黏结性会降低，甚至丧失；低温干馏气体的组成中 CO_2 和 CO 的体积百分率增加，而 H_2 和烃类减少。

风化煤的性质发生变化，对于作为炼焦用煤和燃烧用煤都是不利的。因风化过度，热量不能及时散发而引起自燃，有发生火灾的危险。

为防止煤的风化和自燃，主要应防止空气侵入煤堆使煤氧化，或者向煤堆中涌入大量空气使氧化热散失以降低煤的氧化速度。为此在煤的堆积方面应采取如下措施：

(1) 隔离法：这种办法有水中（或惰性气体中）贮煤法；逐层铺平压紧的堆煤法；用油类或 $Ca(OH)_2$ 覆盖表面煤层的堆煤法；将煤尽量压紧，在上面盖以煤泥或煤粉并压紧，必要时盖以 5cm 黏土的堆煤法；密封式贮煤槽等。

(2) 换气法：在块煤或型煤较小量贮存的情况下，高度为 1.5～2.0m 堆积方法，一般采用换气筒。

(3) 凹地贮煤法：将煤存放在地沟中或存放在凹地和峪中，可减轻煤堆内空气的流通，以减轻煤的氧化。

(4) 煤堆表面喷洒覆盖剂：在煤堆表面喷洒覆盖剂，可以防止风损、雨水流入及氧化 。

(5) 煤应按计划贮存和使用，贮存的安全温度界线为 50～80℃，贮存期也不应超过规定，一般煤化程度高的煤比煤化程度低的煤抗氧化性好，洗精煤比原煤抗氧化性好，寒冷季节比炎热季节煤的贮存期可长一些。

(6) 贮煤场的选择必须仔细考虑场址地基、周壁、排水、周边设备及气候的影响。

47. 研究煤的热解化学有什么作用?

将煤在惰性气氛中持续加热至较高温度时发生一系列物理变化和化学反应的复杂过程称为煤热解或称分解、干馏。在这一过程中放出热解水、CO_2、CO、石蜡烃类、芳香类和各种杂环化合物。残留的固体则不断芳构化,直至在足够高的温度下转变为类似于微晶石墨的固体。

煤的热解化学的研究与煤的热加工技术关系极为密切,取得的成果对煤的热加工有直接的指导作用。如对于炼焦工业可指导正确选择原料煤,探索扩大炼焦用煤基地的途径,研究最佳工艺条件和提高产品的质量。

煤的热解化学的研究,还可以对新的热加工技术的开发起指导作用,如高温快速热解、加氢热解、等离子热解、光热解等。

煤的热解化学的研究与煤的组成和结构密切相关,通过热解研究阐明煤的分子结构。由于煤的热解是一种人工炭化过程,与天然成煤过程有些相似,故对热解化学的深入研究有助于对煤化过程的了解。

48. 什么是煤的可塑性,测定可塑性的基本方法有哪些?

煤的可塑性是指煤粉在隔绝空气加热的条件下,形成具有可塑性的胶质体,最后黏结成块状焦炭,并黏结惰性物料的性能。

由于煤的可塑性对于许多工业生产部门都很重要,因而出现了许多测定煤的可塑性的方法。所有这些方法的目的都是企图用物理测量方法获得一些可以将煤分类和预测煤在燃烧、气化或炭化时的行为的特征数字。有些测量方法是针对某一特定煤种某一特定的生产过程而开发的。因此,有几种测量方法只有微小差别,有的方法只适用于某些特定的用途。

测定可塑性的基本方法可以分为三类:

(1) 根据胶质体的数量与性质进行测定,如奥亚膨胀度、基氏塑性度、胶质层厚度等。

(2) 根据煤黏结惰性物料的能力强弱进行测定，如罗加指数和黏结指数等。

(3) 根据所得焦块的外形进行测定，如自由膨胀序数和葛金指数等。

49. 煤的胶质层厚度是什么，怎样测定，此种测定方法有何优缺点？

某些烟煤当加热到一定温度时形成胶质状态，使煤粒相互结合，这种现象称为黏结，煤的这种性质称为黏结性。它们不仅具有自相黏结的能力，而且还能形成液态产物与煤中的惰性物或不黏煤黏合而形成整体，这种黏结的性能称为煤黏结能力，衡量煤的黏结性和黏结能力的大小和强弱是以煤热分解时形成胶质层的数量多少和质量好坏为标准的。所以胶质层是煤热分解的一种产物，反映了煤热分解时进行的主要化学和物理化学的过程，是煤的主要特性之一。

胶质层厚度的测定方法是采用原苏联学者萨波日尼可夫提出的方法，其测定装置如图 1-18 所示。

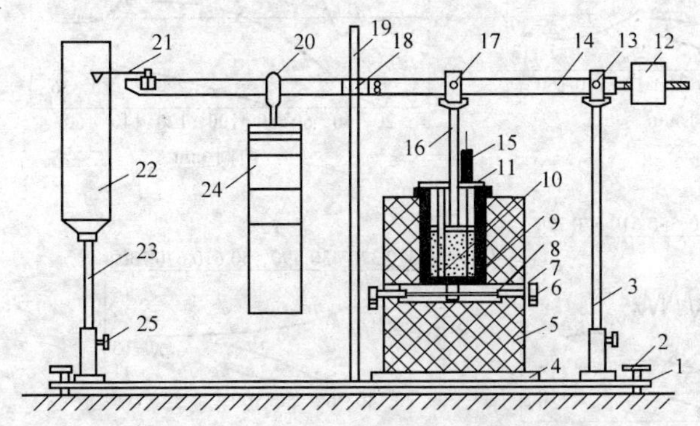

图 1-18　胶质层测定仪

1—底座；2—水平螺丝；3—立柱；4—石棉板；5—下部砖垛；6—接线夹头；7—硅炭棒；8—上部砖垛；9—煤杯；10—热电偶铁管；11—压板；12—平衡砣；13、17—活轴；14—杠杆；15—探针；16—压力盘；18—方向控制板；19—方向柱；20—砝码挂钩；21—记录笔；22—记录转筒；23—记录转筒支柱；24—砝码；25—固定螺丝

将粒度小于1.5mm的风干煤100g，装入图示的钢杯中进行炼焦。钢杯的下部是带孔眼的活底，上部是带有小孔的活塞，活塞与装有砝码的横杆连接，炼焦时对煤施加0.1MPa的压力。把钢杯置于加热炉内进行加热，加热速度最初是30min升温至250℃，然后用3℃/min的加热速度升至750℃。开始加热后，杯底煤样由于受热达一定温度时开始转变为胶质体，胶质体的厚度是用探针来测量的，将探针插入杯中，由于胶质体黏度很大，而探针自身的质量是不足以刺入胶质层的，这样就可测知胶质层的上平面，用手将探针压下，穿入煤的胶质体中，碰到坚硬一层为止，这就是胶质体的下平面，上下平面的最大距离称为胶质层厚度，以符号 Y 表示，单位为 mm。

在加热过程中，煤样体积的变化由装置中的笔尖在转筒上自动记录下来，不同煤种所得的体积曲线也是不一样的，参见图1-19。

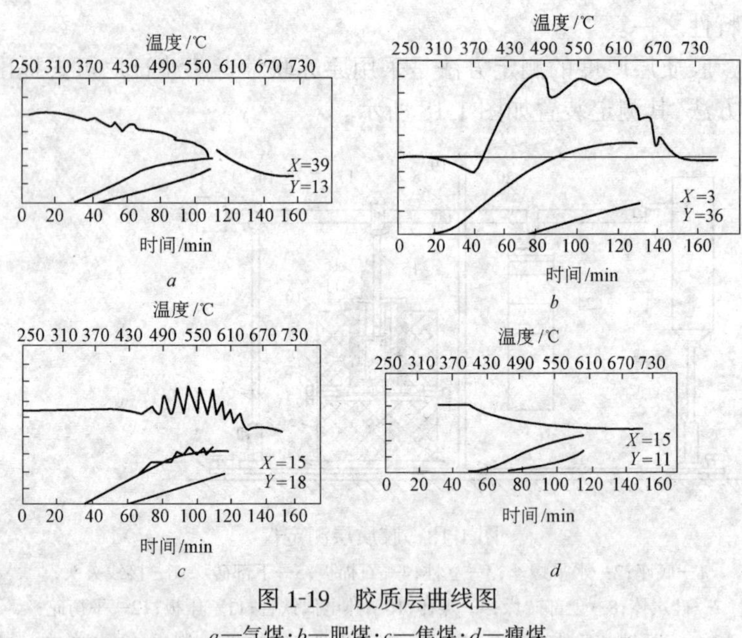

图1-19 胶质层曲线图

a—气煤；*b*—肥煤；*c*—焦煤；*d*—瘦煤

在上述的体积曲线变化图中，其曲线最后降低部分和原来平面的距离，称为收缩值，用符号“X”表示，单位为 mm。

试验证明，混合煤料的胶质层厚度具有加和性，收缩值无可加性。

采用这一方法的主要优点是：

(1) 许多国家的生产实践证明，胶质层指标对评价煤的黏结性和炼焦配比基本适用。

(2) Y 值具有可加性，对配比有一定帮助。

(3) 不仅可测定 Y 值，而且可确定胶质体温度间隔、最终收缩度、体积曲线和焦块特征等。

主要存在的问题是：Y 值只能表示胶质体数量，不能反映胶质体质量，不少 Y 值相同的煤，在相同的炼焦条件下，都得出质量不同的焦炭；当 Y <10mm 和 Y >25mm 时，数据很难测准；Y 值的测定受主观因素影响很大，仪器的规范性很强；此外，煤样量太大。

50. 什么是煤的奥亚膨胀度，怎样测定？

奥亚膨胀度是测定煤黏结性的一种方法，通过煤在金属管中进行等速加热，测定其膨胀的百分数，其测定装置如图 1-20 所示。

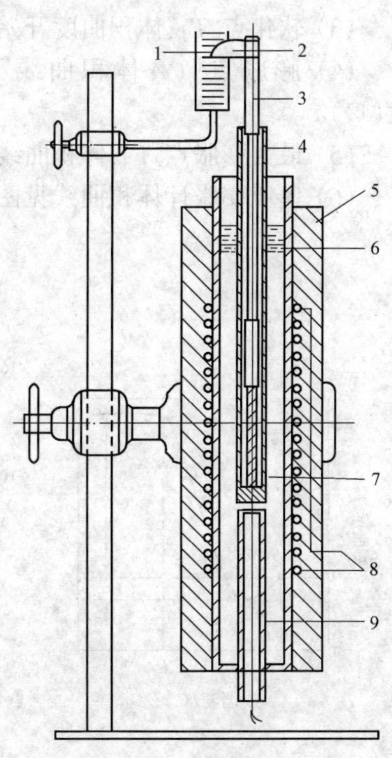

图 1-20 奥亚膨胀计

1—记录转筒；2—笔尖；3—活塞杆；4—膨胀管；5—电炉；6—盐浴；7—煤笔；8—电炉丝；9—热电偶

测定主要过程为：将煤样压成一定大小的柱状“煤笔”，

装入膨胀管内，并按图所示的仪器要求安装完毕，接通电源并以等速加热至一定温度时，柱状“煤笔”便开始软化，其体积稍有收缩，随后便产生膨胀，当膨胀达到最大值时，便开始固化收缩，膨胀或收缩的大小由活塞杆上的笔尖记录在转筒上，测量结果为：

(1) 膨胀度 b 值：体积膨胀的最大距离占煤柱长度的百分比（%）。

(2) 收缩度 a 值：体积收缩最大距离占煤柱长度的百分比（%）。

(3) 软化点 T_1：体积曲度开始收缩 0.5mm 时的温度（℃）。

(4) 膨胀点 T_2：体积曲线下降到最后点开始膨胀的温度（℃）。

(5) 最大膨胀点 T_3：体积曲线上升到最大值时的温度（℃）。

(6) 奥亚膨胀计体积曲线见图 1-21。

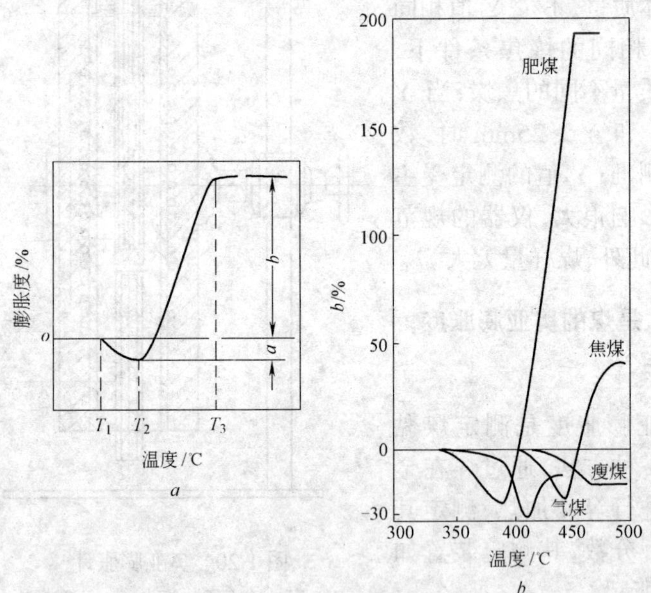

图 1-21 奥亚膨胀计体积曲线

a—奥亚膨胀曲线示意图；b—几种煤的奥亚膨胀度曲线

51. 何谓煤的基氏流动度，怎样测定？

用基氏塑性计测定烟煤软化过程中液态产物的流动性，即为该烟煤的基氏流动度，单位为°(角度)/min，其测量装置见图 1-22。

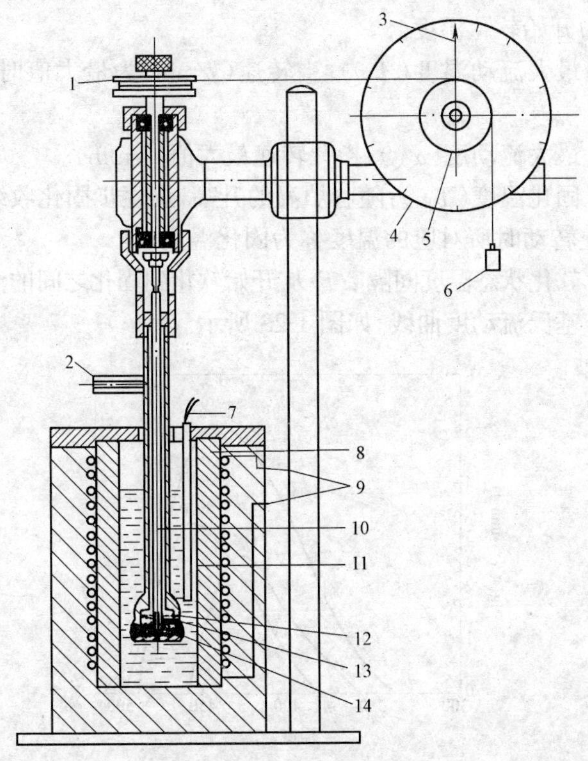

图 1-22　基氏塑性计装置图

1—水平滑轮；2—气体排出管；3—指针；4—刻度盘；5—刻度盘滑轮；6—重锤；7—热电偶；8—电炉；9—电炉丝；10—搅拌轴；11—盐浴槽；12—铜网；13—搅拌桨；14—煤样

由图所示的试验原理为：搅拌轴在重锤的作用下，通过细绳和水平滑轮的传递而受到一恒定力矩的作用，当搅拌器埋入未软化的煤样中时，由于煤粒对搅拌器的阻力大于恒定力矩，所以转轴不能转动，随着盐浴槽温度的升高，煤样开始软化，内部阻力开始减小，搅拌将在恒定力矩的作用下发生转动，并借助于细绳带动刻度盘滑轮转动，从而使刻度盘上的指针也转动。基氏塑性计测定烟煤软化过程的流动性用如下指标表示：

(1) 开始软化温度（$T_{始}$）：刻度盘的指针转动 1°时，其对应的温度称为开始软化温度。

(2) 最大流动温度（$T_{大}$）：当转速（°/min）为最大值时所对应的温度。

(3) 最大流动度（$\alpha_{大}$）：指针转速最大值（°/min）。

(4) 固化温度（$T_{固}$）：随着炉温的升高，煤逐步固化收缩，当搅拌器停止转动时所对应的温度称为固化温度。

(5) 软化状态温度间隔 ΔT：从开始软化到固化之间的温度差。

(6) 基氏流动度曲线，如图 1-23 所示。

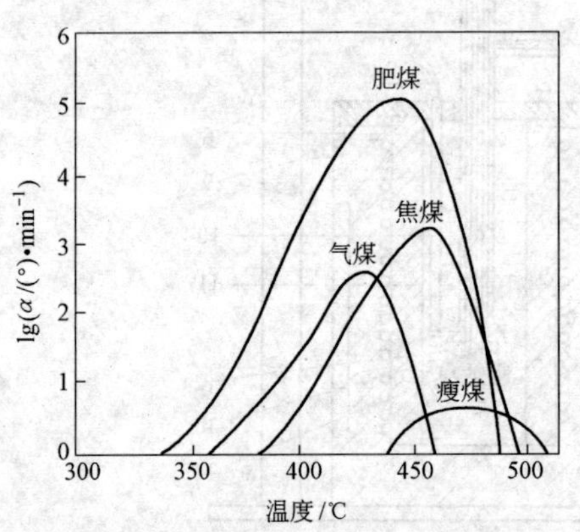

图 1-23　几种煤的基氏流动度曲线

52. 什么是煤的罗加指数，怎样测定？

罗加指数也是测定煤的黏结性指标，用一定数量的煤样和一定量作为稀释剂的无烟煤相混合所形成的坩埚焦饼的机械强度为罗加指数。其测定方法为：

将粒度小于0.2mm的试样煤1g与5g标准无烟煤(我国以宁夏汝其沟无烟煤为标准,粒度为0.3～0.4mm),放在坩埚中均匀铺平并放上钢质砝码,置于负荷为0.6MPa的压力下压30s后,将坩埚连同砝码一起放入850℃的马弗炉中灼烧15min,冷却后称取焦炭质量为 q。然后将1mm圆孔筛筛上物称重装入罗加转鼓内,以每分钟50±2转的转速转5min,再用1mm圆孔筛筛分,筛上物称重后再重复进行转鼓试验,将筛上焦炭连续进行三次转鼓试验,再按下列公式计算罗加指数:

$$RI = 100/3m_1[(m_2 + m_5)/2 + m_3 + m_4] \tag{1-6}$$

式中 m_1——冷却后称得的焦块总质量,g;

m_2——入鼓前,1mm圆孔筛上焦块质量,g;

m_3、m_4、m_5——分别为第一、二、三次转鼓后,筛上物质量,g;

RI——罗加指数,%。

罗加指数对于 RI 大于80的黏结性很好的肥煤不能明显的加以区分,但对弱黏结煤和中等黏结煤的区分能力甚强。

罗加指数可直接反映煤对惰性物料的黏结能力,在一定程度上能反映焦炭强度,但此法需用标准无烟煤,对强黏煤和过弱黏煤不太适用。

53.什么是煤的黏结指数,怎样测定?

黏结指数也如同其他黏结指标一样是衡量烟煤黏结性能的指标,测定原理和基本设备与罗加指数相同。由于罗加指数对某些强黏结性煤的分辨能力不强,对弱黏煤测量结果重现性不好,从而对罗加指数的测定作了如下的改进:

(1) 稀释剂无烟煤专用化,地点:宁夏汝淇沟;质量指标:$A_d < 4\%$,$V_{daf} \leqslant 6\%$,粒度为0.1～0.2mm,筛下率不大于5%。

(2) 设置机械搅拌装置。

(3) 测量值小于18的煤,烟煤/无烟煤=3/3。

(4) 减少一次转鼓试验,测量值不小于18时,煤样/无烟煤=1/5。

(5) 计算公式如下:

$$G=10+(30m_1+70m_2)/m \quad (配比\ 1:5, G\geqslant18) \quad (1\text{-}7)$$

$$G=(30m_1+70m_2)/(5m) \quad (配比\ 3:3, G<18) \quad (1\text{-}8)$$

式中　m——原来焦块质量,g;

m_1、m_2——分别为第一、第二次转鼓后大于 1mm 焦块的质量,g。

54. 自由膨胀序数是表征煤的何种性能的指标之一,如何测定?

把煤在坩埚中加热所得的焦块的膨胀程度编成序号表征煤的塑性的一种指标,即为自由膨胀序数。我国也把自由膨胀序数作为国家标准(GB 5448),其测定方法是:称取 1g 新磨的粒度小于 0.2mm的煤样放在特制的有盖坩埚中,按规定方法快速加热至(820±5)℃,可得到不同形状的焦块,将焦块与一块编了号码的标准侧面图形相比较,与实际焦块最接近的图形的序号就是该煤样的自由膨胀序数。序数越大,表示煤的膨胀性和黏结性越强。

利用此法,所用仪器和测量方法都非常简单,几分钟即可完成一次试验,所以得到广泛应用。但此法带有较强的主观性,对确定膨胀序号 5 以上的煤的分辨能力较差。

标准侧面图和对应的自由膨胀序数如图 1-24 所示。

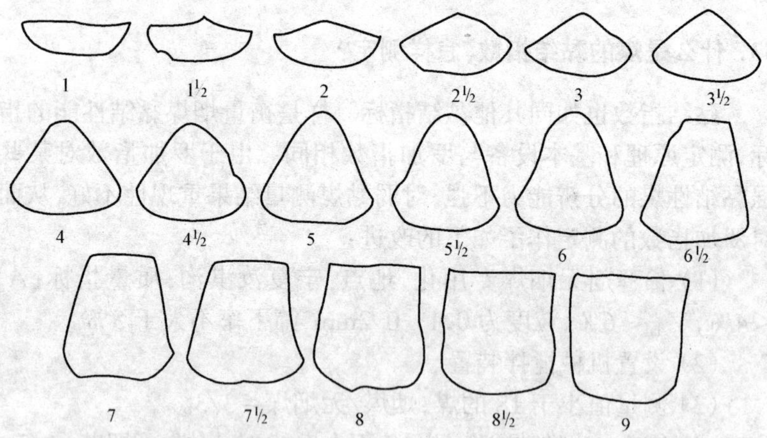

图 1-24　坩埚自由膨胀序数试验标准侧面图形和对应的自由膨胀序数

55. 煤的各种黏结性指标之间有何关系？

煤的各种黏结性指标之间的关系为：

(1) 自由膨胀序数和罗加指数有相当好的对应关系，即

罗加指数	0～5	>5～10	>20～45	>45
自由膨胀序数	0～1/2	1～2	$2\frac{1}{2}$～4	>4

(2) 最大胶质层厚度与自由膨胀序数相关，可互换。

(3) 罗加指数与胶质层厚度的关系如图 1-25 所示。

(4) 奥亚膨胀度与胶质层厚度的关系如图 1-26 所示。

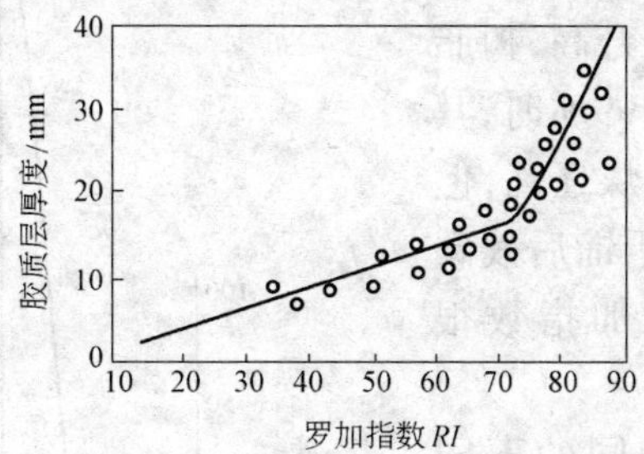

图 1-25　罗加指数与胶质层厚度的关系

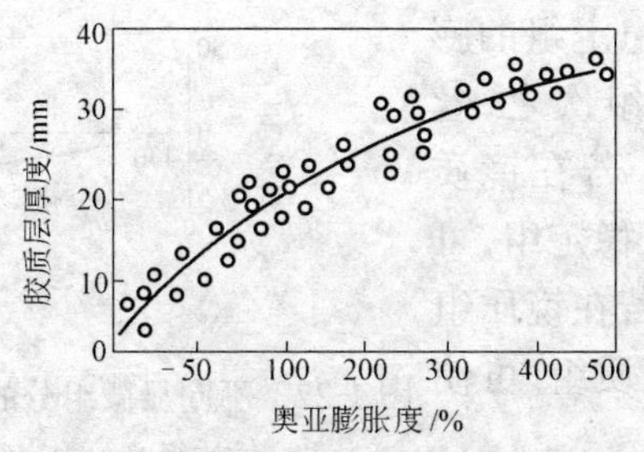

图 1-26　奥亚膨胀度与胶质层厚度的关系

因为胶质层厚度小于 10mm 和大于 25mm 时不易测准，从图可见，Y 值小于 10mm 时罗加指数较易区分，而 Y 值大于 25mm

时，奥亚膨胀度却很好区分，所以，对于黏结性较差的煤，可以考虑以罗加指数为辅助指标；而对于黏结性很好的煤，以奥亚膨胀度为辅助指标。

56．不同显微组分（或微成分）的黏结性如何？

根据有关资料报道，肥煤镜质组的最大流动度、罗加指数最高，即黏结性最好。从奥亚膨胀度试验可知，镜质组的软化温度随变质程度的增加而升高，树脂体的挥发分达到99%时，其最大流动度比肥煤还高，但其软化温度低，干馏后残碳产率极低，故罗加指数很低。

变质程度相同的不同显微组分，其奥亚膨胀度曲线如图1-27所示。

由图可知，稳定组的膨胀度最大，镜质组次之，丝质组仅为收缩。若在镜质组中混入或配入稳定组，可使膨胀度增大；若在镜质组中配入或混入丝质组，可使膨胀度减小。

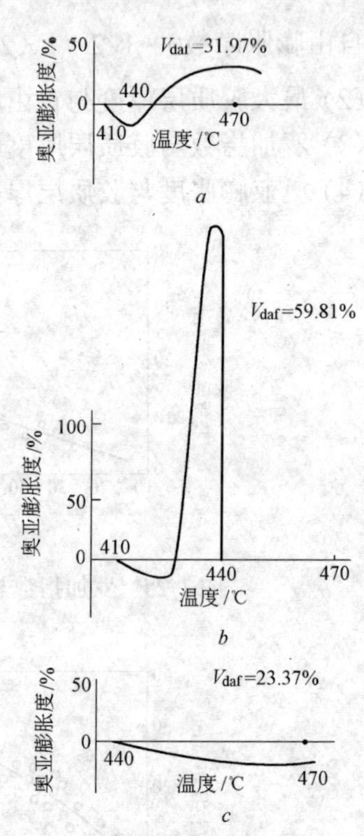

图1-27 不同显微组分的奥亚膨胀度曲线

a—镜质组；*b*—稳定组；*c*—丝质组

57．煤的溶剂抽提有什么意义，常用的有机溶剂有哪些，溶剂抽提分几种类型？

溶剂抽提法是研究煤的组成、结构的最早方法之一，其目的是在基本不破坏煤有机质结构的情况下,研究各种溶剂抽出物的组成、性质、结构,用来推测煤大分子的组成和结构。用溶剂抽提出某些泥炭、褐煤,可以得到泥炭蜡、褐煤蜡;用碱性溶液抽提泥炭、褐煤及风化煤,可以获得腐殖酸钠等;用有机溶剂抽提炼焦煤,可以研究其黏结成分和不黏结成分的数量和性质。有机溶剂抽提法可用于煤的液化,获得燃料油等。所以,煤的抽提既有理论意义,又有实用价值。

常用的有机溶剂有:

(1) 中性溶剂:脂肪烃类——石油醚;
芳香烃类——苯、四氢萘、萘、甲苯等;
含氧化合物——乙醚、丙酮等;
含氯化合物——氯仿、四氯化碳。

(2) 碱性溶剂:含氮化合物——吡啶、喹啉等。

(3) 酸性溶剂:各种酚类。

(4) 混合溶剂:焦油馏分、蒽油等。

根据溶剂种类、抽提温度和压力等条件的不同,溶剂抽提将分成以下5类:

(1) 普通抽提。在温度不大于100℃条件下,用普通低沸点有机溶剂,如苯、氯仿和已醇等,其抽提物很少,烟煤的抽提物产率为不大于1%~2%。

(2) 特定抽提。抽提温度在200℃以下,采用具有电子给予体性质的亲核性溶剂,如吡啶类、酚类和胺类等,抽提产物可达20%~40%,甚至超过50%,抽提物产率高,基本上无化学变化,故对煤的结构研究尤为重要。

(3) 超临界抽提。以甲苯、异丙醇或水为溶剂,在超过溶剂临界点的条件下,一般温度在400℃左右,抽提物可达30%以上。

(4) 热解抽提。温度在300℃以上,溶剂有菲、蒽、喹啉和焦油馏分等,抽提中伴有热解反应,称为热解抽提,抽提产率在60%以上,少数煤高达90%。

(5) 加氢抽提。温度在300℃以上,采用供氢溶剂如四氢萘等或非供氢溶剂,但在有氢气存在下进行抽提,是典型的煤液化方法。

58. 烟煤的溶剂抽提对研究煤的黏结性能提供什么重要信息?

有关烟煤溶剂抽提的研究,对其黏结性能提供了如下信息:

(1) 黏结性烟煤软化、熔融、固化是一种热分解现象,而不是物理现象。

(2) 发现氯仿抽出物的量完全取决于所含黏结性煤的比例,其抽出量的多少可以表明煤气黏结性的强弱。

(3) 煤的黏结性在大多数情况下还是依赖于某些初次热解产物的性质和产率。

(4) 从长烟煤到焦煤,苯醇及碱抽出物的收率随变质程度的加深而减少,酚油抽出物的收率随变质程度的增加而增加,而到焦煤则显著下降。

(5) 苯醇抽出物中酸性物质与中性物质按长烟煤到焦煤而有规律地变化,酸性物质减少,中性物质增加。

59. 研究煤的有机质化学结构有何重大意义?

煤是由几千万年前的古代植物经过一系列的物理、化学、物理化学和生物化学及其地质条件的作用而形成的一种复杂的高分子有机化合物的混合物。由于各种条件的不同影响,造就了各式各样的煤种,各种煤性质之间的差别是非常显著的。在同一煤坑中,由不同位置所采的煤,其性质也会有很大的差别,即使在同一块煤中,因岩相组分不同,也具有不同的特性。因此,对这种复杂的物质除了研究其生成条件和变化之外,还必须深入研究其有机质的分子结构,因为任何物质的性质都取决于其组成和结构,只有清楚地了解物质的组成和结构后,才有可能认识其各种性质及其在加工过程中的变化实质。

工业分析是在人为条件下将煤分为几个不同的组成部分,可以帮助我们粗略地认识煤的若干工艺性质。元素分析虽然给出了关于煤的元素组成的概念,但由于岩相组成的不均一性,碳的化合物有许多同分异构物,高分子化合物又有不同的聚合程度,因而往往元素组成完全相同的煤,却有截然不同的工艺性质。那么当煤只当动力燃料时，工业分析和元素分析已经足够解决煤性质的许多问题。随着将煤用于化工原料，人们自然寻求更适当的方法来判断煤的性质，以便更合理地使用资源。

虽然煤岩学的发展对认识煤的性质有很大的帮助，但它只能表明若干物理性质和物理现象。煤岩只能在和其他的物理和化学研究相结合时，才具有重大的意义。

随着煤的焦化、气化、液化等工业的发展，寻求合理利用资源，充分利用当代先进的其他技术开发市场所需产品，那么研究煤的有机质的化学结构对指导煤的综合利用有着十分重要的意义。

60. 有何依据可以表明煤基本结构单元的相似性和高分子聚合物的特征?

煤是由结构相似的基本结构单元所组成的，其主要依据如下：

(1) 把煤的溶剂抽出物和不溶物两部分的工业分析、元素分析、红外吸收光谱、X 射线衍射谱等研究结果进行比较，没有显示出多大的差别，抽出物的红外吸收光谱与原料进行比较，其结果非常相似。

(2) 把煤的高真空热分解馏出物的红外吸收光谱与原料煤的红外吸收光谱进行比较，几乎得出相同的谱线。

(3) 把煤的抽出物用色层分离，比较分离后各产物的红外吸收光谱和紫外线光谱时，其结果也是非常相似的。

煤的高分子聚合物的特征表现为：

(1) 从煤的成因研究得到的信息，形成煤的原始物料都是聚合物，这些原始物料尽管已遭到激烈分解，但分解产物又可能聚合成大分子。

(2) 从溶剂抽提得到的信息是肥煤在蒽油中溶解度最大，根据相似相溶的规则可以认为，肥煤的分子量最小。

(3) 从加氢研究得到的信息是所有加氢产物的红外吸收光谱非常近似，连续氢化将使煤分子发生降解。

(4) 从氧化研究得到的信息是用氧化剂将煤氧化时，得到芳香族酸和脂肪族羧酸的混合物，证明煤大分子中具有缩合芳香族结构，在芳香环的周围有许多侧链和官能团。

(5) 从热解研究得到的信息是煤的初次分解产物和高真空热分解馏出物红外吸收光谱与原料煤的极为相似，其差异是馏出物分子周围的氢原子数有所增加，这是解聚反应的特点。

61. 煤中含有哪些官能团，它与煤化程度有何关系？

氧是构成煤中有机质的主要元素之一，对煤的性质影响很大，对年轻煤尤为重要。氧的存在形式可分为两类，一类是官能团，另一类是醚键和呋喃环，后一类在年老煤中占优势。

(1) 含氧官能团，其中包括：

羧基(—COOH)：它是褐煤特性官能团，有酸性，比乙酸强。

酚羟基(—OH)：一般认为，绝大多数煤只含酚羟基而无醇羟基，它们存在于泥炭、褐煤和烟煤中，是烟煤的主要含氧官能团。

羰基(＞C ═O)：无酸性，在煤中分布很广，从泥炭到无烟煤都含有羰基。

甲氧基($—OCH_3$)：它仅存在于泥炭和软褐煤中。

醌键：它是羰基的一种形式，有氧化性。

醚键(R-O-R′)：它们在年老烟煤中占优势。

煤中含氧官能团随煤化程度的变化如图 1-28 所示。

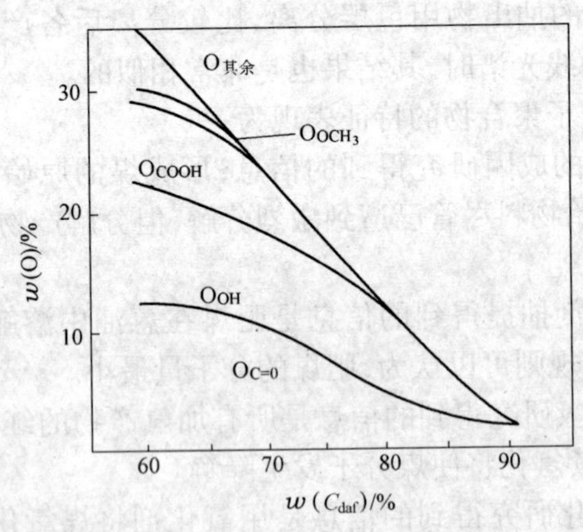

图 1-28　煤中含氧官能团分布与煤化程度的关系

(2) 含硫和含氮官能团。煤中有机硫的主要存在形式是噻吩,其次是硫醚键和巯基(SH);煤中氮的质量分数多在1%~2%,大约50%~75%的氮以吡啶环或喹啉环的形式存在,此外还有胺基、亚胺基、腈基和五元杂环等。

(3) 烷基侧链。煤的结构单元上连接有烷基侧链,侧链的平均长度参见表1-13。

表1-13　烷基侧链的平均长度

煤中 $w(C)/\%$	65.1	74.2	80.4	84.3	90.4
烷基侧链平均碳原子数	5.0	2.3	2.2	1.8	1.1

从上表可见,烷基侧链随煤化程度的增加很快缩短,然后变化渐趋平缓。

62. 试比较几种典型煤的局部结构有什么异同?

有关学者提出了5种煤的代表性局部结构,如图1-29所示。

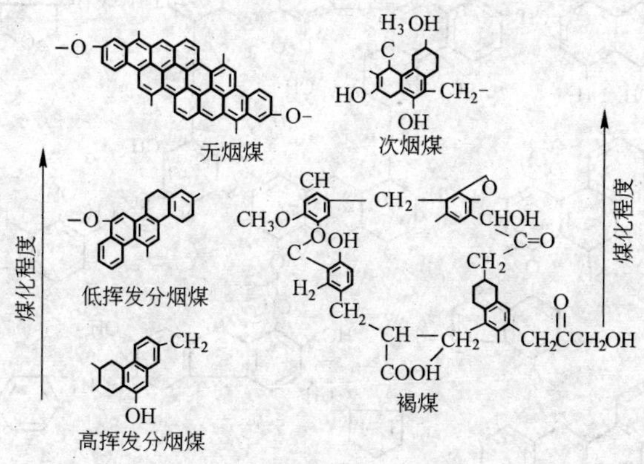

图1-29　5种煤的代表性局部结构

由图1-29可以得出以下4点:

(1) 烟煤的基本结构单元为3~5个芳环和取代芳羟并含有少

量的脂环、氢化芳环或杂环的结构，结构单元之间由—CH_2—CH_2—键和—O—键连接而形成了网状空间结构的大分子化合物。

(2) 年轻烟煤缩合度小，但侧链多，主要为含氧基团及次甲基，随着煤化程度的增加，环的缩合度有所增加，同时侧链减少。

(3) 褐煤的基本结构单元仅有 1～2 个苯环或脂环，但其含氧量官能团、侧链、桥键较多，结构比较松散。

(4) 无烟煤的基本结构单元为含有十几个芳环、氢化芳环和脂环的稠环，单元之间以氧桥连接，结构致密。

63. 烟煤分子结构的威斯和本田模型是什么？

煤的化学结构模型是根据求得的参数加上必要的假设和推想提出的。目前，已经提出的模型有数十个，随着科学技术的发展，这种模型也在更新，这里介绍两种比较合理的化学结构模型。

威斯(Wise)模型如图 1-30 所示。

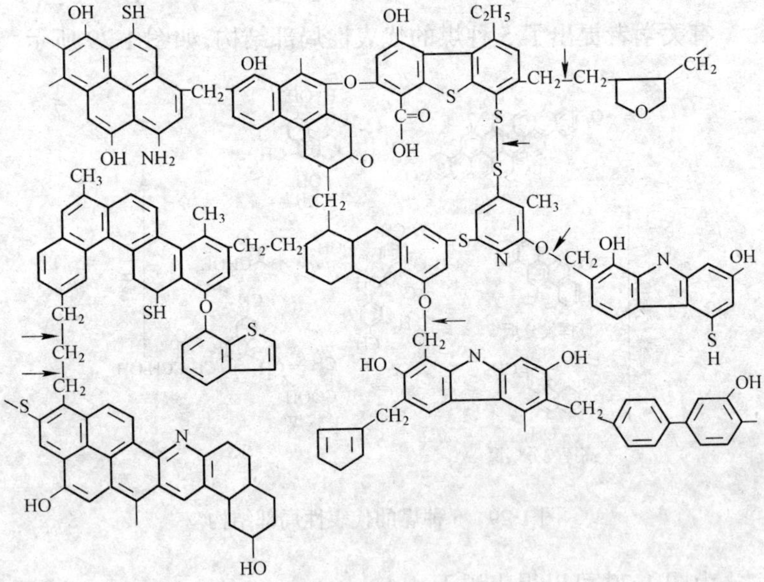

图 1-30　威斯化学结构模型

本田化学结构模型如图 1-31 所示。

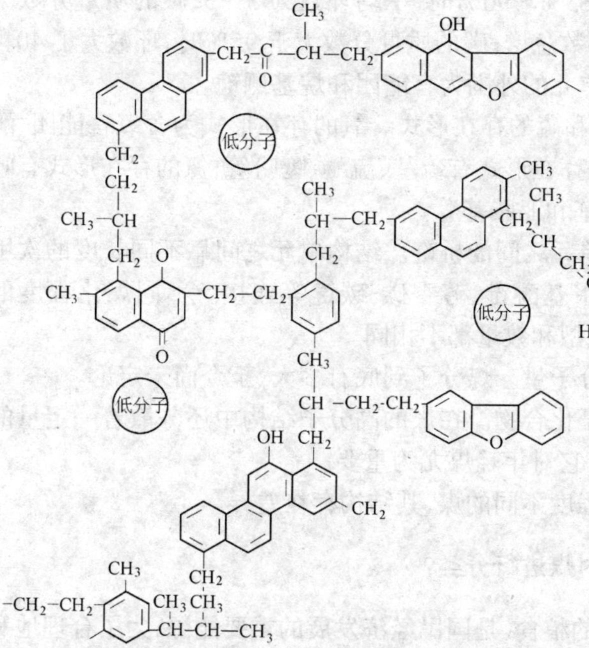

图 1-31　本田化学结构模型

本田模型的特点是最先考虑到低分子化合物的存在，缩合芳环以菲为主，它们之间有比较长的次甲基键连接，对氧的存在形式考虑比较全面，不足之处是未包括硫和氮的结构。

以上模型是针对年轻烟煤而言，并不适合于所有的煤。

64. 关于煤分子结构的近代概念有哪些基本内容？

煤分子结构近代概念的基本内容是：

(1) 煤的主体是三维空间的高分子化合物。它不仅由均一的单体聚合而成，而是由许多结构相似又不完全相同的结构单元通过桥键联结而成。

(2) 结构单元的核心为缩合芳香环。缩合芳香环数随煤化程度增加而增加,碳的质量分数为70%~83%时,平均环数为2;碳的质量分数为83%~90%时,平均环数为3~5;碳的质量分数为90%以上时,环数急增;碳的质量分数大于95%时,环数大于40。

(3) 结构单元的外围为官能团和烷基侧键。

(4) 氧、氮和硫的存在形式。氧的存在形式为含氧官能团、醚键和杂环;硫的存在形式有巯基、硫醚、噻吩等;氮的存在形式有吡定、吡咯环、胺基和亚胺基等。

(5) 结构单元之间的桥键。结构单元之间靠不同长度的次甲基键、醚键、次甲基醚键、芳香碳-碳键等连接。不同煤化程度的煤,其桥键的类型和数量都不相同。

(6) 煤的分子量。煤分子到底有多大,至今尚未定论。

(7) 低分子化合物。在煤的高分子结构中还分散着一定量的低分子化合物,它对年轻煤尤为重要。

(8) 煤化程度不同的煤,其结构存在差异。

65. 为什么要对煤进行分类?

煤是工业的粮食,是国民经济发展的重要能源,为了合理地利用煤炭资源,必须将煤进行分类,制订合理的工业分类方案,其重要作用表现在:

(1) 了解每一个贮煤和产煤区煤的工艺性质和经济价值,指导焦化工业的炼焦配煤。

(2) 有计划地对煤炭资源进行评价、开采、洗选和综合利用。

(3) 根据运输条件和工业需求,拟定煤的地区平衡与开采的最佳经济方案。

(4) 制订煤炭工业的近期和长远规则。

(5) 消除贸易中的混乱,便于在煤炭利用和研究方面进行技术和科技信息的交流。

总之,应按照不同工业用途提出的各种要求对煤进行分类,使其更好地为人类服务。

煤分类的基本原则是:煤分类的指标,主要是反映煤的变质程度和工艺性质。

66．反映煤的煤化程度、工艺性质的指标有哪些？

反映煤化程度的指标有：

(1) 镜质组的最大反射率 R_{max}。镜质组反射率的变化幅度大，随煤的变质程度的变化规律明显，而且大多数煤层均以镜质组为主。该指标目前虽未广泛应用，但它是一个很有前途的指标。

(2) 挥发分 V_{daf}。它是比较准确地确定煤化程度的指标，对高挥发分煤来说误差较大。

(3) 碳的质量分数 $w(C_{daf})$。它可作为划分褐煤和泥炭的指标，即 $w(C_{daf})<60\%$ 的为泥炭，$w(C_{daf})\geqslant 60\%\sim77\%$ 的为褐煤，这对区分高挥发分烟煤和高变质程度煤是比较灵敏的。

(4) 矿床水分。对年轻煤来说，矿床水分随 V_{daf} 的增高而增加。

(5) 发热量 Q。一般采用含水无灰基发热量作为煤的分类指标，该指标对低煤化程度（$V_{daf}>33\%$）的煤比较适用。

反映工艺性质的指标有：

(1) 慢速加热测得的指标（又称结焦性指数），这类指标有胶质层厚度、奥亚膨胀度、基氏流动度、葛金焦型指数等。

(2) 快速加热法测得的指标（又称黏结性指数），这类指标有黏结指数 G、罗加指数 RI 和自由膨胀序数。

67．硬煤国际分类指标有哪些？

硬煤国际分类见表 1-14。

该分类是以挥发分（V_{daf}）、发热量（恒湿无灰基）、结焦性和黏结性作为依据的。

首先以 V_{daf} 为依据，把各种硬煤划分为 10 类，$V_{daf}<33\%$ 为 0～5类，$V_{daf}>33\%$ 为 6～9 类，后 4 类还把恒湿无灰基发热量作为划分类别的指标（百位数）。

其次是以自由膨胀序数或罗加指数作为第二指标，将煤划分为 0～3 共 4 个组别（十位数）。

表 1-14　硬煤国际分类

组别（根据黏结性确定的）组别号数	确定组别的指数（任选一种）自由膨胀序数	罗加指数	类别代号 0	1	2	3	4	5	6	7	8	9	亚组别（根据结焦性确定的）亚组别号数	确定亚组别的指数（任选一种）膨胀性试验	葛金试验
			第一个数字表示根据挥发分（煤中挥发分不大于33%）或发热量（煤中挥发分大于33%）确定煤的类别；第二个数字表示根据煤的黏结性确定煤的组别；第三个数字表示根据煤的结焦性确定煤的亚组别												
3	>4	>45					435	535	635 V_C				5	>140	$>G_8$
						334 V_A	434 V_B	534	634				4	50~140	G_5~G_8
						333	433	533	633 V_D	733			3	0~50	G_1~G_4
						332*a* 332*b*	432	532	632	732	832		2	≤0	E~G
2	$2\frac{1}{2}$~4	20~45				323	423	523	623 VI_A	723	823		3	0~50	G_1~G_4
						322 IV	422	522	622	722	822		2	≤0	E~G
						321	421	521	621 VI_B	721	821		1	只收缩	B~D
1	1~2	5~20			212	312	412	512	612	712	812		2	≤0	E~G
					211	311 III	411	511	611 VII	711	811		1	只收缩	B~D
0	0~$\frac{1}{2}$	0~5	000 I	100 (*A* / *B*)	200 II	300	400	500	600	700	800	900	0	无黏结性	A
类别号数			0	1	2	3	4	5	6	7	8	9	各类煤挥发分大致范围/%		
确定类别的指数	挥发分/%（无水无灰基）		0~3	>3~10（*A*：>3~6.5；*B*：>6.5~10）	>10~14	>14~20	>20~28	>28~33	>33	>33	>33	>33	类别 6：>33~41；7：>33~44		
	发热量/$MJ\cdot kg^{-1}$（恒湿无灰基），（30℃，湿度96%）								>32.45	>30.14~32.45	>25.54~30.14	>23.86~25.54	8：35~50；9：42~50		
			类别：以挥发分指数（煤中挥发分≤33%）或发热量指数（煤中挥发分>33%）确定												

注：1. 如果煤中灰分过高，为了便于分类，在实验前应用比重液方法（或用其他方法）进行减灰，比重液的选择应能够得到最高的回收率和使煤中灰分含量达到5%~10%。

2. 332 *a*的V>14%~16%；332 *b*的V>16%~20%。

再次是以奥亚膨胀度或葛金指数作为第三指标，将煤划分为0～5共6个组（个位数），这样每一种煤都可以用3位数字来表示。其中100号煤和332号煤又可按 V_{daf} 细分为 A、B 两个小组。

举例如下：

某一煤种经测定：$V_{daf}=34\%$，恒湿无灰基发热量 $Q=33.91kJ/g$，罗加指数 $RI=85$，自由膨胀序数为8.5，奥亚膨胀度为180%，葛金指数为 G_{10}，求煤号为多少？

解：因为　$V_{daf}>33\%$，$Q>32.45kJ/g$

所以　类别号数为6

又因为　自由膨胀序数>4，$RI>45$

所以　组别号数为3

再因为　膨胀性试验>140

所以　亚组别数为5

即：煤号为635

68．中国煤分类指标是什么？

中国煤分类国家标准，编号为GB 5751—86，中国煤炭按煤的煤化程度和工艺性能进行分类，对无烟煤、烟煤和褐煤采用煤化程度参数进行区分。

（1）无烟煤的分类见表1-15。

表1-15　无烟煤的分类

类别	符号	数码	分类指标	
			V_{daf}/%	H_{daf}/%①
无烟煤一号	WY_1	01	0～3.5	0～2.0
无烟煤二号	WY_2	02	>3.5～6.5	>2.0～3.0
无烟煤三号	WY_3	03	>6.5～10.0	>3.0

① 如两个结果有矛盾，则以可燃基氢含量划分小类的结果为准。

（2）烟煤的分类：烟煤的类别用两个参数来确定，一个是煤化程度的参数（挥发分 V_{daf}，%），另一个是烟煤黏结性的参数（黏结指数、胶质层最大厚度或奥亚膨胀度)，见表 1-16。

表 1-16 烟煤的分类

类 别	符 号	数码	分 类 指 标			
			V_{daf}/%	G	Y/mm	b/%②
贫 煤	PM	11	>10.0~20.0	≤5		
贫瘦煤	PS	12	>10.0~20.0	>5~20		
瘦 煤	SM	13	>10.0~20.0	>20~50		
		14	>10.0~20.0	>50~65		
焦 煤	JM	15	>10.0~20.0	>65①	≤25.0	(≤150)
		24	>20.0~28.0	>50~65		
		25	>20.0~28.0	>65①	≤25.0	(≤150)
肥 煤	FM	16	>10.0~20.0	(>85)①	>25.0	(>150)
		26	>20.0~28.0	(>85)①	>25.0	(>150)
		36	>28.0~37.0	(>85)①	>25.0	(>220)
1/3 焦煤	1/3JM	35	>28.0~37.0	>65①	≤25.0	(≤220)
气肥煤	QF	46	>37.0	(>85)①	>25.0	(>220)
气 煤	QM	34	>28.0~37.0	>50~65		
		43	>37.0	>35~50		
		44	>37.0	>50~65		
		45	>37.0	>65①	≤25.0	(≤220)
1/2 中黏煤	1/2ZN	23	>20.0~28.0	>30~50		
		33	>28.0~37.0	>30~50		
弱黏煤	RN	22	>20.0~28.0	>5~30		
		32	>28.0~37.0	>5~30		
不黏煤	BN	21	>20.0~28.0	≤5		
		31	>28.0~37.0	≤5		

续表 1-16

类别	符号	数码	分类指标			
			V_{daf}/%	G	Y/mm	b/%[2]
长焰煤	CY	41	>37.0	≤5		
		42	>37.0	>5~35		

注：分类用的煤样，如原煤灰分不大于 10%，则不需减灰；灰分大于 10% 的煤样，则需按 GB 474—83《煤样的制备方法》，用氯化锌重液减灰后分类。

① 当烟煤的黏结指数测定值小于或等于 85 时，用干燥无灰基挥发分 V_{daf}(%)和黏结指数来划分煤类；当黏结指数测定值大于 85 时，则用干燥无灰基挥发分 V_{daf}(%)和胶质层最大厚度 Y(mm)，或用干燥无灰基挥发分 V_{daf}(%)和奥亚膨胀度 b(%)来划分煤类。

② 当 $G>85$ 时，用 Y 和 b 并列作为分类指标。当 $V_{daf}\leqslant 28.0\%$ 时，b 暂定为 150%；$V_{daf}>28.0\%$ 时，b 暂定为 220%。当 b 值和 Y 值有矛盾时，以 Y 值划分煤类为准。

(3) 褐煤的分类：表征褐煤煤化程度的参数，采用透光率作为指标，采用恒湿无灰基高位发热量作为辅助指标来区分烟煤和褐煤。其分类参见表 1-17。

表 1-17　褐煤的分类

类别	符号	数码	分类指标	
			PM/%	$Q_{GW}^{A\cdot GN}$[1]·MJ·kg^{-1}
褐煤一号	HM_1	51	0~30	
褐煤二号	HM_2	52	>30~50	≤24

① 凡 $V_{daf}>37.0\%$、$PM>30\%\sim50\%$ 的煤，如恒湿无灰基高位发热量 $Q_{GW}^{A\cdot GN}$ 大于 24MJ/kg，则划为长焰煤。

第二章　煤的洗选加工

69. 原煤为什么要经过洗选加工？

如果把煤比作工业的粮食，那么由地下采出的原煤只能算是“稻谷”，这种“稻谷”在许多情况下是不能直接利用的，需要对原煤进行洗选加工。

原煤灰分高，灰分是存在于煤中的主要有害杂质。炼焦时煤的灰分对焦炭质量影响很大。炼焦煤的灰分每降低1%，焦炭灰分降低1.33%。在高炉冶炼过程中，焦炭灰分每降低1%，则高炉焦炭消耗量可节约2.2%～2.3%。同时，高灰分的煤增大运输量，如果每年有2亿t煤炭需要经过铁路运输的话，当煤的灰分增加1%时，大约每年就得多装300万t矸石，需要6万多节50t的车皮，这是十分惊人的浪费。

无论是化工用煤、动力用煤、民用燃煤，灰分都是有百害而无一利的。煤燃烧时，矿物质（灰分）不仅不产生热量，而且会吸收一部分热随炉灰排出。有关生产实践表明，当动力用煤的灰分增加1%时，则燃煤消耗量将增加2.0%～2.5%。

除了灰分以外，硫含量也是十分有害的杂质。一般认为，1%（质量分数）硫分的危害程度不亚于8%灰分的危害程度。不仅炼焦用煤要求低硫炼焦，既是作为燃料使用，煤中的硫也是有害的，因为煤中硫的80%是可燃的，燃烧时产生SO_2、SO_3和H_2S等有害气体，排入大气，污染环境，造成公害。

原煤洗选的主要任务是：降低煤的灰分，使混杂在煤中的矸石、煤矸共生的夹矸煤与煤炭按其相对密度、外形及物理性质方面的差别加以分离。同时，降低原煤中的无机硫含量，如煤中的黄铁矿硫（FeS_2），它以单体混杂在煤中，且相对密度很大，在重力洗选过程中，容易将其去除。通过洗选加工以满足各种不同用户对煤炭质量指标的要求。

70．选煤是利用煤与矸石的哪些物理性质的差别？

利用煤与矸石物理性质的差异而表明了不同工艺的特点。

根据煤块和矸石块的颜色、光泽及外形上的差别来进行分选，即为人工拣矸（手选），可以排除粒度在50mm以上的大块矸石。

利用相对密度的不同进行重力选煤，烟煤的相对密度在1.2～1.5之间，而矸石的相对密度在1.8以上，从而在重力选煤机中，将煤与矸石分离。

由于煤粒表面与矸石粒表面润湿性的差别，而采用了浮游选煤法，使粒度小于0.5～1.0mm以下的物料达到分离。通常我们用液体表面张力 δ 和固体表面形成的接触角 θ 的大小来判断该液体对固体的润湿程度。液体与固体的接触角如图2-1所示。

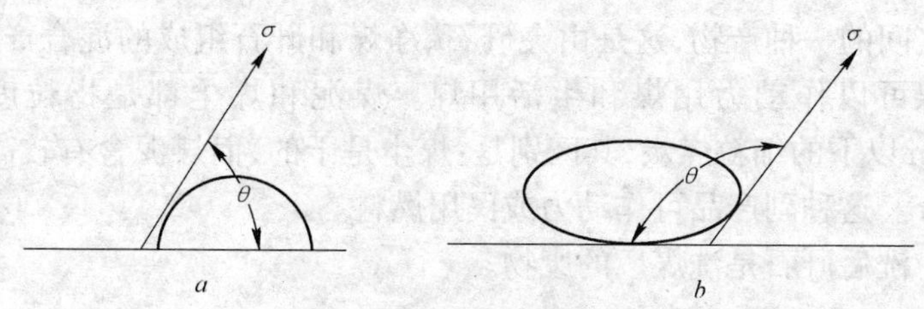

图2-1　液体与固体的接触角

θ 为锐角时，则液滴能润湿固体，如图中 a 所示。若不能润湿，θ 为钝角，如图中 b 所示。煤的润湿性在选煤中得到了应用。

在特殊选煤工艺中，利用煤与矸石电导率或磁导率的不同而进行静电选（用于煤尘）、电力拣矸（用于块煤）及磁力选煤；利用放射线对煤和矸石穿透能力不同而采用的放射性同位素选煤和X射线选煤；还有利用煤和矸石在摩擦系数、硬度、弹性等方面的差别而设计的各种选煤工艺。

71. 什么叫洗煤,其主要产品和副产品是什么?

以水或水与矿物组成的悬浮液为介质,进行重力选煤的过程称之为洗煤。这种洗煤工艺,可以分选粒度由数百毫米到0.5mm,甚至0.2mm的煤炭,所以应用极广。湿法重力洗煤根据其采用设备的不同,又可分为:

湿法重力洗煤——
- 跳汰洗煤
- 流槽洗煤
- 摇床洗煤
- 重介质洗煤
- 旋流洗煤

洗煤厂的主要产品是精煤,按照用户对精煤质量指标的要求,提供精煤产品,供焦化、汽化及液化工业使用。在精煤产品中,由于机械效率的关系,多少还夹杂着一些夹矸石,甚至极少量的矸石。

洗煤厂的副产品有中煤、煤泥和煤尘。中煤是介于精煤和矸石之间的一种产物,这是由夹矸石、净煤和矸石组成的混合产品,中煤可以作动力用煤和生活用煤。煤泥和煤尘都是指粒度在1mm以下的细粒煤炭,其区别是:煤尘是干的,而煤泥含有较高的水分。这种副产品可作动力或民用燃料。

洗后矸石是洗煤厂的废物。

72. 选煤厂的生产能力是以什么来表征的?

选煤厂是用机械方法去除原煤中的杂质,并按质量和粒度进行产品分级、分类的煤炭加工厂。采用湿法选煤的选煤厂简称洗煤厂。在我国,炼焦煤的选煤厂都是湿法选煤,因此通常都叫洗煤厂。

选煤厂的生产能力是以年处理原煤量来表示的,年处理能力为30万t以下的(含30万t)属小型洗煤厂;30～100万t是中型洗煤厂;大于100万t的为大型洗煤厂。

洗煤厂由下列部分组成:

（1）受煤或贮煤及原料原煤准备：接受并贮存由矿井运来的原煤，进行原煤的筛分、破碎、拣矸、除尘等，为洗煤提供粒度合适的原煤。

（2）选煤：使用机械方法进行煤炭的加工精选、选后产品的脱水和装仓。

（3）煤泥处理：煤泥水的浓缩和澄清，用浮选或其他方法回收煤泥。

（4）干燥：细粒精煤和浮选精煤的烘干。

（5）其他辅助部分：供电、水、热、化检及机电设备的检修。

（6）管理部分：营销、财务、人事、党群等部门。

73．筛子在选煤厂中有哪些用途？

在带孔的筛面上使物料按粒度大小进行分级的作业称之为筛分。实现这种作业的机械即为筛子。按筛分作业的类型，选前筛分、最终筛分及辅助筛分都是通过筛子来实现的。其用途主要表现为：

（1）选前筛分：送入洗煤厂的原煤，是大小不同块度的混合物，其中最大块尺寸可达300～500mm，最小的颗粒则是飞扬的煤尘，无论哪一种选煤机，都不能处理粒度差别这样大的原煤。因此，要按照精选作业的要求，把原煤分成粒度比较均一的几级物料。

（2）辅助筛分：为顺利而有效地进行其他洗选作业而进行的筛分，如在破碎煤炭之前，为事先分出小于规定粒度的煤，或是检查破碎产品的粒度是否符合要求，也需使用筛子筛分；为减轻除尘、脱水、脱泥设备的负荷，也需用筛子预先把较粗粒度的物料筛出。

（3）最终筛分：为合理使用煤炭，满足不同用户的要求，也常常将原煤或洗选后精煤筛分成几种不同粒度的级别。

（4）其他：选后产品的脱水或脱泥作业也广泛应用筛子；对动力用煤，有时也将它筛成不同程度的级别，作为最终产品送给用户，这种专门进行筛选作业的工厂即为筛选厂。

可见，筛分作业及其筛子在选煤厂中的应用是十分广泛的。

74．什么叫筛分顺序，如果要用一台筛子筛出三级产品，怎样布置筛面比较合理？

按煤炭粒度的大小，先筛出什么粒级后筛出什么粒级的顺序为筛分顺序。选煤厂的筛分顺序有三种：

（1）由小到大的筛分顺序：先将物料中的细粒煤筛出，然后逐步筛出粒度较大的煤块（图 2-2a）。

（2）由大到小的筛分顺序：先筛出粒度最大的煤块，然后逐步筛出粒度较小的煤块（图 2-2b）。

（3）混合筛分顺序：由上述两种筛分顺序混合而成（图 2-2c）。

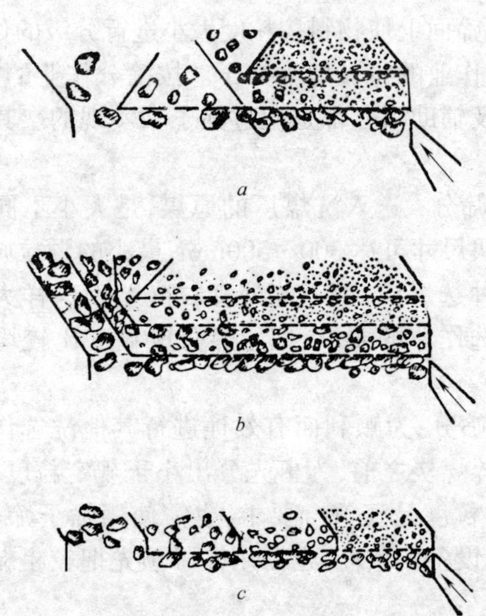

图 2-2　筛分顺序

在筛架上可以铺设一层、二层或三层筛面，一层筛面可以得筛上和筛下两级产物，两层可以得三级产物，如果该产品级数为 η，

筛面数为 N,则：

$$\eta = N + 1 \tag{2-1}$$

生产上广泛采用由大到小的筛分顺序,这样物料中的大块煤先被筛出,减少了大块煤因在筛面上碰撞而破碎的现象,小筛孔筛面的煤量减少,最难筛分的细粒煤有更多的透筛机会;各层筛面上下重叠装设,设备紧凑所占面积小,从而,使这一工艺得到了广泛应用。

75. 筛子有哪些类型,它们都适用于哪类作业?

筛子的几种主要类型及其适用于作业的范围见表 2-1。

表 2-1　筛子的主要类型及其应用的作业范围

筛子类型	应用的作业范围
固定筛	一般在选煤厂受煤仓上使用,分出 250～300mm 以上的过大块,也用于大粒度 50～100mm 的选前筛分,选后精煤进入脱水筛之前,也用于泄出过多
滚轴筛	在大粒级选前分级作业中采用这种筛子,只适用于 50mm 以上的粒度分级
摇动筛	适用于各粒级煤的筛分,也可用于选后末煤和粗粒煤泥的脱泥与脱水
振动筛	应用范围广,不论是粗粒和细粒的分级、末煤和煤泥的脱水都可应用,分级粒度可从 150～200mm 至 0.25～0.1mm,最大入料粒度可达 1000mm
共振筛	最大入料粒度达 300mm,选前及选后和辅助筛分均可应用
滚筒筛	适用于选后产物的分级和块煤的脱水,这种筛子能力、效率都很低,一般只用于粗粒和中等粒级的筛分

76. 摇动筛是怎样工作的?

以弹性支杆摇动筛为例,图 2-3 为其结构示意图。

偏心轮传动机构转动时,带动筛框做往复摇摆,使物料沿筛面

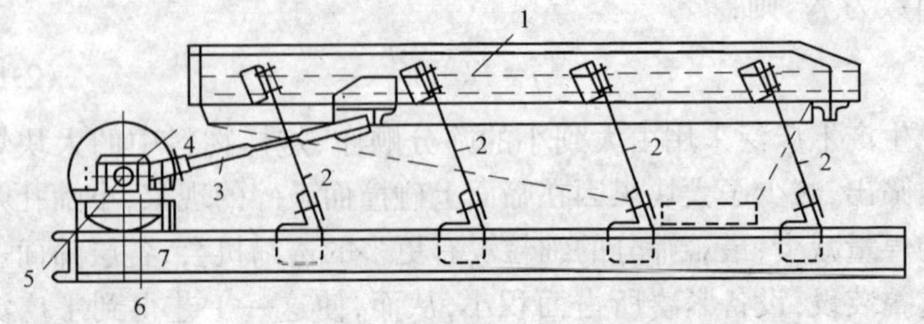

图 2-3　弹性支杆摇动筛

1—筛框；2—弹性支杆；3—连杆；4—偏心轮；5—曲轴；6—轴承；7—底座

向前移动。为使颗粒能够克服摩擦力而向前运动，常常把筛面装成倾斜的，又由于支杆与筛框呈 70°左右的角度，连杆向前运动时，在筛面向前运动的同时，又会将筛面稍微抬高一些；当筛面达到最高点时，连杆向后运动，则筛面也随之向后运动，瞬间，将颗粒抛起，使颗粒不断跳跃前进，随之其筛面高度也稍有降低。如此，反复进行上述运动，使筛面物料得到抖动的前进力量。颗粒的运动状态可用图 2-4 来表示。

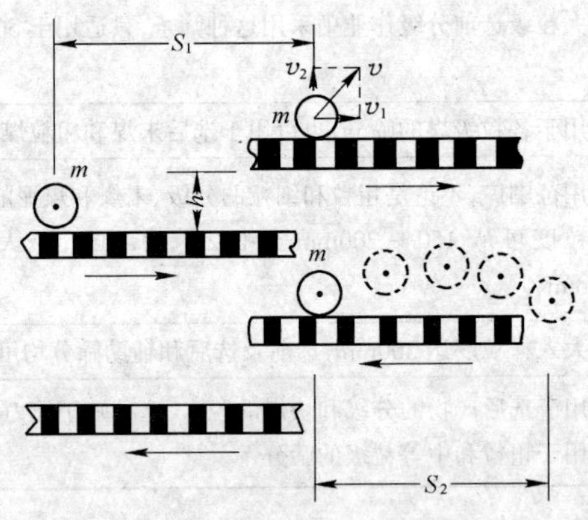

图 2-4　颗粒的运动状态示意图

m—筛板上的一煤粒；S_1—筛板水平移动距离；

S_2—煤粒从最高点落下的水平距离；h—筛面向上运动的垂直高度

从上图可见，煤粒的一次往复过程中，在筛面上移动的距离

为 S_1+S_2，移动速度大约为 0.1～0.25m/s。

大于筛孔的粗粒在上述往复运动中继续前进，最后从筛面末端排出，而小于筛孔的粉料就透过筛孔漏下去，从而完成分级过程。

77. 振动筛的工作原理是什么？

振动筛的形式很多，依据振动机构的不同，振动筛大致可分为 4 类：

(1) 偏转筛；

(2) 带有不平衡轮的惯性振动筛；

(3) 打击式振动筛；

(4) 电振动筛。

以惯性振动筛为例，简要说明其工作原理。

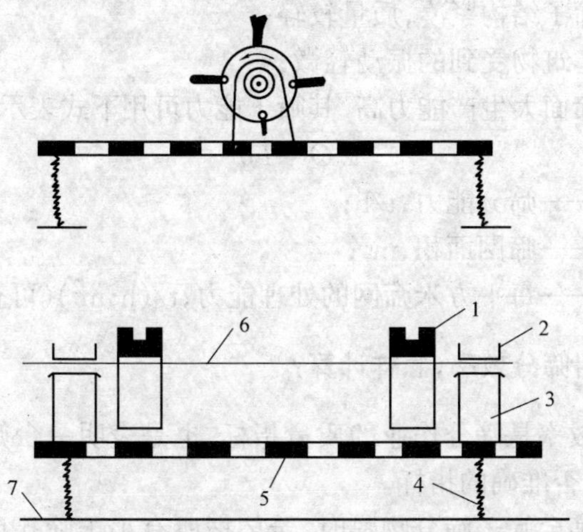

图 2-5　惯性振动筛工作原理示意图

1—不平衡器；2—轴承；3—轴承座；4—弹簧；5—筛板；6—筛轴；7—底座

当筛轴旋转时，不平衡器即产生各个方向的惯性离心力，迫使装在弹簧上的筛板振荡。筛面各点的振幅及运动轨迹取决于不平衡器造成的离心力、给料量、轴的转速，同时还与筛子的质量及弹簧的弹性有关。

78. 共振筛的特点是什么？

共振筛的工作原理是：由筛子曲柄传动机构所产生的摆动经连杆传给筛框，因为筛框与橡胶（缓冲器）相连，所以有一部分动能被弹簧吸收，当筛板返回摆动时，这部分动能又被释放出来重新加以利用。此时，弹簧起到了帮助筛框摇摆的作用，而且它们的摆动频率呈一定的比例关系，即产生了共振作用。

这种共振筛的主要特点是：

（1）消耗的动能低；

（2）传动机构受力小，传动部件耐用；

（3）筛子结构紧凑，质量较轻；

（4）建筑物受到的振动轻微；

（5）筛面大生产能力高，其筛子能力可用下式表示：

$$Q = Fq \tag{2-2}$$

式中　Q——筛分能力，t/h；

F——筛网面积，m^2；

q——每平方米筛网的处理能力，$t/(h \cdot m^2)$（可查表选取）。

79. 什么叫筛分效率，怎样计算？

筛分效率是筛分作业的质量指标，也是表明一台筛子工作好坏、分级是否准确的指标。

当用某台筛子筛分物料时，希望把所有小于筛孔尺寸的颗粒都筛下去，这样的筛分效率就是100%。事实上，这是很难做到的，总有一部分小于筛孔的颗粒混在筛上产物中；同时由于筛孔尺寸的不准确及磨损，也可能有一些大于规定粒度的颗粒到了筛入产物中去。筛分效率可用下式来表示：

$$\eta=\frac{A'}{A}\times 100\% \tag{2-3}$$

式中　η——筛分效率,%;

A'——实际获得的筛下物数量,用占入料的百分数比表示,%;

A——入筛物料中粒度小于规定筛孔的粉料含量,%。

上式中,入筛物料中的筛下级的含量 A 可以通过采样和筛分实验测得,而实际筛下物数量 A',却很难直接测知,而用 B 代表筛上产物中的筛下级含量,则 A'为:

$$A'=A-\frac{100-A'}{100}\times B$$

$$=\frac{100(A-B)}{100-B} \tag{2-4}$$

将上式代入式 2-3,则筛分效率为:

$$\eta=\frac{100(A-B)}{A(100-B)}\times 100\% \tag{2-5}$$

例如:有一台筛孔 50mm 的筛子,经采样检查后,测得入料和筛上产物的粒度组成如表 2-2 所示,则筛分效率为:

表 2-2　入料和筛上产物的粒度组成

级别/mm	质量分数/%	
	入　料	筛上产物
+50	30	85
50～0	70	15
合计	100	100

$$A=70, B=15$$

$$\eta=\frac{100\times(70-15)}{(100-15)\times 70}\times 100\%=92.5\%$$

80. 影响筛分效率的高低有哪些因素?

影响筛分效率高低的主要因素有:

(1) 筛子的类型和筛面的性质。

(2) 难筛粒度含量。难筛粒度是指那些近于筛孔尺寸的颗粒。比筛孔小得多的颗粒,是不难透过筛孔的,但尺寸略比筛孔小些的颗粒,就不容易透筛,在保持一定生产能力的条件下,难筛颗粒越多,则筛分效率越低。

(3) 煤的粒度组成。入料中细粒含量越多,筛分越容易,其效率也越高。

(4) 煤的水分。煤的水分对筛子的工作影响极大,潮湿的细粒容易粘在筛丝上,堵塞筛孔,大大降低生产能力和效率,不同筛孔允许的水分值见表2-3。

表2-3 不同筛孔允许的水分值

筛孔直径/mm	水分(不允许超过)/%
1	4.5
3~6	5~7
12	≤12
>36	大小影响不明显

如果在给料的同时,向筛子添加大量的水,反倒会提高筛分效率,因为加强了物料的流动能力,这就是湿法筛分。

(5) 负荷的影响。筛分效率与负荷呈反比,负荷越高,筛分效率越低,在未超过负荷的情况下,负荷对效率的影响不明显,负荷过重,效率急剧下降。

(6) 给料的不均匀性。筛子给料的不均匀性,造成负荷波动,筛分效率降低。另外,煤流沿筛面全宽分布的不均匀性,也可造成效率的降低。

81. 破碎机在选煤厂中有哪些用途?

使块煤分裂成更小颗粒的过程叫做破碎,用于破碎的设备即为破碎机。

破碎工艺在选煤厂的主要用途表现为：

(1) 精选机械所处理的煤炭粒度是有一定限制的，超过限度的大块煤要经过破碎后才能洗选。如跳汰洗煤机，一般将入洗煤炭粒度控制在 50～100mm 以下，大于这个级别的块煤都要破碎。

(2) 有些块煤是煤与矸石共生的夹矸煤，为了从中选出精煤，需要将其破碎为更小的颗粒，使煤与矸石分离。

(3) 为了适于用户的需要，应把选后产品破碎到一定的粒度，如焦化厂使用 3～5mm 以下的原料，尽管在焦化备煤工艺中设置了破碎设备，但从选煤厂运出的煤炭粒度也不能过大。

82. 按破碎产物的粒度，破碎作业分为几种类型，破碎机依靠什么作用将煤块破碎？

按破碎产物的粒度，破碎作业分为粗碎、中碎、细碎和粉碎 4 类，其区别见表 2-4。

表 2-4　粗碎、中碎、细碎和粉碎的区别

类　别	破碎粒度	使用破碎机械
粗　碎	破碎到 50mm 以上	通常采用单齿辊、双齿辊和颚式破碎机
中　碎	破碎到 25～6mm	使用锤式破碎机和反击破碎机
细　碎	破碎到 6～1mm	
粉　碎	小于 1mm	使用球磨机

各种类型的破碎机主要依靠下列 4 种作用将煤块破碎：压挤、劈裂、打击、辗磨，如图 2-6 所示。

齿辊破碎机以劈裂为主，锤式和反击式破碎机以打击为主，颚式破碎机以压挤为主。无论哪种破碎机几乎都兼具上述 4 种作用，而只是有主要和次要之分。

83. 选煤厂常采用哪种破碎系统，为什么？

选煤厂的破碎机作业有两种系统，即开路破碎和闭路破碎，闭

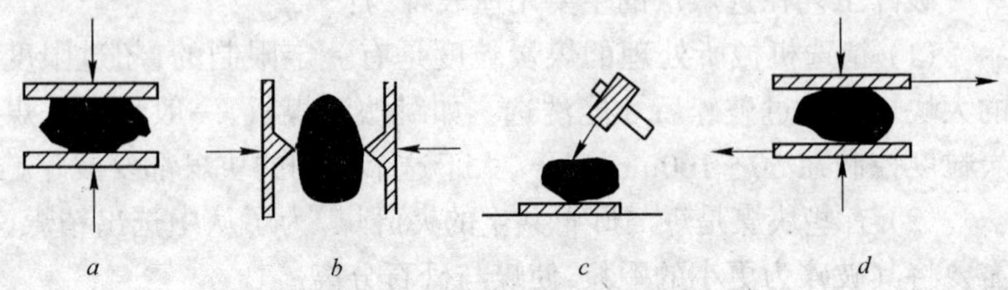

图 2-6　破碎作用示意图

a—压挤；*b*—劈裂；*c*—打击；*d*—辗磨

路破碎也称之为循环破碎，其工艺流程如图 2-7 所示。

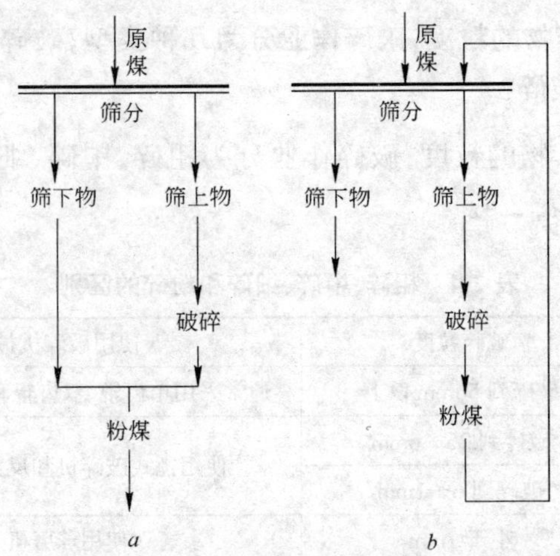

图 2-7　煤的破碎系统

a—开路破碎；*b*—闭路破碎

破碎系统要根据破碎机的种类和工艺要求来确定，如果对破碎产物的粒度没有严格要求或破碎机本身可以保证不产生过大的煤块，则可以采用开路破碎系统；如果破碎产物必须严格地小于规定尺寸，而且又不能依靠破碎机本身达到要求时，则需采用闭路系统。在闭路系统中，破碎产物要经过筛子检查，粒度合格的产物透筛，筛上产物重新返回破碎机破碎，直到通过筛孔为止。

闭路破碎时，破碎机和筛子的能力均应加大，而且增加运输机械。另外煤炭是容易破碎的物料,所以在选煤厂中多采用开路破碎系统。

84. 煤块在锤式破碎机中的破碎过程是怎样的?

锤式破碎机能够把煤块碎到13～3mm以下的程度,而且可以保证破碎产物中不带过大粒度的颗粒,这种破碎机广泛应用于中碎和细碎作业。

锤式破碎机的构造和工作过程如图2-8所示。

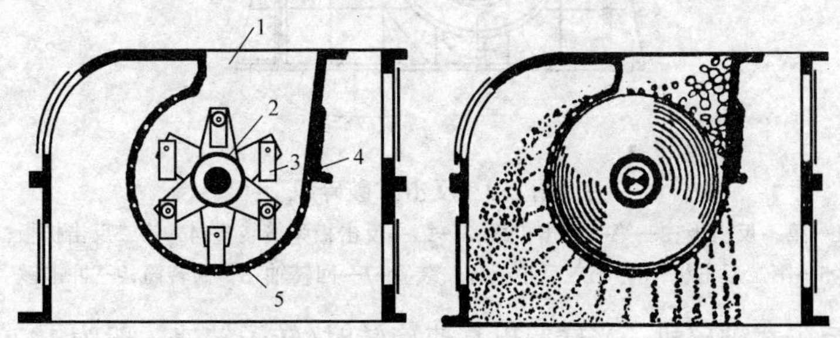

图2-8 锤式破碎机的工作示意图

这种破碎机是利用高速回转的锤子的打击力量进行破碎的。它是由破碎室1(包括破碎板4及筛板5)、迅速回转的转子2、铰接在转子上的锤子3组成。转子高速旋转时(25～60m/s),由于离心力的作用,锤子呈放射状,当煤块被送入破碎机时,则煤受下列作用而被破碎:

(1) 高速旋转的锤子的打击作用;

(2) 旋转的锤子把煤块抛到破碎板上时的冲击作用;

(3) 煤块沿破碎板移动时受到锤子的打击作用;

(4) 煤块在锤子与筛板之间移动时受到的挤压和磨剥作用。

85. 反击式破碎机的工作原理和特点是什么?

反击式破碎机的结构如图2-9所示。

上图是由带冲击锤的回转筒以及第一和第二反击板组成的一

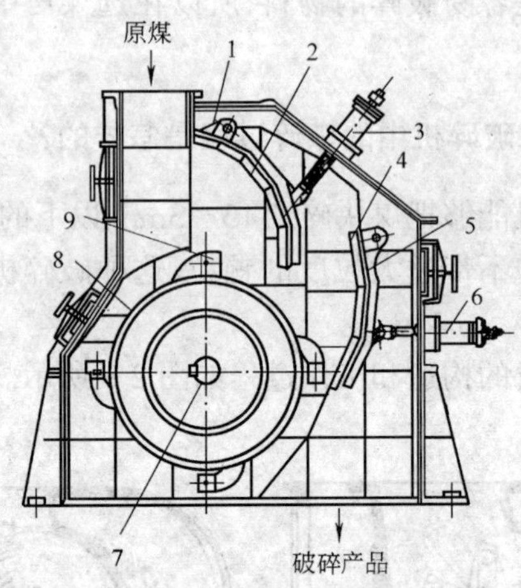

图 2-9　反击式破碎机

1—第一反击板；2—第一反击护板；3—第一反击板弹簧装置；4—第二反击护板；5—第二反击板；6—第二反击板弹簧装置；7—回转轴；8—回转筒；9—冲击锤

种反击式破碎机。当转筒以高速旋转时（转子转速一般为 1470r/min），煤块被冲击锤抛射到第一或第二反击板上，冲击力很大，使煤块沿节理面破碎。这样反复冲击破碎，便得到了细粒产品。

这种破碎机的主要特点是：

（1）破碎比很大，可将块度为 300mm 的入料一次破碎到 3mm 以下；

（2）功率消耗低，过粉碎少；

（3）处理能力大。

在煤炭破碎中，它既可用于粗碎，也可用于中碎和细碎。

86．使用破碎机时要注意哪些问题？

破碎设备的使用和维护，根据机器类型的不同和工作条件的差异而有所不同。一般要注意的事项是：

（1）启动前，应先用人力将传动轮扳动一两圈，确认运动灵活后，方可开车。等破碎机运转正常后再给料。

(2) 停止运转前,应先停止给料并将机中物料破净,然后才可切断电机电源。

(3) 在运转中要注意轴承的温度,务必使轴承保持良好的润滑状态,并注意声音和振动有无异常,发现不正常情况时,应停车检查,待查出原因并处理好后再行开车运转。

(4) 保持均匀给料,防止过载。严防金属和木材等不能破碎的物料落入机中。干法破碎时,入料水分不能过高;湿法破碎时,需保持适当的水量,防止因冲水不足而堵塞,降低其生产能力。

(5) 检查破碎产物是否符合要求。如超过规定尺寸的颗粒过多,应当找出原因(如筛条缝隙过大,排料口过宽,锤子、颚板或齿辊磨损等),并采取适当措施消除。

(6) 破碎机停车时,要检查紧固螺栓是否牢固,易磨损部分的磨损程度如何,不能达到其技术要求时,要及时更换。

(7) 磨损了的部件要及时修理和更换。

(8) 磨损机上的保险装置,要保持良好状态,而绝不能使之失效。

87. 减轻或取消人工拣矸的方法是什么?

在采煤过程中,由于夹矸层的存在以及顶板和底板的破碎,煤中或多或少地含有一些矸石。混杂在煤里的矸石,粒度不等,有大块的,也有小块的,在多数情况下,由于矸石比煤硬,不容易破碎,所以块煤含矸多一些,末煤含矸少一些。而通常几种主要的选煤方法所能处理的煤炭粒度,一般只能达到 50~100mm,因而块煤的拣矸就成为煤炭生产必不可少的组成部分。

拣矸最简单的办法是手选,即根据煤块和矸石在光泽、颜色和形状等外观上的差异,用人工从煤流中将矸石一块一块地拣除。

人工拣矸是一项占用大量人力的笨重劳动,必须逐步用机器代替。

取消人工拣矸的方法有二:一是扩大机械化选煤设备的入选粒度上限,使大块矸石与煤一起破碎后入选;二是采用机械化方法拣选。

机械化拣选块煤的方法有:重介质选矸、电力拣矸、放射性同位素拣矸、碎选机分选以及其他方法。

88. 手选皮带的速度以多大最合适?

人工拣矸是在缓慢前进的运输机械上进行的。

常用的拣矸皮带机如图 2-10 所示。

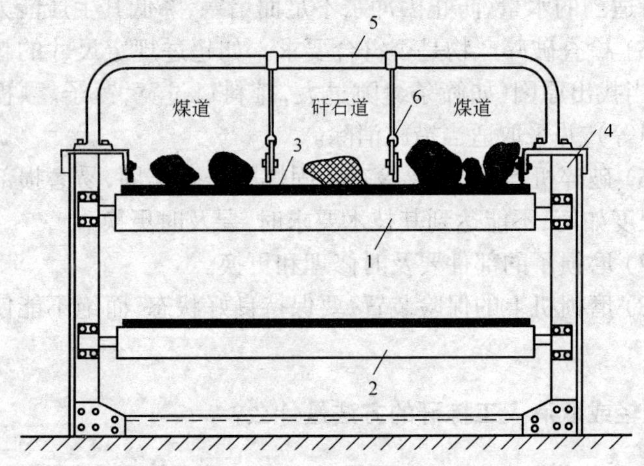

图 2-10　拣矸皮带机示意图

1—上平托辊;2—下平托辊;3—胶带;4—机架;5—支架;6—悬吊隔条

从上图可见,要拣选的块煤给到左右两条道上,拣选工站在皮带机的两侧,把拣出来的矸石扔到中间的矸石通道里;煤块和矸石在同一条皮带上向前移动,到达终端后落入不同的溜槽中。皮带的运动速度一般控制在 0.2～0.3m/s 比较合适,最大不超过 0.4m/s。过快的速度不便于拣矸,皮带上只能有一层煤块,不然就会有些矸石被压在煤层下面而无法拣出。

89. 什么叫电力拣矸和放射线拣矸,它们是怎样分离煤和矸石的?

(1) 电力拣矸

电力拣矸是根据煤与矸石电导率的不同而进行分选的。电力拣矸的工作原理如图 2-11 所示。

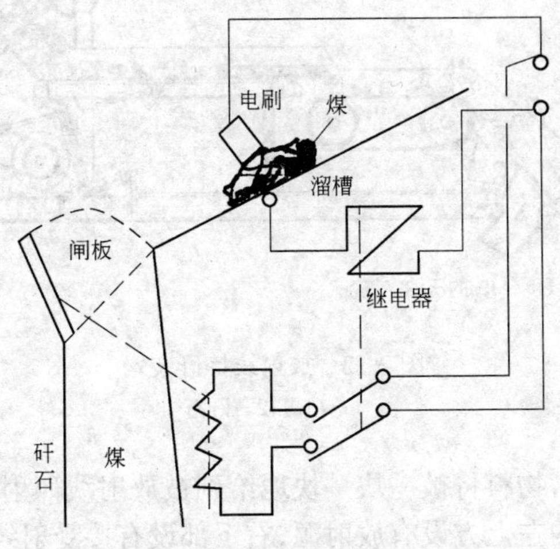

图 2-11 电力拣矸工作原理

粒度均匀的物料沿溜槽缓慢滑下(或在皮带上移动,矸石通过由铜板制成的电刷时,由于矸石导电而接通电路,于是通过继电器的作用使电磁铁合闸,活动闸板借磁力移到右侧,此时滑落的矸石恰好落入左侧通道。矸石通过电刷后,电路切断,磁力消失,由于弹簧作用,活动闸板又恢复到原来位置,移至左侧;打开右侧通道,如果通过电刷的不是矸石而是煤块,电路中电流过弱,继电器和电磁铁不能动作,则滑落的煤块落入右侧通道。为加强导电性,可在煤块和矸石进入电力拣矸之前喷水润滑。

(2) 放射线拣矸

这种方法是根据煤块与矸石吸收放射线能力的差别进行分选的。其工作原理如图 2-12 所示。

振动给煤机将经过筛分的块煤缓慢地给到皮带机上,由于给煤机的抖动作用,物料在给煤机上的沟槽中排成一列单层。当物料落到运动速度较快的运输带上以后,颗粒彼此之间拉开一定的

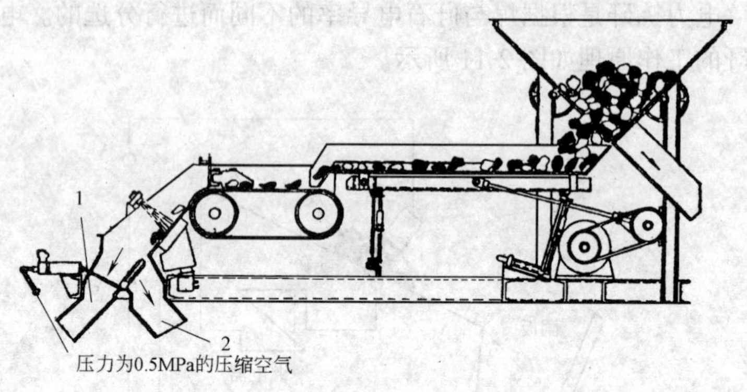

图 2-12　放射线拣矸装置

1—精煤;2—矸石

距离。这样,物料将被一块一块地给到被放射线照射的 V 形溜槽中,在溜槽的左上方设有放射源,右下部设有接受射线的伽玛电子继电器,如果溜槽中没有物料或是煤料通过放射线束时,继电器不动作,V 形槽的通道为精煤开放。矸石通过放射线束时,由于矸石吸收部分射线,继电器上的射线强度减弱,引起继电器动作,使执行机构拉动溜槽上的挡板,切断精煤通道,矸石便落入右下方的通路中,使煤与矸石分离。

90. 什么是拣矸效率,如何计算?

拣矸效率是指实际拣出的矸石量与原料煤含矸量之比,用下式表示:

$$拣矸效率=\frac{实际拣出的矸石量}{原煤含矸量}\times 100\% \tag{2-6}$$

这项指标的高低,与选后煤的含矸量有关,当原煤含矸量一定时,选后煤的含矸量越高,说明拣矸效率越低。

例如:某选厂每日处理 4000t 原煤,经手选拣 340t 矸后,原煤含矸率为 10%,则该厂的拣矸效率为:

$$4000\times 10\% = 400\text{t}(矸石)$$

$$拣矸效率 = \frac{340}{400} \times 100\% = 85\%$$

91. 碎选机是怎样工作的,在什么条件下可以采用这种设备?

碎选机,又称选择破碎机或滚筒破碎机,它既是破碎机,也是筛分机,具有分离煤和矸石的作用。碎选机是利用煤和矸石硬度不同的特性而进行工作的。图 2-13 为一碎选机的结构示意图。

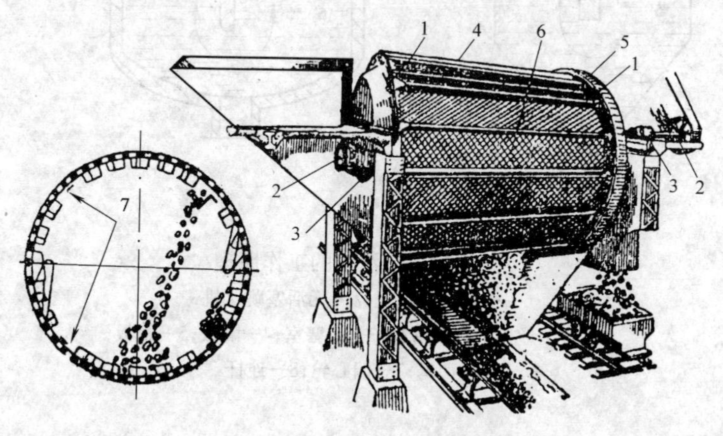

图 2-13　碎选机

1—端板;2—机轴;3—轴承;4—梁;5—传动齿圈;6—筛板;7—铲板

由图可见,电机经传动装置带动滚筒旋转,由滚筒一端给入的物料被铲板提起,随滚筒转到上端然后再自由落下,如此反复地提起和坠落,煤块因撞击而破碎,并透过筛孔排出。未能破碎的坚硬矸石逐步移至滚筒的另一端排出,从而达到煤与矸石分离的目的。

当煤与矸石在硬度上相差悬殊时,采用这种设备最为合适。碎选机的入料最好是经过预先筛分的块煤,但也可处理原煤。筛上产物中可能混有少量煤块,可用人工检查拣选。

92. 跳汰选煤机是怎样工作的?

图 2-14 表示跳汰机的工作原理。

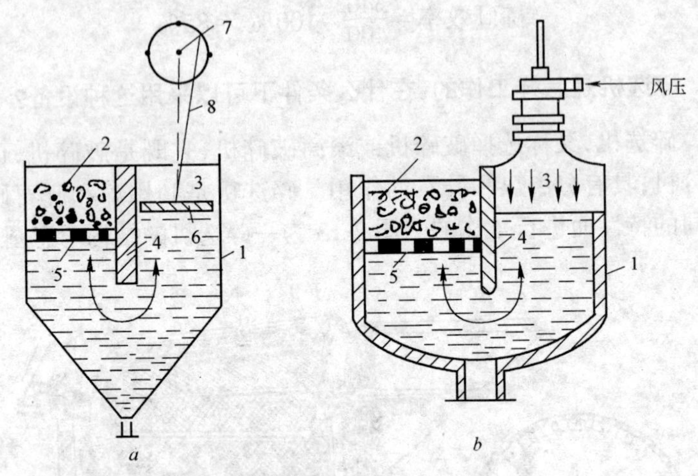

图 2-14 跳汰机的工作原理

a—活塞跳汰机；*b*—无活塞跳汰机

1—解锥形机箱；2—物料；3—活塞室；4—隔板；5—筛板；

6—活塞；7—偏心轮；8—连杆

使混有矸石的煤炭在时上时下的变速脉动水流中按相对密度进行分选的过程即为跳汰选煤。实现跳汰选煤工艺的主体设备称之为跳汰选煤机，即跳汰机。

由偏心轮和连杆带动活塞做上下往复运动，活塞向下运动时，活塞室中的水被迫向跳汰室流动，因而在跳汰室中造成上升水流，这时左侧的水面比右侧高一些。活塞向上运动时，水则向回流动，此时在跳汰室中形成下降水流。随着偏心轮的旋转，活塞上下往复运动，在跳汰室中就产生了穿过筛板上下跳动的脉动水流。水流上升，筛板上的物料（床层）被冲得很松散并随之向上运动，这时煤和矸石运动的速度不同，相对密度小的煤块上升得快，相对密度大的矸石颗粒上升得慢些，因而原来压在矸石下面的煤粒就可能越过矸石上升到上层去。水流下降时颗粒随之降落，最后密集在筛板上。在下降过程中，重的矸石最先落到筛板上，轻的煤粒常常落到矸石层的上面。经过几次反复跳动之后,筛板上原来杂乱无章的煤、矸混合物就逐步分清了层次,煤粒集中在上层,矸石留在下层,从而使煤与矸石分离。若利用时进时出的压缩空气来代替活塞,这就是无活塞跳汰机。其工作过程与活塞式跳汰机相同。

93. 什么叫等沉比,跳汰机的入洗原煤粒度实际上是否受等沉比的限制?

所谓等沉比,就是在水中自由沉降的两个不同相对密度的颗粒,它们以相等的末速度运动时(即等沉时),这两个颗粒粒度之比叫等沉比。

根据有关研究得知,颗粒在水中自由沉降的末速度可用下式表示:

$$v_0 = k\sqrt{d(\delta - 1)} \tag{2-7}$$

式中 v_0——颗粒在水中自由沉降的末速度;

d——颗粒的粒度;

δ——颗粒的相对密度;

k——与颗粒的形状、粒度及相对密度等因素有关的常数。

设一个颗粒的粒度是 d_1,相对密度是 δ_1,沉降末速度是 v_1,另一颗粒的粒度是 d_2,相对密度是 δ_2,沉降末速度是 v_2,$v_1 = v_2$ 时,则有:

$$k_1\sqrt{d_1(\delta_1 - 1)} = k_2\sqrt{d_2(\delta_2 - 1)}$$

在假设颗粒的形状等因素相似的情况下,可假定 $k_1 = k_2$,则有:

$$\sqrt{d_1(\delta_1 - 1)} = \sqrt{d_2(\delta_2 - 1)}$$

则等沉比 e 为:

$$e = d_1/d_2 = (\delta_2 - 1)/(\delta_1 - 1) \tag{2-8}$$

如:设煤块相对密度 $\delta_1 = 1.40$,矸石相对密度 $\delta_2 = 1.80$,则:

$$e = (1.80 - 1)/(1.40 - 1) = 0.80/0.40 = 2$$

这就是说,当页岩的粒度为 10mm 时,煤块的粒度为 20mm,

煤块和页岩才能以等末速降落。

上述这种关于计算的假说,事实上是不符合跳汰机的实际情况的。由于跳汰过程中,颗粒是在互相干扰的条件下运动的,实际情况比其计算假定的条件要复杂得多。尽管有人在上述公式前又加了补正系数,但仍不能圆满地解释跳汰机为什么能够有效地精选宽级别和不分级物料,而且有效的分级粒度下限可达到0.2mm。所以,实际上入洗原煤的粒度,并不受等沉比的限制。

94. 在跳汰过程中,床层的位能发生了什么变化?

在跳汰过程中,物料在分选前后的状态如图 2-15 所示。由床层中切割出一块柱状体来研究,这就是位能降低理论,以这种假说来解释跳汰过程。

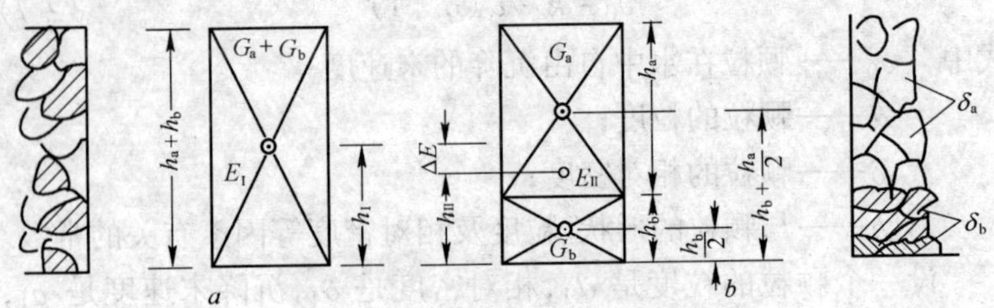

图 2-15 物料在分选前后的状态

a—分选前;*b*—分选后

设物料在未分选前混合物的位能为:

$$E_{\text{I}} = (G_a + G_b)\frac{h_a + h_b}{2} \tag{2-9}$$

式中 G_a、G_b——床层中不同相对密度物料(煤与矸石)的质量;

h_a、h_b——在分层后两种相对密度物料柱体的高度。

那么,在分层后柱状体的位能则变为:

$$E_{\text{II}} = G_a(h_b + h_a/2) + G_b h_b/2 \tag{2-10}$$

物料在分层前后的位能差为:

$$\Delta E = E_{\text{I}} - E_{\text{II}} = 1/2(G_b h_a - G_a h_b) \tag{2-11}$$

令:δ_a 表示煤的相对密度,δ_b 表示矸石的相对密度,F 表示柱状体的断面积，Ω 表示密集度，所以：

$$G_a=\delta_a F h_a \Omega$$

$$G_b=\delta_b F h_b \Omega$$

则：
$$\Delta E=1/2Fh_a h_b \Omega(\delta_b-\delta_a)$$

由于 $\delta_b>\delta_a$，所以 $\Delta E>0$。

物料按相对密度分层后的位能低于分层前的位能。这就是说，自然界中每一体系，在没有阻力的情况下，都有降低位能的趋势。虽然，颗粒在密集状态下互相挤紧，不可能实现按相对密度转移，只有借上冲水流的力量使床层松散，才能实现颗粒按相对密度大小的转移过程。为了有效地按相对密度分层，上升水流的大小要适当，过小达不到松散床层的作用，过大颗粒彼此间离得过远，不易分层。

95. 跳汰机的种类有哪些？

跳汰机分类如下：

(1) 按造成脉动水流的动力源来划分
- 活塞跳汰机
- 无活塞跳汰机
- 隔膜跳汰机

(2) 按洗箱数目来划分
- 单段跳汰机
- 两段跳汰机
- 三段跳汰机

(3) 按入洗煤的粒度划分
- 末煤跳汰机（处理 13mm 以下的粉煤）
- 煤跳汰机（处理 80 ～ 13mm 块煤）

(4) 按跳汰机在工序中所占的位置来划分
- 主洗跳汰机
- 再洗跳汰机
- 三洗跳汰机

(5) 按矸石与煤流运动方向划分
- 方向一致时，叫正排矸石跳汰机
- 方向不一致时，叫倒排矸石跳汰机

96. 活塞跳汰机有哪些优、缺点?

活塞跳汰机的优点是:构造简单,制造容易,不需设置鼓风设备,投资少,建厂快。其缺点是:生产能力不及无活塞跳汰机大,而且分选效率也较低,一般只适用于小型选煤厂。

97. 立式风阀跳汰机与卧式风阀跳汰机的主要区别在哪里?

立式风阀跳汰机的工作特性如图 2-16 所示,卧式风阀跳汰机的工作特性如图 2-17 所示。

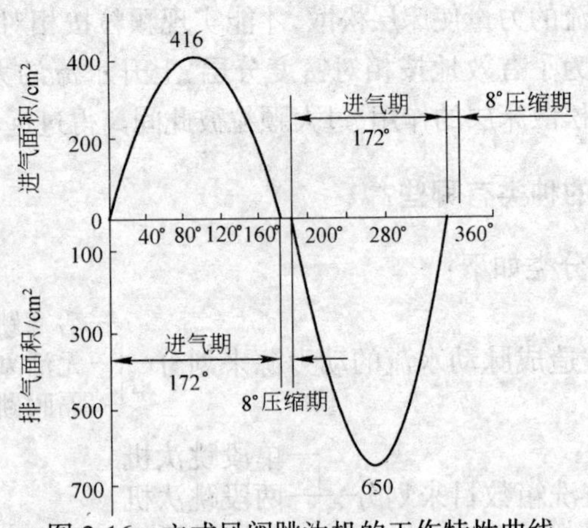

图 2-16 立式风阀跳汰机的工作特性曲线

从以上两图可见,立式风阀跳汰机的工作周期几乎是不变的,不易调整。而卧式风阀跳汰机的周期有一定的调整范围,可以根据需要造成合理的跳汰循环,使每次搏跳中有利于按相对密度分层的过渡阶段得到充分利用。

98. 筛下气室跳汰机有哪些优点?

筛下气室跳汰机构造及原理如图 2-18 所示。

从图可知,在筛板下面的空间里,沿横向布置若干个空气室,每个隔室中设两个气室,气室的上部与卧式风阀相连通,下部接有水管。当风阀未向筛下气室送入压缩空气时,气室与整个筛下空

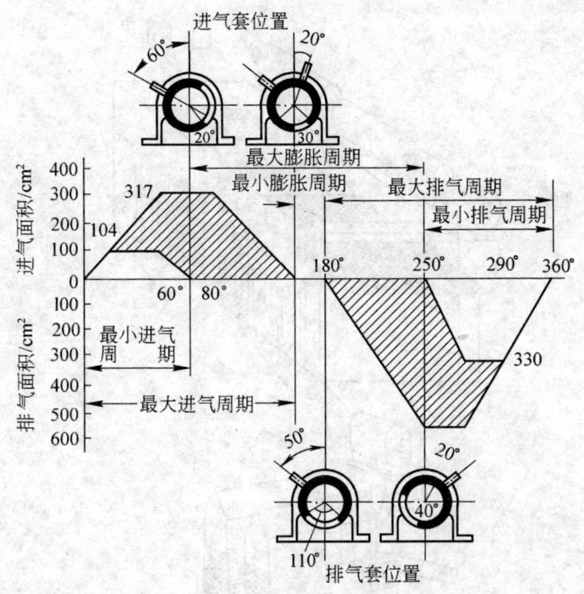

图 2-17　卧式风阀跳汰机的工作特性曲线

间一样，都是被水充满的。当送入压缩空气时，气室内的水被空气压出，由两侧排出并向上运动，在跳汰室内形成一股上升水流。随着风阀的旋转，当压缩空气从气室排出时，水又回到气室，跳汰室内形成一股下降水流。如此反复，则实现了跳汰过程所需要的交替上升和下降的水流运动，以达到煤洗选的目的。

与侧鼓风式跳汰机相比，这种跳汰机的主要优点在于：

（1）沿跳汰室宽度各点的水波高度一致，分选效率高，生产能力大，便于制造大面积的跳汰机。

（2）跳汰机结构紧凑，体积小，质量轻，占地面积小，可节约材料。

（3）筛下水是上下运动的，横向振动小。

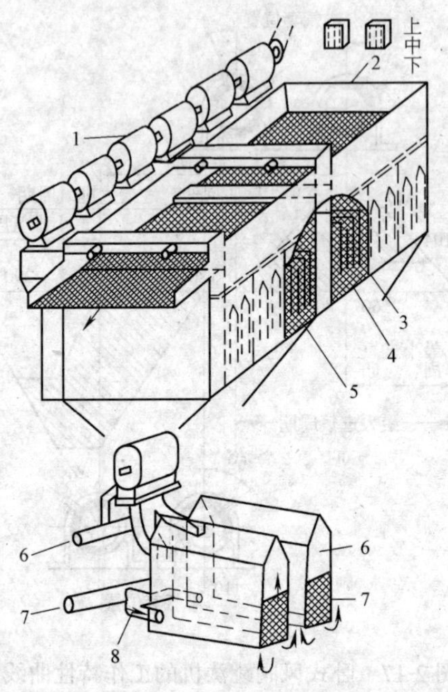

图 2-18　筛下气室跳汰机构造示意图

1—卧式风阀；2—给煤；3—上部接触；4—下部接触；
5—单空气室(有 12 个)；6—空气；7—水；8—补给水

99. 跳汰机的主要调节参数有哪些?

跳汰机的生产能力和分选效果的好坏，受到许多因素的影响，除跳汰机本身结构的特点而形成的不易改变的因素外，那么可能调节和选择的参数主要有以下几个方面：

(1) 跳汰频率。跳汰频率又叫冲次，是指床层在 1min 内的跳动次数，也是风阀的转数。当床层搏跳高度一致时，频率则取决于颗粒的运动速度。频率高，容易使水与颗粒的相对速度过大，不利于按相对密度分层；速度低，物料在单位时间内受到的精选次数少，造成分选效率低。有关资料表明，洗选 50～0mm 的不分级煤时，立式风阀跳汰机的频率在 55～60 次/min 左右，而卧式风阀跳汰机的转数以 30～40 转/min 为宜。

(2) 跳汰循环。跳汰循环是指水在一次搏跳中运动速度的变化特性，它主要取决于风阀或活塞的工作特性。选择卧式风阀时，要保证床层在上升末期维持充分松散的条件下，尽量缩短进气期，加长膨胀期，并安排一个足够的排气期。

(3) 风量和水量。在无活塞跳汰机中，风量和筛下水量不仅决定着床层的跳动高度，同时也决定着床层的游动性，因而是极重要的调节因素。

(4) 给煤量。跳汰机的给煤量或单位筛面的负荷，对精选效果影响很大，在一定的跳动制度下，过大的负荷将直接引起产品质量的下降；但过小的给煤量也不好，不仅设备能力得不到充分发挥，也可能使损失增加。

(5) 筛板的坡度和筛孔尺寸。为使沉积在筛板上的物料顺利地向排料闸门方向移动，筛板要有适当的坡度，坡度的大小，主要是根据原煤的含矸量而定。筛板坡度合适时，筛面上矸石层的厚度是均匀的。对含黄铁矿的和含矸石多的煤，矸石段的筛板坡度要大些(3°～5°)；含矸量少时，坡度可小些(2°～3°)；中煤段的床层轻，一般是 1°～2°以下或呈水平。中煤含量过多时，为延长物料在跳汰机中的停滞时间，甚至可将筛板作成倒坡。

采用尺寸较大的筛孔，可加强透筛排料。

(6) 床层厚度。床层厚度取决于溢流堰的高度，床层的必要厚度视煤的粒度而定，筛板上需要保持适当厚度的矸石床层和足以清晰地分离开的煤层，否则操作困难并增加损失。

100. 怎样选择跳汰机的风阀转数?

跳汰机风阀的转数应选择适当，转速过高，使水和颗粒的相对速度过大，不利于按相对密度分层；速度过低，物料在单位时间内受到的精选次数少，甚至可能形成在筛板上停滞的不工作时间。

在保证一定的生产能力和产品质量的前提下选择合理的转数。

101. 跳汰机的操作要点是什么?

跳汰机工作的好坏直接决定着产品质量的优劣,必须正确操作,认真维护,使它处于正常和有效的工作状态。正确操作的要点主要应控制以下几个方面:

(1) 控制合适的给煤量。跳汰机的风量、水量和排料量都是在一定的负荷下选择的,如果给煤量变动,必将引起已选定的跳汰制度的破坏,因此要使给煤量保持稳定,切忌忽大忽小,同时,还必须使原料沿整个跳汰室的宽度均匀分布。在给煤量方面还应采取配煤入洗等措施,保持原可选性和粒度组成的稳定。

(2) 控制原煤的湿润度。如果原煤是干燥的,在给煤处必须用强力喷水将煤润湿,否则在跳汰机中将形成漂浮的煤团。为防止干煤团顺水漂流,可在跳汰机的给煤端悬挂耙子或设置箅条。

(3) 控制风量和水量。调节和控制风水量的目的,在于造成良好的床层运动。床层的松散程度和吸啜力量,可借探杆或手测得,当探杆插入上冲的床层以后,如果感觉不到多大的阻力,这就说明床层已经很好的松动,情况相反时则床层松动不好。当床层下降时,探杆会受到向下的拉力,吸力越强,拉力愈大。如果发现床层不够松动,则需增加顶水和减少风量;当下吸力量不够时,甚至有大量煤混留在上层,则应加大风量减少顶水,所以水量和风量具体调节要视具体情况而定。

(4) 排料量。利用调节闸门的开口来控制排料量,使床层保持稳定的厚度,在矸石段应尽量把矸石排出,同时应经常检查排料箱上的通风管是否处于良好的工作状况,以保证排料畅通。

(5) 洗水浓度。在跳汰机使用的循环洗水中含有一定数量的煤泥,含煤泥越多,黏度越高,对粉煤的分离越不利,当洗水浓度每增高 100g/L 时,精煤的灰分相当于上升 0.64%~0.8%,所以必须降低洗水浓度。煤泥含量一般不能超过 80~100g/L。

102. 试比较分级与不分级跳汰流程的优缺点。

跳汰洗煤流程分为两大类，即不分级入洗和分级入洗。我国洗煤厂绝大多数都是采用不分级入洗，入洗煤炭的粒度多为 50～0mm，有的厂已提高到 80～0mm，也有的入 150～0mm 的不分级煤。

分级入洗的流程，是将原煤分为 100(80)～13(10)mm 和 13(10)～0.5mm(脱除小于 0.5mm 的煤尘)两级，分别用块煤跳汰机和粉煤跳汰机洗选。

跳汰流程的繁简与煤的可选性难易程度有关，图 2-19 和图 2-20是洗选难洗煤常用的不分级和分级跳汰流程，其优缺点比较见表 2-5。

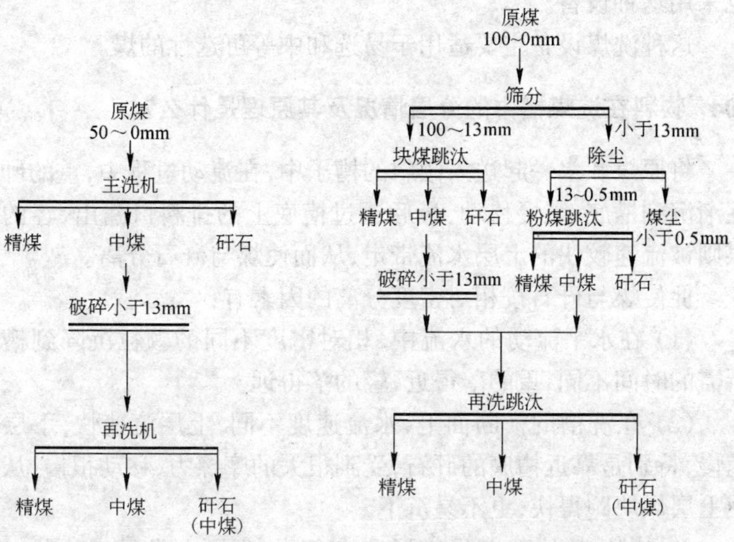

图 2-19 不分级跳汰流程

图 2-20 分级跳汰流程

表 2-5 分级跳汰流程与不分级跳汰流程主要优缺点比较

类 别	分级跳汰流程	不分级跳汰流程
优 点	在块煤和末煤可选性相差较大时，以获取精煤最大收率，块精煤和末精煤选择不同灰分指标时采用该流程	设备少，选前操作简单，灵活性大

续表 2-5

类 别	分级跳汰流程	不分级跳汰流程
缺 点	选前准备作业复杂,使用设备较多,生产系统灵活性差	

103. 流槽洗煤法有哪些特点,它适于洗什么样的煤?

流槽洗煤法主要是利用水流速度的变化而使煤和矸石分开的一种方法。人们利用流槽洗煤的历史远比跳汰机要早得多,流槽洗煤的效率虽然不及跳汰机,但也具有其特点:一是设备结构简单;二是动力消耗很低;三是生产能力大;四是投资省,易于上马。土法洗煤和简易洗煤厂均大量采用流洗槽,即使一些大型洗煤厂也采用这种设备。

这种洗煤设备主要适用于易选和中等可选性的煤。

104. 物料在洗煤槽中的分层情况及其原理是什么?

将原煤和水一起送入倾斜的槽子中,在流动过程中,重的矸石逐渐沉到槽底,缓慢移动,最后通过槽底上的排料口漏出,轻的块煤则被流速较快的上层水流带走,从而使煤与矸石分离。

促使煤与矸石按相对密度分离的因素有:

(1) 在水平流动的水流中,相对密度不同的颗粒沉降到槽底所需的时间不同,重的落得近,轻的落得远。

(2) 在洗槽的横断面上,水流速度不同,上层流速快,下层流速慢,特别是靠近槽底的矸石,受到很大的摩擦力,移动很慢,从而使上层煤块跑得快,更不易沉下。

(3) 煤块的形状多呈方形和多角形,而矸石常呈扁片状。因此,煤块容易在上层滚动或跳跃前进,扁平的矸石只能沿槽底移动。煤和矸石在槽中处于不同的层次,并以不同的速度前进。有关测试的资料表明各种物料在槽中的流动速度是:

水层　1.5~1.8m/s

精煤　0.3~0.5m/s

中煤　0.15～0.2m/s

矸石　0.05～0.1m/s

可见,精煤的流速是矸石的5～6倍。

105. 什么叫等速颗粒?

颗粒在水流中沉落的顺序,除了与颗粒的相对密度有关外,还受粒度的影响。同样相对密度的煤块,大块就比小块落得快。不同相对密度的煤块,由于粒度不同,可能以同样的速度沉落,以同样速度沉落的颗粒叫做等速颗粒。它们的粒径比就是等速比。

106. 在块煤洗槽中,怎样防止煤块落入矸石中?

在块煤洗槽中,设置排料箱,借以排放矸石和中煤。排料箱的结构如图2-21所示。

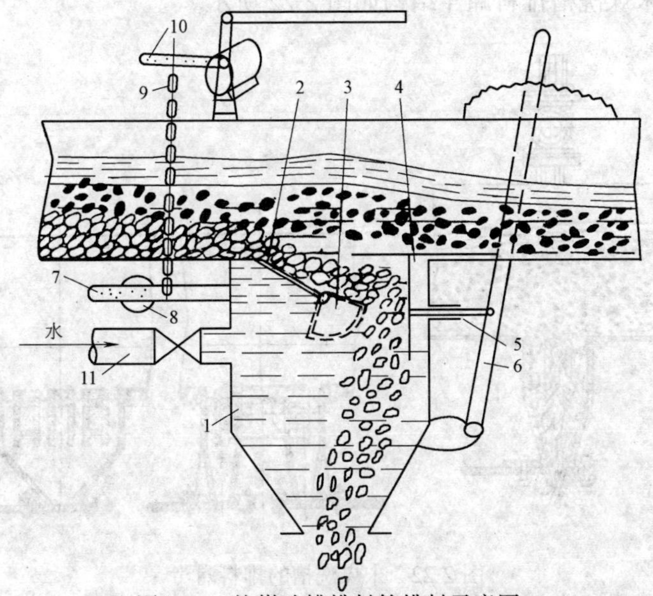

图2-21　块煤洗槽排料箱排料示意图

1—外壳;2—倾斜短板;3—扇形闸门;4—角板闸门;5—连杆;6—手柄;7—杠杆;8—重锤;9—铁链;10—杠杆机构;11—顶水管

从图 2-21 可以看出，为了防止煤块漏入排料箱，除了由水管 11 送入顶水外，在 3、4 两闸门之间应经常充满矸石，并要把扇形闸门的摇动次数和振幅调节得合适，使排出的矸石量与进入洗槽的矸石量互相平衡。需要调节扇形闸门的振幅时，可以改变重锤 8 的悬挂位置。此外，移动角板闸门的位置，也可调节排矸数量，以保证煤块不漏入排矸箱。

107．末煤洗槽为什么需要很长的长度？

由于末煤的粒度很细，在流槽中沉降的速度很小，煤与矸石在洗槽中分离也很慢，需要的时间也较长，所以才需要很长的洗槽，以达到煤与矸石分离的目的。

108．末煤洗槽排料漏斗的构造有何特点？

末煤洗槽排料漏斗结构如图 2-22 所示。

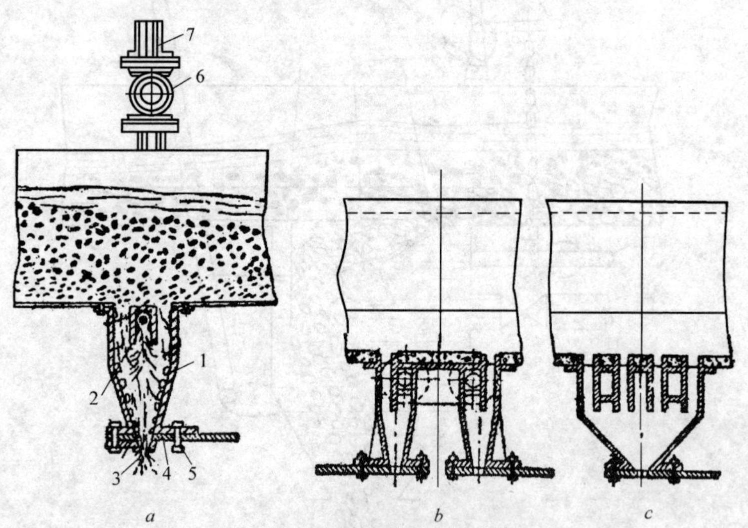

图 2-22　末煤洗槽的排料漏斗

a—双缝排料漏斗；*b*—单缝排料漏斗；*c*—四缝排料漏斗

1—锥形排料漏斗；2—水管；3—不同孔径的原孔；4—控制圆盘；5—小轴；6—闸门；7—水管

其结构特点是：

(1) 锥形排料漏斗 1 装在洗槽槽底上，里面设有水管 2，以造成上升水流，防止轻颗粒漏落。

(2) 在水管上面覆盖一个反槽，以保持上升水流分布均匀。

(3) 漏斗的排料口由圆盘 4 控制，盘上冲有不同尺寸的圆孔，如 ϕ60mm、ϕ35mm、ϕ25mm 等，以小轴 5 为中心转动圆盘时，即可改变漏斗下面的大小，控制排料量。

(4) 由闸门 6 调节上升水量的大小，以达到煤粒不能落入，而矸石粒又不被冲走的目的。

(5) 单缝漏斗中设有水管，多用于洗槽的前段；四缝漏斗中没有水管，多在洗槽后段使用。

109. 怎样实现块煤洗槽排料的自动化？

主水和上冲水是洗煤槽的主要调节因素，按照给料量、原煤含矸量的多少调节这两个指标，是使洗槽工作效果得到改善的重要措施。

洗煤槽主水自动调节装置如图 2-23 所示。

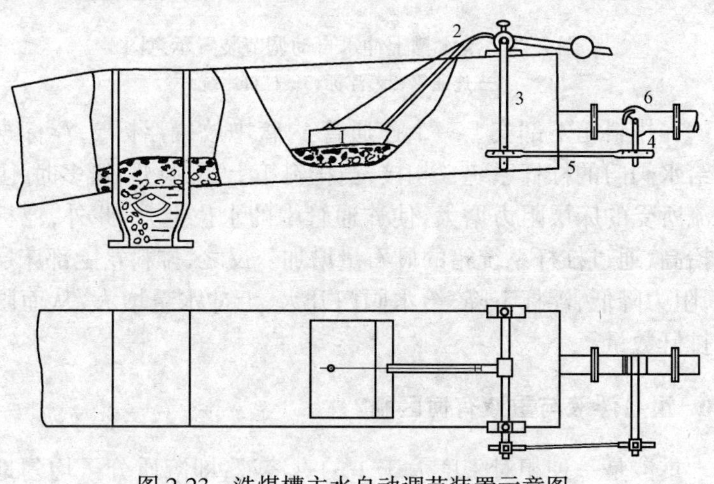

图 2-23　洗煤槽主水自动调节装置示意图

1—浮标；2、3、4—连杆；5—拉杆；6—扇形水门浮标1置于距给料端1m处，当给料量增加或原煤含矸量增加时，槽子里的煤水混合物高度将增加，浮标随之抬起，然后通过连杆2、3、4及拉杆5将扇形水门开大，加大水量。在相反情况下，浮标下降，主水量即随之减少，则洗槽中的物料就可保持比较稳定的分层条件。

上冲水的自动调节如图2-24所示。

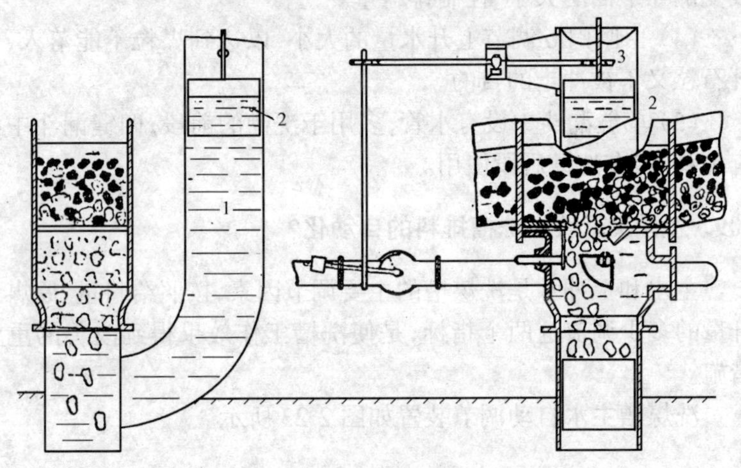

图2-24 洗水槽上冲水自动调节装置示意图
1—连通管；2—浮标；3—杠杆系统

在排料箱下部安上一个连通管1，管中放置浮标2，浮标与控制给水阀门的杠杆系统3相接，当排料箱上部的物料增多时，上冲水流所受的床层阻力增大，使连通管中的水位上升，此外，浮标随之抬高，通过杠杆系统箱的矸石量增加。反之，排料箱上部床层变薄，阻力降低，浮标下降，给水阀门开大，上冲水量增大，从而限制了排矸数量。

110. 重悬浮液与重液有何区别？

重液是一种相对密度大于1的真溶液，即溶质分子均匀地分散在溶剂中。重悬浮液不是真溶液，而是一种混合物，它是由磨得极细的矿物（如 $d<0.1$mm 的磁铁矿）颗粒在水中形成悬浮状态的混合物，这就是两者实质上的区别。

111. 重介质选煤法的优点是什么？

重介质选煤法的优点主要有以下几方面：

(1) 可以严格按相对密度进行分选，比其他任何选煤方法的效率都高，可以获得高质量的产品，同时将精煤损失降到最低限度，不仅有直接的经济意义，而且使资源得到合理利用。

(2) 可以有效地洗选最难洗的煤，或是选出灰分最低的精煤。

(3) 不受给煤量和原煤质量波动的影响。

(4) 入选煤的粒度范围宽，能够处理 200～500mm 的大块煤，从而可以代替手选，使选煤过程全部实现机械化。

(5) 生产操作和工艺过程的调整比较简单。

112. 利用重介质分选机分选块煤和末煤的基本工艺过程是什么？

重介质选煤是在分选机中进行的，将事先准备好的具有一定相对密度的悬浮液和要分选的煤一同给入机中，相对密度低于悬浮液的产物浮起，高相对密度的产物沉下。用适当的方法将产品分别排出，并用一段筛板脱掉产品携带的大部分悬浮液，这样就完成了整个分选过程。

重介质分选机的形式很多，下面简介块煤和末煤分选机的基本工艺过程。

(1) 斜提升轮分选机

斜提升轮分选机的结构及工艺过程如图 2-25 所示。

悬浮液分别由槽底给料端两处压入，造成上升的和水平的两股液流，在移动过程中，相对密度大于悬浮液的矸石或中煤落到槽子底部，被提升轮提起，并由排料口 9 卸出，浮起物则被链条带过坎板 10，经固定筛 11 脱除一部分悬浮液后排出。

提升轮在分选槽的外部运动，不致扰乱机槽里的悬浮液，使物

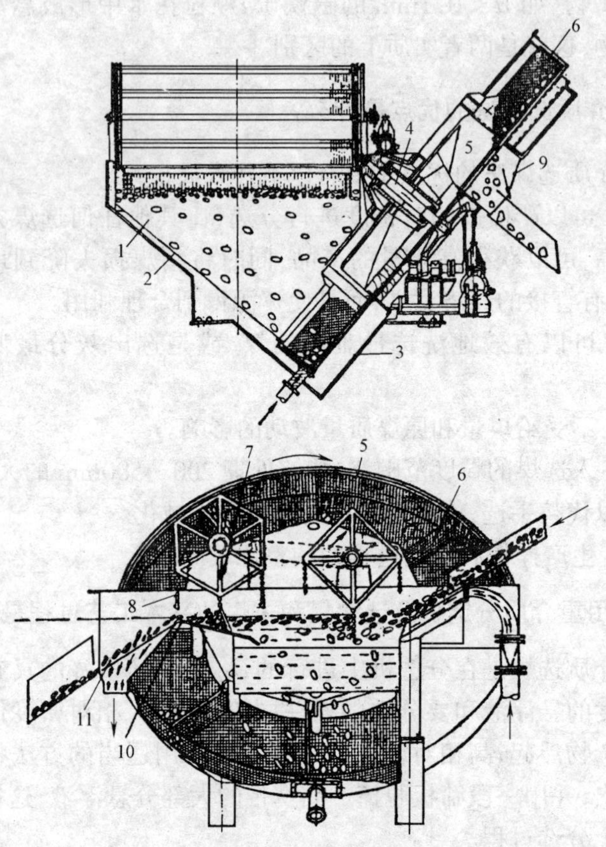

图 2-25　斜提升轮分选机

1—机槽；2、3—倾斜为 45°的两块铁板；4—轴；5—环形斜提升轮；6—带孔叶板；7—旋转六方轮；8—铁链；9—排料口；10—坎板；11—固定筛

料得到准确的分离。提升轮的排矸能力很强，可以排出大块矸石，分选粒度可达 400～500mm。这种设备运动部件少，磨损轻，构造紧固可靠。

（2）分选末煤的重介质旋流器

用重介质方法处理末煤要比处理块煤困难得多，因为细小的颗粒在较黏的悬浮液中沉降得极慢。为加速颗粒的分离，采用旋流分离器进行。在旋流分离器中，由于离心力的作用而大大加速了颗粒的分离过程。

重介质选煤使用的旋流器，其结构示意图如图 2-26 所示。

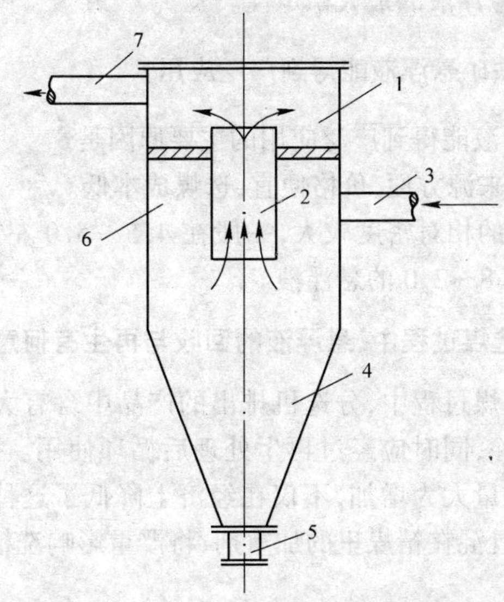

图 2-26　旋流器结构示意图

1—溢流室；2—溢流管；3—给料管（煤与悬浮液的混合物）；4—锥体；5—排料口（高相对密度产物）；6—圆筒；7—排出口（轻相对密度产物）

113. 哪些物质可作配制悬浮液的加重剂?

用来配制悬浮液的矿物即为加重剂，实际用于选煤的加重剂有：磁铁矿、高炉渣、黄铁矿渣、河砂、黄土、重晶石、矸石以及浮选尾矿等。

为了获得良好的分选效果，配制悬浮液时应注意以下几点：

(1) 加重剂和水的比例要有一定限度，浓度过大，悬浮液就会黏得不能分选了，一般来说，选块煤时，固体在悬浮液中所占的体积分数不能超过 35%，选粉煤时不能超过 28%。

(2) 悬浮液的黏度要小,因为介质黏度越高,煤在其中分离得就慢,分选效果也越差,乃至不能分选。

(3) 悬浮液需要有一定程度的稳定性,否则在分选机中或分选过程中难以保持均一的相对密度。一般应在黏度符合工艺要求的条件下,保持悬浮液的最大稳定性。

114. 为什么磁铁矿悬浮液能得到广泛应用?

磁铁矿悬浮液能得到广泛应用的主要原因是:

(1) 磁铁矿来源方便,价格便宜,选煤成本低。

(2) 磁铁矿的相对密度较大,一般在 4.5~5.0 左右,可以配制相对密度达 1.8~2.0 的悬浮液。

115. 在重介质选煤过程中,悬浮液的回收与再生有何意义?

在重介质选煤过程中,分选机排出的产品中含有大量的重介质,必须进行脱除,同时应经过再生处理后循环使用。否则,将造成加重剂的消耗量大为增加,不仅在经济上降低了这种选煤方法的使用价值,而且混在精煤里的加重剂,将严重影响洗精煤产品的质量。

116. 怎样进行悬浮液的再生?

产品中的加重剂,一般是在共振筛、振动筛或摇动筛上脱除的,脱除工艺如图 2-27 所示。

在筛分机的前面,可用弧形筛预先脱去一部分介质,脱介筛使用 1~0.5mm 的箅条筛板。为了减轻悬浮液再生作业的负荷,将筛面分成两段,分别用两个筛下漏斗接取筛下物。先在前一段筛面上将悬浮液大部分脱除,直接返回分选机使用;在后一段筛面上,为脱除粘附在煤粒上的细粒加重剂,应进行强力喷水。在第二段筛下漏斗回收的悬浮液,其浓度和相对密度都大为降低,同时混有细泥和煤泥,需要经过再生处理。利用浓缩机等设备可提高悬浮液的浓度和相对密度。为去除杂质,多采用以磁铁矿为介质和

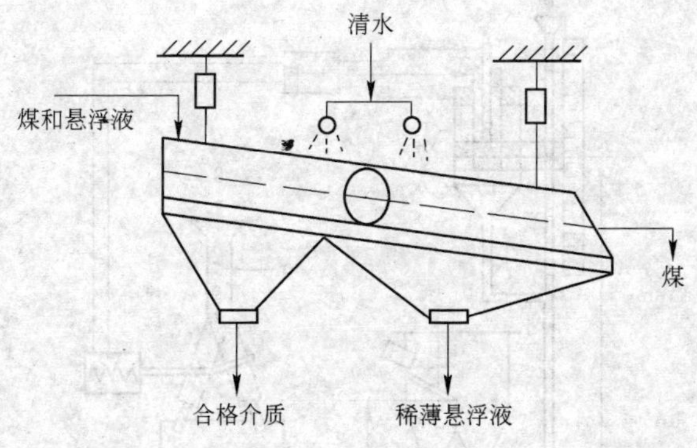

图 2-27　用筛子脱除混在煤中的加重剂

磁选回收再生的工艺。

在用重介质洗选工艺时,若能有比较完善的悬浮液回收和再生的设备及工艺,则加重剂的消耗量可降到最低限度,如使用磁铁矿时,每处理 1t 煤的加重剂用量可在 500～300g 以下。

117. 悬浮液的相对密度是怎样调节的?

重介质选煤时悬浮液相对密度的稳定程度与分选效果是紧密相连的,为此,希望悬浮液的相对密度能保持在规定相对密度的 ±0.01范围内。调节悬浮液相对密度的方法主要是:相对密度降低时添入加重剂,相对密度过高时加水稀释。

悬浮液相对密度自动控制系统的装置有多种类型,以压差式自动控制为例来说明相对密度的调节,其工作原理如图 2-28 所示。

在由重介质管 2、盛水的压力管 6 及连接于二者之间的介质箱所组成的连通管的两侧要保持一定的平衡关系。设介质箱中的介质高度为 h(常数),介质相对密度为 d,压力管中的水柱高度为 H,则 $H=hd$,当介质相对密度 d 变化时,水柱高度 H 也要随之相应变化,所以水柱高度 H 即能反映出介质相对密度的高低。

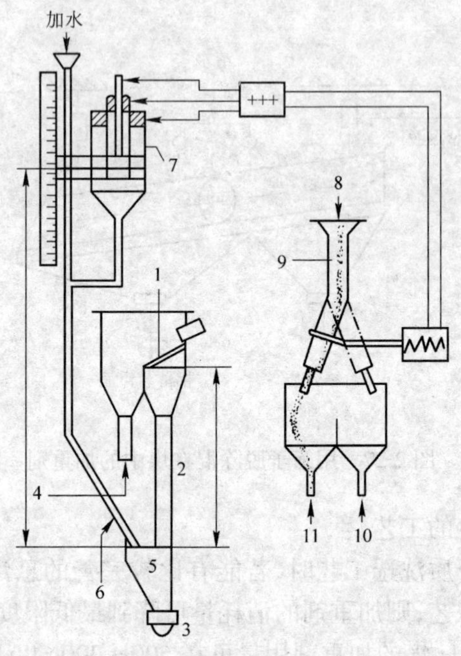

图 2-28　压差式介质相对密度自动控制装置工作原理图

1—筛网；2—重介质管；3—漏嘴；4—排出管；5—介质箱；6—压力管；7—检测器；8—相对密度调节用水；9—橡皮管；10—至重介质系统；11—至洗涤水桶

由重介质系统中引来的受检测的工作介质经筛网 1 流入重介质管 2，在管 2 的上端经常有溢流，借以保持介质柱的高度不变。工作介质流进管 2 的重介质循环系统。在左侧压力管中注入少量清水，该压力管还与检测器相连，检测器 7 中的电极，根据水位高低，通过电路控制清水管，从而达到调节介质相对密度的目的。

118．为什么重介质选煤法适用于处理块煤?

用重介质分选末煤时，其分选效果不如分选块煤好，同时由于煤混合重介质粒度很细，造成介质的回收与再生作业复杂并困难，所以，重介质浮选最适用于块煤。

119. 煤泥的精选和回收在洗煤厂中有何意义?

在选煤厂入选的原煤中含有大量粒度小于1mm的细小颗粒,其数量波动在15%~35%的范围内。随着采煤机械化程度的提高,煤尘含量尚有不断增加的趋势,这些煤尘虽然随原煤一起进入精选过程,但不能得到充分的精选,因为一般重力精选的下限只达1~0.5mm。在洗选的过程中,由于各种破碎,还会产生次生煤泥,多数选煤厂的煤泥产量占入洗原煤的5%~12%,个别情况下高达15%。所以在选后精煤脱水的同时,要把大部分煤泥分离出来。为了从大量煤泥中回收优质精煤,需要对这些煤泥进行专门加工,这是必不可少的,否则将是对资源的很大的浪费。

精选与回收煤泥对洗煤厂来说,有十分重要的经济价值,对一个百万吨左右的洗煤厂来说可增产数万吨优质炼焦煤,对降低成本、提高效益是一个重要的措施。

在一个洗煤厂中,如果做不好煤泥的回收和精选工作,让煤泥外排,将严重污染河流和水源,破坏生态环境,这已经引起人们的高度关注,并在治理过程中取得了良好的效果。

120. 浮游选煤的原理是什么,其常用的浮选药剂有哪些?

我们来分析下列的现象,如果把一滴水滴到煤块上,这滴水将成球状附在煤块表面上,如图2-29a所示;若把水滴在矸石上,水滴就会很快沿矸石分散。这一现象说明了煤的表面对水分子的吸引力是很弱的,不易被水润湿,而矸石能强烈地吸引水分子,很容易被水润湿。在这两种情况下,水滴与固体表面间形成的夹角称为接触角,以θ表示,用θ值表示被水润湿的大小,凡是不易被水润湿的,则θ大,称该种物质为疏水物质。反之,θ小时就易被水润湿,称该种物质为亲水物质。煤与矸石表面性质之间的这种差别是煤的浮选的基础和理论依据。

常用的浮选药剂有:

捕集剂:煤油、轻柴油、轻中油、蒽油、萘油、磺化煤油、氧化煤

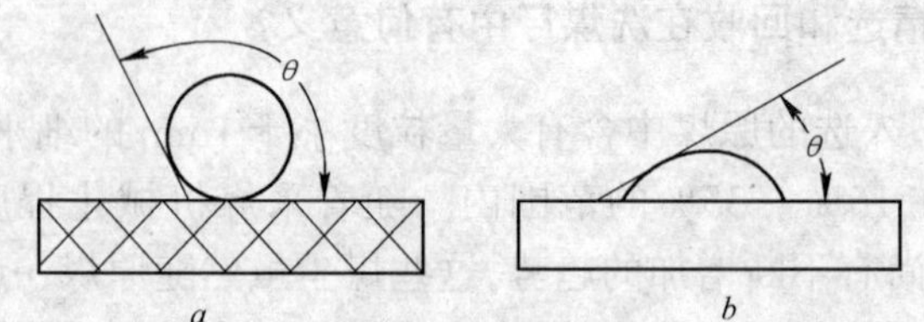

图 2-29　水滴在煤块和矸石表面上的不同形状

a—煤块；*b*—矸石

油；

起泡剂：松根油、醇类（丁醇、辛醇、杂醇）；

抑制剂：水玻璃、氯化钙、石灰、亚硫酸纸浆废液。

121．捕集剂和起泡剂在洗煤中起什么作用？

为了扩大煤与矸石表面的自然差别，增强煤粒表面的疏水性，便使用一种被称之为捕集剂的药剂，它属于一种极性分子，一端易于吸着在煤粒上，另一端则是疏水的，使煤表面的疏水性变得更强。

如果在矿浆中冲入空气以形成气泡，被捕集剂所包围的煤粒附着在气泡上，如同乘气球似的随着上升至液面上，而亲水的矸石则不能与气泡粘附，仍留在矿浆中，从而完成了浮选的分离过程。

当水中的气泡破裂时，就不可能将煤粒带至表面并形成表面的泡沫稳定层。如果在水中添加少量能降低水的表面张力的物质，就可以形成大量有弹性的细小气泡，这种物质就是起泡剂。由于起泡剂的加入，大量有弹性的细小气泡便携带着煤粒从矿浆中上浮到表面而形成稳定的泡沫层，以达到良好分选效果的目的。

122．煤泥浮选的流程有哪些？

煤泥浮选的流程主要是按其产品品种的数量进行分类的。煤的浮选流程见图 2-30。

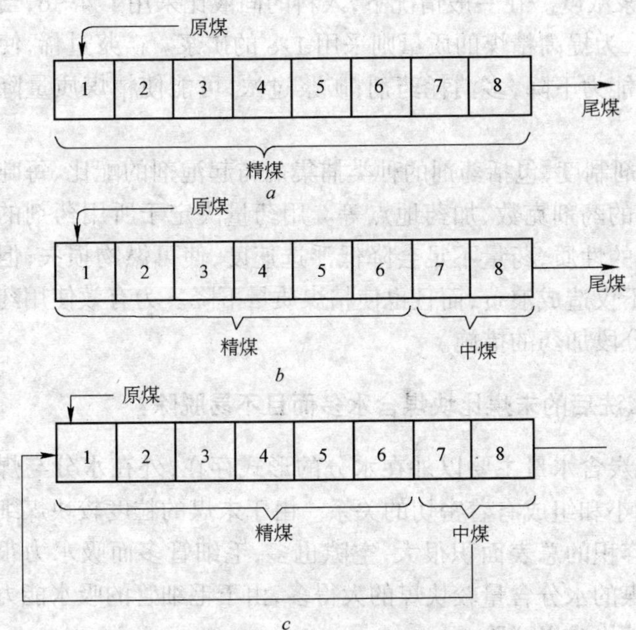

图 2-30 煤的浮选流程图

a—获得两种产品的简单流程；*b*—获得三种产品的流程；

c—循环再生洗中煤的流程

123. 影响浮选效果的主要因素有哪些？

影响浮选效果的主要因素有：

(1) 煤种。煤种浮选能力的强弱顺序为：焦煤、肥煤、瘦煤、贫煤、气煤、长烟煤。这几种煤采用浮选方式分选是最合适的，尤其是焦煤、肥煤、瘦煤。煤被氧化后，浮选能力降低。

(2) 煤泥的粒度组成。用浮选法可以处理 1mm 以下的煤泥，1～0.5mm 的粗粒在浮选过程中的损失较大，跳汰深度在多数情况下可达 0.5mm，通常可将这一级粗粒煤泥筛出，从而防止大于 1mm 的颗粒进入浮选。当粒度小于 0.05mm 的细泥物质进入浮选过程时，会造成精煤质量下降，药剂用量增多，产品脱水困难。

(3) 矿浆浓度。在一般情况下，入料的固液比采用1:4～6，当煤泥难选时，为提高精煤的质量则采用1:8的矿浆。矿浆过稀，使浮选机生产能力下降，多消耗药剂；矿浆过浓，可能使精煤质量降低。

(4) 药剂制度，包括药剂的种类捕集剂与起泡剂的配比、每吨干煤泥耗用的药剂克数、加药地点等。用药量决定于所用药剂的性质和煤泥的性质，药量不足会降低浮选速度，使可燃物损失；但药剂过量，不仅造成浪费，而且也使精煤质量下降。为有效使用药剂，可采用分段加药的措施。

124. 为什么洗后的末煤比块煤含水多而且不易脱除?

洗后煤炭含水量主要以外在水分的形式存在，外在水分与煤的粒度的大小和组成有着密切的关系。由于末煤的粒度较块煤细得多，单位容积的总表面积很大，空隙也多，毛细管多而吸水力很强，所以末煤的水分含量较块煤的大得多，由于毛细管的吸水能力十分强，从而也难以脱除。

125. 块煤、末煤、煤泥常使用什么设备脱水?

块煤、末煤和煤泥常使用的脱水设备见表2-6。

表2-6　块煤、末煤和煤泥常使用的脱水设备

序号	脱水设备	适　用　范　围
1	斗子机	小于6～13mm的细粒精煤初步脱水；中煤和矸石的初步脱水
2	带脱水斗子机的捞坑	洗精煤的初步脱水
3	脱水仓	粒度大于6～13mm的大块精煤
4	离心脱水机	小于6～13mm的细粒精煤进行最终脱水
5	真空过滤机	浮选精煤采用真空过滤及回收煤泥时也采用
6	火力干燥	在寒冷地区，细粒精煤和浮选精煤在冬季时需采用火力干燥

126．为什么脱水用的斗子机必须是倾斜的？

脱水用斗子机，其机身倾斜安装，与水平面约成60°倾角，以免上面一个提斗在提升过程中泄出的水落入下一个提斗中。另外，斗子机的斗子移动，从离开水面后需要一定的长度。提斗的运动速度，提取块煤时为0.25～0.27m/s，提取末煤时为0.15～0.17m/s，提取块煤的脱水时间要有20～25s，即距离为5～7m，提取末煤的脱水时间为40～50s，即距离为6～7m，作为斜面的距离较长，可以保证其脱水时间。

斗子机脱水后产品的水分随脱水时间的延长而降低，可参见表2-7。

表2-7　12～80mm级用斗子机脱水结果

脱水时间/s	提斗离开水面高度/m	水分/%	
		矸石	中煤
2.1	0.5	24.6	28.0
19.8	4.8	17.4	18.2
37.5	9.0	13.8	14.6

127．用捞坑做精煤的初步脱水与使用筛子有什么不同？

带有脱水斗子机的捞坑如图2-31所示。

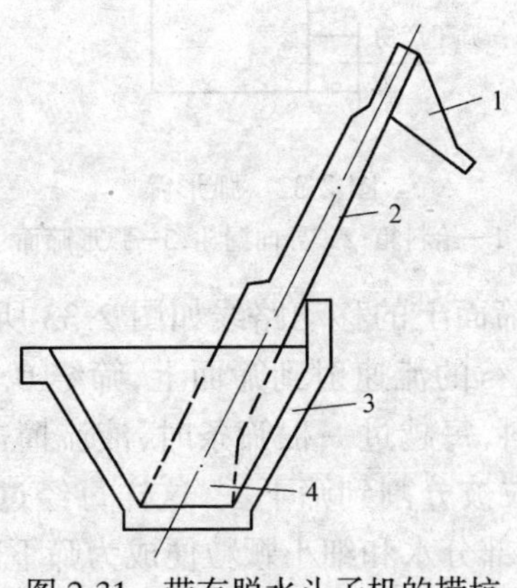

图2-31　带有脱水斗子机的捞坑

1—漏斗；2—斗子机；3—角锥形池子（钢筋混凝土）；4—末煤

洗煤机溢流产品流入捞坑中，则精煤颗粒在水中向下沉降，至底部则落入斗子中，然后被提斗提出水面。当溢流物落入角锥形池子时在池子中利用水力进一步进行分级，澄清出来的水携带着一些细小的煤泥颗粒，由坑边溢走，保证脱出的煤泥水中不含过粗的颗粒，这是与使用筛子的最大不同之处。

另外一点就是使用捞坑比筛子可靠，捞坑不需要经常修理。

128．为什么弧形筛单位面积的脱水能力大？

弧形筛可用于末煤和煤泥的预先脱水，其构造如图 2-32 所示。

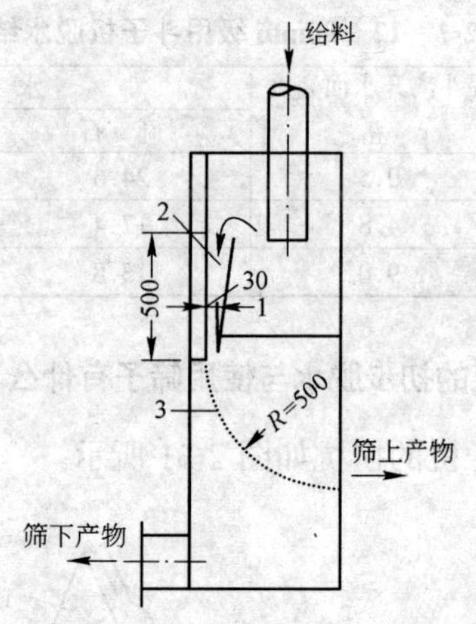

图 2-32　弧形筛

1—给料箱；2—导向漏斗；3—弧形筛面

物料在弧形筛面上的移动路线如图 2-33 所示。矿浆从给料装置中，以 3～6m/s 的流速射到筛面上，筛缝 0.5～1.0mm，沿弧形筛面运动的物料，每越过一根筛条时，液流撞击到筛条的侧面，有一部分水和细粒被分割到筛下去，这样每经过一根筛条时液体量就减少，最后大部分水和细小颗粒便成为筛下产物，筛上则为产品。由于浆液的流速较快，筛条断面呈梯形（上大下小），而筛缝则上小下大，保证了颗粒自由通过，不致堵塞，所以单位面积的脱水能力大，可达 150～250m³/h，筛板寿命为 3000h 以上，构造简单，分离准确，不消耗动力，用弧形筛脱掉的煤泥，一般粒度在 0.25mm以下，最大不超过 0.5mm。

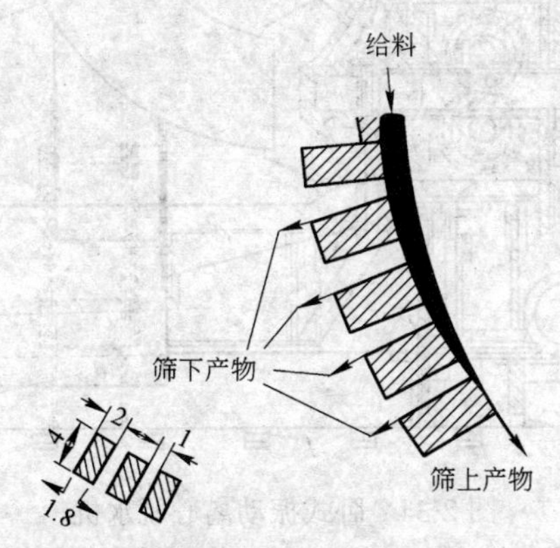

图 2-33　物料在弧形筛面上的移动路线

129. 卧式振动离心机的工作原理和特点是什么？

离心脱水是依靠旋转运动所产生的离心力来加速物料脱水的过程，它可以把末煤的水分降到 8%以下，这种离心机脱水是最有效的机械脱水方法。

离心脱水机分为过滤型和沉淀型两类，过滤型是使用带孔的筛板作转子，筛板上的煤层中所含的水透过煤层空隙和筛孔甩出；沉淀型的离心机转子是无孔的，在离心力的作用下，颗粒沉淀并压紧在转子壁上，用卸料装置排出。

卧式振动离心脱水机属于过滤型设备，它的转子在做旋转运动的同时，还产生轴向振动。从而，煤在离心脱水过程中，受到强力的抖动和松散，因此降低了滤液的排出阻力。这种设备的结构参见图 2-34。

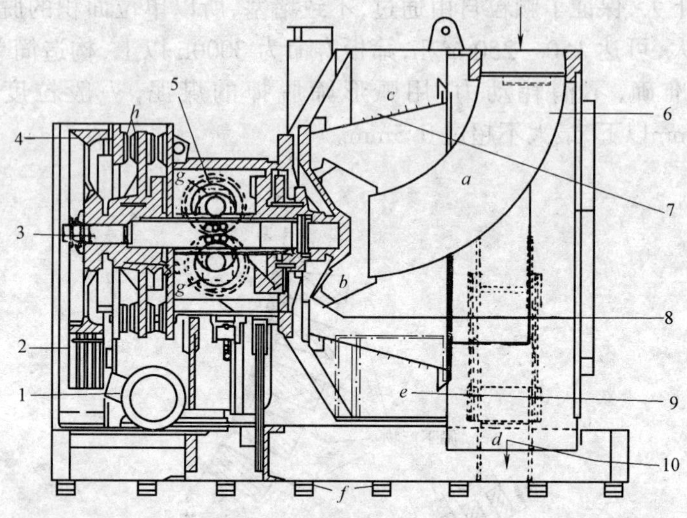

图 2-34　卧式振动离心脱水机

1—不平衡振动器用电动机；2—V形皮带；3—离心机轴；4—弹簧胶垫；5—不平衡重块振动器；6—给料管；7—脱水筛筒；8—导向锥体；9—排液室；10—产品排出口；$a \sim h$—其他设计尺寸代号

卧式振动离心机工作时，水平轴带动筛网旋转，并同时产生轴向振动，水平轴的转动是由主电机经三角带传动的。另外，在一组单独传动的齿轮上带有一对不平衡重块，由其产生激振力，并借橡胶弹簧的作用，造成筛网的轴向振动。物料由料管送至横置的截头圆锥形筛网小直径一端，物料因振动力作用，沿锥形筛网移动的过程中，完成离心脱水的过程。

这种离心机的特点是：运转可靠，振动与噪声小，基础简单，结构紧凑，体积小，质量轻，安装检修方便，处理量大，粉碎度小，效率高。

130. 真空过滤机的工作原理是什么？

真空过滤机在浮选精煤或其他细粒煤泥的脱水作业中应用最为普遍。其工作原理如图 2-35 所示。

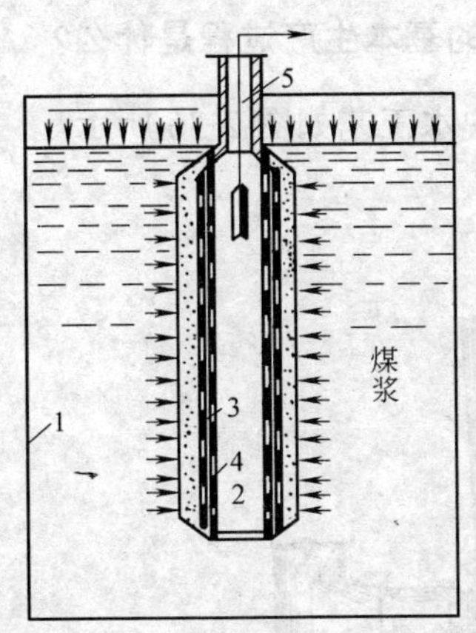

图 2-35　真空过滤的工作原理

1—容器；2—过滤器；3—带孔的隔板；4—滤网；5—真空泵管接口

过滤器 2 是由带孔的隔板、滤网 4 和接至真空泵上的管口组成的中空容器。将过滤器插到容器 1 所盛的煤浆中，当真空泵将过滤器抽空时，由于过滤器隔板内外两侧压力不同，矿浆即将透过滤网和隔板向过滤器内流动，则固体煤泥颗粒就在滤网上沉积起来形成一层煤饼，当煤饼积有一定的厚度后，把过滤器从矿浆中抽出，用适当的方法将煤饼刮下来，即可得到脱水后的煤泥，这就是真空过滤的工作原理。常用的真空过滤机有圆盘式和圆筒式两种类型，它们都是连续工作的。

131．为什么要使用火力干燥，火力干燥的设备有哪些类型？

离心脱水只能把末煤的水分降到 2%～9%，真空过滤脱水也只能将煤泥水分降到 20%左右。煤的水含量高，给使用、运输和其他方面均带来了很大的困难，尤其是北方的冬季，要把煤的外在水分降到 5%以下煤才不会冻结，从而满足各方面的要求。

火力干燥的设备类型有：管式、滚筒式、井筒式、筛式、带式等，其中管式、滚筒式的应用比较广泛。

132．管式干燥脱水的基本生产过程是什么？

管式干燥装置脱水工艺如图 2-36 所示。

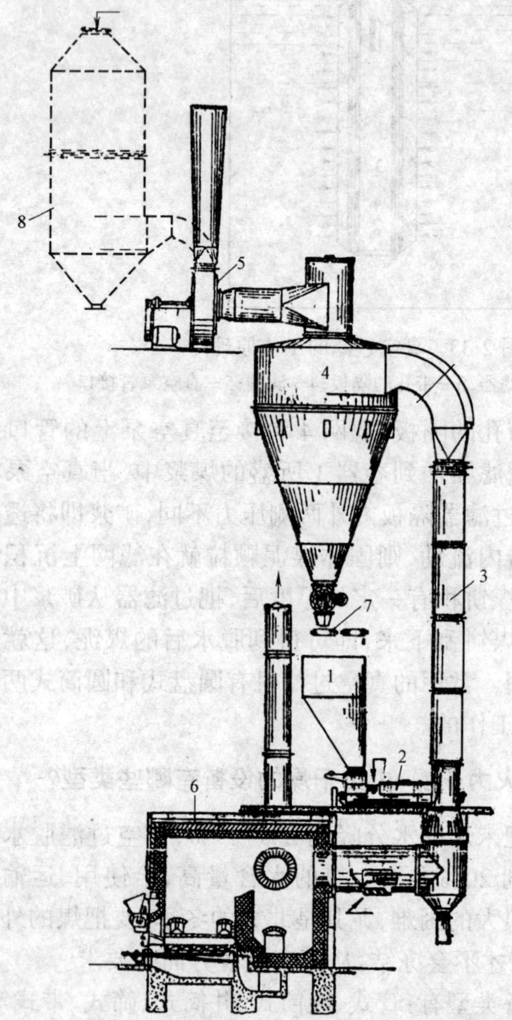

图 2-36　管式干燥装置工艺过程图

1—原料漏斗；2—给料机；3—干燥管；4—旋风集尘器；5—抽气机；6—燃烧室；
7—干煤运输机；8—湿式集尘器

湿煤由原料漏斗1经给料机2送入干燥管3的下部,在燃烧室6中燃烧的燃料把空气加热,用抽气机5将热空气抽到干燥管中,热空气经水平导管时与冷空气混合,以调节热空气的初温,热气流夹带着煤粒以20～25m/s的速度上升,由于煤粒的自重而使其向下运动,热气上升过程中与煤粒之间发生传热传质运动,使煤粒中的外在水分大量逸向热空气中,从而达到脱水的目的。脱水后的煤粒由干燥管的下部排出。少量被气体带走的煤粒经旋风集尘器去除大部分颗粒,未沉降的更细粒煤,用湿式捕尘器去除。由旋风分离器下来的细小煤粒经运输带运出。

干燥管的高度为16～20m,管径为700～1000mm,相应生产能力为20～55t/h,配用抽风机能力为45000～80000m^3/h,负压为3500Pa,进入干燥管的热空气初温为600～750℃,由抽风机排出时降至80～120℃,煤在干燥管中加热到100℃左右。水分为14%～17%的湿煤,烘干后水分可达4%～5.5%。

133. 湿煤在冬季运输时,其冻结程度取决于哪些因素?

湿煤在运输过程中,其冻结程度主要与下列因素有关:

(1) 煤的外在水分:外在水分越高越易冻结,只有在不高于5%～6%时,才可以不采取防冻措施。

(2) 煤的粒度组成:煤粒越小,外在水含量将越大。

(3) 周围空气的温度:周围空气的温度越低越易冻结。

(4) 煤在车辆中的装存时间:煤在车辆中装存的时间不宜过长。

(5) 车辆类型及垫底的情况:煤在运输过程中由于水分向空中蒸发及振动原因,小水珠会集聚而依其自重下沉,车辆能否漏水对降水有一定影响。

134. 运输湿煤的防冻措施有哪些?

选煤厂中虽然设有各种脱水设备,但是还不能把产品水分降到不致在严冬冻结的程度,为防止湿煤在冬季运输途中冻结,应采取必要的防冻措施。

一是采用添加防冻剂的办法，常用的防冻剂是油类和盐类，如重柴油、蒽油、洗油、防腐油、重油和原焦油。对非炼焦用煤来说，可以使用氯化钠、氯化钙、石灰等作为防冻剂。不同的气温条件和不同外在水分的湿煤，其防冻剂用量是不同的，见表 2-8。

表 2-8　防冻剂的适当用量

外在水分/%	防冻剂种类	空气温度/℃		
		－12	－12～－18	－18～－24
		防冻剂用量/%		
	重柴油	1.0	1.0～2.0	2.0～3.0
	氯化钠饱和溶液	0.3	0.3～0.5	0.5～2.0
	40%氯化钙溶液	0.5	0.5～0.8	0.8～3.0
	重柴油	0.3	0.3	0.3～1.0
8	氯化钠饱和溶液	0.3	0.3	0.3～0.5
	40%氯化钙溶液	0.3	0.3～0.5	0.5～0.8
	重柴油			0.3
6	氯化钠饱和溶液			0.3
	40%氯化钙溶液			0.3

二是采用快速运输和装卸的办法，如果湿煤运输距离不长，而煤在装车前具有一定的温度，况且煤的导热性能又很差，此时即可采用湿煤在不同气温下不致冻结的安全期如表 2-9 所示。

表 2-9　湿煤在不同气温下不致冻结的安全期

气温/℃	－10	－20	－30	－40
不防冻运输的安全期/h	50	26	18	13

135. 为什么要处理煤泥水?

采用跳汰式洗煤槽时，每吨原煤耗水量约为 4～6m^3/t，由于入洗原煤含有大量煤尘，在粉碎和其他加工过程中也会产生煤尘和煤泥，占入洗原煤的 3% ~ 6%，因而用过的洗水中难免要带有煤泥，含有大量煤泥的洗水必须经过处理，其理由如下：

(1) 不能直接外排，如果直接外排将严重污染环境及淤塞河流，同时还会损失大量煤泥，也将造成洗水补充的困难。

(2) 洗煤机使用的洗水一般要求固体物含量保持在 80 ~ 100g/L 以下，含量较高时，由于洗水的黏度增大，对末煤的分选极为不利，同时还将造成精煤脱泥的困难。

(3) 悬浮在水中的煤泥沉降下来，从而得到固体物质含量极低的澄清水和浓缩的煤泥水，澄清水供洗煤机循环使用，煤泥水送精选和脱水作业，以及回收煤泥。

136. 简述煤泥水处理的基本流程是什么？

简单的煤泥水处理流程如图 2-37 所示。

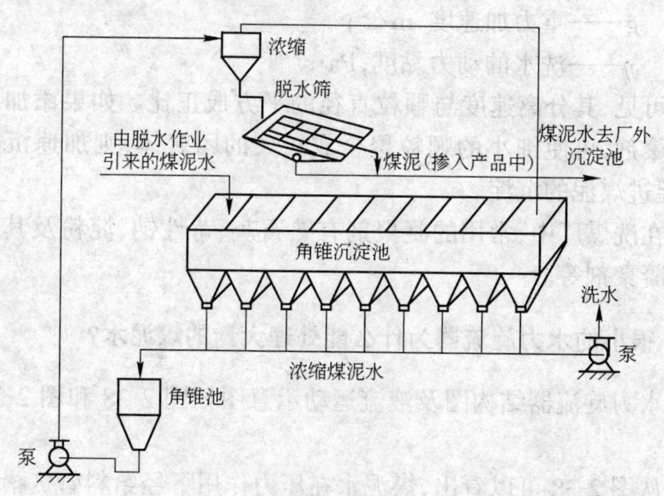

图 2-37　煤泥水处理工艺流程图

由脱水作业引来的煤泥水被送入角锥沉淀池进行浓缩和沉清，浓缩后的煤泥水进入一锥形贮槽，再用泵送至水力旋流器做进一步浓缩，得到浓度达 400～600g/L 以上的浓稠矿浆。沉淀物再利用筛子筛出粗粒煤泥，并根据其灰分高低，掺入精煤或中煤里。旋流器的溢流水可并入循环洗水中。煤泥筛的筛下水可送去浮选或排入室外沉淀池。

137. 凝聚剂为什么能加速煤泥的沉淀，常用哪些物质作凝聚剂？

煤泥的颗粒是很小的，这种微细的颗粒在水中沉降的速度是很慢的，对于借助重力作自然沉降时，其颗粒的沉降速度可用下式来表示：

$$v=\frac{d^2(\rho-\rho_0)g}{18\eta} \tag{2-12}$$

式中 v——颗粒分离速度，m/s；

d——颗粒直径（假定颗粒为球形），m；

ρ、ρ_0——分别为煤粒和洗水的密度，kg/m^3；

g——重力加速度，m/s^2；

η——洗水的动力黏度，Pa·s。

可见，其分离速度与颗粒直径的平方成正比。如果添加少量的凝聚剂，可使细小的颗粒聚合成较大的团聚体，则加速沉降速度，促进煤泥的沉淀。

在洗煤厂中，常用的凝聚剂有熟石灰、苛性钠、淀粉及其他高分子凝聚剂等。

138. 很小的水力旋流器为什么能处理大量的煤泥水？

水力旋流器结构图及液流运动示意图如图 2-38 和图 2-39 所示。

从图 2-38 可以看出，煤泥水在压力作用下经给料管 3 沿切线方向自圆筒部分射入，在器中形成迅速旋转的液流。由于转动时产生的离心力的作用，固体颗粒聚集到外层，并沿锥壁向下移动，最后经锥底排料口排出，澄清水由上部溢流管进入溢流室，然后通过排出管排放。从图 2-39 中可知，在旋流器中形成了内外两层旋

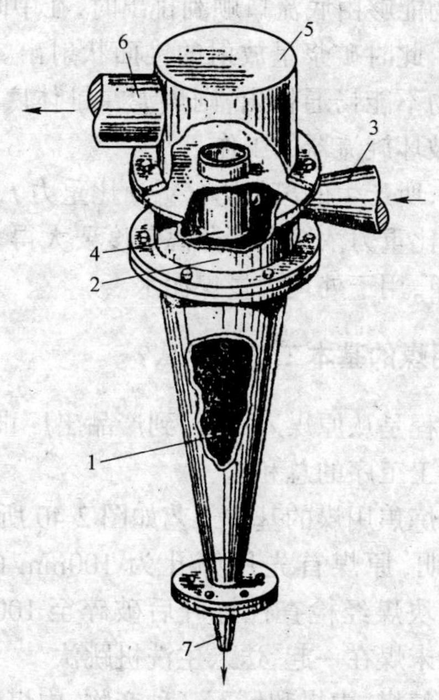

图 2-38　水力旋流器

1—锥体;2—圆筒;3—给料管;4—上部溢流管;5—溢流室;
6—上部排出管;7—底流口

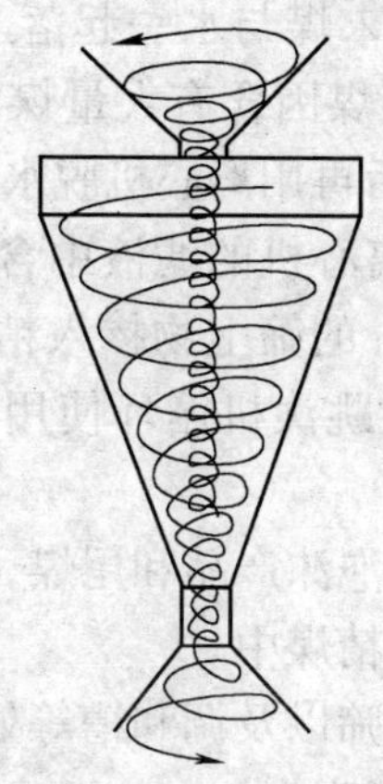

图 2-39　水力旋流器中的液流运动示意图

转液流，浓缩产物能够由底流口顺利排出时，在中间将形成一个上下贯通的空气柱，此时矿浆呈放射的锥面状射出。如果底流口开得很小，浓缩产物不能畅通排出，则煤泥在锥体底部堆积，空气柱消失，这将严重破坏旋流器的工作。

在旋流器中，所产生的离心力 $f_{离心力}$ 比重力 $f_{重力}$ 要大数百倍，从而分离的速度比重力浓缩设备分离速度要大得多。这种设备体积很小，构造简单，用于处理大量煤泥水。

139. 洗选炼焦用煤的基本工艺是什么？

选煤工艺过程是从原煤入厂起，到产品出厂止，按规定顺序连接起来的各种加工工序的总和。

不分级洗选炼焦用煤的基本工艺如图 2-40 所示。

图 2-40 表明，原煤首先用筛孔为 100mm 的分级筛分级，+100mm的筛上块煤经检查性拣矸后破碎至 100mm 以下，然后与分级筛的筛下末煤在一起，送入主洗机跳汰。

主洗机选出精煤、中煤和矸石三种产物，中煤破碎到 13mm 以下后，送入再洗机再次跳汰，选出精煤，最终为中煤和矸石。主洗机和再洗机的溢流精煤进入分级筛去分级、脱水，100～13mm 的筛上块煤直接装仓，筛下末煤与水一起落入带有脱水斗子机的捞坑中，由斗子机提出的精煤因含有大量煤泥，须经筛孔为 0.5mm 或 1mm 的筛子脱泥，然后再用离心机脱水。

脱泥筛的筛下物和离心机的滤液中含有大量的粗粒煤泥，用煤泥筛检查，将 +0.5mm 的筛上物掺入精煤中，对精煤捞坑的溢流水进行浓缩，澄清水供跳汰机循环使用，浓缩物则送入浮选过程。

煤泥经浮选后，得到泡沫产品和尾煤，泡沫产品用真空过滤机脱水，过滤后的煤饼掺入精煤中。

在精煤脱泥筛、煤泥筛以及调和槽等处喷洒清水和稀释用水，以补充洗煤过程中水的损失。

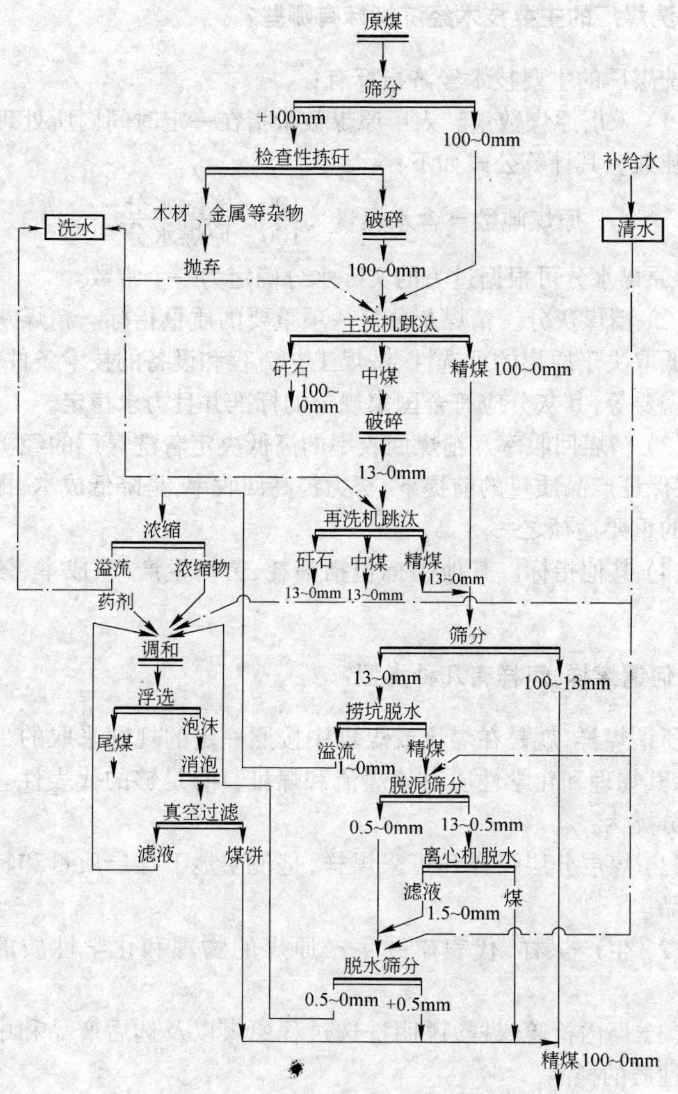

图 2-40　洗选炼焦用煤的工艺流程图

140. 洗煤厂的主要技术经济指标有哪些?

洗煤厂的主要技术经济指标有:

(1) 入厂原煤数量。入厂原煤数量指在一定时间内所处理的原煤吨数。其计算公式如下:

$$原煤吨数 = 含水煤量 \times \frac{100 - 实际水分}{100 - 原煤水分}$$

式中,原煤水分可根据过去的实际水分确定为一个常数。

(2) 精煤灰分。精煤灰分是一项重要的质量指标。精煤灰分的高低取决于原煤的可选性、洗煤工艺流程和设备的技术条件、用户的需要等,其灰分应符合国家规定的标准并且力求稳定。

(3) 精煤回收率。精煤回收率的高低决定着洗煤厂的经济效益,在保证产品质量的前提下,努力提高回收率,是降低成本、提高效益的重要途径之一。

(4) 其他指标。其他指标包括消耗、劳动生产率、成本、效益等。

141. 何谓煤样,煤样有几种类型?

所谓煤样,就是在煤流或煤堆中按照一定的规则采取的少量样品,其物理和化学性质对该煤流和煤堆具有足够的代表性。煤样的分类为:

(1) 煤层分层煤样和可采煤样,是说明地下煤层质量和特征的样品。

(2) 生产煤样,代表矿井生产原煤的物理和化学性质的样品。

(3) 厂内检验煤样,说明洗选过程原煤以及选后产品和中间产品性质的样品。

(4) 商品煤样,代表送往用户的产品质量的样品。

142. 煤层煤样和生产煤样是怎样采取的?

煤层煤样包括煤层分层煤样和可采煤样。分层煤样代表煤层构造和自然煤的质量。可采煤样代表整个煤层可采部分的质量。

煤层可采煤样是在垂直于顶板和底板的方向,从顶到底掏出宽25cm、深15cm的矩形煤柱,开采时应剔除伪顶岩石、伪底岩石和夹层石层的夹石,这些夹石均不能采入煤样中。

煤层分层煤样是在距离采取可采煤样地点25cm处同时采取。采取时需按自然分层分别采出并量出其煤层厚度。

143. 怎样采取商品煤样?

商品煤样表示供给用户的煤炭平均质量。当使用火车外运时,在车厢中采样;使用皮带运输机时,则在皮带卸载端或煤流中采样。以900t销煤量为一批,在车厢中采取的小份煤样,份数取决于车皮的容量和产品的灰分,见表2-10。

表2-10 小份煤样份数

车厢容量/t	小份煤样份数		
	灰分小于10%	灰分10%~20%	灰分大于20%
>60	3	5	6
50~59	2.5	4	5
40~49	2	3.5	4
30~39	1.5	2.5	3
20~29	1	1.5	2

小份煤样的质量和粒度之间的关系见表2-11。

表2-11 小份煤样质量和粒度之间的关系

煤中最大块粒度/mm	0~25	26~50	51~75	76~100	>100
每小份煤样质量/kg	1	2	3	4	5

在车厢中采样应按图 2-41 所示部位和顺序进行。

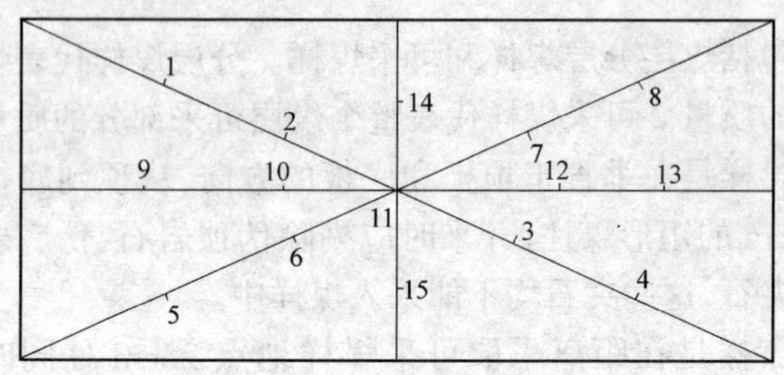

图 2-41　车厢采样部位和顺序图

1、4、5、8—位于车厢对角线上距车角 0.5m 处；2、3、6、7—位于 1、4、5、8 点与 11 点各连线的中点上；9、10、11、12、13—位于沿车厢长度的中线上，并且等分；14、15—沿车厢宽度等分其中心线

举例说明：有若干个 60t 的车厢，煤的灰分是 12%，粒度为 0～75mm，则每个车厢应取 3 点，每份煤样重为 3kg，在第一个车厢中取 1、2、3 点，在第二个车厢中取 4、5、6 点，在第三个车厢中取 7、8、9 点，依次类推，在采完第 15 点后，再从 1 点开始重复上述顺序。

144．某厂精煤的外在水分(M_f)为 9.6%，分析试样水分(M_{ad})为 1.4%，试求其全水(M_t)为多少？

解：$M_t = M_f + M_{ad} \times \frac{100 - M_{ad}}{100}$

$= 9.6 + 1.4 \times \frac{100 - 1.4}{100}$

$= 10.98\%$

即：全水为 10.98%

145．某矿井外销原煤灰分为 25%，在载重量为 30t 的铁路货车中应采取几份小样，每份小样应该多重，煤样挖取深度要达到多少？

解：

(1) 查表 2-10，当灰分为 25%（＞20%）、载重量为 30t(30～

39t)时,煤样份数应为3份。

(2) 小份煤样质量和粒度的关系参见表2-11。

(3) 挖取煤样的深度是距煤的表面0.4m处。

146. 某厂洗精煤中,-1.4相对密度的浮煤灰分为9.4%,+1.4的沉下物灰分为24.8%,如想获得灰分为10.5%的精煤,则浮煤量应达到多少?

解:设浮煤量为x(%)

$$9.4x+24.8\times(100-x)=10.5\times100$$

$$9.4x+2480-24.8x=1050$$

所以 $x=1430/15.4=92.86\%$

则浮煤量应达到92.86%

147. 在实际工作中,有时发现洗煤机的精煤虽然达到了规定快速沉浮定额,而为什么灰分却超过了相应指标?

快浮相对密度的选择是有一定要求的,在该相对密度下,合格精煤的浮煤量应在90%～92%以上,在洗选中等可选性煤时取1.5相对密度,难选煤取1.4或1.45的相对密度。在实际操作中,浮煤量与灰分之间的比例关系是受多种因素影响的,如煤的可选性、粒度的组成、煤泥含量以及浮沉试验操作的本身,所以从精煤的快速浮沉试验来间接计算精煤灰分与实际是有较大出入的。

148. 为把基本煤样缩制成化验室煤样,为什么需按照一定的规则逐级破碎和筛分,在缩取浮沉试样所用的试料时,是否需破碎?

化验室煤样的代表性和质量的均匀性是对化验试样的基本要求,其质量的均匀性主要取决于物料的粒度,粒度越细,质量越均匀。所以由基本煤样缩制成化验室煤样需按照逐次破碎和逐次筛分的原则进行。

浮沉试验是按照筛分等级分别进行的,可以不需破碎。

149. 采取生产煤样 10.2t,经筛分试验得到如下数据:>100mm 级 504kg,100~50mm 级 1115kg,50~25mm 级 930kg,25~13mm 级 675kg,13~6mm 级 198kg,6~3mm 级 247.5kg,3~1mm 级 58kg 及 1~0mm 级 50.5kg,另外在筛分到 13~0mm 级时曾缩分扔掉 6010kg,在筛至 3~0mm 时又扔掉 312kg,问这次筛分试验是否有效,如果有效试计算各级产物的质量分数?

试样筛分过程如图 2-42 所示。

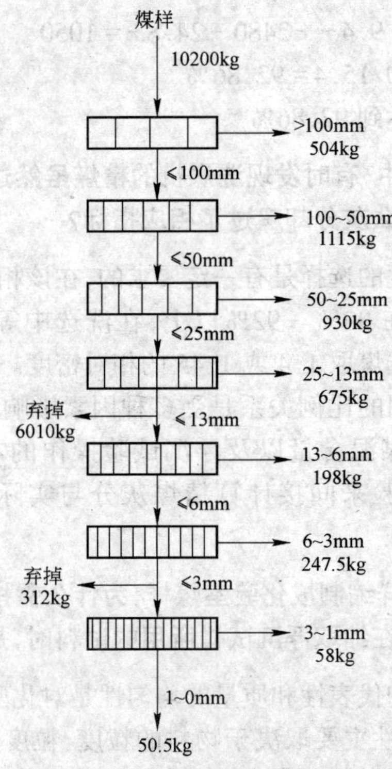

图 2-42 筛分过程示意图

各级产物的质量分数如表 2-12 所示。

表 2-12 各级产物的质量分数

级别/mm	质量/kg	质量分数/%
>100	504	4.94
100～50	1115	10.93
50～25	930	9.12
25～13	675	6.62
13～6	198	1.94
6～3	247.5	2.43
3～1	58	0.57
1～0	50.5	0.50
13～0	6010	58.92
3～0	312	3.06

$$损失率(\%)=\frac{总质量-各级质量之和}{总质量}\times 100\%$$

总质量＝10200kg,各级质量之和＝10100kg,则:

$$损失率=\frac{10200-10100}{10200}\times 100\%=0.98\%$$

损失率不超过2%时，均为合格，所以此次筛分是合格的。

150. 怎样进行浮沉试验?

浮沉试验可以确定煤中各级相对密度物的含量和灰分,对原煤来说,据此可以查明煤的可选性,对选后产品,可借以了解分选效果。浮沉试验进行的程序是:

(1) 配好重液,并用相对密度计检查,准确地调节到规定的数值。

(2) 干燥试样。

(3) 将干燥试样放在盘子中用清水洗除0.5mm以下的煤泥。

(4) 脱泥后的煤样放入用筛网作底的漏桶中,然后将该桶浸入装有重液的外桶中,相对密度小于重液相对密度的煤将漂浮起来,高相对密度的煤则沉至下部。

(5) 分层后用网勺捞起浮物，并将沉入底部的煤移入较高相对密度的重液中继续分离，这样反复进行，直到通过最后一级重液为止。

151．评价煤炭可选性的主要依据是什么？

煤的洗选效果首先取决于煤的粒度组成和浮沉组成，即取决于煤的可选性。通过对原煤可选性的研究，可以了解该种煤是易洗还是难洗，并可估计各种产品的灰分和产率。易洗的原煤可以得到灰分低、产率高的精煤。难洗的原煤不仅精煤灰分高、产率低，而且损失也大。

由于矸石和精煤的相对密度相差较大，所以含矸石量多、灰分高的原煤，不一定是难选煤，在重力分选过程中是容易除去的。难于分离的是夹矸煤，它是相对密度介于精煤和矸石之间的中煤，灰分又较高。

为此，各国较为通用的评价煤的可选性依据有两条：

一是按照中煤量来区别，即中煤含量法；二是按靠近分选相对密度的 ±0.1 的重物的数量来划分，即 ±0.1 相对密度法。

对于我国来说，如果按照外国可选性评定标准来衡量，将会有 81.6% 的煤划为难洗和极难洗的煤，因而采用上述标准对我国来说实用价值不大。我国科学工作者曾提出可选性分类标准，见表 2-13。

表 2-13　我国的可选性分类标准

中煤含量/%	可选性等级
<10	易选
10～20	中等可选
20～30	难选
>30	极难选

对烟煤来说，是把相对密度为 1.4～1.8 或 1.5～1.8 的煤视为中煤，当分选相对密度为 1.4 左右时，取 1.4～1.8 的范围，当分

选相对密度为 1.5 左右时则取后一范围。无烟煤、中煤的相对密度范围是 1.8～2.0。

152．煤炭可选性曲线有什么用途？

煤的可选性曲线如图 2-43 所示（根据煤浮沉试验结果绘制）。其主要用途是：

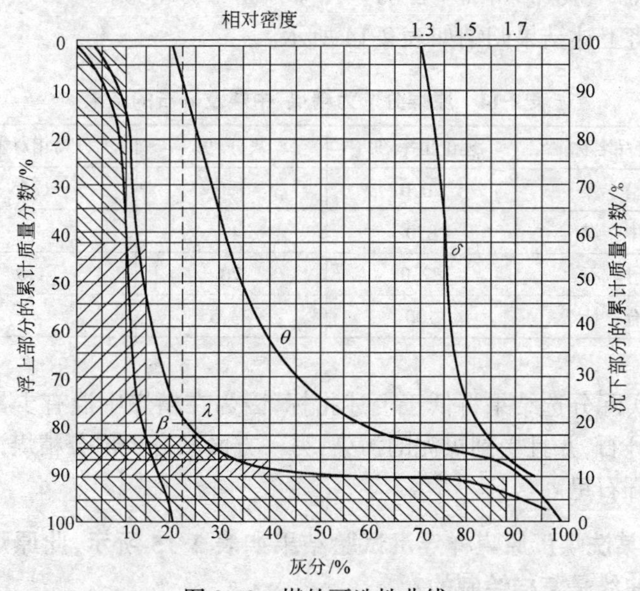

图 2-43　煤的可选性曲线

β—浮煤曲线；λ—观察曲线；θ—沉煤曲线；δ—相对密度曲线

（1）判断煤的可选性。由 λ 曲线可知，这条曲线是由坡度很大的陡直线段、转折的弯曲线段、缓倾斜线段三部分组成，易选煤（即中煤量少的煤）曲线的上段极陡，中段曲率甚大，而下段变得坡度很小。难选煤，这种差别就变得不显著，曲线段的曲率小，甚至接近直线。

（2）可以寻求产品的理论出率、灰分、分离相对密度，这三项指标中任意指定一项后，较易在曲线上查得其他指标。

例:希望选出灰分为7%的精煤和灰分达70%的矸石,求产品的理论出率。

解:由浮煤曲线查找,浮煤灰分为7%时,则在纵坐标上相应的出率为70%,则分离相对密度为1.55,再由沉煤曲线,矸石灰分达70%,则相应的理论出率为22%,分离相对密度为1.9,则中煤的理论出率为100% −(70+22)% = 8%,中煤灰分为[100%×23.5% −(70%×7%+22%×70%)]/8% = 40%。

将上述结果归纳如表2-14所示。

表2-14　原煤分选为精煤、中煤及矸石的结果

产品名称	理论出率/%	灰分/%	分离相对密度
精　煤	70.0	7.0	1.55
中　煤	8.0	40	
矸　石	22.0	70	1.9
合　计	100	23.5	

实际分选结果将低于上述指标,因为在精煤中混有少量的中煤和矸石,并且受到煤泥的污染;另一方面又有少部分精煤混在中煤和矸石里。

153. 某洗煤厂原煤样浮沉试验结果如表2-15所示,此原煤的可选性曲线是怎样绘制的?

表2-15　某厂原煤样浮沉试验结果

相对密度	原　煤		浮煤累计		沉煤累计	
	质量分数/%	灰分/%	质量分数/%	灰分/%	质量分数/%	灰分/%
1	2	3	4	5	6	7
<1.3	1.12	1.87	1.12	1.87	100	21.61
1.3~1.4	40.97	10.08	42.09	9.86	98.88	21.84
1.4~1.5	39.79	15.25	81.88	12.48	57.91	30.15

续表 2-15

相对密度	原 煤		浮煤累计		沉煤累计	
	质量分数/%	灰分/%	质量分数/%	灰分/%	质量分数/%	灰分/%
1	2	3	4	5	6	7
1.5～1.6	5.61	27.09	87.49	13.42	18.12	62.87
1.6～1.8	2.43	40.49	89.92	14.15	12.51	78.92
>1.8	10.08	88.19	100.00	21.61	10.08	88.19
总计	10.00	21.61				

根据表 2-15 绘制成如图 2-44 所示的可选性曲线，其步骤为：

(1) 浮煤曲线：由表 2-15 中的第 4、5 两项对应数字各点做平滑曲线而成，反映了浮煤的累计质量分数与平均灰分之间的关系。

(2) 沉煤曲线：由第 6、7 项中各对应数字表示的各点做平滑曲线而成。

(3) 相对密度曲线：各个相对密度与第 4 项中的各对应数字所表示的各点做平滑曲线而成。

(4) 原煤灰分分布曲线：由第 3、4 两项第一个对应数字(1.12、1.87)得一点，由此点向左引水平线到纵坐标为止和向上引垂线到顶部为止，得到第 1 个方块，此方块的面积代表相对密度小于 1.3 这部分煤所含的灰分重。第 2 个对应数字(42.09、10.08)得第 2 点，由此点引向左的水平线到纵坐标为止并向上引垂线到顶部为止，得到第 2 个方块，这个方块的面积代表相对密度为 1.3～1.4 的煤所含的灰分重。按同样的方法，得到第 3、4、5、6 个方块，其面积分别代表 1.4～1.5、1.5～1.6、1.6～1.8 和>1.8 这几个部分的煤所含的灰分重。各方块的面积总和代表原煤所含灰分重。取各方块右边高度的中点，其纵横坐标分别为：(1.12/2，1.87)、(1.12 + 40.97/2，10.08)、(42.09 + 39.79/2，15.25)、(81.83 + 5.61/2，27.07)、(87.49 + 2.43/2，40.49)、(89.92 + 10.08/2，88.19)，划成平滑曲线，即为原煤灰分分布曲线，表示浮物或沉物产率与分界灰分的关系。

实际绘制曲线时，选用第 4 项数据画出平行于横坐标的直线，再在这些直线上用第 3 项顺次标出各级灰分，然后通过所得各点向上引一平行于纵坐标的直线到上一横线为止，将这些直线的中点连成平滑曲线。

根据上述分析，绘制如图 2-44 所示可选性曲线。

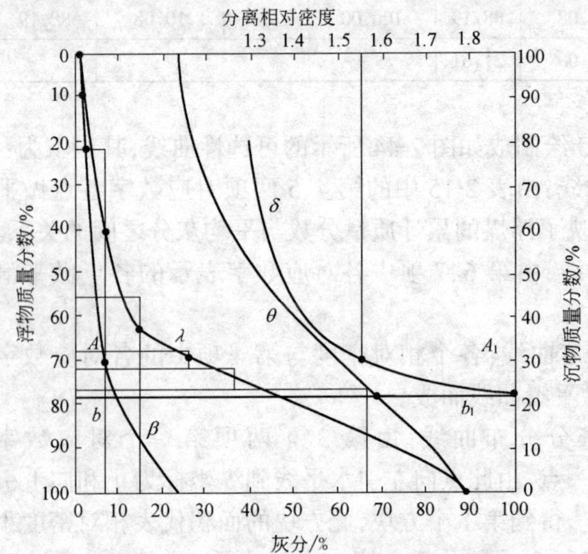

图 2-44　某厂的煤的可洗性曲线

λ—原煤灰分分布曲线；β—浮煤曲线；θ—沉煤曲线；δ—相对密度曲线

154. 什么是分配曲线，怎样绘制分配曲线？

分配曲线是指原煤洗选时，根据各相对密度级产物占原煤的百分比含量而绘制的一条曲线。它是用来分析和评价分选效果的一种常用的方法。

可用下列方法绘制分配曲线：

(1) 原煤浮选试验结果如表 2-16 所示。

表 2-16 中，第 1、2、5 项表示原煤、精煤、矸石浮沉组成。

表 2-16 原煤浮选试验结果

相对密度	原煤质量分数/%	精煤			矸石		
		质量分数/%		分配指标/%	质量分数/%		分配指标/%
		对产品	对原煤		对产品	对原煤	
	1	2	3	4	5	6	7
<1.3	21.9	27.8	21.9	100	0	0	0
1.3~1.4	33.8	42.9	33.7	99.7	0.5	0.1	0.3
1.4~1.5	12.1	15.3	12.0	99.2	0.7	0.1	0.8
1.5~1.6	3.3	3.8	3.0	90.9	1.3	0.3	9.1
1.6~1.8	4.9	4.4	3.4	69.4	6.8	1.5	30.6
1.8~2.0	11.8	5.1	4.0	33.9	34.5	7.8	66.1
2.0~2.2	8.0	0.7	0.6	7.5	34.5	7.4	92.5
>2.2	4.2	0	0	0	19.4	4.2	100
合　计					100	27.4	

(2) 计算分配指标。某一相对密度级分配到精煤(或矸石)中的部分占该级的百分比可用下式表示:

$$\varepsilon_c = F_c\gamma_c / F_f \tag{2-13}$$

式中 ε_c——某相对密度级对精煤的分配指标,%;

F_c——精煤中该相对密度级的数量,%;

F_f——原煤中该相对密度级的数量,%;

γ_c——精煤出率,%。

由表 2-16 查得,-1.8 相对密度级精煤、矸石、原煤的质量分数分别为 94.2%、9.3%及 76.0%,则可列入下列方程式:

$$\left.\begin{aligned} 94.2\gamma_c + 9.3\gamma_t &= 76\times100 \\ \gamma_c + \gamma_t &= 100 \end{aligned}\right\} \tag{2-14}$$

式中 γ_t——矸石的出率,%。

解二元一次方程式可得:

$\gamma_c = 78.6\%$;$\gamma_t = 21.4\%$

用精煤出率78.6%乘表2-16中的第2项各项数字，乘积列入第3项，即为精煤各相对密度级占原煤的百分数。用同样的方法求出矸石各相对密度级占原煤的百分数，填入第6项。

用第3项/第1项对应数字，得第4项；用第6项/第1项的对应数字得第7项，则分别得到精煤和矸石对原煤的分配指标。

(3) 绘制如图2-45所示的分配曲线。

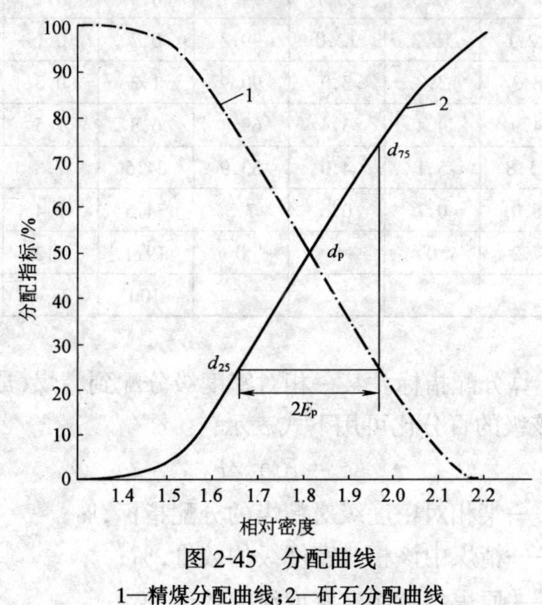

图2-45　分配曲线

1—精煤分配曲线；2—矸石分配曲线

155．分配曲线有何用途？

图2-45中，分配指标为50%的那一点的相对密度称为分选相对密度，用 d_p 来表示，在图中为1.81。

如果分配曲线变成一条通过相对密度 d_p 的垂直线，则说明原煤中所有低于分选相对密度的物料全部成为精煤，而高于分选相对密度的都成了矸石，此时的分选效率为100%，这种理想状况实际上是达不到的。相反，假如分配变成一条通过 d_p 的水平线，则说明各相对密度级的分配率都是50%，则毫无分选作用。

实际的分配曲线是位于上述两种极端情况的中间。应该说，曲线越陡，则分选效率越好。我们用可能偏差 E_p 来表示分选效果的指标。E_p 按下式计算：

$$E_p = (d_{75} - d_{25})/2 \tag{2-15}$$

式中 E_p——可能偏差值；

d_{75}——分配指标为75%时的相对密度；

d_{25}——分配指标为25%时的相对密度。

一般认为，分配曲线的 E_p 值与煤的可选性无关，所以常用它表示分选机械的效率。对于重介质分选机，可直接利用 E_p 值表示其效率。对于湿法跳汰机和流洗槽，由于分选相对密度 d_p 对 E_p 值有影响，则可用机械误差 I 来表示：

$$I = E_p/(d_p - 1) \tag{2-16}$$

I 值越小，则说明洗煤机的分选效果越好。对于跳汰机来说，I 值一般在0.2左右。

第三章 煤的炼焦生产

156. 什么是煤的高温干馏?

煤在隔绝空气的条件下加热时,发生一系列物理变化和化学反应,这是一个十分复杂的过程。在这一过程中产生的主要产品有固态焦炭或半焦、气态煤气和液态焦油。这种煤的热解过程称为干馏或热分解。按热分解最终温度的不同干馏分为低温干馏(500~600℃)、中温干馏(700~800℃)、高温干馏(950~1050℃)。煤的高温干馏又称为煤的炼焦。

157. 烟煤热解的基本过程是什么?

具有黏结性的烟煤热解的基本过程如图 3-1 所示。

从图 3-1 可知,热解过程分为三个阶段。

第一阶段:煤的干燥脱吸阶段。

常温~120℃前,煤脱水、干燥;

120~200℃,释放出吸呼在微孔中的气体,如 CH_4、CO_2、CO 和 N_2 等,是一个脱吸过程;

200~300℃,煤开始分解,生成 CO_2、CO、H_2S 同时释放出结晶水及微量焦油。

第二阶段:以解聚为主的热分解。

300~450℃煤剧烈分解、解聚,析出大量焦油和气体,焦油析出量最大,气体主要是 CH_4 及其同系物,还有 H_2、CO_2、CO 及不饱和烃等,这些气体为热解一次气,在此温度范围内,生成气、液、固三相为一体的胶质体,使煤发生软化、熔融、流动和膨胀;

450~550℃温度范围内,胶质体分解、缩聚固化成丰焦。

第三阶段:该阶段以缩聚反应为主,半焦转变成焦炭。

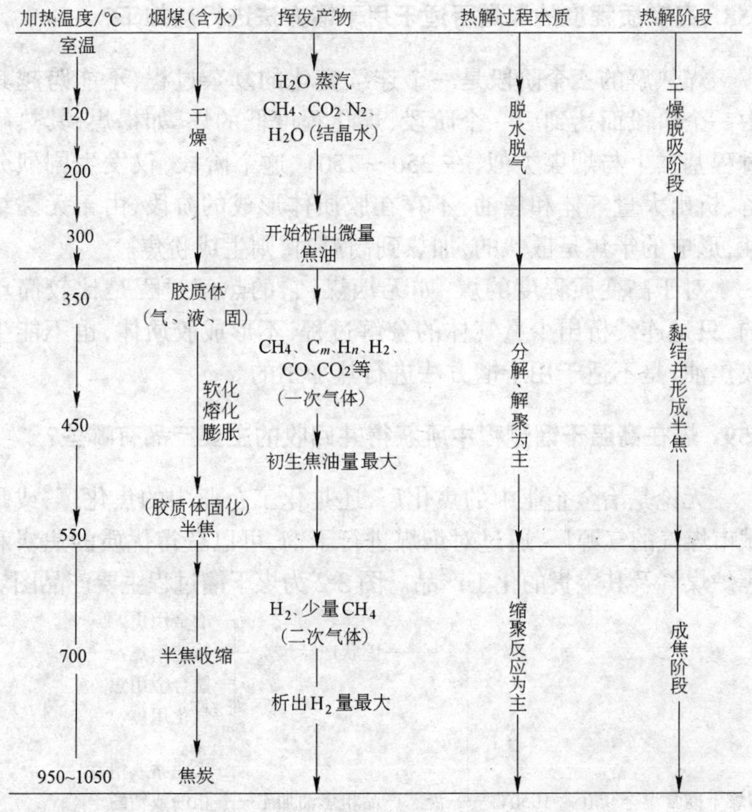

图 3-1　黏结性烟煤的热解过程

550～750℃,半焦分解析出大量气体,主要是 H_2 和少量的 CH_4,这些气体称为热解的二次气体,在 700℃时,H_2 的析出量最大,基本上不产生焦油,随着温度升高和气体的析出,半焦将形成裂纹;

750～1050℃,半焦进一步分解,继续析出少量气体,主要是氢气,分解的残留物进一步缩聚,芳香碳网不断增大,排列规则化,则半焦转化为具有一定强度和块度的焦炭。

158. 高变质程度的煤是否适于用干馏方法进行热加工?

煤热解的三个阶段是一个连续变化的复杂过程,不能跨越其中一个阶段而达到后一个阶段,煤化程度低的煤,如褐煤,其热解过程基本上与烟煤类似,在 350～450℃ 这个阶段,仅发生剧烈分解,析出大量气体和焦油,不存在胶质体形成的阶段,由于无黏结性,形成的半焦是散状的,加热到高温时,则生成粉焦。

对于高变质程度的煤,如无烟煤,它的热解过程是比较简单的,只是连续析出少量气体的分解过程,不形成胶质体,也不能生成焦油,是不适于用干馏方法进行热加工的。

159. 煤在高温干馏过程中所获得并回收的主要产品有哪些?

无论是冶金企业中的焦化厂,还是化工企业中的焦化厂,或是城市煤气的气源厂,通过对烟煤进行干馏,可以获得优质的焦炭和焦炉煤气及其宝贵的化工产品。图 3-2 为煤干馏过程主要产品图。

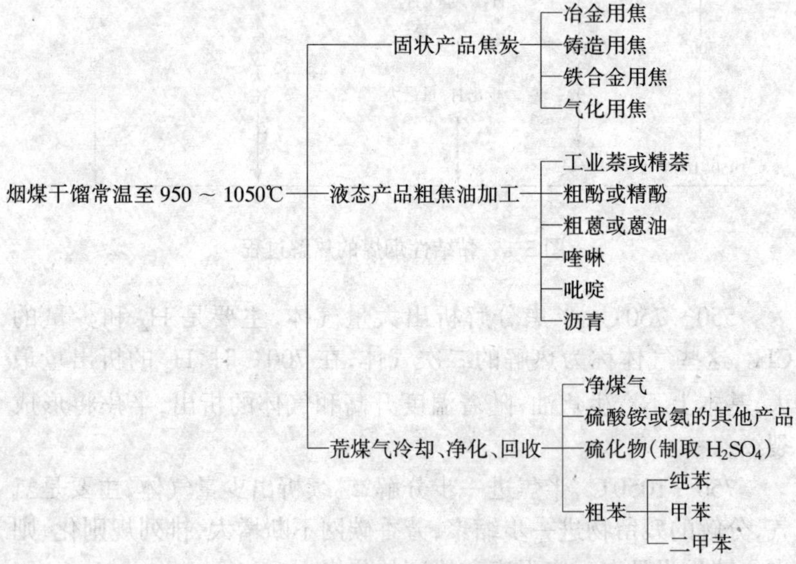

图 3-2　煤干馏过程主要产品图

160. 怎样估算煤在高温干馏过程中主要产品的产率？

(1) 全焦率 K(对干煤)按下式计算：

$$K=\frac{100-V^{d}_{煤}}{100-V^{d}_{焦}}\times 100\%+a \quad (3\text{-}1)$$

式中 $V^{d}_{煤}$、$V^{d}_{焦}$——分别表示炼焦配合煤和焦炭的干基挥发分，%；

a——校正值，a 的经验值为 1.1 ± 0.3。

例如：配合煤挥发分 $V^{d}_{煤}=25.5\%$，焦炭挥发分 $V^{d}_{焦}=1.2\%$，a 值取 $1.1+0.3$ 时，则：

$$K=\frac{100-25.5}{100-1.2}\times 100\%+1.4=76.8\%$$

一般情况下，冶金焦率占全焦的 92% 左右，中焦和粉焦分别各占 4% 左右。

(2) 焦油产率 x(%)(对干煤)按下式计算：

$$x=-18.36+1.53V_{daf}-0.026(V_{daf})^2 \quad (3\text{-}2)$$

式中 V_{daf}——配合煤干燥无灰基挥发分，%。

例如：某厂配合煤干燥无灰基挥发分 $V_{daf}=29.78\%$，则焦油产率为：

$$x=-18.36+1.53\times 29.78-0.026\times 29.78^2=4.15\%$$

(3) 煤气产率 θ(%)按下式计算：

$$\theta=a'\sqrt{V_{daf}} \quad (3\text{-}3)$$

对气煤 $a'=3$，对焦煤 $a'=3.3$。

(4) 粗苯产率 y(%)按下式计算：

$$y=-1.6+1.44V_{daf}-0.0016(V_{daf})^2 \quad (3\text{-}4)$$

161. 炼焦用煤的接收有哪些基本要求？

我国大多数焦化厂炼焦所用原料煤主要来自洗煤厂供给的洗精煤，接收来煤有以下基本要求：

(1) 每批来煤应按照规程规定取样分析，并与供煤单位核准分析数据对比，煤种核实后方可接收，若质量不合要求或混入杂质者应不予接收；而在实际操作中，由于常规检验的滞后焦化厂很难做到这一点。一般情况下，焦化用煤的供应点基本是固定的，若矿山采煤层的煤质无多大变化，则洗煤质量也能稳定，采用常规分析接收来煤也能满足焦化生产的需要。近年来，煤质快速分析仪已经应用于煤的接收，对促进煤质管理起到了重要的作用。

(2) 对来煤要按其煤种分别卸入指定的地点，防止不同煤种在接收过程中混质，对各种不同牌号的煤的数量、质量和进入煤区的时间要分别做好记录。

(3) 为了稳定炼焦煤的质量，来煤应尽可能进入煤场，按照平铺直取的基本操作进行煤的堆取。对于条件不够完善的焦化厂，至少也应保持 70％以上的来煤进入贮煤场，30％以下的煤直接进入配煤贮槽。

(4) 各种煤的堆放地之间要保持一定的距离，场地要清洁，更换场地时应彻底清除余煤，卸煤槽或受煤坑更换煤种时也要清扫干净，防止混质。

162．炼焦用煤的贮存应注意哪些问题？

焦化煤场管理的好坏，直接影响配煤质量，煤场主要有两个作用，一是贮存，二是混匀，为此应注意以下问题：

(1) 煤场应有足够的容量，保持一定的贮煤量，保证焦炉稳定连续生产。贮煤场的容量与煤源地的远近、煤矿生产规模、交通运输条件及焦炭生产的规模及稳定情况等因素有关，一般大中型焦化厂提供 10～15 天的贮备量，小型焦化厂则应更高一些。

(2) 确保不同煤种单独存放，场地应保持清洁、平整、排水措施齐全，防止积水和煤堆塌陷。

(3) 为消除和减少由于不同矿井或矿层来煤所造成的煤质差异，在堆取操作时，采用“平铺直取”的操作方法，以提高单种煤的质量均匀性。

(4) 煤堆应保持一定高度，一般为 10～15m，过低，则占地面积太大，增加运输距离，下雨天时煤的水分过大。

(5) 煤的存放时间不能过长。煤的存放时间过长，将会引起煤质变坏，导致焦炭质量下降。国内某焦化厂对各种煤的贮存时间提出如下要求，见表 3-1。

表 3-1　某焦化厂各种煤的贮存时间(天)

煤　种	露天煤场				室内煤槽			
	季　度				季　度			
	1	2	3	4	1	2	3	4
气　煤	60	50	50	60	60	50	50	60
肥　煤	80	70	70	80	120	80	80	120
焦　煤	100	90	90	100	120	120	120	120
瘦　煤	100	90	90	100	120	120	120	120

163. 什么叫煤的氧化和自燃，为什么会发生这种现象？

煤在贮存过程中，由于时间过长受空气中氧的作用，会发生一系列化学反应，引起煤堆温度升高，氧化产生的热量逐步积累，使温度升高到煤的燃点，则会引起煤的自燃，贮存过程中的这种现象称为煤的氧化和自燃。

发生氧化和自燃的主要原因是：当煤与空气接触时，其大分子结构单元上的侧链各种活性基团与氧吸呼，生成煤氧络合物，随着温度的升高，这些络合物分解并放出 CO_2、CO 和水蒸气，同时放出热量。煤的氧化与煤化程度有关，煤化程度越高越难氧化；还与岩相组分有关，镜煤最易氧化，丝炭最难氧化；氧化程度的难易还与筛分组成、黄铁矿含量、水分、比热容及吸呼一定量的氧时释放出的热量有关，如黄铁矿与空气中的氧和水蒸气可发生下列反应：

$$2FeS_2 + 7O_2 + 2H_2O = 2FeSO_4 + 2H_2SO_4 + Q$$

反应放出的热量 Q 能加剧煤中有机质和氧的反应，从而加速煤的氧化。

164. 氧化对煤质有何影响,如何防止?

煤氧化后,其性质会发生如下变化:大块煤会碎裂成小块煤,碳、氢含量减少而氧含量增加,发热量降低;胶质层厚度减小,最终收缩值增加,黏结性变差,焦化产品产率降低。当发生自燃时,若不能及时扑灭火焰则可能引起严重后果,造成重大损失。

防止煤氧化的主要措施有:

(1) 根据不同煤种,控制其贮存条件,如贮存时间、堆积方式、煤堆表面处理等。

(2) 加强管理,按计划堆存和取用,规定每种煤的允许最长贮存时间,有条件的地方使堆、贮取分别进行。

(3) 为防止空气从煤堆表面或底部空隙进入煤堆内部,在煤堆表面喷洒覆盖剂。

(4) 定期检查煤堆温度,当煤堆温度高于规定指标时,应及时处理。

165. 炼焦用煤为什么要进行解冻?

我国幅员辽阔,气候条件相差很大,各个行业的焦化厂遍及全国,许多地处北方的焦化厂,每到冬季,由于气候寒冷,含水洗精煤在运输过程中冻结,随着水含量的增加和运输时间的延长而冻结程度加深,给卸车操作带来了严重的困难。

为了做到来煤及时卸车,保证原料的连续均衡供应,从而保证生产的连续和稳定;为了缩短卸车时间,防止车辆积压并加快车辆周转,提高运输效率;也为了减轻劳动强度,改善工人操作条件,所以必须进行煤的解冻。当然,在南方焦化厂以及冬季不致使车辆上煤冻结成冰的地方,就完全没有必要设计这些解冻设施。

166. 煤解冻的基本形式有几种?

煤解冻库的形式很多,但大致可分为三种类型。

一种是煤气红外线解冻库。红外线解冻库是采用煤气红外线辐射器作热源，以辐射热进行解冻。因为辐射传热快，热效率高，解冻效率也高，操作费用低，同时还可以控制局部温度，防止车辆损坏，因而得到了广泛的应用。

一种是热风式解冻库。它是将煤气燃烧成热废气与部分冷空气及循环废气混合后，用鼓风机送入密闭的解冻库内进行解冻。这种形式的解冻库是以强制对流方式进行传热，其解冻效果较差，而且车辆的怕热部分如软管、制动缸、三通阀和集尘器等也同时同等程度被加热，造成对车辆的损坏。

一种是蒸汽暖管式解冻库。在解冻库内两侧安装多排暖气管，通入过热蒸汽，以自然对流传热方式进行解冻。这种方法传热速度慢，解冻效果差，对于有过热蒸汽可利用的厂以及设有蒸汽锅炉的厂才有使用价值。

167. 为什么要配煤炼焦？

用单种煤来生产焦炭，既不能满足用户对焦炭质量的要求，又不能充分利用宝贵的煤炭资源，必须采用多种煤配合炼焦才能克服上述两个方面的不足。把两种或两种以上的煤，均匀地按适当的比例配合，使各种煤之间取长补短，生产出优质焦炭并能合理利用煤炭资源，增加炼焦化学产品产量。

不同的煤种，其黏结性、结焦性都是不同的。从结焦性来说主焦煤最好，但我国焦煤贮量少，不能满足炼焦工业的需要，同时贮量丰富的其他煤种又得不到充分的利用。因此，根据我国煤炭资源的情况，从20世纪50年代开始就已经进行了配煤炼焦的研究和生产实践，并取得了丰硕的成果，生产的焦炭产量、质量都满足了钢铁、化工、铸造、铁合金等行业的生产要求，同时，也保证了焦炉生产的正常进行，建立了以气、肥煤为基础，使黏结成分、瘦化成分比例适当，质量协调的配煤原则。

168. 炼焦配煤应注意的几个基本点是什么？

为了保证焦炭质量，又利于生产操作，在配煤中应注意的几个

基本点是:

(1) 保证焦炭质量指标符合要求。

(2) 在焦炉生产过程中,结焦中期不应产生过大的膨胀压力,而在结焦末期应有足够的收缩度,形成炉墙与焦饼之间的收缩缝隙,保证推焦的顺利进行。

(3) 充分利用本地区的煤炭资源,做到运输合理,降低成本。

(4) 在可能条件下,适当多配高挥发分的煤,以增加化学产品的产率。

(5) 在保证焦炭产品质量的前提下,应多配弱黏煤,尽量少用优质炼焦煤,努力做到合理利用我国的煤炭资源。

169. 什么是煤的黏结性和结焦性?

煤的黏结性和结焦性是炼焦用煤重要的工艺性质,只有采用具有较好的黏结性和结焦性的煤才能够炼出优质的焦炭。

煤的黏结性是指煤在隔绝空气加热的条件下,经过胶质状态生成块状半焦的能力。有的煤不仅自身具有黏结的能力,还能将其他惰性物质黏结在一起,煤的这种性质叫做煤的黏结能力。有黏结性的煤不一定具有黏结能力,而有黏结能力的煤一定具有黏结性。

煤的结焦性是指在工业条件下或模拟工业炼焦的条件下,采用单种煤或配合煤。生产出优质焦炭的能力。

煤的黏结性和结焦性是密切相关的,既有联系又有区别。黏结性是结焦性的前提和条件,结焦性好的煤,黏结性一定好,而黏结性好的煤,结焦性不一定好。有些黏结性好的煤,炼出的焦炭强度低,块度小,主要是结焦性不好所致。

170. 什么是单种煤的结焦性?

单种煤的结焦性是配合煤结焦性的基础,了解并掌握单种煤的结焦性,是指导配煤比变化的主要依据。

(1) 褐煤是变质程度较低的煤,在隔绝空气加热时不产生胶质体,没有黏结性,在近代室式炼焦炉中不能单独炼焦,所以通常不列入炼焦煤的范围。近年来,有的厂在配煤中配入少量褐煤以增加配煤挥发分,已取得一定成果。

(2) 长烟煤的变质程度比褐煤高,是烟煤中煤化程度最低的煤,含氧量高,高沸点的液态产物少,胶质层厚度小于 5mm,因此结焦性能很差,在现代焦炉中不能炼出合格焦炭,但在土法炼焦炉中可以炼出细长条的焦炭。在配煤中掺入少量长烟煤,可起瘦化作用。长烟煤脆性小,一般难粉碎。

(3) 气煤的煤化程度比长烟煤高,在热解过程中可以生成较多的胶质体。这种胶质体的热稳定性差,易于分解,黏度小,流动性大,在生成半焦时,则分解出大量挥发性气体,能够固化的部分较少。当半焦转化为焦炭时,产生很多裂纹,大部分是纵裂纹,焦炭细长易碎。

在炼焦配煤中,配入适量的气煤可增加焦炭的收缩,便于推焦,否则会发生推焦困难。另外,气煤的配入使配合煤挥发分增加,可提高化学产品和煤气的产率。

(4) 肥煤的变质程度比气煤高,属于中等变质程度的煤,在它的分子结构中,所含的侧链较多,长度适当,含氧量少。热解时,肥煤所产生的胶质体数量多,有的最大胶质体厚度可达 25mm 以上;胶质体流动性能好,最大流动度的对数值为 $\lg\alpha_{max} = 5°/min$;并且热稳定性好,胶质体生成温度为 320℃,固化温度为 460℃,温度间隔为 140℃,如升温速度为 3℃/min 时,则胶质体的存在时间可达 50min,肥煤的黏结性是最强的。当肥煤单独炼焦时,由于其挥发分高,半焦的热分解和热缩聚都比较剧烈,收缩量比较大,故焦炭的裂纹较多、较宽、较深,多产生横裂纹。同时由于其膨胀压力较大,单独炼焦时易发生焦饼难推。

(5) 焦煤的变质程度比肥煤高,大分子侧链比气煤、肥煤少,含氧量较低,热分解时的液态产物比肥煤少,热稳定性好,胶质体数量多,黏度大,固化温度较高,半焦收缩量、收缩速度均小,故炼出的焦炭不仅耐磨、强度高、块度大、裂纹少,而且抗碎强度也好,就其结焦性而言，是最适于炼制高质量焦炭的，但我国焦煤资源有限，不但不能用其单独炼焦，而且在配煤炼焦中应尽量降低焦煤用量。

(6) 瘦煤的变质程度较高，挥发分低，加热时产生的胶质体少且黏度大，单独炼焦时，焦炭裂纹少、块度大，但焦炭的熔融性能很差，焦炭耐磨性能也差，在配煤中配入瘦煤可以提高焦炭的块度。

(7) 贫煤的变质程度比瘦煤高，属于高变质程度的煤，加热时不产生胶质体，没有黏结性，不能单独炼焦，配煤时少量配入可作瘦化剂使用。

(8) 无烟煤是变质程度最高的煤种，热解时不产生胶质体，没有黏结性和结焦性，可少量配入无烟煤作瘦化剂使用。若采用新的工艺，如以一定量的沥青或强黏煤为黏结剂，可将无烟煤加压成形而生产型焦。

171. 炼焦配煤的主要工艺是什么?

目前，在国内炼焦行业主要采用两种配煤工艺，一种是先粉后配的工艺流程，另一种是先配后粉的工艺流程，现分述如下。

先粉后配的配煤工艺流程如图 3-3 所示。

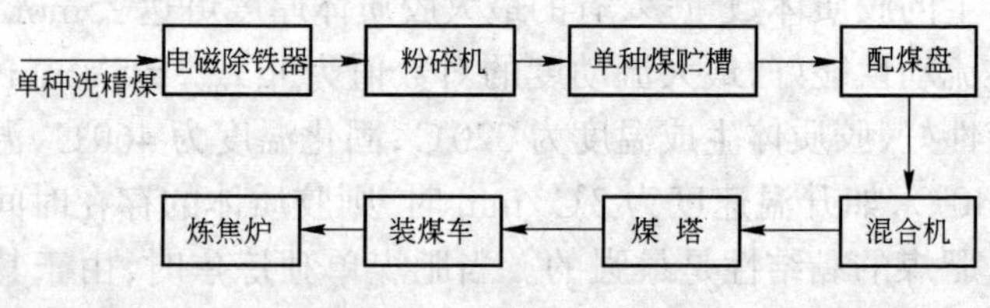

图 3-3　先粉后配工艺流程

这种配煤工艺流程的主要优点是：对不同种类的单种煤可以选择性地破碎。不同煤种和煤的不同岩相组成，其硬度和脆度是不同的，一般情况下，煤的脆度随变质程度的加深而呈马鞍形变化，中等挥发分的强黏结性煤，如焦煤、肥煤易粉碎，而高挥发分和低挥发分的弱黏煤或不黏煤，如气煤、瘦煤、无烟煤则较难粉碎。

对难、易破碎的煤根据要求不同分别破碎有助于提高焦炭的质量。这种工艺流程工艺简单，不需增加多台粉碎机，但需适当增加粉后的单种煤贮槽容量。

先配后粉的配煤工艺流程如图 3-4 所示。

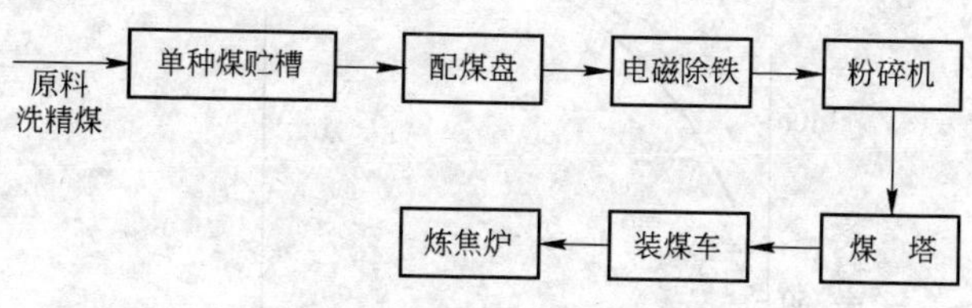

图 3-4　先配后粉工艺流程

这种流程的主要优点是：工艺简单、布置紧凑、设备少、各煤种混合均匀，我国大部分焦化厂采用这种流程。其不足之处是，不能按不同煤种的要求控制不同的粉碎度。

172．煤料细度对炼焦生产有何影响？

细度是量度炼焦煤粉碎程度的一种指标，也是装炉煤质量控制的指标之一。这种指标用 0～3mm 粒级占全部煤的质量百分率来表示。各焦化厂根据不同煤质和设备状况确定其细度控制指标。入炉煤细度的控制范围为：0～3mm 级常规炼焦为 72%～80%，配型煤炼焦为 85%左右，捣固炼焦为 90%以上。

将煤粉碎到一定细度并混合均匀，从而改善焦炭内部结构的均匀性，保证了焦炭质量的提高。但是粉碎过细会导致煤黏结性和散密度的降低，从而降低焦炭的产量和质量。

细度对炼焦生产的影响包括：

（1）细度对黏结性的影响。当煤加热到 350～450℃时，会发生热解反应而软化熔融，形成气、液、固三相共存的塑性体，若煤粉碎过细，细煤粒内部一次热解生成的游离氢容易析出，新生的游离基迅速缩聚而固化，使塑性体内的液相量减少。另一方面，煤粒总表面积增大而吸附液相量增多,使塑性体的流动性变差。上述两个方面,由于入炉煤过细粉碎产生“自瘦化”现象,而造成黏结性下降。膨胀度是黏结性的指标,煤粒度对膨胀度的影响如图 3-5 所示。

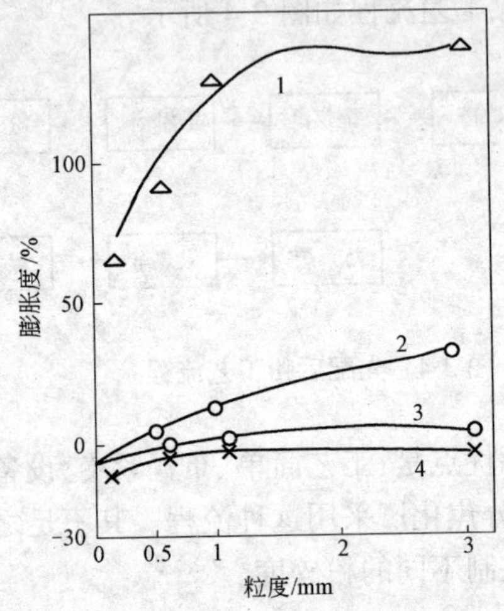

图 3-5 不同黏结性的膨胀度与粒度的关系

1、2、3、4—煤的黏结性由强到弱的顺序

入炉煤黏结性的降低,还会影响焦炭耐磨指标的变坏,即造成 $M10$ 指标升高,这种影响参见图 3-6。

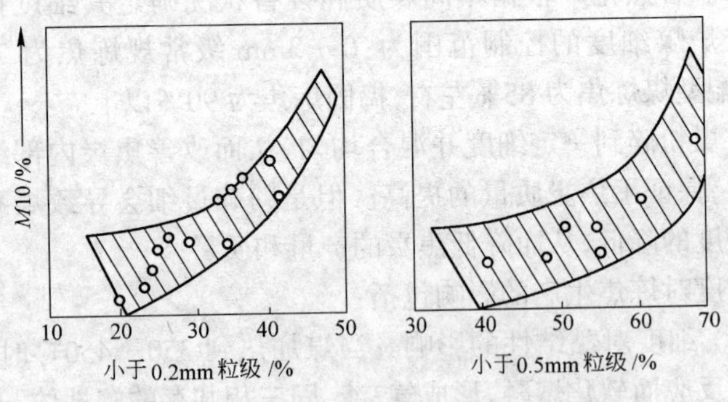

图 3-6 粒度对焦炭耐磨强度 $M10$ 的影响

(2) 细度对散密度的影响。当小于 2mm 的粒级从 60%增加到 80%时,散密度减少 30~40kg/m³,从而使炭化室装煤量下降,导致产量降低。

173. 炼焦用煤对配煤质量指标有何要求?

配煤质量指标主要是指配合煤的水分、灰分、挥发分、硫分、胶质层厚度、膨胀压力、G 值等,不同的焦炭使用部门对其质量要求不同,则配合煤指标也有所不同。炼焦用煤对配煤质量指标的要求如下:

(1) 水分。配合煤水分主要取决于单种煤水分的大小和稳定,配合煤水分的大小和稳定与否,对装煤操作、焦炭的产量、质量及焦炉本身寿命都有很大影响,水分过小,会恶化焦炉装煤操作,水分过大,将使装煤操作困难并相应延长结焦时间,同时也影响焦炉寿命。当配煤水分波动太大时,将造成焦炉加热制度的混乱,使焦炉操作困难。一般情况下,配合煤水分稳定在 8%~10%较为合适。

(2) 灰分。配合煤灰分全部转入焦炭中,一般炼焦的全焦率在 70%~80%,焦炭灰分为配煤灰分的 1.3~1.4 倍。灰分是惰性物质,灰分高则黏结性降低,因为灰分颗粒较大,硬度比煤大,它与焦炭物质之间有明显的分界线,其膨胀系数也不同,半焦收缩时,在这个界面上应力集中,成为裂纹的中心,若配合煤的灰分高,则焦炭强度低。如果焦炭灰分小于 13%,全焦率按 78%计,则配合煤灰分约为:13%×78%=10.14%。

配合煤灰分可利用加和性原则进行计算:

$$A_d = \Sigma(A_{di} \cdot X_i) \quad (3\text{-}5)$$

式中 A_d——配合煤的干基灰分,%;

A_{di}——各单种煤的干基灰分,%;

X_i——各单种煤的干煤配比,%。

例如:某焦化厂配煤情况见表 3-2。

表 3-2 某焦化厂的配煤情况

煤 种	配煤比/%	单种灰分 A_{di}/%	可燃基挥发分/%
气 煤	35	11.4	31.40
肥 煤	32	10.81	27.80
焦 煤	25	9.75	23.60
瘦 煤	8	8.42	14.30

则配合煤灰分为：

$$A_d = 11.4\% \times 35\% + 10.81\% \times 32\% + 9.75\% \times 25\% + 8.42\% \times 8\%$$
$$= 10.56\%$$

(3) 挥发分 V_{daf}。挥发分是反应煤化程度的指标，与煤化程度有着较为密切的线性关系。据鞍山热能研究所对我国148种煤所做的研究结果表明，煤的可燃基挥发分、镜煤平均最大反射率(R_{max})可用下列回归方程式来表示：

$$R_{max} = 2.35 - 0.04V_{daf}（相关系数\ r = 0.947） \quad (3\text{-}6)$$

上式中，配合煤的最大镜煤反射率 R_{max} 可直接测定，也可按各单种煤的反射率加和性计算。

配合煤挥发分可直接测定，也可按各单种煤的挥发分加和性计算。如上例中的 V_{daf} 计算如下：

$$V_{daf} = 31.4\% \times 35\% + 27.8\% \times 32\% + 23.60\% \times 25\% + 14.30\% \times 8\%$$
$$= 26.93\%$$

(4) 黏结性指标。实验证明，炼焦配煤的黏结性指标以控制在一定的范围内为宜。以膨胀度作黏结性指标时，$b \geqslant 50\%$；以黏结指数为指标时，$G = 58 \sim 72$；以最大胶质厚度为指标时，$Y = 17 \sim 22$mm。

(5) 配合煤的膨胀压力。在确定配煤方案时，必须了解配合煤的膨胀压力。它与黏结性指标不存在规律性关系，也不具有单种煤的膨胀压力的加和性，只能通过实验测定。膨胀压力过大会对炉墙造成损害，根据我国的生产实践，它的极限值应不大于137～196Pa。

（6）硫分。煤中的硫分有 60%～70%转到焦炭中，若配合煤的全焦率为 70%～80%，则焦炭硫分约为配合煤硫分的 80%～90%。配合煤硫分可由化检分析得出，也可由各单种煤的硫分按加和性计算。硫在煤中是一种有害的物质，在炼焦配煤中可控制调节配煤比以调节配合煤的硫含量，通常配合煤的硫分可控制在 1.0%（质量分数）以下。

174. 配煤槽有何作用，设置配煤槽应考虑哪些问题？

配煤槽是用来贮存配煤所需的各单种煤的容器，其位置一般是设在煤的配合设备之上。配煤槽的设置应当考虑的问题是：

（1）配煤槽数目的确定。配煤槽的数量取决于焦化厂炼焦炉生产能力的大小和炼焦配煤的煤种的多少，一般情况是一个煤种使用一个配煤槽，配用量大的也可使用 2～3 个配煤槽，另外配有备用槽，供清扫和更换煤种时使用。在大多数情况下，配煤槽要保证焦炉一昼夜对该种煤的需要量。

（2）配煤槽容积的确定。配煤槽容积与焦化厂生产规模参见表 3-3。

表 3-3 配煤槽容积与焦化厂生产规模

生产规模/万 $t\cdot a^{-1}$	配煤槽直径/m	单个槽容积/t	槽个数
10～20	6	200	4～6
40～60	7	350	6～7
90	8	500	7～8
>120	8	500	10～12
	10	800	8～10

（3）配煤槽的结构。配煤槽由卸料装置、槽体、锥体组成。配煤槽顶部卸料装置一般采用移动式皮带运输机，规模小的焦化厂也可采用犁式卸料器卸料；槽体断面一般为圆形；锥体部分一般为圆锥式或曲线式，目前流行的为双曲线结构。

175. 配煤的主要设备是什么?

配煤盘是配煤的主要设备,这种设备又称圆盘给料机,通过调节盘转速和料流截面积实现定量连续给煤。图 3-7 为配煤盘配煤示意图。

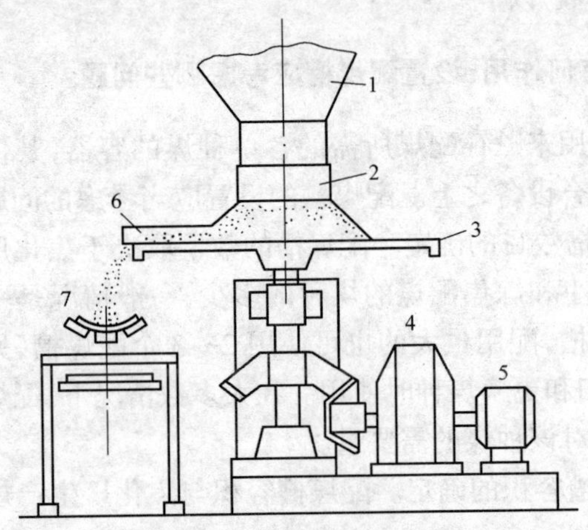

图 3-7 配煤盘配煤示意图

1—配煤槽;2—调节套筒;3—圆盘;4—减速机;5—电机;6—刮煤板;7—皮带运输机

煤从配煤槽放料口,在重力作用,经装在配煤槽下部的调节套筒落到旋转着的配煤圆盘上,然后被可调节角度的刮煤板刮到配煤皮带运输机上。这种配煤盘主要以下列三种方式调节配料量:

(1) 调节套筒高度,改变套筒与圆盘之间煤的堆积截面;

(2) 用调速电机来调整圆盘转速;

(3) 调节刮煤板角度,使切取煤量与配比要求吻合。

采用配煤盘配煤,对水分大、含煤泥多的煤适应性强,操作可靠,维护方便。主要问题是设备笨重,耗电量大,刮煤板易挂杂物,需经常清扫。

176．自动配煤的工作原理是什么？

我国自行设计、制造的电子皮带秤被广泛地应用在焦化厂的配煤生产中，其工作原理如图 3-8 所示。

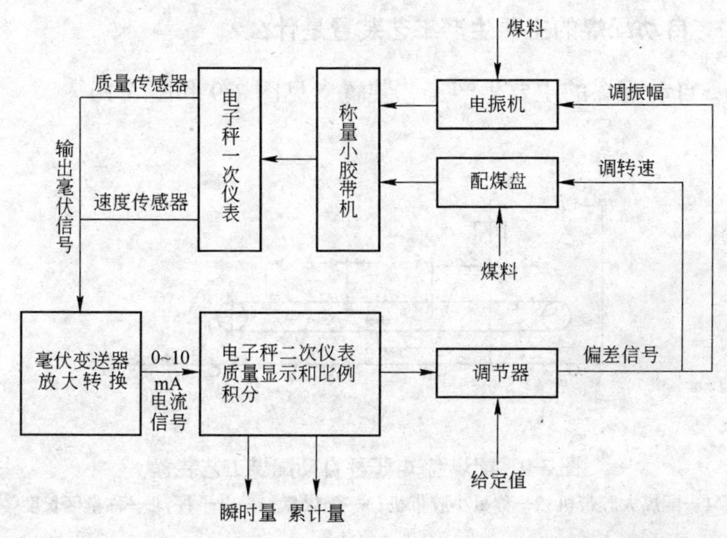

图 3-8　自动配煤工作原理图

煤料按规定的配量，经配煤盘或电振机给料到称量托辊框作用于质量传感器上，当传感器承受质量时，弹性元件变形，使桥臂电阻失去平衡，桥路产生不平衡的输出电压信号。速度传感器是一个速度变换器，靠变换器的滚轮与胶带直接摩擦而转换成转速，将其线性地转换成脉冲频率信号，进而模拟胶带机的速度大小。一方面与质量传感器得出的质量信号相乘，模拟瞬时输出量，并给出累计量，另一方面又相当于一个小发电机，产生供质量传感器的供桥电压。

传感器输出正比于质量的毫伏信号，经毫伏变送器转换放大为 0～10mA 的电流信号，再经质量显示仪表和比例积分单元，分别指示出瞬时量和累计量。当实际下料量与给定值发生偏差时，调节器给出偏差电流信号，并转换为电压信号，则自动改变电磁调速异步电机的转速，从而改变配煤盘的工作转速或电振机的工作电压，使下料量调回到给定值，从而实现了循环自动调节，以达到自动配煤的目的。

177．自动配煤的主要生产工艺装置是什么？

自动配煤的主要生产工艺装置参见图3-9和图3-10。

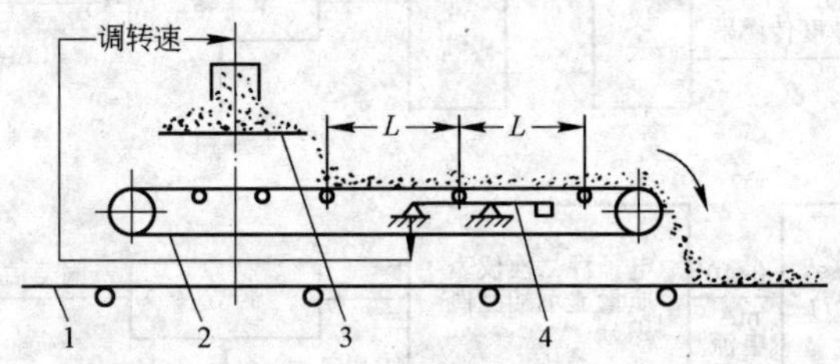

图3-9　配煤盘-电子秤自动配煤工艺装置

1—配煤大胶带机；2—称量小胶带机；3—配煤盘；4—电子秤；L—称量区长度

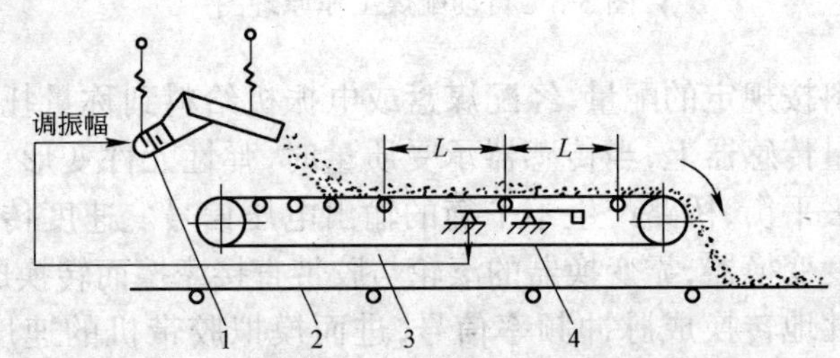

图3-10　电磁振动给料机-电子秤自动配煤装置

1—电振器；2—配煤大胶带机；3—称量小胶带机；4—电子秤；L—称量区长度

该自动控制装置，以瞬时输送量为控制对象，安装在配煤盘或电磁振动给料机的下面，称量小胶带机长度为4m的框架式或悬臂式胶带机，既可计量又可控制下料量。

178. 计算机配煤技术的基本点是什么?

计算机配煤的原理图如图 3-11 所示。

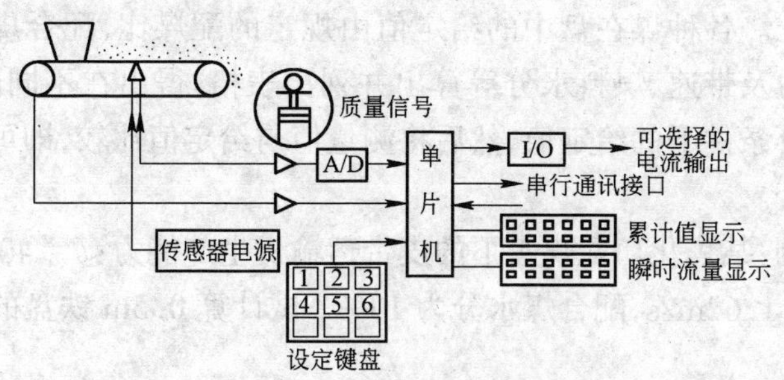

图 3-11 计算机配料秤原理图

随着计算机技术的发展,自动配煤装置的控制系统模拟仪表控制过渡到计算机控制,使用单片机代替变送器和调节器,提高了系统的可靠性。在组成配煤系统时,可利用计算机控制器的标准接口由上位机与多台下位机组成控制系统,实行联网运行,各下位机也可单独运行,进行小闭环自动控制。

179. 怎样用人工跑盘检测配煤比?

配煤盘操作如图 3-12 所示。

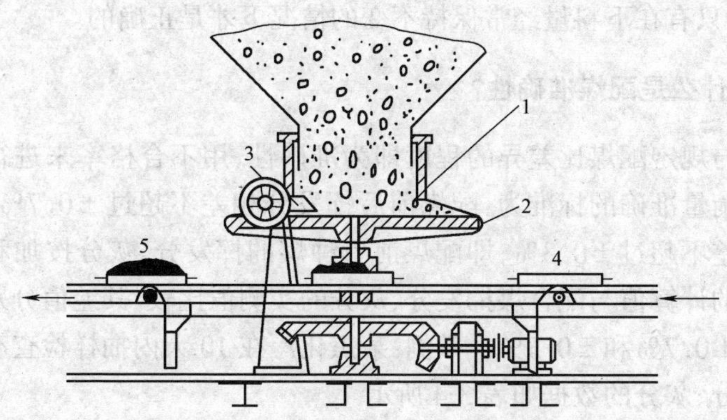

图 3-12 配煤盘人工跑盘示意图

1—圆盘;2—加减筒;3—刮煤板;4、5—铁盘

铁盘长度为0.5m，宽度相当于胶带机宽，高度能保证顺利通过运输带至下料口空间。初期测定各种下落到铁盘上的煤量，以多次平均值与该种煤给定值比较，误差不超过±2%作为配煤的准确度标准。各种煤在盘中的给定值由规定的配煤比，配合皮带的生产能力及带速、煤料水分等算出并列出表格，得出在不同配比、煤料水分条件下的给定值，然后将测量值与给定值比较，即可确定合格与否。

举例：某焦化厂配煤盘下的皮带运输机生产能力：$\theta=400\mathrm{t/h}$，带速$\delta=1.62\mathrm{m/s}$，配合煤水分为10%，试计算0.5m铁盘的给定值。

干煤输送量为：$400\times1000/3600(1-10\%)=100\mathrm{kg/s}$；

每米皮带的运输量为：$100/1.62\times0.5=30.86\mathrm{kg}$；

甲种煤配比为15%时，则落入0.5m盘中的干煤量为：$30.86\times0.15=4.63\mathrm{kg}$；

若甲种煤水分为9%，则落入0.5m盘中的湿煤量为：$4.63/0.91=5.09\mathrm{kg}$；

甲种煤的合格范围为：4.988～5.192kg。

其他煤种均可参照上述计算办法，算出给定值，再与实际数比较后即可确定配煤合格与否，若过大或过小均应调节。这种检测方法，只有在下料量经常保持不变的情况下才是正确的。

180. 什么是配煤准确性？

与规定配煤比差异的程度即为准确性，用不合格率来进行表征。衡量准确的标准为：配煤前后挥发分相差不超过±0.7%，灰分相差不超过±0.3%，即配煤前单种煤的挥发分、灰分按加和性原则的计算值与配合煤挥发分、灰分的实测值比较，其差值分别不超过±0.7%和±0.3%。举例：某焦化厂在10天内抽样检查有关挥发分、灰分的数据如表3-4所示。

表 3-4　某焦化厂抽样检查有关挥发分、灰分的数据

	挥发分（Y）						灰分（X）					
配合煤实测值/%	29.17	30.17	30.47	30.90	30.19	30.66	9.16	8.98	9.11	8.93	8.84	8.58
	29.39	30.02	29.65	30.46	29.51	30.16	9.05	9.16	9.14	9.07	8.95	8.98
	32.99	30.21	30.36	29.90	30.79	29.17	8.84	9.10	9.68	9.40	9.10	9.06
	29.57	29.06					9.36	9.30				
配合煤计算值/%	29.37	29.88	30.03	30.18	29.83	29.81	9.21	8.99	8.97	9.25	9.07	9.03
	29.17	29.72	29.44	30.25	29.47	29.54	9.33	9.01	9.24	9.11	9.19	9.22
	30.04	29.23	29.69	29.75	29.70	28.50	8.95	9.31	9.51	9.46	9.41	9.34
	28.70	28.39					9.39	9.43				
计算值—实测值	0.2	0.29	0.44	0.72	0.36	0.85	0.05	0.01	0.14	0.32	0.23	0.45
	0.22	0.3	0.39	0.21	0.04	0.62	0.28	0.15	0.1	0.04	0.24	0.24
	2.95	0.98	0.67	0.24	1.09	0.67	0.11	0.21	0.17	0.06	0.31	0.28
	0.87	0.67					0.03	0.13				

挥发分超过$|0.7|$的试样数为 6 个，不合格率为 $P_Y = 0.3$；灰分超过$|0.3|$的试样数为 3 个，不合格率为 $P_X = 0.15$。

根据二项式分布定律，不合格率 P 的标准偏差为 $\sqrt{P(1-P)/n}$，灰分和挥发分的总体不合格率 P_X、P_Y 分别为：

$$P_X = 0.15 \pm 2\sqrt{0.15(1-0.15)/20} = 0.15 \pm 0.16$$

$$P_Y = 0.30 \pm 2\sqrt{0.30(1-0.30)/20} = 0.30 \pm 0.2$$

总体最大合格率为：

灰分 $P_X = 0.31$

挥发分 $P_Y = 0.50$

则该阶段的配煤准确系数为 $1-(0.31+0.50)=0.19$，所以该阶段的配煤准确性是不高的。

181. 如何用标准离差和 t 分布来评价配煤操作？

将表 3-4 中的数据作如下处理，如表 3-5 所示。

表 3-5　对表 3-4 中数据的处理

X_i	Y_i	X_i^2	Y_i^2	X_i	Y_i	X_i^2	Y_i^2
0.05	0.2	0.0025	0.04	0.24	0.62	0.0576	0.3844
0.01	0.29	0.0001	0.0841	0.11	2.95	0.0121	8.7025
0.14	0.44	0.0196	0.1936	0.21	0.98	0.0441	0.9604
0.32	0.72	0.1024	0.5184	0.17	0.67	0.0289	0.4489
0.23	0.36	0.0529	0.1296	0.06	0.24	0.0036	0.0576
0.45	0.85	0.2025	0.7225	0.31	1.09	0.0961	1.1881
0.28	0.22	0.0784	0.0484	0.28	0.67	0.0784	0.4489
0.15	0.30	0.0225	0.09	0.03	0.87	0.0009	0.7569
0.1	0.39	0.01	0.1521	0.13	0.67	0.0169	0.4489
0.04	0.21	0.0016	0.0441	3.55	12.78	0.889	3.5392
0.24	0.04	0.0576	0.0016				

对灰分而言：

$$\Sigma X_i = 3.55,\ \Sigma X_i^2 = 0.889,\ \overline{X} = 3.55/20 = 0.1775$$

$$\text{标准离差}\ \sigma_X = \sqrt{\frac{\Sigma(X_i - \overline{X})^2}{n-1}} = \sqrt{\frac{\Sigma X_i^2 - 1/n(\Sigma X_i)^2}{n-1}}$$

$$= \sqrt{\frac{0.889 - 3.55^2/20}{20-1}} = 0.11675 \tag{3-7}$$

根据 t 分布查表，$t(19, \alpha = 0.05) = 2.093$，则置信度为 95% 时，总体平均置信区间为：

$$\overline{X} \pm t\frac{\sigma_X}{\sqrt{n}} = 0.1775 \pm 2.093 \times \frac{0.11675}{\sqrt{20}}$$

$$= 0.1775 \pm 0.0546 \tag{3-8}$$

所以：

$$0.1229 < \mu_X < 0.2321$$

对挥发分而言：

$$\Sigma Y_i = 12.78, \Sigma Y_i^2 = 3.5392, \overline{Y} = 0.639$$

则：$\sigma_Y = \sqrt{\dfrac{3.5392 - 12.78^2/20}{20-1}} = \sqrt{\dfrac{3.5392 - 8.16641}{19}}$

$$= 0.4935$$

$$\overline{Y} \pm t\frac{\sigma_Y}{\sqrt{n}} = 0.639 \pm 2.093\frac{0.4935}{\sqrt{20}} = 0.639 \pm 0.231$$

$$0.408 < \mu_Y < 0.87$$

上述计算表明：配煤实际操作中，灰分的平均差值小于规定的0.3%，但挥发分的平均差值其上限大于规定的0.7%，总的来说，这种配煤操作不是很理想的。

182. 影响配煤准确性的因素有哪些？

影响配煤准确性的因素，我们可用下面的特性因素图来表示（图 3-13）。

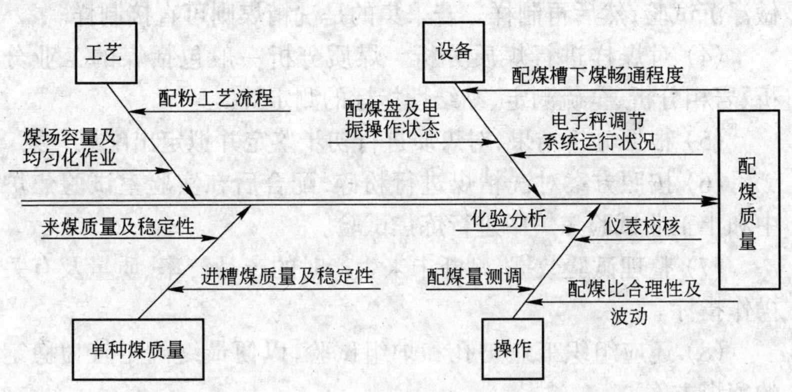

图 3-13　配煤特性因素图

上述因果图，有助于我们寻找配煤准确度不高乃至影响配煤质量的原因。

183. 为什么要进行配煤实验?

人们知道,并不是所有的煤都可以炼焦,也并不是多种煤随便混合就可以炼焦的。新建焦化厂要寻求供煤基地,并确定合理的配煤方案,同时新建煤矿为了试验其煤质情况,评定在配煤中的结焦性能,必须进行配煤试验。就是在已经生产的炼焦炉上,为提高焦炭质量,降低炼焦成本,扩大炼焦煤源,调整生产配煤方案,也需进行配煤试验。

配煤试验还是检验炼焦煤准备和炼焦工艺效果的基本手段。

184. 进行配煤试验的基本步骤和方法是什么?

进行配煤试验的基本步骤和方法是:

(1) 进行煤炭资源的调查。了解煤矿的设计文件、生产规划、采矿和洗选能力,落实煤炭资源情况。

(2) 根据炼焦煤资源情况,初步确定用煤方案。

(3) 制订采样计划。由煤矿采集的原煤煤样要先进行洗选并做浮沉试验,然后再制样。若采集的是洗精煤则可直接制样。

(4) 对煤样进行煤质分析。煤质分析一般包括煤的工业分析、岩相分析、全硫测定、黏结性指标的测定等。

(5) 根据分析结果,对煤质进行初步鉴定并拟定出配煤方案。

(6) 按照方案对洗精煤进行粉碎,配合后在实验室试验焦炉中和半工业试验焦炉中进行炼焦试验。

(7) 整理试验数据,判断未来生产时的产品产率、质量及有关操作指标。

(8) 还应组织工业炉孔和炉组试验,以便最终确定较为稳定的配煤方案。

185. 扩大炼焦配煤的基本途径有哪些?

我国炼焦煤分布不均匀,大部分地区高挥发分弱黏结性煤较多,若需要就地取材,往往品种不全。针对当地煤质特点,改进炼焦配煤技术措施,对煤炭资源的综合利用和我国炼焦工业的发展具有重要意义。

扩大炼焦配煤的基本途径主要有以下几个方面:

(1) 为了大量利用高挥发分弱黏煤,采用炉外干燥、预热、捣固的方法炼焦。对于岩相不均一的高挥发分弱黏煤,还可采用选择破碎的方法提高配比。

(2) 为了提高化学产品的产率,改善焦炭质量,制取特殊用焦,可以配入有机(或无机)添加物炼焦。

(3) 为了利用高硫煤炼焦,要事先脱硫或将煤中硫尽量转化为比较容易熔入高炉炉渣的硫化物,如炼制缚硫焦等。

186. 什么是炼焦煤的调湿技术?

装炉煤预先干燥,即为煤调湿技术,称为 Coal Moissture Control,简称 CMC。它有稳定焦炉操作、提高焦炭质量、降低炼焦耗热量等功效。其工艺效果主要体现在以下三个方面:

(1) 改善焦炭质量或增加高挥发分弱黏结性煤的配用量。干燥后的煤流动性提高,使装炉煤的密度增大而有利于黏结。装炉煤水分与散密度的关系见图 3-14,从图中可以看出,选择合适的水分,既可以增加入炉煤散装密度,又可以使干燥后的煤料不会产生污染。

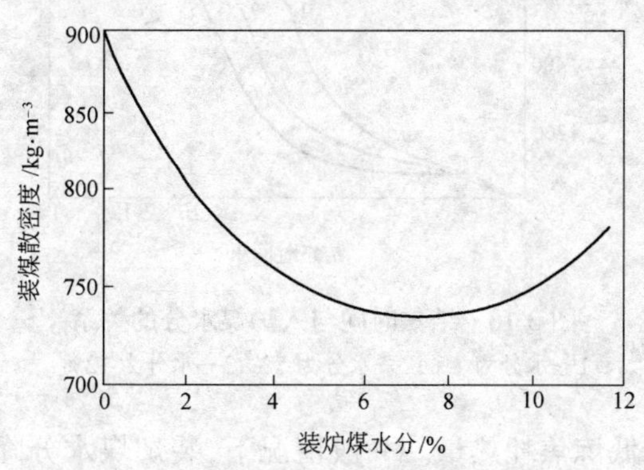

图 3-14 装煤散密度与装炉煤水分的关系

水分的降低，还使炭化室内各部位的散密度均匀化，有利于提高焦炭的机械强度，参见图 3-15。与常规工艺相比，采用煤干燥技术，可多配高挥发分弱黏煤 15% 左右，而获得相同的焦炭机械强度。

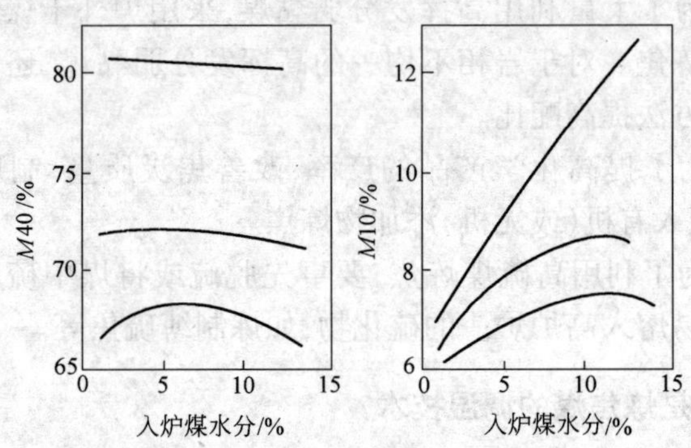

图 3-15　焦炭机械强度与入炉煤水分的关系

(2) 提高炼焦炉的生产能力。入炉煤水分的降低，可以提高炼焦速度，即缩短了结焦时间，参见图 3-16。

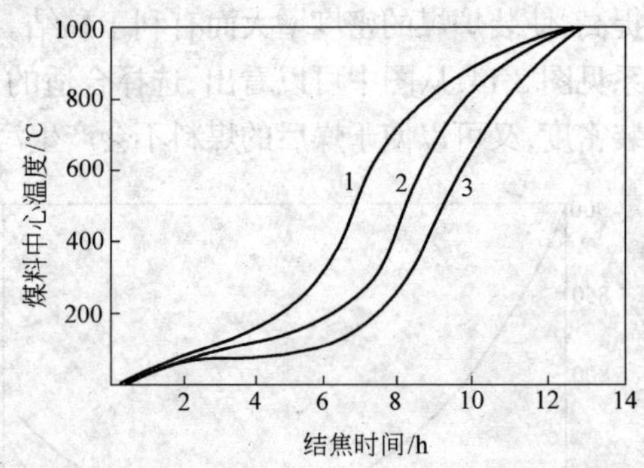

图 3-16　结焦时间与入炉煤水分的关系

1—水分为 1%；2—水分为 5%；3—水分为 12%

(3) 降低炼焦耗热量。一般情况下，装炉煤水分降低 1%（绝对值)，炼焦耗热量减少 60～100kJ/kg。

影响煤干燥工艺技术推广的主要原因是环境污染问题。目前，日本推行的煤轻度干燥工艺，称为煤调湿技术已获得良好的进展。

187．煤干燥的主要工艺有哪些？

煤干燥工艺是炼焦煤准备工艺的一个组成部分，所用设备主要包括煤干燥器、除尘装置和输送装置。有两种组合形式，一种是所用装置设置在炼焦配合煤粉碎之后，即对配合煤进行干燥处理；另一种是对单种煤进行干燥处理。由于在配合和粉碎过程中会产生大量粉尘逸散，所以一般不采用单种煤处理的工艺。

煤干燥工艺主要有以下三种：

(1) 直立管气流式干燥，如图 3-17 所示。

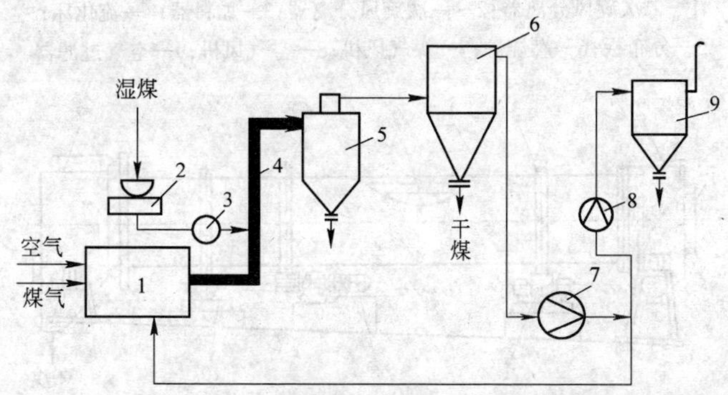

图 3-17　直立管气流式干燥工艺流程图

1—燃烧炉；2—加料器；3—分散器；4—直立式干燥管；5—旋风分离器；6—二次旋风分离器；7—循环风机；8—排风机；9—洗涤器

(2) 流化床煤干燥，如图 3-18 所示。

(3) 转筒式煤干燥，如图 3-19 所示。

188．什么是煤预热技术？

将煤预先加热到 150～250℃ 后再加到炼焦炉中炼焦的一种

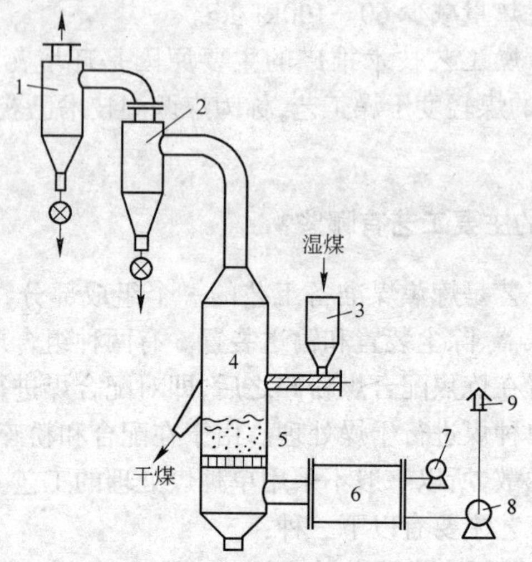

图 3-18　流化床煤干燥工艺

1—二次旋风分离器；2——次旋风分离器；3—加料器；4—流化床；
5—分布板；6—燃烧炉；7—煤气风机；8—空气风机；9—空气过滤器

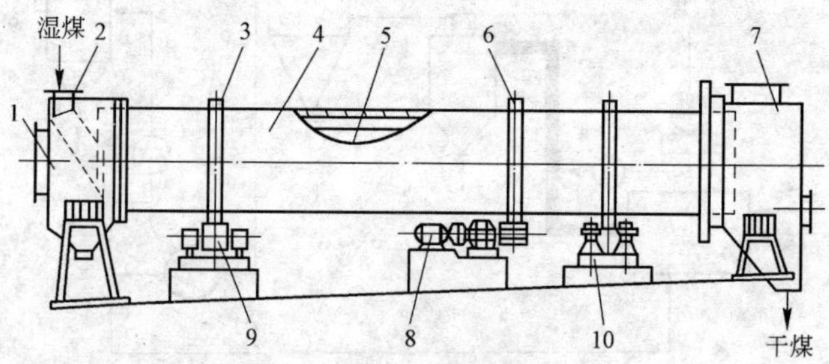

图 3-19　转筒式煤干燥工艺

1—进料箱；2—进料溜槽；3—滚圈；4—转筒；5—扬料板；
6—大齿轮；7—出料箱；8—电机；9—托轮；10—挡轮

煤准备的特殊技术，它有扩大炼焦煤源、改善焦炭质量、提高生产能力、降低炼焦耗热量等功效。

早在 20 世纪 20 年代，美国帕尔(S. M. Parr)等人就进行了煤预热工艺的试验研究，研究结果表明，炼出的焦炭强度大、密度高，其预热温度低于煤软化温度。1926 年考伯斯公司在美国芝加哥进行了大规模的煤预热炼焦试验，但由于预热处理能力小，装炉十分困难，直到50年代仍处于半工业试验阶段。50年代末，法国、美国、英国、德国、前苏联及中国等许多国家相继进行了大规模的煤预热工业生产技术的试验研究，并开发出能力很大的流态化快速预热器。我国研究者李恩业等人，1960年在太原钢铁公司焦化厂建成了生产能力为70t/h的双直立管气流式煤预热器，成功地处理了5000t装炉煤，炼出大约3500t焦炭。实验表明，与常规湿煤炼焦相比，多用20%～50%的大同弱黏煤。70年代以来，由于高炉冶炼对优质焦炭需求加剧，而优质炼焦煤短缺日趋严重，这就促进了煤预热技术的发展，相继出现了西姆卡法、普列卡邦法、考泰克法等工业生产技术。

70年代末期，美、英、法、日及前苏联共建成20多组工业生产装置，总设计生产能力为1500万t/a。80年代以后，由于美、英大幅度减少焦炭产量，加之煤预热出现了焦炉损坏较快等问题，许多预热装置已停止了生产。

尽管煤预热工艺具有显著的社会效益和经济效益，但由于种种原因，其发展缓慢乃至停止不前，但从合理利用资源、节约能源、提高效益的角度看还是应该有发展前途的。

189. 什么叫型煤，配型煤炼焦有何优越性?

以弱黏煤或不黏煤为原料，加入一定量的有机黏结剂混捏，成形后制成煤块，这种煤块即为型煤。按一定的比例和粉煤混装入炉炼焦，这种方法叫配型煤炼焦。

以配入比为30%为例，配型煤炼焦的主要优越性在于：

(1) 在配煤比相同的条件下，配型煤工艺所生产的焦炭与常规条件生产的焦炭比较，耐磨强度 $M10$ 可提高2%～3%，$M40$ 变化不大或稍有提高，JIS转鼓试验指标 DI_{15}^{150} 值可提高3%～4%。

(2) 在保证焦炭质量不降低的前提下，强黏结性炼焦煤的用量可减少10%～15%。

(3) 焦炭筛分组成有所改善。大于 80mm 级产率有所降低；80～25mm 级显著增加，一般可增加 5%～10%；小于 25mm 级变化不大，这就提高了焦炭粒度的均匀系数。

190. 配型煤的主要工艺有哪些？

配型煤工艺于 1960 年由日本新日铁公司八幡技术研究所完成工业试验，并于 1971 年在该公司生产焦炉上应用。20 世纪 70 年代中期，新日铁配型煤工艺在日本得到迅速发展。在此期间，日本住友金属工业公司和住友炼焦公司又开发出新的配型煤工艺。到 70 年代末期，在日本配型煤生产的焦炭已占该国焦炭总量的 40%。到 80 年代，中国、韩国等国也开始采用这项技术。

配型煤工艺主要有新日铁工艺和住友工艺，参见图 3-20 和图 3-21。

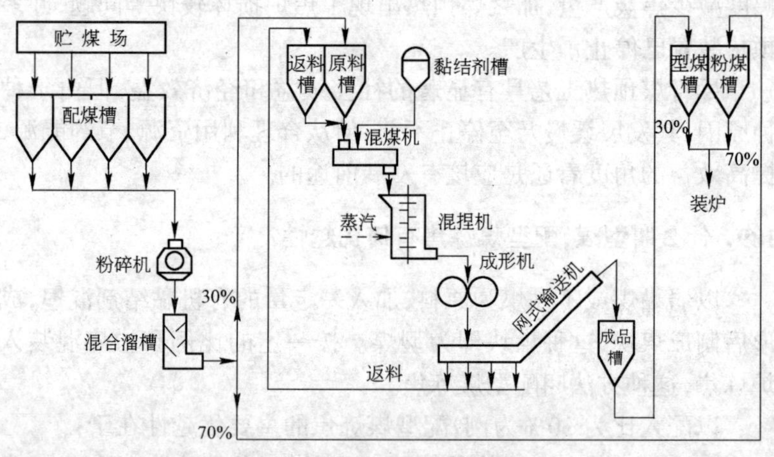

图 3-20 新日铁配型煤工艺流程

191. 何谓缚硫焦，炼制缚硫焦的基本原理是什么？

在炼焦过程中，煤中大部硫转入焦炭，当煤中含有较高的难于脱除的有机硫及细分散的无机硫时，难于炼制质量合格的焦炭。

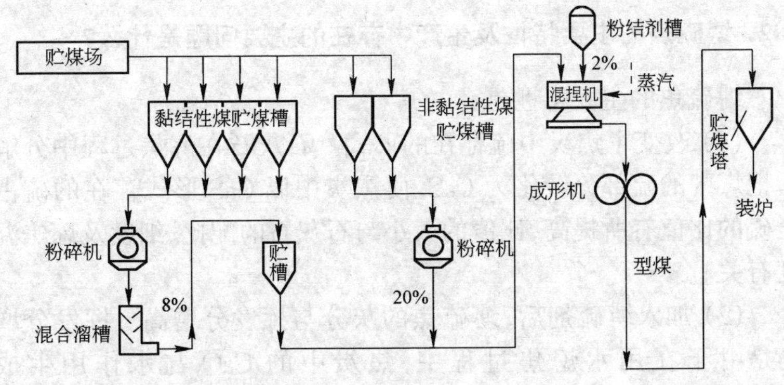

图 3-21　住友配型煤工艺流程

近年来,我国焦化工作者利用高硫煤加入缚硫剂进行炼焦,并用这种焦炭在小高炉上进行了较长时间的实验,取得了良好的效果,这种高硫煤加缚硫剂的配合煤炼出的焦炭即称为缚硫焦。

我们知道,在高炉冶炼过程中要加入石灰石作熔剂,若将粉状石灰石配入炼焦的高硫煤中,在炼焦条件下有较多的硫以 CaS 形式固定下来,在高炉冶炼过程中直接进入炉渣,以降低生铁含硫量。这样既满足高炉冶炼的要求,又拓宽了高硫煤的应用范围。

生石灰(CaO)和石灰石($CaCO_3$)都可用作缚硫剂。CaO 作缚硫剂时,在炼焦过程中,容易与本来可进入气相的硫化物生成 CaS,无形中增加了高炉冶炼的硫负荷。由于 CaO 的吸水性强,使之在贮存、配料、混合时有许多困难,因此国内外都倾向于用 $CaCO_3$作缚硫剂。

缚硫效果和焦炭强度是评价缚硫焦质量的两个主要指标,细粒石灰石起缚硫作用,又对黏结性煤料起瘦化作用,选择适宜的石灰石粉配入量则是十分重要的一环。

为使煤中的硫部分转化为 CaS,同时又不影响焦炭的强度,需将石灰石细粉碎到小于 0.2mm 的细度。

192. 缚硫焦的主要特性及生产中存在的主要问题是什么?

缚硫焦的主要特性是:

(1) 改变了焦炭中硫存在的形式。石灰石在炼焦过程中分解后把煤中的硫部分转化为 CaS,使焦炭中以 CaS 形式存在的硫占全硫的比值有所提高,比值的大小与石灰石的配比、细度及炼焦温度有关。

(2) 加入缚硫剂后,缚硫焦的灰分与挥发分增高。挥发分增高是由于在用水熄焦过程中,焦炭中的 CaO 与水作用生成 $Ca(OH)_2$,同时 CaO 还吸收空气中的 CO_2,生成的 $CaCO_3$ 和后来生成的 $CaCO_3$ 均可能部分分解,而且 $Ca(OH)_2$ 也要失水变成 CaO,这三者均影响焦炭失重,使缚硫焦的灰分和挥发分增高。

(3) 由于石灰石粉的分解和二氧化碳的还原反应导致结焦末期的升温速率减慢,因而减少了裂纹,增加了块度;另一方面由于煤气成分中氢含量的降低,一氧化碳含量增加,用这种煤气加热时,拉长了火焰,改善了焦饼高向加热的均匀性,从而改善并提高了焦炭质量。

主要存在的问题是:

(1) 由于缚硫焦中碱性氧化物 CaO 含量增加,可能会对含酸性氧化物较多的硅砖炉墙产生剥蚀作用。曾在试验室条件下进行过剥蚀实验,当煤料中 CaO 含量低于 24%(质量分数),温度在 1400℃以下时,没有发现对硅砖剥蚀作用;但当高于上述两个数值时,导致硅砖玻璃相大量生成,磷石英骨架破坏,使硅砖高温负荷性能降低,造成硅砖剥蚀严重。但在缚硫焦原料中 CaO 配入一般在 10%(质量分数)以下,炭化室炉温低于 1400℃,故认为缚硫焦对炉墙腐蚀无多大影响。但在生产条件下,硅砖长期受缚硫焦影响,尚无实践。

(2) 曾用含硫为 3%(质量分数)的缚硫焦和同一精煤炼制的高硫焦在小高炉上进行了炼铁试验,结果表明,高炉顺行时,缚硫焦炼铁,生铁含硫有较大幅度的下降,合格率提高,能耗有所降低,生铁质量基本得到保证，炉渣含硫高，流动性好。但这一工艺毕竟是一新课题，无论在理论上还是实践上都还存在尚待完善和研究的许多问题，有待逐步认识和解决。

193．焦炭按其用途分哪几种？

炼焦炉生产的焦炭，根据用户的需要一般分为：

(1) 冶金焦。高炉炼铁用冶金焦，约占焦炭总产量的 90% 以上，对焦炭质量要求最高。目前，我国大型高炉用焦炭为大于 40mm 的大块焦，中小型高炉用大于 25mm 的块焦，有些高炉也单独使用 25～40mm 块度的焦炭。

(2) 铸造用焦炭。铸造工业用焦炭主要用作化铁炉的燃料。为提高化铁炉的熔炼温度，要求焦炭块度大而均匀。我国铸造焦标准要求块度大于 60mm 以上。

(3) 铁合金冶炼用焦。铁合金用焦的性能要求主要由其生产工艺特性所决定，要求焦炭的比电阻及化学活性要好。由于它是用于电炉内，所以对其强度和耐磨性要求不高。

(4) 气化用焦。气化工业用焦多数用于制造发生炉煤气和水煤气。作为燃料气或合成氨的原料气，它要求焦炭有较好的反应性能，可以使用气孔率大、耐磨性差的小块焦。

(5) 电石生产用焦。焦炭在生产电石的电弧炉中作导电体和发热体，电石用焦加入电弧炉中，在电弧热和电阻热的高温作用下(1800～2200℃)，和石灰石发生复杂的反应，生成熔融状态的碳化钙，即电石。

(6) 其他用焦。主要用于冶炼有色金属和生产钙、镁、磷肥等。

194．何谓冶金焦，主要质量指标有哪些？

用于高炉炼铁的焦炭即为冶金焦。冶金焦炭的质量指标见表 3-6。

表 3-6　冶金焦技术条件(GB 1996—80)

种　类	灰分 A_g/%			硫分 S_Q^g/%			机械强度/% 抗碎强度			
	牌号Ⅰ 不大于	牌号Ⅱ	牌号Ⅲ	Ⅰ类	Ⅱ类	Ⅲ类	Ⅰ组 不小于	Ⅱ组 不小于	Ⅲ组 不小于	Ⅳ组 不小于
大块焦（大于 40mm）	12.00	12.01～13.5	13.51～15.00	0.60	0.61～0.80	0.81～1.00	80.0	76.0	72.0	65.0
大中块焦（大于 25mm）										
中块焦（25～40mm）										

种　类	机械强度/% 耐磨强度 $M10$				挥发分 V^T/% 不大于	水分 W_2/%	焦末含量/% 不大于
	Ⅰ组 不小于	Ⅱ组 不小于	Ⅲ组 不小于	Ⅳ组 不小于			
大块焦（大于 40mm）	8.0	9.0	10.0	11.0	1.9	4.0±1.0	4.0
大中块焦（大于 25mm）					1.9	5.0±2.0	5.0
中块焦（25～40mm）						不大于 12.0	12.0

195. 高炉生产的基本原理和过程是什么？

简要地了解高炉生产的基本过程，是了解焦炭在高炉冶炼中作用的前提和条件。高炉炉型及各部位强度与煤气组成如图3-22所示。

高炉系一中空竖炉，其炉型如图 3-22a 所示，由上至下分为

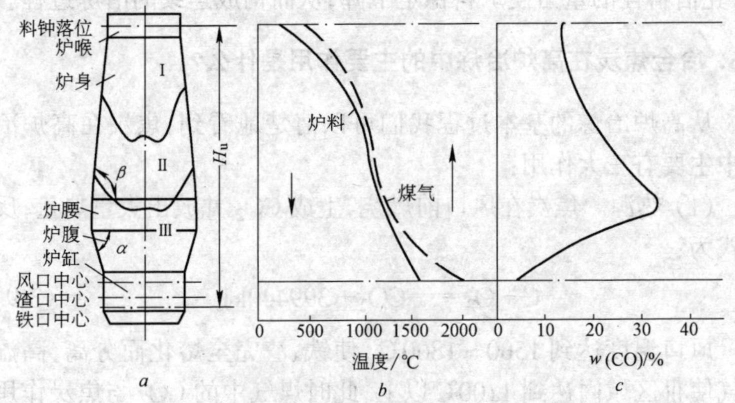

图 3-22　高炉炉型及各部位强度与煤气组成

a—炉型；*b*—高炉内强度沿高炉高度的变化；*c*—煤气中 CO 沿高度的变化；

Ⅰ—800℃以上的区域；Ⅱ—800～1100℃区域；Ⅲ—1100℃以上的区域

H_u—有效高度；α—炉腹角；β—炉身角

炉喉、炉身、炉腰、炉腹、炉缸 5 段。炉料铁矿石(天然矿、烧结矿、球团矿)、熔剂(石灰石或白云石)和焦炭从炉顶依次分批装入炉内，预热后的高温空气(或富氧空气)由风口鼓入，使焦炭在风口前的回旋区内激烈燃烧，燃烧产生的热量是高炉冶炼过程的主要热源，燃烧反应后生成的 CO 作为高炉冶炼过程的主要还原剂。

焦炭燃烧生成的高温煤气在上升过程中将热能传给炉料，并与下降的炉料焦炭发生吸热反应生成 CO 和 H_2，而 CO 和 H_2 则将铁矿石中的铁还原。因此，从下至上煤气的温度逐渐下降，煤气组成也逐渐变化，如图 3-22 所示。

炉料在下降过程中，经预热、脱水，矿石中的铁氧化物依次同 CO 发生间接还原反应，在下降过程中升温，渗碳而形成液态铁水。矿石中的脉石同熔剂相互作用而生成低熔点化合物——炉渣。铁水和炉渣在向下流动的过程中又相互作用，进行脱硫等反应，到炉缸下部，由于互不相容性和相对密度差异而分层，分别从渣口和铁口定期放出炉外。

焦炭在风口前的回旋区内不断燃烧，使高炉下部形成自由空间，凭借料柱的重力使炉料稳定下降，从而构成连续的冶炼过程。

196. 冶金焦炭在高炉冶炼中的主要作用是什么？

从高炉冶炼的基本过程我们可以清楚地看到，焦炭在高炉冶炼中主要有三大作用：

（1）热源。焦炭在风口前燃烧，生成 CO_2 并放出大量热量，反应式为：

$$C + O_2 = CO_2 + 399440kJ \tag{3-9}$$

风口温度达到 1500～1800℃，使铁、渣完全熔化而分离，高温煤气使Ⅲ区域内达到 1100℃以上，此时煤气中的 CO_2 与焦炭作用生成 CO 并吸收热量，才使Ⅲ区域温度降为 1100℃，并保证了下列反应的顺利进行：

$$C + CO_2 = 2CO - 165800kJ \tag{3-10}$$

（2）还原剂。在炉身上部，温度低于 800℃的Ⅰ区域内，过程的主要反应是间接还原反应：

$$3FeO_3 + CO = 2Fe_3O_4 + CO_2 + 37138kJ \tag{3-11}$$

$$Fe_3O_4 + CO = 3FeO + CO_2 - 20893kJ \tag{3-12}$$

$$FeO + CO = Fe + CO_2 + 13607kJ \tag{3-13}$$

在炉身下部，温度为 800～1100℃的Ⅱ区域内，同时存在铁的氧化物与碳之间的直接还原反应：

$$FeO + C = Fe + CO - 152200kJ \tag{3-14}$$

焦炭作为还原剂在高炉内所起的重要作用是不言而喻的。

（3）支撑物。在炉料不断下降及热煤气不断上升的相对运动中发生一系列传热传质过程，为使反应完全，要求参与炉内反应的物质相互均匀接触，为此炉料应分布均匀，透气性好，从炉喉到炉缸的整个途径中，只有焦炭保持固体状态，因此焦炭的大小、耐磨、抗碎强度及均匀程度将直接影响炉料透气性的好坏。当炉料透气性不好时，不仅高炉内反应过程恶化，而且气流阻力增大，使炉料向下的压力和煤气流向上的压力差减小，造成炉料下降缓慢，甚至挂料、崩料，使高炉操作不能顺行。

197. 冶金焦炭的质量指标对高炉生产的主要影响是什么？

焦炭是高炉冶炼中不可缺少的原料之一，几乎所有的高炉都使用焦炭作燃料，而且燃料全部从炉顶加入。近年来，由于喷吹燃料的使用，高炉内燃料的种类和入炉方式都有了变化，从风口喷吹的燃料已占全部燃料用量的10%～30%。

焦炭在高炉冶炼中所起的热源、还原剂、支撑物的三大作用，充分说明焦炭质量的好坏对高炉冶炼的技术经济指标起着举足轻重的作用。

(1) 灰分的影响。焦炭灰分是一种惰性物质，焦炭中固定碳和灰分的产率是互相对应的，互为消长。

焦炭中固定碳的高低，主要影响来自灰分，其他成分所占的比例是很小的。高炉冶炼要求固定碳产率应尽量的高，而灰分应尽量少，固定碳含量愈高，则发热量越大，产生的还原剂也愈多。生产实际表明，固定碳升高1%，则焦比降低2%。

焦炭中灰分使焦炭的耐磨强度降低，因为碳素质点和灰分质点具有不同的线膨胀系数，在高温条件下，灰分使焦炭增加裂纹，粉末增加，尤其是灰分分布不均匀时，影响尤为突出。另外焦炭灰分的主要成分是SiO_2和Al_2O_3，它们约占灰分总量的80%以上，灰分的增加，势必导致熔剂耗量的增加，渣量增加，焦比升高。通常生产经验证明，灰分增加1%，焦比升高2%，高炉产量降低3%。

(2) 硫分的影响。在正常冶炼条件下，高炉冶炼过程中的硫有80%是由焦炭带入的，因此降低焦炭含硫量是降低生铁含硫量的重要措施之一。

若焦炭中硫含量升高，则必须适当提高炉渣碱度以改善脱硫，造成熔剂用量增加，渣量变大，焦比升高。一般情况下，焦炭中硫含量升高1%(质量分数)，焦比增加1.2%～2.0%，高炉产量下降

2%。

(3) 挥发分的影响。挥发分本身对高炉冶炼无影响,但其含量的高低反映了焦炭的成熟程度,所以规定了挥发分不大于1.9。挥发分过高表示焦炭不成熟,或夹生焦较多,这种焦炭强度差,在高炉内易碎裂产生粉末,影响料柱透气性。挥发分过低则表明焦炭过大,这种焦炭也因裂纹多,对高炉操作不利。

(4) 水分的影响。高炉冶炼主要是要求焦炭水分稳定,通常为2%~7%(5%±2%),因为焦炭是按质量的大小入炉的,水分的波动势必引起干焦量的波动,而导致炉缸热制度的波动。

采用干法熄焦工艺,使焦炭含水很低,这对改善焦炭质量、稳定高炉操作将起着十分有益的作用。

198. 何谓铸造焦,它的质量指标是什么?

铸造焦是化铁炉熔铁专用焦炭,它也是冶金焦的一种,因所熔铁水供铸造铁件使用而得名。美、英等工业发达国家于20世纪初就开始进行铸造焦的生产。在我国,到1990年底已形成年产近百万吨铸造焦的生产能力,而且在配料技术、铸造焦质量等研究方面都取得了很大进展。

铸造焦的质量指标,世界许多国家都有自己的国家标准,我国制订的铸造焦国家标准参见表3-7。

表3-7 中国铸造焦国家标准

指 标	级 别		
	特 级	一 级	二 级
块度/mm	>80 80~60 >60		
水分 M_{ad}/%	≤5.0		
灰分 A_d/%	≤8.0	8.01~10.00	10.01~12.00
挥发分 V_{daf}/%	≤1.5		

续表 3-7

指　　标	级　别		
	特 级	一 级	二 级
硫分 S_{td}/%	≤0.60	≤0.80	≤0.80
转鼓强度 $M40$/%	≥85.0	≥81.0	≥77.0
落下强度 SI_4^{50}/%	≥92.0	≥88.0	≥84.0
显气孔率 P_S/%	≤40.0	≤45.0	≤45.0
碎焦率(＜40mm)/%	≤4.0		

199．铸造焦炭在化铁炉中起什么作用?

铸造焦炭是化铁炉熔铁的主要燃料,其主要作用是:熔化炉料并使铁水过热,支撑料柱并使其保证良好的透气性。装入化铁炉内的铸造焦分为底焦和层焦两部分,底焦的作用是燃烧产生热量,熔化金属并在铁水通过它时使铁水过热,由于这部分焦炭处于化铁炉的底部,它承载着整个料柱的静压力和加料时大块铁料的冲击力,因此要求焦炭具有一定抗碎强度。层焦是由上部与金属料层层相间加入炉内,用于补充底焦的消耗,每层加入量即为熔化一层铁料所消耗的底焦量。

化铁炉内炉料的分布、炉气的组成和炉内温度的变化见图 3-23。

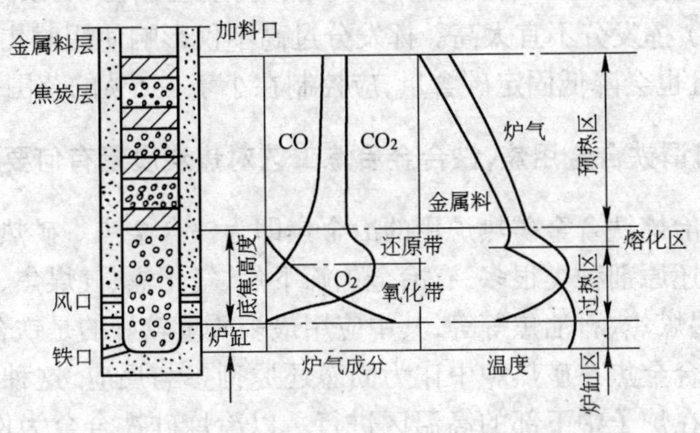

图 3-23　化铁炉内的炉料分布、炉气组成和温度变化

200. 化铁炉工艺要求铸造焦应具有何种特性?

根据化铁炉的工艺要求,铸造焦应具有下列特性:

(1) 块度大而均匀。为保证化铁炉内料柱的透气性良好,一般要求焦块粒度在60mm以上。铸造焦的块度还与化铁炉内径有关,生产能力大于10t/h,焦炭块度为内径的1/10~1/12,中小型化铁炉则要求焦炭块度为其内径的1/6~1/9。

(2) 具有足够的抗冲击破碎强度。为保持炉内的焦炭块度均匀和底焦的稳定,能够承受炉前运输过程中及入炉大铁块的冲撞,均要求焦炭具有一定的转鼓强度和落下强度,对保证铁水温度、提高化铁炉热效率有重要作用。

(3) 焦炭灰分低。铸造焦灰分升高,则焦炭发热量降低,将直接影响铁水温度。一般焦炭灰分下降1%,铁水温度提高10℃。

(4) 焦炭硫分低。焦炭的硫含量约有30%~70%进入熔化的铁水,尤其是炉料中废钢用量增加时,铁水增硫更多,直接影响铸件质量。化铁炉一般采用酸性炉衬,不能脱硫,因此要求焦炭含硫量低于0.8%(质量分数)。

(5) 水分适宜且稳定。水分过低,焦炭装入化铁炉时易着火,水分过高,则蒸发需带走大量热量。为防止化铁炉顶部着火,并使料批计量准确稳定,不影响化铁操作,要求焦炭水分控制在5%以内。

(6) 挥发分不宜太高。挥发分过高不仅影响使用时焦炭的强度,而且也会降低固定碳含量,应控制在小于1.5%的范围内。

201. 何谓铁合金用焦,铁合金冶炼工艺对焦炭质量有何要求?

供冶炼铁合金矿热炉用的冶金焦即为铁合金焦。矿热炉所用的焦炭还原剂种类很多,有冶金焦筛下焦、气化焦、气煤焦、弱黏煤块焦、褐煤焦、石油焦等等,其中应用最多质量较好的是铁合金焦。

铁合金焦在矿热炉中作为固态还原剂参与反应,这种还原反应主要在炉子中下部的高温区进行。以冶炼硅铁合金为例,其反应式为:

$$SiO_2(液)+2C(固)=Si(液)+2CO(气)$$

上述反应，焦炭中的固定碳不断消耗，主要以CO的形式从炉顶逸出。焦炭灰分中的Fe_2O_3、Al_2O_3、CaO、MgO和P_2O_5等，部分或大部分被还原出来，进入合金中，未参加反应的部分进入炉渣。焦炭中的S和Si生成SiS和SiS_2后挥发掉。生产硅铁合金对焦炭的质量要求最高，只要能满足硅铁合金生产要求的，一般也能满足其他铁合金生产的要求。

铁合金冶炼工艺对焦炭质量的主要要求是：固定碳含量高，灰分低，灰分中有害杂质Al_2O_3、P_2O_5等含量要少；焦炭反应性好；焦炭电阻率，尤其是高温电阻率要大；另外，焦炭挥发分要低，有适当的强度和适宜的块度，水分少而稳定。

选择合适的配煤原料及配比和炼焦炉操作的炭化温度，就能炼制出反应性好、电阻率大，满足铁合金用焦质量指标的铁合金用焦。

202. 在电弧炉中生产电石，焦炭质量指标对其有何影响？

在电弧炉中，生产电石的过程可用下列反应来表示：

$$CaO+C\xrightarrow{1800\sim2200℃}CaC_2+CO-46.52kJ$$

反应是在电弧热和电阻热的高温作用下进行的。焦炭的化学成分和粒度应符合下列要求：固定碳含量大于84%（质量分数）；灰分小于14%；挥发分小于2.0%；硫分小于1.5%（质量分数）；磷分小于0.04%（质量分数）；水分小于1.0%；其粒度根据电弧炉容量而定，参见表3-8，粒度的合格率要求在90%以上。

表3-8 电炉容量对焦炭粒级的要求

电炉容量/kVA	要求的焦炭粒级/mm
＜5000	3～12
5000～10000	3～15
10000～20000	3～18
＞20000	3～20

焦炭灰分对电弧炉生产和操作及产品质量的影响是很大的，主要表现在：

(1) 根据生产经验，炉料中每增加1%的灰分，要多消耗电能50～60kW·h。电石灰分的主要成分是Al_2O_3、SiO_2、Fe_2O_3、Na_2O和K_2O以及硫和磷的氧化物，在电弧炉内生成电石的同时，这些氧化物也被还原，不仅多消耗了能源，而且被还原后的杂质混入电石中，降低电石的质量。

(2) 灰分中熔融状态的氧化铝和二氧化硅黏度很大，易造成出料困难和沉积在炉底，恶化操作条件。

(3) 磷和硫在电弧炉中与石灰生成磷化钙和硫化钙而混入电石中，当用电石发生乙炔时，电石中的这些杂质产生磷化氢和硫化氢，磷化氢遇空气会自燃，能引起爆炸；硫化氢在燃烧时生成SO_2，而腐蚀金属设备和产生污染。

焦炭挥发分的分解和挥发，不仅增加耗热量，而且在反应区析出，容易引起喷料现象使下料困难，在开放式电炉中，则引起炉面火焰增高，使操作环境恶化。

若水分过大，则炉料中的石灰容易发生消化，不仅造成下料管堵塞，而且影响炉料的透气性。

203. 什么是焦炭的工业分析，其主要内容有哪些？

焦炭按照水分、灰分、挥发分、固定碳来测定其化学组成时，称之为焦炭的工业分析。其主要内容是：

(1) 水分。全水以符号 W 表示，湿法熄焦时，为充分熄焦，焦炭水分约为2%～6%，因喷水、沥水条件、焦炭块度不同而发生波动。干法熄焦时，由于贮存时吸收大气中的水分，焦炭水分也达到1%～1.5%。

(2) 灰分。焦炭灰分以 A 表示，焦炭灰分的主要成分是SiO_2、Al_2O_3等酸性氧化物，熔点高，只能用CaO等熔剂与之反应生成低熔点的化合物才能以炉渣的形式排出炉外。

我国高炉用焦炭灰分总的来说与其他国家比是偏高的，参见

表 3-9。

表 3-9　几个国家的焦炭与精煤灰分比较

国　别	中国			美国	前苏联	德国	法国	日本	英国
	Ⅰ级	Ⅱ级	Ⅲ级						
焦炭灰分/%	≤12.0	≤13.5	≤15.0	7.0	10.0	8.0	9.0	10.0	8.0
炼焦精煤灰分/%	<10/5			5.5~6.5	8.0~8.5	6.0~7.0	<7.0	6.6~8	

有关计算表明，若能将焦炭灰分由 14.5%降到 10.5%，以年产 7000 万 t 生铁的高炉计算，可以节省熔剂 227 万 t，焦炭 385 万 t，增产生铁 1015 万 t，还可大大降低铁路运输量。

焦炭灰分主要取决于洗精煤的灰分，各地要根据资源情况合理利用，进行综合技术经济分析而确定。

(3) 挥发分。挥发分以符号 V 来表示，它是代表焦炭是否成熟的标志。挥发分高表示有生焦，强度不好；过低，则表示焦炭过火，过火焦裂纹多易碎。焦炭挥发分与炼焦煤的煤化程度和炼焦温度有关，如图 3-24 和图 3-25 所示。

焦炭挥发分升高，推焦时的粉尘散发量显著增加，烟气量及烟气中的多环芳烃含量也增加。

(4) 固定碳。当焦炭去掉水分、灰分和挥发分后的剩余部分为固定碳。固定碳含量(%)用下式表示：

$$w(\text{C})(\text{固定碳})=100-(\text{水分}+\text{灰分}+\text{挥发分})$$

204. 什么是焦炭的耐磨强度和抗碎强度？

焦炭是内部结构不均一，并含有内部缺陷和裂纹的多孔体，如果用一般材料力学的检验方法来测定其强度，则难以从总体上反映焦炭的实际情况。过去由于我们对焦炭的破坏机理认识不足，认为焦炭在高炉内的破坏如同运输一样，是受摩擦力作用而磨损，

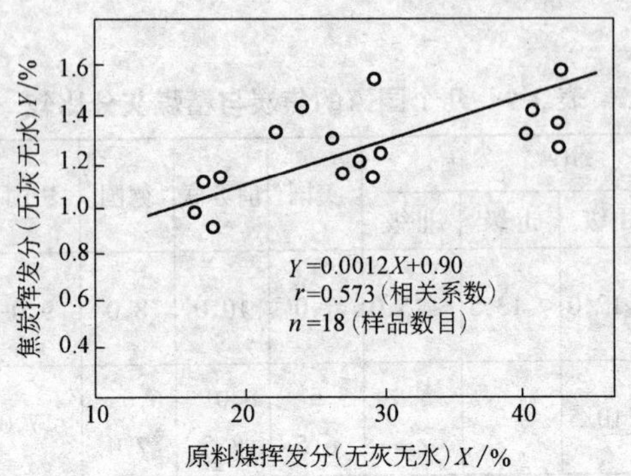

图 3-24 原料煤挥发分与焦炭挥发分的关系曲线

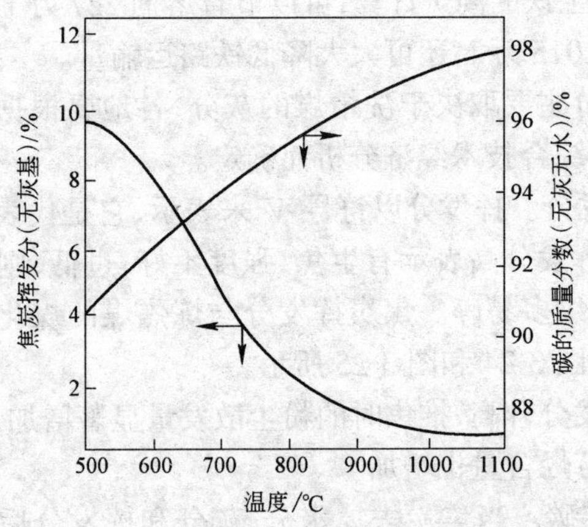

图 3-25 干馏温度与焦炭挥发分、碳的质量分数的关系曲线

受冲击力作用而破裂，因而采用在常温下的转鼓试验来评定焦炭的强度，由于操作简便，长期的实践经验，实用性也强，故一直沿用至今。

尽管世界各国的转鼓试验，其转鼓尺寸、鼓体构造、取样方法、试样粒级和质量、转鼓转速及转数、筛分和表达方式各有不同，但其有一个共同点，即都对焦炭施加摩擦力和冲击力的作用，当焦炭外表承受的摩擦力超过焦炭气孔壁强度时，则产生表面薄层分离现象，出现碎屑和粉末，焦炭抵抗这种破坏的能力称为耐磨强度。当焦炭承受冲击力时，则焦炭在裂纹处和缺陷处碎成小块，焦炭抵抗这种破坏的能力称为抗碎强度。

205. 如何测定焦炭的耐磨强度和抗碎强度?

目前，我国规定用小转鼓（即米贡转鼓）来测定焦炭的机械强度，其要点是：焦炭在转动的鼓内，不断地被提料板提起，然后再落在钢板上，在此过程中，焦炭和鼓壁、焦炭与焦炭相互产生撞击、摩擦的作用，使焦炭表面出现碎屑、粉末，并在裂纹处发生碎裂，大块变小块，从而测定焦炭的耐磨强度和抗碎强度。

小转鼓是由钢板制成的无穿心轴的密封圆筒转鼓，鼓壁厚度为6～8mm，鼓内径为1000mm，鼓内宽度为1000mm，鼓内壁上焊有4条100mm×50mm×10mm的角钢，相互成90°夹角。

试验时，取粒度大于60mm的焦炭试样50kg装入鼓内，以25r/min的转速转动100转，然后放出焦炭，用40mm和10mm的圆孔筛进行筛分，分别称量大于40mm和小于10mm的焦炭粒级的质量，其中：大于40mm的焦炭占入鼓焦炭的质量百分比，称为焦炭的抗碎强度指标，用*M*40表述。小于10mm粒级的焦炭占入鼓试样的质量百分比，作为焦炭的耐磨强度指标，用*M*10表述。

206. 什么是焦炭的反应性能?

作为燃料，焦炭在高炉冶炼、铸造化铁、制气等工业应用的过程中，都存在着与O_2、CO_2和水蒸气之间的化学反应：

$$C + O_2 = CO_2 \quad (3\text{-}15)$$

$$C + CO_2 = 2CO \quad (3\text{-}16)$$

$$C + H_2O = CO + H_2 \quad (3\text{-}17)$$

我们把焦炭与二氧化碳或水蒸气相作用的能力称为焦炭的反应性。上述这些反应对其生产过程有着不同的重要影响，所以不同用途的焦炭应具有不同的反应性能。

焦炭的反应性，通常是用焦炭和 CO_2 反应后气体中 CO 和 CO_2 百分浓度的函数 R、一氧化碳的生成速率、C（或 CO_2）的反应速率，以及反应一定时间后焦炭消耗量占焦炭试样的质量百分数来表示。

207．怎样测定焦炭的反应性能，这种反应性能对指导高炉生产有何意义？

我国目前测定焦炭反应性能的方法是鞍山热能研究所推荐的，其操作要点是：

取粒度为（20 ± 2）mm 的焦炭试样 200g，装入 ϕ80mm × 500mm 的不锈钢反应器中，在 1100℃ 的高温下，以 5L/min 的流量通入 CO_2 气体，经反应 2h，然后计算焦样质量损失百分数，作为焦炭反应性指标，即

$$R=\frac{G-G_1}{G}\times 100\% \tag{3-18}$$

式中 G——试样质量，g；

G_1——反应后剩余焦炭质量，g。

将反应后的焦炭通入氮气，冷却至常温，全部装入 ϕ130mm× 700mm 的 I 型转鼓内，以 20r/min 的速度转 30min，称量粒度大于 10mm 的焦块的质量，并计算其占入鼓时总质量的百分数，作为反应后的强度指标，即

$$D_R=\frac{G_2}{G_1}\times 100\% \tag{3-19}$$

式中 D_R——反应后强度，%；

G_1——入鼓时焦炭的总质量，g；

G_2——转鼓试验后，大于 10mm 粒级的焦炭质量，g。

该方法较好地模拟了高炉炼铁时焦炭的作用，测定焦炭与 CO_2 的反应性与高炉内焦炭所处的条件相似。试验结果表明，焦

炭的反应性与强度的相关性很好，反应性大则反应后焦炭强度低。而这种反应后强度与高炉内处于软融带的焦炭强度相一致，与高炉透气性有良好的相关关系。所以，用焦炭的反应性和反应后强度两项指标来评定焦炭在高炉内的动态更有现实意义和指导作用。

208. 我国炼焦炉发展分为几个阶段？

我国炼焦炉的发展是随着钢铁工业、化学工业的发展而发展起来的。炼焦炉是将煤料制成焦炭的大型工业炉组，由于炼焦生产能力和劳动生产率的不断提高，化学工业及环境保护技术的发展，焦炉的炉型也逐步得到改进和完善。

炼焦炉的发展大体分为 4 个阶段，即成堆干馏和窑式炉（即蜂窝焦炉）、倒焰炉、废热式焦炉、现代蓄热式焦炉。

最初的炼焦方式是煤的成堆干馏，此后又出现了窑式炉炼焦。这种炼焦方式靠干馏的煤气和一部分煤直接燃烧，将煤料加热，炼成焦炭，所以焦炭产率低、灰分高、成熟不均匀。

经过发展，出现了炼焦和加热完全分开的窑炉，干馏煤气可直接进入燃烧室中燃烧，间接加热煤料，这种窑炉即为倒焰炉，因煤未被直接燃烧，所以焦炭产率得到提高，灰分下降。

随着化学工业的发展，找到焦油的用途，便开始出现了废热式焦炉。这是一种无废热回收的焦炉，其特点是，煤气用抽气机吸出，经回收设备分离出焦油后，再压送到燃烧室燃烧，为保证发生一定的煤气量和稳定煤气成分，要求炭化室必须有一定的数量，并按顺序装煤、出焦，从而出现了炉组，燃烧产生的高温废气直接进入烟囱排走。

现代蓄热室焦炉，就是将燃烧室产生的高温废气，通过蓄热室去换热并加热燃烧用煤气和空气。由于废热的回收，大大提高了焦炉的热工效率。蓄热室焦炉所产生的焦炉煤气，用于自身加热只需 50% 左右，其余作为气体燃料，供其他方面使用。

由于高炉炼铁技术的发展，为满足焦炭质量的要求，特别是在引进国外先进技术的同时，结合我国实际，炼焦炉在筑炉材料、炉体结构、有效容积、装备技术和自动化水平等方面都有了显著的进展。

209. 什么是土法炼焦，土法炼焦有何危害？

把结焦和加热结合在一起进行的炼焦方式均为土法炼焦。比较典型的工艺有开滦式圆窑、萍乡式长窑，如图3-26和图3-27所示。

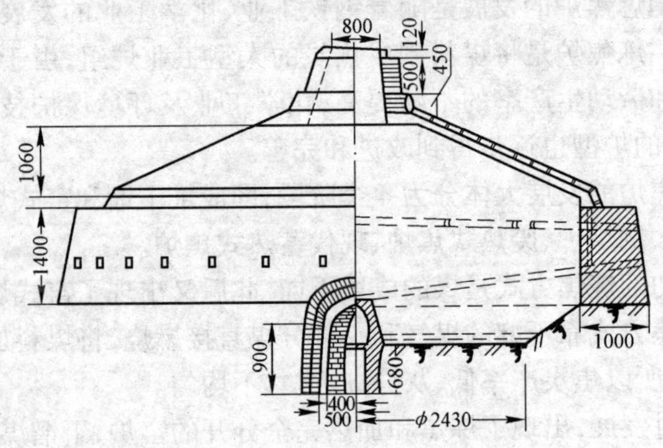

图3-26 开滦式圆窑

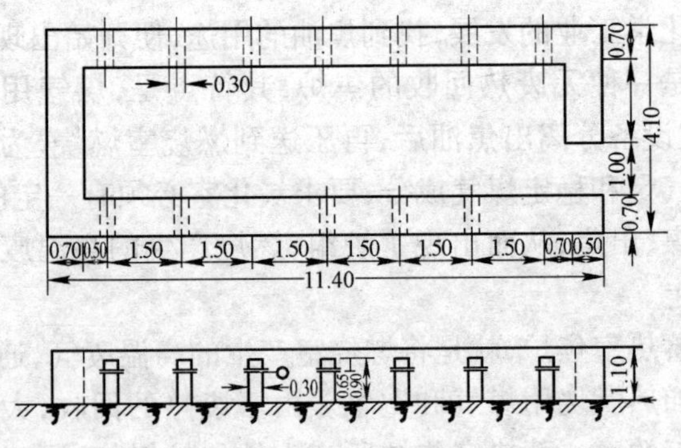

图3-27 萍乡式长窑

凡是在这种基础上进行改良，没有使结焦和加热分离的，都应划入土法炼焦的范围。采用土法炼焦的主要危害是：

(1) 焦炭产率低。土法炼焦的成焦率一般在50%左右，即2t煤炼1t焦炭，造成资源的浪费。

(2) 焦炭产品质量低。直接燃烧势必造成灰分增加，使煤中碳的利用率大为降低。

(3) 环境污染严重。敞开式直接燃烧将向大气中排放二氧化碳、硫化物和氮氧化物等，同时干馏时部分未燃烧的煤气也直接排入大气，造成严重的污染。

210．现代焦炉是怎样进行分类的？

现代焦炉的分类一般是按加热火道的组合方式、加热方式及加热煤气的引入方式等进行分类，详见表3-10。

表3-10 现代焦炉的分类及特点

分类	方式	主要特点
按加热火道组合方式分类	两分火道式	燃烧室火道按Mc、Kc侧分成两部分，一侧是上升气流，另一侧是下降气流，在立火道顶有一水平烟道相连
	双联式	燃烧室中每相邻火道联成一对，一个火道上升，另一个火道下降
	上跨式	炭化室两边燃烧室，一边上升气流，另一边下降气流
按加热方式分类	单热式	只能用一种煤气加热的焦炉
	复热式	可用两种煤气加热的焦炉
按加热煤气的引入方式分类	侧入式	焦炉煤气由焦炉两侧经水平砖煤气道进入燃烧室火道
	下喷式	焦炉煤气由炉下垂直砖煤气道进入燃烧室火道

211．现代焦炉炉体结构的发展应满足哪些要求？

现代焦炉发展应满足的基本要求是：

(1) 生产能力要与相关工业相适应，劳动生产率和设备利用率高。

(2) 焦炭质量好,要保证在整个结焦周期内焦饼成熟均匀,化学产品二次裂解少。

(3) 要努力实现环保型焦炉,改善劳动条件,提高自动化操作控制水平。

(4) 加热系统阻力小、热工效率高、能耗低。

(5) 炉体坚固、严密、炉龄长。

212. 焦炉炉体各部位的主要作用和结构是什么?

现代焦炉模型图如图 3-28 所示。

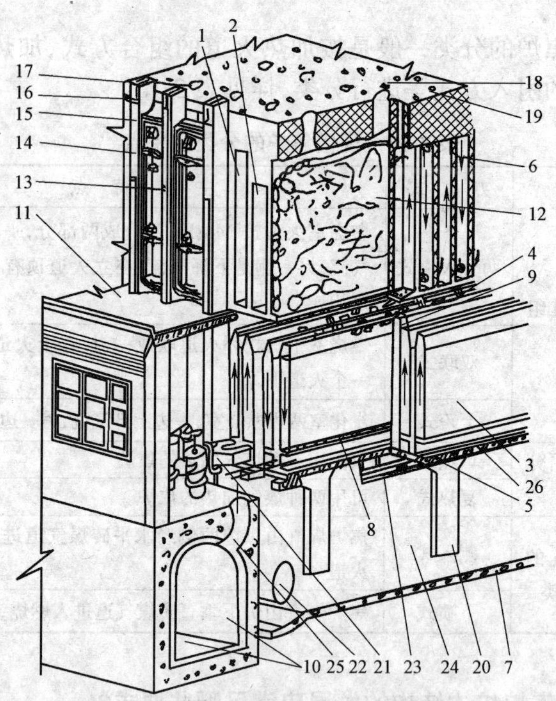

图 3-28 现代焦炉模型图

1—炭化室;2—燃烧室;3—蓄热室;4—斜道;5—小烟道;6—立火道;7—焦炉底板;8—箅子砖;9—砖煤气道;10—烟道;11—操作台;12—焦炭;13—炉门;14—炉门框;15—炉柱;16—炉柱板;17—上升管孔;18—装煤孔;19—看火孔;20—混凝土柱;21—废气开闭器、两叉部;22—高炉煤气管道;23—焦炉煤气管道;24—地下室;25—烟道弯管;26—焦炉顶板

炉体各部位的主要作用概述如下：

(1) 炭化室。炭化室是将煤炼成焦炭的部位，两端有炉门。

炭化室长度：一般大型焦炉为13～15m，全长减去两侧炉门衬砖伸入炭化室的长度后称炭化室有效长度。

炭化室高度：大中型焦炉为4～7m，炭化室全高减去平煤后顶部空间的高度后即为炭化室有效高度。

炭化室宽度：一般为400～500mm，为推焦顺利，焦侧宽度大于机侧宽度，两侧宽度之差为炭化室锥度，大型焦炉锥度为50mm，小型焦炉锥度为20mm。

(2) 燃烧室。燃烧室位于炭化室两侧，煤气和空气在这里混合燃烧加热，是焦炉温度最高区域。每座焦炉的燃烧室数比炭化室多一个，其长度与炭化室相同，燃烧室顶面标高低于炭化室顶面，两高度之差称为加热水平。

燃烧室由若干火道组成，一般大型焦炉的燃烧室火道数为26～32个，小型焦炉为12～16个。

双联火道带废气循环的焦炉，每对火道的隔墙上部有跨越孔，下部有废气循环孔。两分式焦炉在立火道上部有一水平烟道。

每个立火道内有空气和煤气斜道口并装有调节砖。侧入式焦炉火道底部有烧嘴，下喷式焦炉有垂直砖煤气道。

(3) 斜道区。燃烧室与蓄热室相连接的通道称为斜道区，是焦炉加热系统的重要部位，此处结构复杂，温度较高。

(4) 蓄热室。蓄热室是废气与空气（和高炉煤气）进行热交换的部位。在蓄热室里面装有格子砖，进行蓄热和放热，由于废气下降及空气（和高炉煤气）上升交替进行，使废气温度由1200℃左右降到400℃以下，而上升气流被预热到1000℃以上。

蓄热室由小烟道、箅子砖、格子砖、隔墙、封墙等组成。

(5) 炉顶区。炼焦炉炭化室盖顶砖以上的部位称为炉顶区，在该区有装煤孔、上升管孔、看火孔、烘炉孔、拉条沟等。

炼焦煤由装煤孔进入炭化室，上升管孔是连接上升管等排气系统的，双集气管焦炉每个炭化室有两个上升管孔，看火孔与燃烧室各火道相连通，通过看火孔进行炉温测量。烘炉孔只是在烘炉时使用，拉条沟是放置横拉条的砖砌沟槽。

(6) 焦炉基础平台、烟道与烟囱。焦炉基础平台位于焦炉地基之上，焦炉两端设有钢筋混凝土抵抗墙，墙上面有纵拉条孔，焦炉砌在基础平台上，依靠抵抗墙和纵拉条在纵向紧固炉体。机焦两侧下部设有分烟道，通过废气盘与各个小烟道相连，燃烧并经换热后的废气经分烟道至总烟道汇合，然后由烟囱排出。

213．怎样计算炼焦炉的生产能力？

炼焦炉组的生产能力可按下式进行计算：

$$\theta = \frac{NMBK \times 8760 \times 0.97}{C} \tag{3-20}$$

式中 θ——一个炉组生产全焦(干)的能力，t/a；

N——每座焦炉的炭化室孔数；

M——一个炉组的焦炉座数；

B——每孔炭化室装干煤量，t；

K——干煤全焦率，%；

8760——全年小时数，h/a；

0.97——减产系数；

C——周转时间，h。

计算举例：某焦化厂有2座42孔58-Ⅱ型焦炉，炭化平均宽度为450mm，有效容积为23.9m^3，湿焦含水为6%，周转时间为17h，全焦产率均77%，试计算年生产能力。

已知：$N=42$孔，$M=2$，$K=77\%$，$C=17$h，则$B=23.9\times0.75=17.9$t(0.75为装炉煤堆密度，t/m^3)。

将上述已知数代入，则

$$\theta = \frac{42\times2\times17.9\times0.77\times8760\times0.97}{17\times0.94} = 61.5633 \text{万 t/a}$$

214．炼焦炉的选型应考虑哪些问题？

炼焦炉的炉组和炉型的选择对于一定的生产能力可能有多种

方案，应进行可行性研究和综合技术经济指标的评价，最后得出结论。但在一般情况下，应考虑下列原则：

(1) 炭化室的容积应与生产能力相适应，使配置的机械能充分发挥其作业能力，一般不建设一个炉组仅一座焦炉的焦化厂。

(2) 炭化室宽度要根据建厂地区所采用的煤源性质加以选择。对于黏结性较差的煤料宜采用较窄的炭化室，以提高加热速度，改善黏结性；对黏结性较好的煤料宜采用较宽的炭化室，可改善焦炭块度，增加每台机械服务的炉孔数，增加单孔炭化室焦炭的产量。就相同的生产能力而言，较宽炭化室焦炉可减少出炉次数，减少对环境的污染。

(3) 焦化产品要与钢铁、化工、城市煤气等多部门、多用途综合平衡，生产所需的洗精煤量大，涉及煤的开采和洗选、交通运输可能提供的条件；此外所需的水、气、电及其辅助原材料的供应，在确定焦化厂规模、选定炉型时要综合考虑，以免影响投产后焦炉生产的稳定和均匀。

(4) 正确选择与装备水平、投资规模相对应的炉型，以便缩短建设周期，加快资金周转，提高企业效益。

(5) 坚决执行和贯彻我国环境保护方针，要根据当地建筑焦炉的实际情况，尽可能地采用技术可行、投资较低的环保措施，并要做到三个同时。

215. 炼焦炉的护炉铁件包括哪几个部分?

在焦炉砌体的外部，设置护炉铁件，对砌体施加一定的保护性压力，以保证焦炉砌体的完整性和严密性。护炉铁件包括保护板、炉门框、炉柱、大小弹簧、纵横拉条等，其装配如图 3-29 所示。

各种护炉铁件的主要作用是：

(1) 保护板镶护在燃烧室炉头外面，分大、中、小三种形式。大保护板是工字形的铸铁板，相邻两个保护板在炭化室中心处相接；中保护板是长方形铸铁板；小保护板是一块钢板，中心焊接有立筋。图 3-30 和图 3-31 为大、中保护板的装配示意图。

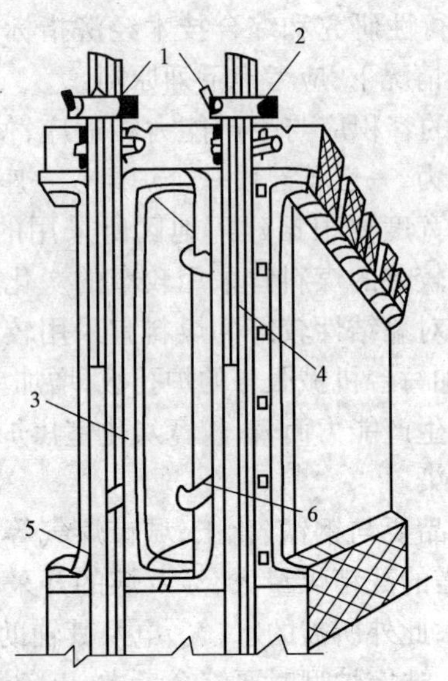

图 3-29 护炉铁件装配图

1—横拉条；2—弹簧；3—炉门框；4—炉柱；5—保护板；6—炉门挂钩

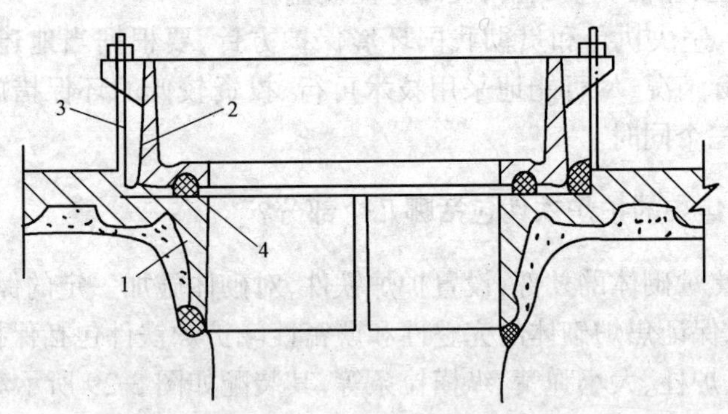

图 3-30 大保护板装配示意图

1—大保护板；2—炉门框；3—固定炉门框螺丝；4—石棉绳

保护板的作用是：保护炉头砌体不受损坏，同时通过它将弹簧经炉柱传递给砌体的压力分布在燃烧室炉肩砌体上。

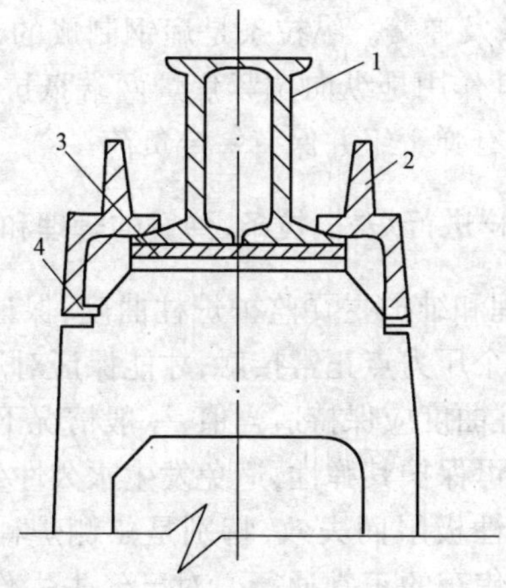

图 3-31　中保护板装配示意图

1—炉柱；2—炉门框；3 —中保护板；4—石棉绳

(2) 炉门框为周边带筋的长方形铸铁框，与保护板相配合，如图 3-30 和图 3-31 所示。不同的保护板，炉门框与其连接的方式不同。炉门框的主要作用是固定炉门，并与炉门相配合密封炭化室。

(3) 炉柱是用两根工字钢（或槽钢）制成的，是护炉铁件的重要部分。炉柱通过保护板和炉门框承受炉体的膨胀压力，依靠炉柱本身的应力和弹簧给炉体以保护性压力，使砌体或砖缝始终处于压缩状态，限制炉体伸长，保持砌体完整严密。炉柱还起架设机、焦侧操作台，支撑集气管和吸气弯管，作为拦焦车、装煤车滑线安装基础等作用。

(4) 横拉条和弹簧。炉柱安装在机、焦两侧保护板外面，由上、下横拉条将机、焦两侧炉柱拉紧，上部拉条的机侧和下部拉条的机、焦侧横拉条上均装有弹簧组，上部横拉条的焦侧因受推焦时的烧烤，故不设弹簧，炉柱沿高向装有若干小弹簧。拉条的作用是固定炉柱，而大小弹簧的作用是对炉体施加外力。大弹簧指示出炉体所受的总负荷，炉柱与保护板间的小弹簧指示出各点负荷的分布情况。

(5) 纵拉条及弹簧。纵拉条是扁钢制成的，一座焦炉有 5～6 根，设于炉顶，其作用是纵向拉紧焦炉两端抵抗墙，以控制焦炉纵向自由膨胀，装有弹簧组并保持一定负荷。

216．生产中怎样进行炉柱、拉条、弹簧的管理和调节？

炉柱的管理和维护主要监护炉柱曲度，保证炉柱应力在弹性范围内，要使各个压力点正常接触，才能保证对炉体施加一定的保护性压力。炉柱曲度应保持适当值，一般情况下不超过 25mm，较小的炉柱曲度，可保护其弹性，避免发生永久性变形。炉柱曲度过大，可能超过弹性极限而失效，特别是焦侧炉柱曲度超过一定值后，还会影响拦焦车的正常通行。对已经失去作用的炉柱要及时进行处理，采用电焊或火焰矫直、半根或整根更换等办法解决。在日常生产中，要按规定日期进行测量、调节，根据炉柱曲度、压力点的接触情况，及时松紧弹簧来进行调节。

横拉条主要承受两侧炉柱的拉应力，一般大型焦炉横拉条的材质为低碳钢，直径为 50mm，上部横拉条埋设在炉顶拉条沟内，应保持能够自由窜动。生产中，拉条的任一断面直径不得小于原始状态的 75%，拉条变细到一定程度就应更换，否则将失去对炉体的保护作用。生产过程中，上升管座及装煤孔附近炉顶温度最高，同时易窜漏、着火而烧坏拉条，除了经常维修炉顶这些部位外，最好在这些部位增设拉条保护装置。下部横拉条是短拉条，其一端是通过预留在焦炉基础平台梁上的孔使拉条与炉柱连接的，此处温度变化不大，负荷较为稳定。

纵拉条是沿焦炉纵向拉紧两端抵抗墙，以控制焦炉两侧的自由膨胀，在实际生产中要经常进行检查。在焦炉设计中，纵向留有一定的自由膨胀缝，在烘炉和生产中焦炉本体可吸收一定的膨胀值，但也必须施加一定的保护性压力，对保证一代炉龄的生产年限是有重要作用的。

焦炉用弹簧分为大、小两种，弹簧在最大工作负荷的范围内，负荷与压缩量呈正比，在烘炉和生产中，弹簧的负荷必须经常进行检查和调节。在安装前，要进行分组压缩试验，对弹簧组要进行大小弹簧的配套。弹簧在长期使用中有弹性疲劳现象发生，一经发现失效要立即更换，上部弹簧组应加保护套，防止火烤而加速疲劳失效。

217. 怎样用三线法测量和计算炉柱曲度？

在焦炉两端抵抗墙的机、焦两侧，分别在炉门上横铁、下横铁和箅子砖标高处，设置上、中、下三个测线架，将两端抵抗墙上同一标高的测线架分别安装三条直径为 1.0～1.5mm 的钢线，并用拉紧器(或重物)拉紧，三条线应在同一垂直平面上，然后测出从炉柱到钢线的水平距离，再计算出炉柱曲度，如图 3-32 所示。

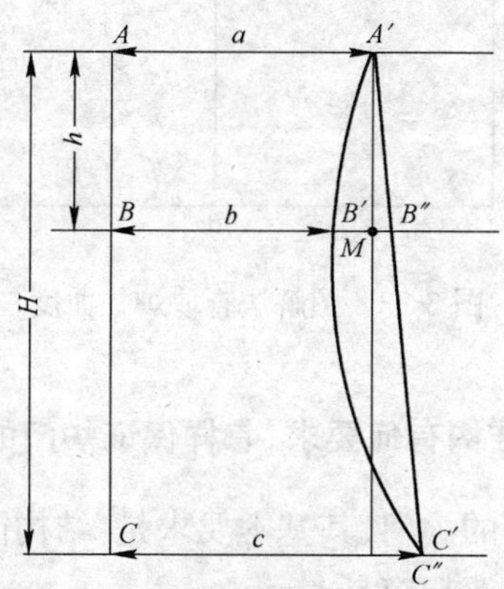

图 3-32　三线法测量炉柱曲度计算图

$A'B'C'$ 表示炉柱，三线所在的标高分别为 A、B、C 点，炉柱与三线的水平距离分别为 a、b、c，h 为上线与中线间的距离，H 为上线与下线间的距离

图中：$\triangle A'MB'' \backsim A'C''C'$，则：

$$MB''/C''C' = A'M/A'C''$$

已知：$A'M = AB = h$；$A'C'' = AC = H$；$C'C'' = c - a$

那么：$MB'' = h/H(c - a)$

又：$B'M = a - b$

所以：炉柱曲度 $W = B'M + MB'' = (a-b) + (c-a)h/H$

$$(3\text{-}21)$$

根据上述原理，生产现场常用下列图解法查取炉柱曲度（见图3-33）。在横坐标上使 $AB/AC = h/H$，确定 A、B、C 三点，过 A、B、C 三点作垂线，垂线长度以毫米数表示，若 $AA' = a$、$BB' = b$、$CC' = c$，连接 $A'C'$ 与 B 点的垂直线相交于 B'' 点，则 $B''B'$ 的长度即为炉柱曲度。

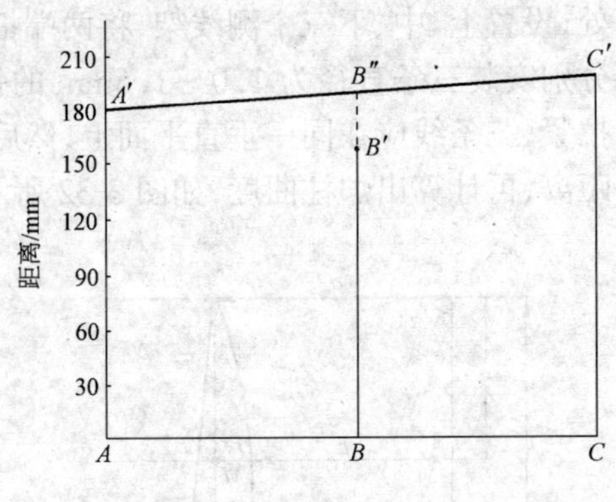

图 3-33　图解法查取炉柱曲度

218．对焦炉炉门结构有何要求，怎样保证炉门的严密性？

现代焦炉采用的炉门，其基本要求是：结构简单，密封严实，操作轻便，维护方便，清扫容易。

为保证炉门的严密性，防止炉门冒烟着火，应当采取的主要措施是：

(1) 炉门应定期进行检修，一般经 2～3 个月要循环检修一次。炉门修理站要设备完好，保证炉门修理的正常进行。

(2) 要保证炉门刀边完好，在推焦操作时，防止撞坏刀边，并认真清扫好刀边、炉门框和衬砖表面的焦油渣、焦粉及其他残物。

(3) 炉门衬砖应处于良好状态，以免造成局部过热，发生变形，破坏炉门的严密性。

(4) 加强管理，建立起严格的岗位经济责任制，严格考核。

(5) 大力推行炉门密封的改革。近年来，国内外对炉门结构、材质进行了大量的研究工作，为提高炉门的密封性和调节性而采用了敲打刀边、双刀边及气封炉门等方法，为操作方便而采用了弹簧门栓、气包式门栓、自重炉门等，均收到了良好的效果。

219. 焦炉加热设备包括哪几个部分？

焦炉加热设备主要包括煤气管系、废气盘和交换机。其作用是向炼焦炉输送和调节加热用煤气、空气及排出燃烧后的废气。现简要介绍如下：

(1) 加热煤气设备。大型焦炉一般为复热式焦炉，可以使用两种煤气加热，因而装备两套加热煤气系统。各种炉型的煤气管道布置系统基本相同，单热式焦炉只有一套加热系统。复热式焦炉煤气管道布置参见图 3-34。

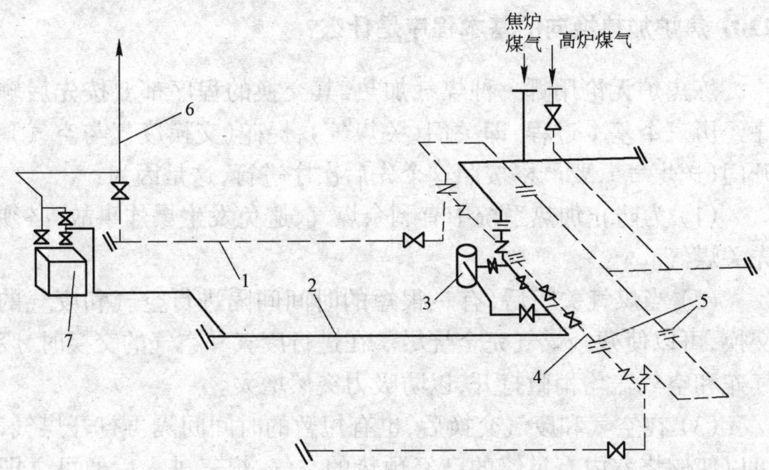

图 3-34　58 型(下喷式)焦炉的煤气管系

1—高炉煤气主管；2—焦炉煤气主管；3—煤气预热器；4—混合用焦炉煤气；5—孔板；6—放散管；7—水封

在加热煤气主管上，设有支管，通过调节旋塞、交换旋塞和小孔板等将煤气导入焦炉内。

(2) 废气设备。焦炉废气系统设备有废气盘、分烟道翻板及总烟道翻板。

废气盘又称换向开闭器，是既能控制焦炉供入的高炉煤气(或混合煤气)和空气，又能排出废气的装置，由交换系统带动废气盘的各部开关装置使焦炉加热进行交换。废气盘有多种形式，但大体可分为两种类型，一种是与交换旋塞相配合的提杆式双砣盘型；另一种是杠杆式交换砣型。

烟道翻板是用来调节和控制烟道吸力的设备，分为机焦侧分烟道翻板和总烟道翻板，在总烟道和分烟道上均设有测量温度和吸力的接点，机焦侧分烟道翻板与自动调节机构相联结以保持吸力规定值，稳定焦炉的加热制度。

(3) 交换机。交换设备是改变焦炉加热系统气体流动方向的动力设备和传动机构。

220. 焦炉加热换向的基本程序是什么?

炼焦炉无论用哪一种煤气加热，其交换的程序都要按先后顺序经历三个基本过程，即关门(关煤气)、提砣(交换废气与空气)、开门(送煤气)，要严格按照这个先后次序进行，这是因为：

(1) 为防止加热系统中有剩余煤气，避免发生爆炸事故，必须先关煤气。

(2) 当煤气关闭后，有一很短的时间间隔进行空气和废气的交换，可以使残余煤气完全烧尽。在进行废气和空气的交换时，废气砣和空气盖均稍微打开，以防吸力突然增大。

(3) 在空气和废气交换后，也有短暂的时间间隔再打开煤气，可以使燃烧室内有足够的已经预热的空气，煤气进入后便可立即燃烧。最后打开煤气，也是防止煤气在空气之前进入燃烧系统而发生爆炸的措施。

221. 荒煤气导出设备有哪些，其主要作用是什么？

荒煤气导出设备主要有：上升管、桥管、水封阀、集气管和吸气管。荒煤气导出设备的相关连接如图 3-35 所示。

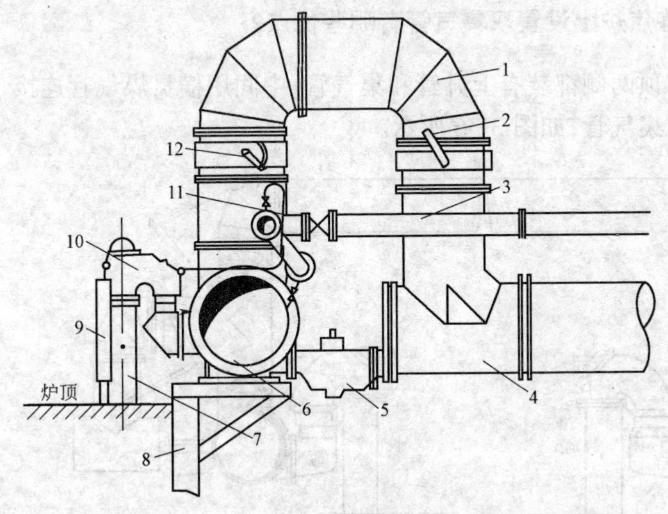

图 3-35　集气管与吸气管系统图

1—门形管；2—自动调节翻板；3—氨水总管；4—吸气管；5—焦油盒；6—集气管；7—上升管；8—炉柱；9—隔热板；10—桥管；11—氨水管；12—手动调节翻板

从炭化室炉顶空间来的 700℃左右的荒煤气经上升管进入桥管，在桥管处喷洒低压氨水，温度为 75℃左右，由于热氨水的蒸发，大量吸收荒煤气的显热，使荒煤气温度迅速降低到 80～100℃，并使 60%～70%的焦油冷凝下来，冷却后的煤气进入集气管，在集气管中进一步冷却，焦油和氨水经焦油盒进入吸气管，煤气经“Π”形管进入吸气管，吸气管下部为氨水和焦油的混合液，上部为煤气，它们一起流向冷凝鼓风系统。

由上述流程可知，荒煤气导出设备的主要作用是：

(1) 要保证顺利导出焦炉各炭化室内发生的荒煤气，控制合适稳定的集气管压力，既防止炉门的冒烟着火，又使各炭化室在结焦末期保持正压。

(2) 将高温的荒煤气进行冷却，保持 80～100℃ 的集气管温度，防止因温度过高而引起设备变形，恶化操作条件及增大回收负荷，同时也要使焦油和氨水保持良好的流动性，以便顺利排走。

222. 在炼焦炉上设置双集气管有哪些优点?

在炉顶两侧都装有上升管和集气管，中间用横贯煤气管连接，即称为双集气管，如图 3-36 所示。

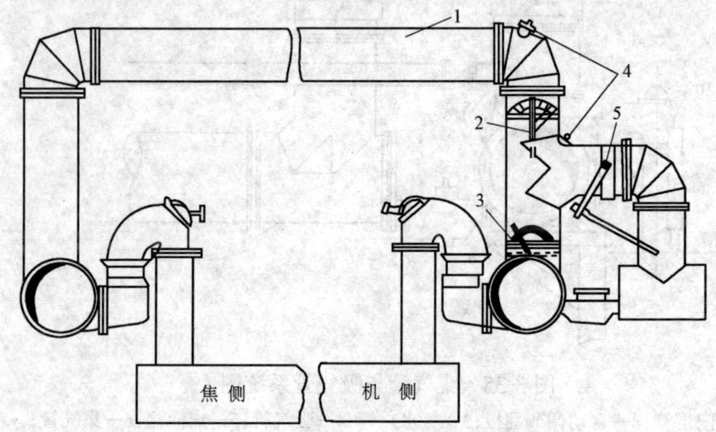

图 3-36 双集气管布置图

1—横贯管；2—焦侧手动调节翻板；3—机侧手动调节翻板；4—氨水喷嘴；5—自动调节翻板

采用双集气管焦炉的主要优点是：

(1) 煤气由两侧排出而汇于吸气管，降低了集气管内两端的压力，使全炉炭化室压力较为均匀。

(2) 装煤时炭化室压力低，易于实现无烟装煤。

(3) 有利于实现炉顶机械化作业，如扫炉盖等。

在实际操作中，机焦两侧集气管压力差有时控制不当，会造成部分荒煤气经炉顶空间倒流，使炉顶空间温度过低。

223. 焦炉机械包括哪些部分,各类焦化厂的焦炉机械配置如何?

焦炉机械包括装煤车、推焦车、拦焦车和熄焦车等,用以完成装煤、出焦等操作。近年来,随着炼焦生产的发展,焦炉机械逐步形成了适应生产需要,与大、中、小型焦炉及新工艺、环保技术相匹配的焦炉机械系列,机械化、自动化及计算机控制水平不断提高。

焦炉机械的配置,应满足生产规模的要求,保证炼焦炉按计划、均衡地完成生产任务。

各类不同规模的焦化厂焦炉机械的配置见表3-11。

表 3-11 不同规模焦化厂焦炉机械配置数量

规模/万 $t \cdot a^{-1}$	180	140	120	90	60	40	20
炉型	58型	大容积	58型	58型	58型	两分下喷	两分下喷
炭化室平均宽度/mm	407	40	450	407	450		
炉组/座×孔	4×65	4×36	4×42	2×65	2×42	4×32	2×32
装煤车	4	2	2	2	1	2	1
推焦车	4	2	2	2	1	2	1
拦焦车	4	2	2	2	1	2	1
拦焦车(备用)	2	1	1	2	1	1	1
熄焦车	2	2	2	2	1	2	1
熄焦车(备用)	2	1	1	1	1	1	1
电机车	2	2	2	2	1	2	
电机车(备用)	2	1	1	1	1		

224. 什么是推焦顺序,确定推焦顺序应考虑什么问题?

焦炉各个炭化室装煤、出焦的次序即为推焦顺序。确定推焦顺序应考虑的问题是:

(1) 当一个炭化室推焦时,与之相邻的两侧炭化室应处于结焦中间,即正处于膨胀阶段,有足够的膨胀压力,使炉墙不致因推焦时受压而发生变形,还可以减少出焦与装煤后两侧燃烧的温度波动，导致焦炉砌体的过冷过热而剥损。

(2) 沿炉组全长方向均匀推焦和装煤，使炉温均匀，集气管压力沿焦炉全长方向分布均匀，防止在结焦末期出现炭化室底部负压的现象。

(3) 尽量缩短机械的行程，提高车辆利用率，节省电力，降低能耗。

(4) 适当拉开出炉号与欲出炉号的距离，有利于改善工人的操作环境和维护条件。

225. 常用的推焦顺序有哪些，各有何种利弊？

我们设定推焦顺序的通用式为 $m—n$，其中 m 为一座或一组焦炉所有炭化室划分的组数即笺号两次推焦相隔的炭化室数；n 为相邻两趟笺间对应炭化室号相隔的数。

常用的推焦顺序有：9—2、5—2、2—1，三种顺序的比较见表 3-12。

表 3-12　三种推焦顺序的比较

特点 \ 推焦顺序	2—1	5—2	9—2
炉温均匀性	好	差	好
集气管压力分布均匀性	差	次之	好
车辆利用率	高	次之	低
操作维护条件	差	次之	好

我国大型焦炉多采用 9—2 顺序推焦，小型焦炉多采用 5—2 顺序推焦，宝钢 M 型焦炉实现一点停车时（即推焦车停车在一处不动同时实现取门、推焦、平煤）也采用 5—2 顺序推焦。

现举例如下：

按 9—2 顺序推焦时，为便于记忆，炭化室编号不带 0 号，如 10 号炭化室为 11 号，20 号为 21 号……，则 65 孔炭化室的炼焦炉，炭化室编号为 1—72 号，具体出炉顺序为：

1 号笼:1、11、21、31、41、51、61、71;

3 号笼:3、13、23、33、43、53、63;

5 号笼:5、15、25、35、45、55、65;

7 号笼:7、17、27、37、47、57、67;

9 号笼:9、19、29、39、49、59、69;

2 号笼:2、12、22、32、42、52、62、72;

4 号笼:4、14、24、34、44、54、64;

6 号笼:6、16、26、36、46、56、66;

8 号笼:8、18、28、38、48、58、68。

9—2 顺序推焦,一座焦炉共 9 组,车辆要走 9 个行程才能推完全炉。

226. 何谓周转时间、结焦时间、操作时间、检修时间等"时间"概念?

(1) 推焦时间:推焦杆头接触焦饼表面开始进行推焦的时间。

(2) 装煤时间:平煤杆伸入小炉门开始进行平煤操作的时间。

(3) 装煤操作时间:煤车打开闸板至平煤杆离开小炉门的时间间隔。

(4) 结焦时间:煤料结焦过程中在炭化室内停留的时间,即指由装煤时间至推焦时间的间隔。

(5) 操作时间:有单炉操作时间、全炉操作时间、分段检修时的每一段操作时间。

单炉操作时间:相邻(按推焦顺序)两炭化室从推焦(装煤)至推焦(装煤)的时间间隔,按目前焦炉的机械水平一般为 10min。

每一段操作时间:检修起来第一炉的推焦时间至即将检修出最后一炉的推焦时间间隔,即是在两次检修之间的一段所出炉数减少 1,再乘以单炉操作时间。

全焦操作时间:在一个周转时间内,各段操作时间之和。

(6) 炭化室处理时间:炭化室从推焦时间至装煤时间的间隔。大型焦炉一般为 4~5min,是不同于单独操作时间的。

(7) 周转时间：某一炭化室从推焦(装煤)至下一次推焦(装煤)的时间间隔。

对每个炭化室而言：

周转时间＝结焦时间＋炭化室处理时间

对整个炉组而言：

周转时间＝全炉操作时间＋检修时间

227．如何编制循环推焦计划表?

举例说明循环推焦计划如何编制。

已知 2×42 孔焦炉一组，共用一套车辆，周转时间为 18h，每炉操作时间 10min，则计算如下：

全炉操作时间为 2×42×10＝840min；检修时间为 18×60－840＝240min(4h)；分两段检修，每段 2h；分两段出炉，每段出 42 炉。

假如从某月 1 日的零点开始出炉，则推焦及检修计划排列如表 3-13 所示。

表 3-13 循环推焦及检修计划表

日 期	检修出炉时间及出炉孔数		
	头 班	白 班	中 班
1	~0:00 7:00~8:00 42 炉	16:00 ~9:00 42 炉	~18:00 24:00 36 炉
2	8:00 1:00~3:00 36 炉	10:00~12:00 16:00 36 炉	24:00 19:00~21:00 36 炉
3	4:00~6:00 8:00 36 炉	16:00 13:00~15:00 36 炉	22:00~24:00 36 炉
4	~0:00 7:00~8:00 42 炉	16:00 13:00~15:00 36 炉	22:00~24:00 36 炉

从表 3-13 可知，在上述给定条件下，大循环的天数为 3 天。也可用周转时间求取大循环的天数，即 24 与 18 的最小公倍数，即

$$
\begin{array}{r|ll}
6 & 24 & 18 \\
\hline
 & 4 & 3
\end{array}
$$

最小公倍数为 6×4×3=72h,即 3 天。

228. 如何编排每班推焦计划,如何处理非正常情况?

每班推焦计划的具体安排应根据循环检修计划及上一周转时间内各炭化室实际推焦、装煤时间而制定,编制时应保证每炉的结焦时间与规定的结焦时间之差不超过 ± 5min,并保证必要的操作时间,同时应考虑炉温及煤料情况,遇有乱笺号时应尽量加以调整。

按照循环检修推焦计划表 3-13,某些炭化室在前一周转时间内实际推焦、装煤时间如表 3-14 所示。规定结焦时间为 17:55 分(炭化室处理时间为 5min),51 号为乱笺号。

表 3-14 前一周转推焦计划(部分)

炭化室号	实际推焦时间(时:分)	实际装煤时间(时:分)
1	0:00	0:05
11	0:10	0:15
21	0:20	0:25
31	0:30	0:35
41	0:40	0:45
61	0:50	0:55
71	1:05	1:10
3	1:15	1:20
51	1:25	1:30

炭化室号	实际推焦时间(时:分)	实际装煤时间(时:分)	计划结焦时间(时:分)
1	18:00	18:05	17:55
11	18:10	18:15	17:55
21	18:20	18:25	17:55
31	18:30	18:35	17:55
41	18:40	18:45	17:55
61	18:50	18:55	17:55
71	19:05	19:15	17:55
51	19:15	19:20	17:45
3	19:25	19:30	18:06

在实际生产中，由于炉温、设备、操作等原因，往往会打乱推焦计划的正常编排，需要进行调整，使其尽量恢复循环检修时间计划或顺笺。出现下列几种情况时，应适当处理：

(1) 全炉或一个操作段所有炉号的提前和落后推焦，将使下一次计划结焦时间延长或缩短，可临时改变检修时间，逐渐恢复，延长或缩短检修时间不超过3炉操作时间。若需改变月循环检修计划表时，应由厂总工程师批准。

(2) 因故影响一部分炉号正常出炉的排推焦计划时，这部分炉号的计划结焦时间应按规定的最短结焦时间编排，计划推焦栏留空，以备作提笺处理，计划推焦时间一般只编排占用检修时间为3炉操作时间，其余排不上的炉号要排在检修后出炉。

(3) 若有个别炉号乱笺，应在不大于5个周转时间内恢复正常。被调整的乱笺号的结焦时间应符合最短结焦时间的规定，其他炭化室的结焦时间尽可能符合±5min的要求。乱笺的调整，一是向前提，将乱笺号向前提1～2炉，逐渐达到串序中的原来位置；二是向后丢，即延长乱笺号的结焦时间，逐渐调整至原来位置，延长结焦时间不应超过规定结焦时间的25%，当扔到相邻炭化室附近时，与相邻炉号的计划推焦时间要相差1h以上。

不论是全炉和个别炉号的调整，应尽量保证最短结焦时间与周转时间相差在15min以内，应注意焦炭的成熟情况，避免高低温事故的发生。

229. 推焦装煤操作的主要步骤是什么？

焦炉炭化室推焦装煤的主要步骤是：

(1) 推焦前，按计划炉号提前20～30min打开上升管盖，同时关闭桥管水封翻板，缓缓打开远离上升管的炉盖。

(2) 推焦前10min打开出焦号全部炉盖，检查装煤孔是否有堵眼现象。

(3) 推焦前5min内摘下机、焦两侧炉门，认真进行清扫工作。

(4) 推焦前四大车应均做好一切准备工作，按规定各就其位。

(5) 按计划推焦时间准时推焦(±5min之内)。

(6) 推焦后,推焦杆立即退回原位,若炭化室底中遗留较多焦炭,应再推一次。

(7) 在整个推焦过程中,各岗位要统一指挥,配合默契,炭化室打开时间不超过7min,瓦工补炉时也不宜超过10min,焦饼推出至装煤开始的空炉时间不超过8min,烧空炉时也不宜超过15min。

(8) 装煤前,煤车应从煤塔取煤并做好一切准备工作。

(9) 煤车司机应得到准确指令后,才能开始向炭化室内装煤。

(10) 煤车煤斗与装煤孔完全对正,闸套严密落在装煤孔上,炉盖工迅速关闭上升管盖,同时打开水封翻板和高压氨水(装完煤后切记关闭高压氨水)。

(11) 装煤完毕,炉盖工应立即将装煤孔剩余煤料扫入炉内,盖好炉盖并保证严密。

(12) 炉顶空间已平通时,炉顶班长通知推焦司机可停止平煤,平煤杆退出炭化室,落下小炉门,压紧密封。

(13) 平煤时带出的余煤,收集在推焦车的煤斗内,用提升机送到煤塔旁专用煤槽里,然后再放入装煤车中,带出的余煤应单独计量。

230. 熄焦筛焦操作的主要步骤有哪些?

在熄焦和筛焦过程中,正确的操作可改善焦炭质量,以满足各用户的需要。

熄焦与筛焦操作的主要步骤是:

(1) 接完红焦的消火车应迅速驶向熄焦塔,快到熄焦塔时应减速慢行,熄焦操作应自动化。消火时间一般为80~120s。

(2) 消火车离开熄焦塔应控水1min,控水后,将车开至凉焦台,打开放焦闸门,卸下焦炭。焦台凉焦时间不少于20min。

(3) 熄焦装置应处于良好状态,喷洒水管、沉淀池、清水池、泵头、捕尘装置等设备应经常清扫。

(4) 保持焦炭水分在(4.0±1)%,并努力提高焦炭水分均匀系数，其可用下式计算：

$$K_{水分}=(N-M)/N\times100\% \tag{3-22}$$

式中 $K_{水分}$——水分均匀系数，%；

N——焦炭水分分析次数；

M——焦炭水分超3%～5%的不合格数。

(5) 由焦台往胶带运输机上放焦应均匀，焦层厚度不应超过300mm，使运输带负荷均匀无红焦，并保证焦炭均匀进入辊筛或振动筛。

(6) 筛焦设备正常运转，充分利用，保证均衡生产。

(7) 块焦仓内的焦炭应经常保持在三分之一以上的存量，减少焦炭摔碎。

(8) 焦炭装罐时，每罐重与规定差不超过±200kg。

(9) 运焦系统各设备及各胶带运输机均设有联系信号及联销装置。

(10) 送焦操作严禁同一熄焦车箱内同接两炉焦炭；往皮带上放红焦；带负荷起动及超负荷运输；熄焦设备不能运转时继续推焦；两系焦台同时往一台辊筛上运焦。

(11) 送焦系统若遇特殊操作或事故状态应按技术规程规定进行处理，以免事态扩大影响焦炉生产。

231. 怎样计算各推焦系数，推焦系数对生产有何指导意义？

在实际生产中，对推焦操作总的要求是安全、准点、稳推。一般用三个系数对推焦操作进行评定：

(1) 推焦计划系数 K_1，计算公式为：

$$K_1=\frac{M-A_1}{M} \tag{3-23}$$

式中 M——本班计划推焦炉数；

A_1——计划与规定结焦时间相差±5min以上的炉数。

(2) 推焦执行系数 K_2，计算公式为：

$$K_2=(N-A_2)/M \tag{3-24}$$

式中　N——本班实际推焦炉数；

A_2——实际推焦时间与计划推焦时间相差 ± 5min 以上的炉数；

M——本班计划推焦炉数。

(3) 推焦总系数 K_3，计算公式为：

$$K_3 = K_1 K_2 \tag{3-25}$$

这些系数用以评定焦炉生产操作的总体情况。

K_1 反映由于炉温、机械等原因，在编制推焦计划时，某些炭化室号缩短或延长结焦时间的情况，主要反映前一周转的装煤时间是否正常。

K_2 反映完成推焦计划的情况，K_2 的降低又将影响下一个周转的 K_1。

K_3 反映焦炉生产总情况，其中包括炼焦及其相关生产设备运转状况、生产管理水平、人员素质水平等，一般要求此系数在0.9以上。

232. 什么叫焦饼难推，难推的主要原因可能有哪些？

当焦饼成熟时焦饼与炉墙有 10～15mm 以上的收缩缝。推焦操作时，推焦杆头应轻贴焦饼正面，开始推焦速度要慢，以免把机侧焦饼撞碎，推焦杆刚启动时，焦炭首先被压缩，推焦阻力达到最大值，即推焦电流达最大，焦饼移动后，阻力逐渐降低。在整个推焦过程中，阻力是变化的，阻力的大小反映在推焦电流上，当推焦电流超过规定的极限值时，焦饼移动困难或根本无法推动，这种现象即为焦饼难推。

发生焦饼难推的主要原因可能是：

(1) 加热炉温不当或不均匀，温度低，焦饼收缩不够而增大焦饼的摩擦阻力。

(2) 炉温高，焦炭过火而变碎，推焦时易发生挤住现象。

(3) 炭化室顶部和炉墙石墨沉积过厚。

(4) 炉墙变形,焦侧炉头损坏不平。

(5) 炉门框变形而夹住,推焦杆变形。

(6) 平煤操作不当而发生堵装煤孔现象。

(7) 配煤操作不当或配煤比不适,原料煤收缩值过小。

到底何种原因引起焦饼难推,要视具体情况分析而定,并及时采取有效措施加以防止。

233. 焦炉操作中有哪些特殊情况?

焦炉的出炉操作是连续的,是各车各岗位相互配合、共同完成的生产作业。但在作业中难免出现一些特殊情况,主要有以下几方面:

(1) 焦炉停止加热。因某种原因焦炉停止加热,则炉温迅速降低,若继续推焦和装煤则炉温加速下降,严重威胁炉体安全,应根据实际情况停止出炉。

(2) 鼓风机故障,停止抽荒煤气,短时间不能恢复正常。应停止出炉,加热系统、荒煤气集气管系统按规程处理。

(3) 焦炉某一机械发生故障不能正常出炉时,应立即组织抢修,采取措施尽量减少丢炉。

(4) 正在操作中发生停电事故,各车应按停电规程规定正确操作。

(5) 遇有煤塔着火、地下室发生火灾、红焦落地、平煤杆或推焦杆扔在炉内、炉门倒落等,均应立即组织有关部门和人员进行抢修处理。

234. 绝对温度和摄氏温度有何关系?

温度用来表示物体内部分子运动的状况,即冷热程度的标志,一般采用百分温标的度数,即摄氏温度(℃)表示。这种温标在标准大气压下以冰的溶点作为0℃,以纯水的沸点作为100℃来表示。

在计算中常使用绝对温度(K),它与摄氏温度的关系为:

$$绝对温度(K)=273+摄氏温度$$

235. 焦炉调火中常测的吸力与正压有何区别?

垂直作用单位面积(F)上的力称为压力强度,简称压强,但习惯上多称压力。压力的测量多使用压力表,压力表所显示的读数并非压力的实际值,而是表内的压力比大气压高的数值,若表内外压力相等,则表示值为零。压力的实际数值称为绝对压力,表压与绝对压力的关系为:

$$表压力=绝对压力-同一水平高度的大气压$$

设大气压力为 P',通道内气体的压力为 P,则 $P-P'=a$,$a>0$ 为正压,$a<0$ 为负压,负压即为吸力。

真空度表上的读数是所测压力比大气压力低多少,称为真空度,真空度与绝对压力的关系为:

$$真空度=大气压力-绝对压力$$

236. 焦炉流体在通道中流动的流量与流速有何区别?

焦炉流体在通道中流动时,流量和流速均是计量流体流动快慢的两个量,这两个量的概念是不相同的。

流量:表示流体在单位时间内通过管内任一断面的体积,又称体积流量,用符号 U 表示,单位为 m^3/s 或 m^3/h。在单位时间内通过管内任一断面的流体质量,称为质量流量,用符号 G 表示,单位为 kg/s 或 kg/h。质量流量与体积流量的关系为:

$$G=U\cdot r \tag{3-26}$$

式中 r——流体的密度,kg/m^3。

流速表示流体在管路中单位时间内流经的距离,用符号 W 表示,单位为 m/s 或 km/h。流速与体积流量的关系为:

$$W=U/F \tag{3-27}$$

式中 F——与流体运动方向垂直的管路横截面面积,m^2。

237. 什么是气体的标准状况，标准状况下的气体密度是怎样计算的？

国际公认并确定，气体的标准状况是指气体处于温度为0℃、压力为101.3kPa的条件下。

对于理想气体，在标准状况下，每千摩尔的气体体积为22.4m^3，因此其密度的表达式为：

$$\rho = M/22.4 \tag{3-28}$$

因为理想气体的体积与绝对温度成正比，与压力成反比，则理想气体密度可表示为：

$$\rho = m/V = nM/V = pM/RT \tag{3-29}$$

式中 M——气体分子量，kg/kmol；

m——气体质量，kg；

V——气体体积，m^3；

n——气体物质量，kmol；

p——气体压力，kPa；

T——气体绝对温度，K；

R——气体常数，等于8.314kJ/(kmol·K)。

在工业上常用的是混合气体，混合气体的密度可用加权法计算：

$$\rho_{混} = (\rho_1 a_1 + \rho_2 a_2 + \cdots + \rho_n a_n) \times 0.01 \tag{3-30}$$

式中 $\rho_{混}$——混中气体的密度，kg/m^3；

ρ_1、ρ_2、…、ρ_n——各成分独立存在时的密度，kg/m^3；

a_1、a_2、…、a_n——各成分在混合气体中所占体积分数。

那么，标准状况下气体的密度 $\rho_{0混}$ 与实际状况下气体的密度 $\rho_{实混}$ 有如下关系：

$$\rho_{实混} = \frac{\rho T_t}{\rho_0 T}\rho_{0混} \tag{3-31}$$

举例如下：焦炉烟道废气的组成（体积分数）为$CO_2$13%、

H_2O11%、$N_2$76%，温度为240℃，压强为98.0kPa，试求该混合气体的密度。

因：$\rho_{0混} = \rho_{01}a_1 + \rho_{02}a_2 + \rho_{03}a_3$

$= 44/22.4 \times 0.13 + 18/22.4 \times 0.11 + 28/22.4 \times 0.76$

$= 1.295\text{kg/m}^3$

故：$\rho_{实混} = \dfrac{\rho \cdot T_0}{\rho_0 \cdot T}\rho_{0混}$

$= 98 \times 273/[101.3 \times (273 + 240)] \times 1.295$

$= 0.667\text{kg/m}^3$

即：该混合气体的实际密度为0.667kg/m^3。

238. 气体的浮力是怎样产生的，怎样计算？

我们来观察如图3-37和图3-38所示的现象。

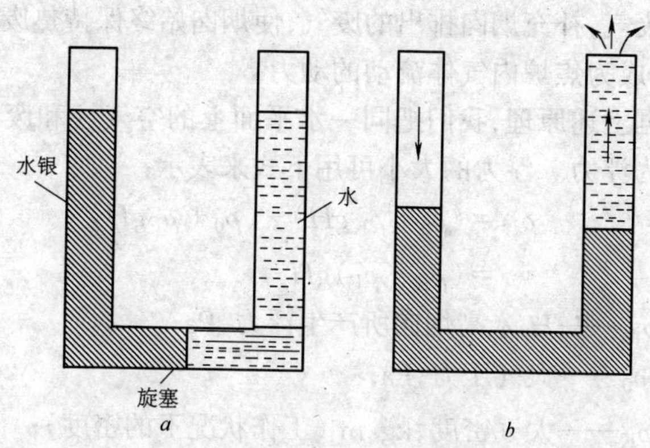

图3-37　连通器内产生浮力原理

在图3-37a中，连通器下部有一旋塞把连通器两侧的水银和水隔开，两者高度一样。如果打开旋塞，由于两者密度不一样，则水银将会把水压出连通器，如图3-37b所示。同理，在焦炉系统内，烟囱内充满了热废气，大气密度比热废气密度大，则热废气就会不断地被外界大气压出烟囱，废气盘的风门就相当于连通器的旋塞，风门打开后，外界冷空气便进入焦炉加热系统与加热煤气燃

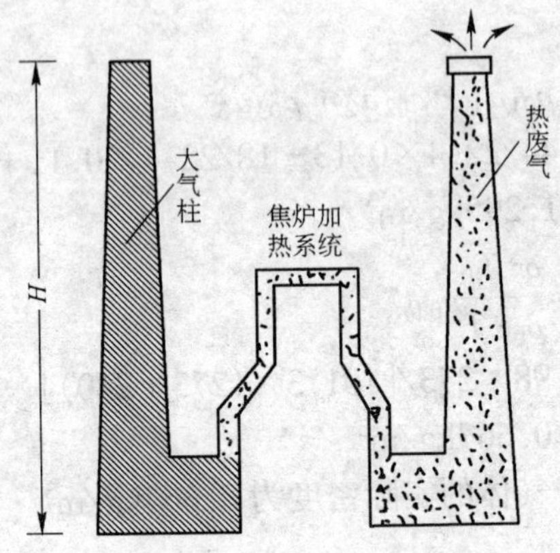

图 3-38 焦炉烟囱产生浮力原理

烧产生废气，补充烟囱排出的废气，使烟囱始终保持热废气柱的存在，从而成为焦炉内气体流动的动力。

根据上述原理，我们把同一水平面上的空气柱和废气柱的压力差称为浮力。浮力的大小可用下式来表示：

$$\rho_{浮} = (\rho_0 + \rho_K gH) - (\rho_0 + \rho_F gH) = (\rho_K - \rho_F) gH \quad (3\text{-}32)$$

式中 $\rho_{浮}$——H 米高烟囱所产生浮力，Pa；

ρ_0——大气压力，Pa；

ρ_K——大气密度，kg/m^3（工作状况下的密度）；

ρ_F——废气密度，kg/m^3（工作状况下的密度）；

H——烟囱高度，m；

g——重力加速度，等于 9.81m/s^2。

例如：当大气温度为 30℃ 时，用焦炉煤气加热废气温度为 237℃，100m 烟囱产生的浮力是多少？

在标准状况下，大气密度为 1.28kg/m^3，废气密度为 1.22kg/m^3，则 $\rho_{浮}$ 为：

$$\rho_{浮} = \left(\frac{1.28}{1+30/273} - \frac{1.22}{1+237/273}\right) \times 9.81 \times 100 = 491\text{Pa}$$

239．焦炉内气体流动的主要特点是什么？

焦炉内气体流动的主要特点是：

（1）根据焦炉内气体流动的途径可知，加热系统各区段中流过不同的气体，从斜道进入立火道后，温度发生剧变，在进行炉内流体分析和计算时应分段应用流体力学基本方程式。

（2）加热系统相对压力较小，各区段温度均匀变化，可采用柏努利方程式，即：

$$z_1 r_{1\text{-}2} + p_1 + \frac{w_1^2}{2g} r_{1\text{-}2} = z_2 r_{1\text{-}2} + p_2 + \frac{w_2^2}{2g} r_{1\text{-}2} + \sum_{1\text{-}2} \Delta p \quad (3\text{-}33)$$

（3）加热系统不仅是个通道，而且有气体沿燃烧室长向的分配问题，对集气管、烟道还有分配和混合全炉气体的作用，在这些分配道中压力和流量的变化很大，因而需要考虑变量气流的特点。

（4）在柏氏方程式中，位压 zr、静压 p、动压 $w^2/2gr$ 三者之和即为总压，当稳定流动时，总压差＝阻力，流体流动中，总压差和阻力同时存在于流体的运动过程中，等式两边任何一方发生变化时，平衡就被破坏，就会发生在新的条件下新的平衡。所以在焦炉加热中，采用两种手段来调节流量，一是改变煤气静压以改变总压差，二是改变调节装置的开度来改变局部阻力系数，以达到所需的合理炉温。

240．应用柏努利方程说明焦炉内上升气流、下降气流、水平气流、循环上升和下降气流基本公式和意义是什么？

（1）上升气流。上升气流示意图如图 3-39 所示。

通道外的大气可认为是静止的，则

$$p_1' + z_1 r_{空} = p_2' + z_2 r_{空} \quad (3\text{-}34)$$

将式 3-33 减去式 3-34，并令 $a_1 = p_1 - p_1'$，$a_2 = p_2 - p_2'$，$h_{1\text{-}2} = z_2 - z_1$，整理后得：

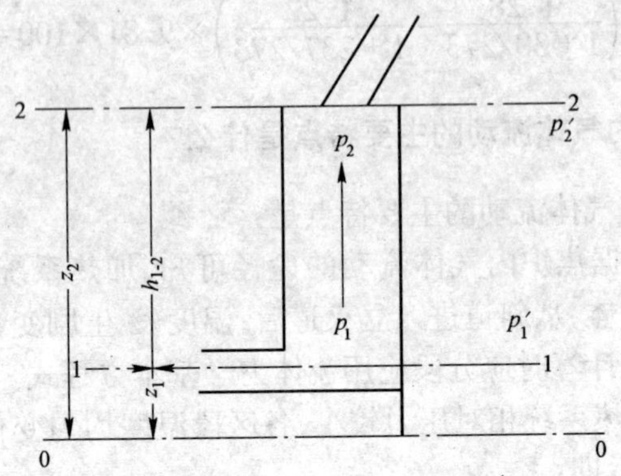

图 3-39　上升气流示意图

$$a_2 = a_1 + h_{1\text{-}2}(r_{空} - r_{1\text{-}2}) + \frac{w_1^2 - w_2^2}{2g} r_{1\text{-}2} - \sum_{1\text{-}2} \Delta p \quad (3\text{-}35)$$

在焦炉条件下，$\frac{w_1^2 - w_2^2}{2g} r_{1\text{-}2}$可忽略不计，则：

$$a_2 = a_1 + h_{1\text{-}2}(r_{空} - r_{1\text{-}2}) - \sum_{1\text{-}2} \Delta p \quad (3\text{-}36)$$

上式表明：上升气流，点 2 的相对压力为点 1 的相对压力加上浮力减去阻力，阻力妨碍气体流动。

(2) 下降气流。下降气流的气流方向与上升气流相反，可按同法推导出：

$$a_2 = a_1 - h_{1\text{-}2}(r_{空} - r_{1\text{-}2}) - \sum_{1\text{-}2} \Delta p \quad (3\text{-}37)$$

在下降气流中，浮力变为阻力，阻碍气体下降。

(3) 水平气流。在水平通道内，$h_{1\text{-}2} = 0$，所以：

$$a_2 = a_1 - \sum_{1\text{-}2} \Delta p \quad (3\text{-}38)$$

在水平通道内，动压差是否可以忽略要视具体情况而定，否则易引起很大误差。

(4) 循环上升和下降气流。加热系统既有上升又有下降，但其实质相同，可用下式表示：

$$a_{终} = a_{始} + \Sigma h_{上}(r_{空} - r_i) - \Sigma h_{下}(r_{空} - r_i) - \Sigma\Delta p \quad (3\text{-}39)$$

式中 $a_{终}$——终点的相对压力；

$a_{始}$——始点的相对压力；

$\Sigma h_{上}(r_{空} - r_i)$——从始点到终点间，各上升气流段浮力的总和(各段热气体密度不同)；

$\Sigma h_{下}(r_{空} - r_i)$——从始点到终点间，各下降气流段浮力的总和；

$\Sigma\Delta p$——从始点到终点全部阻力之和。

上式未考虑各段动压差，若要考虑则在等式右边加上各段动压差之和。

241. 柏努利方程式各项的意义及其在焦炉流体中有何作用?

对于静止流体而言，只有位能和静压能；对于流动中的流体除位能和静压能外，还具有动能和为克服阻力而消耗掉的损耗能。位能用位压头 z 表示(m)，静压能以静电头 p/r 表示 (m)，损耗能用损耗压头 $\Sigma h_{损}$ 表示 (m)。

在静止的流体中：$z + p/r =$ 常量，表明能量守恒；

在流动的流体中：$z + p/r + w^2/(2g) + \Sigma h_{损} =$ 常量。

这种流动的流体的能量守恒规律，用流体动力学的基本方程式来表述，这个方程式即为柏努利方程式。

柏努利方程式可用压力(Pa)来表示：

位压力 $= zr$

静压力 $= p$

动压力 $= w^2 r/(2g)$

阻力 $= \Sigma\Delta p = \Sigma h_{损} r$

对炼焦炉通道内，热气流在两个截面间可写出柏努利方程式：

$$z_1 r_{1\text{-}2} + p_1 + \frac{w_1^2}{2g} r_{1\text{-}2} = z_2 r_{1\text{-}2} + p_2 + \frac{w_2^2}{2g} r_{1\text{-}2} + \sum_{1\text{-}2} \Delta p$$

注脚 1 或 2 表示不同位置，$r_{1\text{-}2}$表示平均密度，对温度均匀变化的区段，可采用调合平均密度：

$$r_{1\text{-}2}=2r_1r_2/(r_1+r_2) \tag{3-40}$$

242．焦炉烟囱的工作原理是什么，如何确定烟囱高度？

焦炉烟囱的作用就是要产生足够的吸力，保证克服焦炉加热系统、烟道及其设施所产生的总阻力，使炉内废气排出，空气吸入。烟囱根部的吸力是靠烟囱内热废气的浮力而产生的，在烟囱内为上升气流，应用上升气流的方程式为：

$$a_{顶}=a_{底}+H(r_{空}-r_{废})-\Sigma_{烟}\Delta p \tag{3-41}$$

因为 $a_{顶}=0$，则上式可改写为：

$$-a_{底}=H(r_{空}-r_{废})-\Sigma_{烟}\Delta p$$

式中 $\Sigma_{烟}\Delta p$——烟囱内直管阻力与出口时突然扩大阻力之和；

H——烟囱高度。

焦炉加热与烟囱示意图如图 3-40 所示。

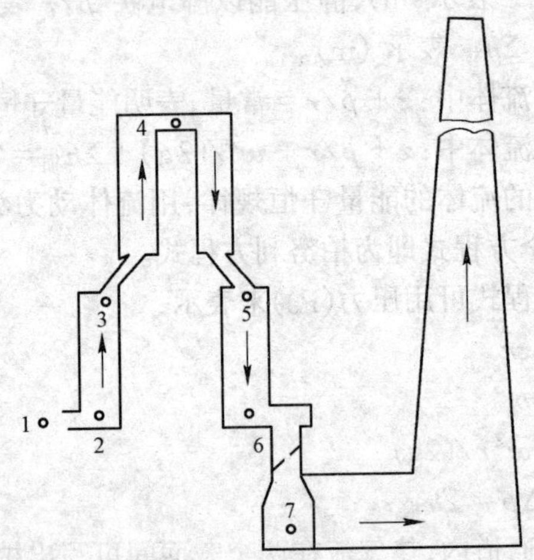

图 3-40　焦炉加热系统示意图

1—进风门处；2—小烟道；3—上升气流蓄热室顶部；4—燃烧室跨越孔；5—下降气流蓄热室顶部；6—下降气流小烟道；7—分烟道

从上述分析可以看出：烟囱浮力 $H(r_{空}-r_{废})$ 应足以克服烟囱本身的阻力并使根部产生必须的吸力。很显然，烟囱越高（H 越大），大气温度越低（$r_{空}$ 大），废气温度越高（$r_{废}$ 小），则烟囱的浮力越大。当然烟囱不可能建得很高，大气温度的变化是自然现象，废气温度也不可能太高，因为热利用效率太低。所以，烟囱根部所需的最低吸力可按下式计算：

$$a_{底}=a_{入}+\Sigma h_{上}(r_{空}-r_{废})-\Sigma h_{下}(r_{空}-r_{废})-\Sigma_{加}\Delta p \tag{3-42}$$

式中 $a_{底}$——烟囱根部吸力，Pa；

$a_{入}$——进风门相对压力，Pa，$a_{入}=0$；

$\Sigma h_{上}(r_{空}-r_{废})$、$\Sigma h_{下}(r_{空}-r_{废})$——分别为从进风门至烟囱根部所有上升段气流浮力总和、下降段浮力总和，Pa；

$\Sigma_{加}\Delta p$——加热系统全部阻力之和，Pa。

因为 $a_{入}=0$，则：

$$a_{底}=\Sigma h_{上}(r_{空}-r_{废})-\Sigma h_{下}(r_{空}-r_{废})-\Sigma_{加}\Delta p \tag{3-43}$$

烟囱高度所产生的浮力应满足下列要求：足够的根部吸力 z_1，足够的克服废气通过烟囱的阻力 z_2，必要的贮备吸力 z_3（一般取 z_1 的 15%），则：

$$H(r_{空}-r_{废})=z_1+z_2+z_3$$

$$H=\frac{z_1+z_2+z_3}{(r_{空}-r_{废})}=\frac{z_1+z_2+z_3}{r_{0空}\dfrac{273}{273+t_{空}}-r_{0废}\dfrac{273}{273+t_{废}}} \tag{3-44}$$

式中 $r_{空}$——外界空气在标准状况下的密度，kg/m³；

$r_{废}$——烟气内废气在标准状况下的密度，kg/m³；

$t_{空}$——外界大气的平均温度，℃；

$t_{废}$——烟囱内废气的平均温度，℃。

烟囱直径的确定方法如下：

烟囱直径与废气通过烟囱的流量、流速、烟囱的阻力、投资有关，烟囱的底部直径可根据顶部直径与烟囱的锥度及高度计算。因为：

$$Q = \pi d_{顶}^2/4 \times 3600w \tag{3-45}$$

式中 Q——每小时烟囱排出的废气量，m^3/h；

w——烟囱出口处的废气流速，取 3～4m/s；

$d_{顶}$——烟囱顶部直径，m。

所以：

$$d_{顶} = \sqrt{4Q/(\pi \times 3600w)} = 2\sqrt{Q/(\pi \times 3600w)} \tag{3-46}$$

则底部直径可用下式计算：

$$d_{底} = d_{顶} + 2 \times 0.01H$$

式中 0.01——烟囱的锥度；

H——烟囱高度，m；

$d_{底}$——烟囱底部直径，m。

对于砖砌烟囱：

$$d_{底} = 1.5d_{顶}$$

243．焦炉煤气与高炉煤气的组成和性质有何区别？

焦炉常用的加热煤气有焦炉煤气和高炉煤气，这两种煤气的组成见表 3-15。

表 3-15 焦炉煤气与高炉煤气的组成

煤气种类	组成(体积分数)/%								低发热值 Q /MJ·米$^{-3}$
	H_2	CH_4	CO	C_mH_n	CO_2	N_2	O_2	其他	
焦炉煤气	55～60	23～27	5～8	2～4	1.5～3.0	3～7	<0.5	H_2S HeN NO	17.15～18.84
高炉煤气	1.5～3.0	0.2～0.5	25～30		9～12	55～60	0.2～0.4	灰	3.14～3.77

从表 3-15 可见，焦炉煤气的可燃成分达到 90％以上，而高炉煤气的可燃成分只有 30％左右。焦炉煤气的低发热值为高炉煤气的 5～6 倍。

焦炉煤气是无色有臭味的气体，因含有 CO 和少量的 H_2S 而有毒，如果焦炉煤气净化不好，将含有较多的焦油雾和萘等杂质，就会堵塞管道和管件，给用户带来困难。若作为民用煤气不经脱硫处理，则燃烧时生成 SO_2 气体，污染环境，影响人体健康。

高炉煤气是无色、无味的气体，因 CO 含量高，所以毒性很大，如果泄漏至空气中，含量（体积分数）在0.2％时，能使人失去知觉；含量（体积分数）达 1％时，能使人致死；含量（体积分数）在 0.06％时，对健康有害。所以高炉煤气设备必须严格保持严密。煤气安全规程规定，在 $1m^3$ 空气中 CO 的含量不能超过 30mg。

焦炉煤气中含 H_2 达 55％～60％（体积分数），故其密度比高炉煤气小，焦炉煤气的密度一般为 0.45～0.5kg/m^3，而高炉煤气为 1.29～1.30kg/m^3。

244. 什么叫燃烧，燃烧应同时具备哪些条件？

燃料在空气中迅速氧化，并产生光和热的现象叫燃烧。煤气的燃烧是煤气中的可燃成分和空气中的氧逐渐接触，在足够的温度下迅速进行化学反应，其反应式如下：

$$H_2 + 1/2O_2 = H_2O \quad (3\text{-}47)$$

$$CO + 1/2O_2 = CO_2 \quad (3\text{-}48)$$

$$CH_4 + 2O_2 = CO_2 + 2H_2O \quad (3\text{-}49)$$

$$C_2H_4 + 3O_2 = 2CO_2 + 2H_2O \quad (3\text{-}50)$$

$$C_6H_6 + 7/2O_2 = 6CO_2 + 3H_2O \quad (3\text{-}51)$$

燃烧时化学反应完全，所有的碳和氧反应都生成二氧化碳，氢和氧化合成水，燃烧产物中没有可燃成分，燃烧过程中放出所有的热量，这种燃烧叫作完全燃烧。完全燃烧时，可看到火苗明亮，没有烟，如果火苗暗红并带有黑烟则燃烧不完全。焦炉加热中，尽可能做到煤气的完全燃烧，才能提高热效率，降低炼焦耗热量，节约能源。

对于燃料的燃烧，需要同时具备三个条件：燃料、空气（氧）、火源，这三个条件缺一则不能燃烧。那么，要想达到完全燃烧，还应具备以下条件：

(1) 要有适当过剩的空气量；

(2) 空气和煤气中的可燃成分必须充分均匀地混合；

(3) 必须使煤气和空气的混合物加热到着火点以上的温度；

(4) 适当排除燃烧后产生的废气。

245. 什么是煤气的高、低发热量，如何计算煤气的低发热量？

由于燃烧产物中水的状态不同，将发热量分为高发热量和低发热量。燃烧产物中的水蒸气冷凝成0℃液态的水时的发热量称之为高发热量；燃烧产物中的水呈汽态时的发热量称为低发热量。在实际燃烧条件下，燃烧产物的温度不可能使水蒸气冷凝，所以在操作中多采用低发热量。

各种燃料的发热量可用仪器直接测量，而气体燃料往往根据组成进行计算。

例如：煤气中各可燃成分的低发热量（MJ/m^3）为：$H_2$10.84，$CH_4$35.84，CO12.73，C_mH_n71.17。焦炉煤气组成（体积分数）如下：

可燃成分	H_2	CH_4	CO	C_mH_n
体积分数/%	59.5	25.5	6.0	2.2

则最低发热量为：

$$Q=\frac{10.84\times59.5+35.8\times25.5+12.73\times6.0+71.17\times2.2}{100}$$

$$=\frac{644.98+913.92+76.38+156.574}{100}$$

$$=17.92MJ/m^3$$

246. 什么是空气过剩系数，怎样进行燃烧计算？

为了保证燃料的完全燃烧，实际供给的空气量必须多于理论空气量，两者比值称之为空气过剩系数，用 α 表示，其计算公式为：

$$\alpha = \frac{\text{实际空气量}(L_{\text{实}})}{\text{理论空气量}(L_{\text{理}})}$$

燃烧计算的主要内容为：

(1) 空气过剩系数。因为：

$$\alpha = L_{\text{实}}/L_{\text{理}} = (L_{\text{理}} + L_{\text{过}})/L_{\text{理}} = 1 + L_{\text{过}}/L_{\text{理}} = 1 + O_{\text{过}}/O_{\text{理}} \quad (3\text{-}52)$$

式中 $L_{\text{过}}$、$O_{\text{过}}$——分别为煤气燃烧时的过剩空气量、过剩氧量；

$L_{\text{理}}$、$O_{\text{理}}$——分别为煤气完全燃烧时所需的理论空气量、理论氧量。

又因为：

$$O_{\text{过}} = V_{\text{干}}\ O_2 \quad (3\text{-}53)$$

式中 $V_{\text{干}}$——干废气的体积，可以按 $V_{\text{干}} = V_{CO_2}/CO_2$ 计算；

O_2——干废气中的含氧量。

所以：

$$\alpha = 1 + (V_{CO_2}O_2)/(O_{\text{理}}\ CO_2) = (V_{CO_2}/O_{\text{理}})(O_2/CO_2) + 1 \quad (3\text{-}54)$$

令 $V_{CO_2}/O_{\text{理}} = K$，则 $\alpha = 1 + K(O_2/CO_2)$。当废气中还有 CO 时，则上式写成：

$$\alpha = 1 + K\frac{O_2 - 0.5CO}{CO_2 + CO} \quad (3\text{-}55)$$

(2) 空气量的计算。根据煤气组成和完全燃烧的化学反应方程式计算理论氧量、理论空气量实际干空气量、实际湿空气量分别为：

$$O_{理}=[0.5(H_2+CO)+2CH_4+3C_2H_4+7.5C_6H_6-O_2]0.01$$

$$L_{理}=100/21\times O_{理} \tag{3-56}$$

$$L_{实(干)}=\alpha L_{理} \tag{3-57}$$

$$L_{实(湿)}=L_{实(干)}[1+(H_2O)_{空}] \tag{3-58}$$

式中　$(H_2O)_{空}$——每立方米干空气所含水蒸气量,m^3/m^3。

(3) 废气组成及废气量的计算。完全燃烧生成的废气中,含有 CO_2、H_2O、N_2 和过剩空气带来的 O_2,则废气组成为:

$$V_{CO_2}=[CO_2+CO+CH_4+2C_2H_4+6C_6H_6]0.01 \tag{3-59}$$

$$V_{H_2O}=[(H_2O)_{煤}+H_2+2CH_4+2C_2H_4+3C_6H_6]0.01 \tag{3-60}$$

$$V_{N_2}=0.01N_2+0.79L_{实(干)} \tag{3-61}$$

$$V_{O_2}=0.21L_{实(干)}-O_{理} \tag{3-62}$$

$1m^3$ 煤气燃烧所生成的废气量(V)为:

$$V=V_{CO_2}+V_{H_2O}+V_{N_2}+V_{O_2} \tag{3-63}$$

247. 什么叫传热,焦炉传热有哪三种方式?

由于物体的温度不同,热量就会自动地由温度高的物体传递给温度低的物体,这种热传递的过程即为传热。在炼焦炉内,煤气燃烧所产生的热量通过炭化室炉墙传递给煤料,使煤料温度逐渐升高,最终炼成焦炭。从传热过程而言,无论是从火焰到炉墙,从炉墙到煤料以及煤料边缘到中心,都是以不同方式的传热同时存在着的复杂过程。

炼焦炉的传热主要有以下三种方式:

(1) 辐射传热。物体的热能以电磁波的形式向外传播,当投射到另一物体上时,受热物体全部或部分吸收而转变为热能,这种传热称之为辐射传热。

焦炉立火道内,煤气与空气以扩散燃烧方式燃烧,燃烧产生的火焰和热废气是一种多原子气体,具有很强的辐射能力,主要通过热辐射方式传递给炉墙。辐射热占总燃烧热的 90%～95%以上，而对流传热仅占 5%～10%。

辐射传热量的大小取决于发热物体的温度以及受热物体的自身分子结构、温度、距离等，可用下式表示：

$$Q_{辐} = c[(T_1/100)^4 - (T_2/100)^4]F \tag{3-64}$$

式中 c——固体表面辐射系数，MJ/(m^2K^4)；

T_1——固体热表面的绝对温度，K；

T_2——周围环境的绝对温度，K；

F——辐射面积，m^2。

(2) 对流传热。焦炉内的对流传热是由于燃烧气体或废气的流动，热量从空间的一部分传到其他部分，这种传热方式叫对流传热。

对流传热与流体运动速度的快慢、流体与受热物体表面的温度差、传热面积、时间、流体种类、性质等有关，可用下式表示：

$$Q_{对} = aF(t_1 - t_2)\tau \tag{3-65}$$

式中 $Q_{对}$——对流传热的热量，MJ；

a——对流传热系数，MJ/($m^2 \cdot s \cdot ℃$)；

F——传热面积，m^2；

$t_1 - t_2$——传热面的温度差，℃；

τ——传热时间，s。

(3) 传导传热。热传导发生在静止物体内部，热量由温度高的物体传递给温度低的相接触的另一物体，热传导过程中物体分子的位置不发生相对位移，当物体各点的温度达到相同时，则传热停止。

以传导方式传递的热量，与两种物体的温度差、传热面积、时间成正比，与传热经过路线的长短成反比，以公式表示为：

$$Q_{传} = \lambda F\{(t_1 - t_2)/\delta\}\tau \tag{3-66}$$

式中 $Q_{传}$——传导总热量，MJ；

λ——物体的导热系数，MJ/($m \cdot s \cdot ℃$)；

F——传热面积,m^2;

t_1-t_2——两传热面的温差,℃;

δ——传热路线,m;

τ——传热时间,s。

焦炉传热比较复杂,往往三种方式相互交替存在。加热煤气在立火道燃烧,废气热量以辐射为主对流为辅的方式传递给炉墙,炭化室炉墙以传导方式将热量传到炉墙另一侧。在装煤初期煤料和炉墙以传导方式传热,当焦饼收缩后,以辐射方式传热。炭化室内部的煤料在整个结焦过程中,主要靠传导传热,同时也伴随着一定的对流、辐射传热。

248. 什么是焦炉的热效率和热工效率?

炼焦炉吸收的热量与供给的总热量的百分比称为焦炉热效率。供给焦炉的全部热量(Q)其中一部分传给了焦炉,另一部分由废气带走($Q_{废}$),所以热效率用下式表示:

$$\eta_{热}=(Q-Q_{废})/Q\times 100\% \tag{3-67}$$

热效率表明了焦炉利用热量的程度,特别是废气热量的回收程度。现代大型焦炉的热效率一般在79%~85%。

在焦炉吸收的热量中,一部分传给炼焦产品,称之为有效热,另一部分因散热而损失($Q_{散}$),有效热与供给总热量的百分比即为热工效率,表示焦炉热量实际利用的程度,用公式表示为:

$$\eta_{热工}=[Q-(Q_{废}+Q_{散})]/Q=1-[(Q_{废}+Q_{散})/Q] \tag{3-68}$$

现代大型焦炉的热工效率一般在70%~75%。

249. 什么叫炼焦耗热量,如何计算?

炼焦耗热量是将1kg的煤炼成焦炭所需要的热量(kJ/kg)。它是评定炉体结构、热工操作及管理水平的重要指标,也是确定焦炉加热用煤气量的依据。

由于应用方面的不同，耗热量的计算方法有多种表示形式，现分述如下：

(1) 湿煤耗热量。湿煤耗热量是使 1kg 湿煤炼成焦炭所消耗的热量，用 $q_{湿}$ 来表示：

$$q_{湿} = V_0 Q_{低} / B_{湿} \tag{3-69}$$

式中 V_0——标准状况下的煤气消耗量，m^3；

$Q_{低}$——煤气低发热量，kJ/m^3；

$B_{湿}$——炼焦的实际湿煤量，kg。

湿煤耗热量随煤的水分而变化，水分越大 $q_{湿}$ 就越高。

(2) 干煤耗热量。干煤耗热量是指 1kg 干煤炼成焦炭所消耗的热量，用 $q_{干}$ 来表示：

$$q_{干} = \frac{q_{湿} - 51 W_p}{100 - W_p} \times 100 \tag{3-70}$$

式中 W_p——湿煤实际水分，%；

51——1kg 湿煤中 1% 水分消耗的热量，kJ/kg。

(3) 相当干煤耗热量。为统一基准，便于比较，提出了相当干煤耗热量，是在湿煤炼焦时，其中以 1kg 干煤为基准时需供给焦炉的热量（含水分加热和蒸发所需要热量），其计算公式为：

$$q_{相} = \frac{V_0 Q_{低}}{B_{干}} = \frac{V_0 Q_{低}}{B_{湿}(100 - W_p)/100} = q_{湿} \frac{100}{100 - W_p}$$

$$= q_{干} + 5100 \frac{W_p}{100 - W_p} \tag{3-71}$$

式中 $B_{干}$——焦炉干煤装入量。

(4) 换算为 7% 水分的湿煤耗热量。为了便于比较，各厂应将实际湿煤耗热量换算为同一水分的湿煤耗热量，可用下列公式进行计算：

当用焦炉煤气加热时：

$$q_{换} = q_{湿} - 29.3(W_p - 7) \tag{3-72}$$

当用高炉煤气加热时：

$$q_{换} = q_{湿} - 33.5(W_p - 7) \quad (3\text{-}73)$$

250. 降低炼焦耗热量有哪些途径?

影响炼焦耗热量的因素很多,为降低炼焦耗热量应采取的主要措施有:

(1) 确定合理的加热制度。从焦炉的热平衡可以看出,焦炭带出的热量占总支出热量的40%左右,若以焦饼最终平均温度为1000℃计,则每增减50℃,焦炭带走的热量增减5%左右,当焦饼中心温度从1050℃降到1000℃时,则炼焦耗热量可降低46.1kJ/kg,可见在保证焦炭均匀成熟的前提下,维持较低的标准温度和适当的焦饼中心温度,是降低耗热量的重要措施。

(2) 控制炉顶空间温度。从炉顶排出的荒煤气带走的热量也是较多的,当结焦时间,装入煤量一定时,荒煤气出口温度每降低10℃,耗热量降低12.6~16.75kJ/kg左右,适当降低焦饼上部温度,则是降低炉顶空间温度的有效措施。

(3) 保持合理的空气过剩系数。一般情况下,空气过剩系数较大时,每再增加0.1,对使用高炉煤气加热,耗热量增加33.5~37.7kJ/kg,对使用焦炉煤气加热,耗热量将增加21~25kJ/kg。如燃烧不完全,废气中含有1%(体积分数)一氧化碳时,相当于增加3%~4%的焦炉煤气或6%~7%的高炉煤气消耗,使耗热量增加126~167kJ/kg。

保持合理的 α 系数,对均匀稳定炉温是十分重要的。

(4) 降低废气出口温度。在结焦时间一定的条件下,废气出口温度每降低25℃可使焦炉热效率提高1%,耗热量降低25~38kJ/kg。废气温度的高低与火道温度、蓄热面积、气体在蓄热室的分布、交换周期、炉体严密性十分相关,要在这些方面进行切实的工作。

(5) 加强入炉煤水分管理。入炉煤水分变化1%,湿煤耗热量相应变化29.3~33.5kJ/kg。实际操作中,不仅要降低水分,而且还要保持水分的稳定。

(6) 制订合理的周转时间。生产实践表明,一般大型焦炉的周转时间当炭化室宽度为 450mm 时为 18～20h,炭化室宽度为 407mm 时在 16～18h 为宜,此时耗热量是最低的。短于或长于上述周转时间,耗热量均是升高的。

(7) 保持炉体和设备的严密性与良好的绝热性。如炉体和设备不严,则可发生串漏,会造成加热煤气的损失。保持良好的绝热程度,可减少散失的热量,不仅改善操作环境,而且降低了耗热量。

(8) 合理利用加热煤气资源。焦炉使用高炉煤气加热比使用焦炉煤气加热耗热量增加 10%～20%。对于水分为 7% 的湿煤,在正常结焦时间内,使用焦炉煤气加热时,耗热量为 2094～2512kJ/kg。若炼焦炉具备使用高炉煤气加热的条件,无论从资源的合理利用还是从环境保护的角度来看,都应使用低热值的高炉煤气。

251. 什么是炼焦炉的加热制度,制订合理的加热制度有何意义?

在焦炉加热和调节过程中,我们规定了许多具体的指标并要求严格控制,把其中最主要的温度、压力、流量等指标称为焦炉加热制度。

制订焦炉加热制度的目的,主要是要求各炭化室的焦饼在规定的结焦时间内长向和高向均匀成熟,实现焦炉稳产、优质、低耗、长寿的管理目标。

焦炉加热是一个受多种因素影响的复杂过程,焦炉操作的变化,装煤量及入炉煤水分的变化,煤气温度和组成的波动,大气温度的变化,炉体及加热设备的状况均影响焦饼的均匀成熟。为此应该确定合理的加热制度,根据客观条件的变化,及时准确地调节供热,以达到焦炉生产的最佳状态。

252. 如何确定焦炉的标准温度?

焦炉燃烧室的火道数很多,如一座 50 孔 5.5m 焦炉,有 51 个燃烧室,每个燃烧室有 32 个立火道,共有 1632 个立火道,日常生产中不可能也没有必要测量所有的温度，只选择两个立火道的温度分别代表机、焦两侧的温度，这两个火道称之为标准测量火道，所测的温度为标准温度。确定标准测温火道应考虑以下三个因素：

(1) 能代表机、焦两侧火道的平均温度；

(2) 能代表单数、双数火道的温度；

(3) 便于测温操作，要避开装煤孔、纵拉条和装煤车轨道。

对于标准温度的选择和确定，应考虑以下几个问题：

(1) 焦饼中心温度是确定标准温度的主要依据，在规定的结焦时间下，要根据实测的焦饼中心温度来确定标准温度。实践证明，焦饼中心温度保持在1000℃±50℃，上下温差不超过100℃就可以保证焦饼均匀成熟。在生产中，同一结焦时间内，标准温度每改变10℃，焦饼中心温度一般可相应变化25～30℃。

(2) 结焦时间是确定标准温度的前提，另外，标准温度还与炉型、配煤水分、加热煤气种类等有关。对于新开工的焦炉，一般根据已投产的同类焦炉的生产实践来确定，然后用实测焦饼中心温度进行校正。部分焦炉的结焦时间与标准温度参阅表3-16。

表3-16 部分焦炉的结焦时间和标准温度

炉 型	炭化室平均宽度/mm	结焦时间/h	加热煤气	标准温度/℃		锥度/mm	测温火道
				M_C	K_C		
大容积	450	17	焦 炉	1330	1380	70	8、25
			高 炉	1330	1350		
58型	407	15	焦 炉	1290	1340	50	7、22
			高 炉	1280	1330		
58型	450	17	焦 炉	1300	1350	50	7、22
			高 炉	1285	1335		
ПВР	407	16	焦 炉	1285	1345	50	7、22
奥托	450	17	高 炉	1290	1350	60	6、22

标准温度应随结焦时间的变化而变动。根据大型焦炉的生产实践，结焦时间的改变与标准温度的变化有表 3-17 所示的关系。

表 3-17 结焦时间与标准温度变化的关系

结焦时间/h	<14	14~18	18~21	21~24	>24
结焦时间每变 1h 标准温度变化/℃	>40	25~30	20~25	10~15	基本不变

(3) 在任何结焦时间下，确定的标准温度应不超过耐火材料的极限温度，对硅砖焦炉，燃烧室任何火道测温点在换向后 20s 的温度，最高不得超过 1450℃，最低不得低于 1100℃。

(4) 标准温度随入炉煤水分的变化而变化，一般情况下，装炉煤水分每变化 1%，焦饼中心温度将变化 20~30℃，标准温度应改变 6~8℃。

253. 焦炉温度的四大系数有何意义?

焦炉温度的四大系数及其对生产的指导作用是：

(1) 直行温度的均匀系数 $K_{均}$。其计算式为：

$$K_{均}=\frac{(M-A_{机})+(M-A_{焦})}{2M} \tag{3-74}$$

式中 M——焦炉燃烧室数(检修炉、缓冲炉除外)；

$A_{焦}$、$A_{机}$——分别为机、焦侧火道温度与该侧平均温度相差超过 ±20℃ 的个数(边炉为 ±30℃)。

直行温度指的是全炉机、焦侧标准火道的温度，$K_{均}$ 表明全炉各炭化室加热是否均匀，因为火道温度始终随着相邻炭化室的装煤、结焦、出焦而变化着，所以以其昼夜平均温度计算均匀系数。

(2) 直行温度的安定系数 $K_{安}$。其计算式为：

$$K_{安}=\frac{2N-(A_{机}+A_{焦})}{2N} \tag{3-75}$$

式中 N——分析期直行温度的测量次数；

$A_{机}$、$A_{焦}$——分别为机、焦侧直行平均温度与规定的标准温度偏差超过±7℃的次数。

$K_{安}$ 是衡量整个焦炉炉温是否稳定的标志。为了便于控制和比较直行温度，各测温火道温度均应用冷却温度校正到换向后20s的最高温度。

(3) 横排系数。同一燃烧室各立火道的温度称为横排温度，用横排系数来表示其均匀性。横排系数为：

$$K_{横}=\frac{考核火道数-不合格火道数}{考核火道数} \tag{3-76}$$

式中 考核火道数——除机、焦侧两个边火道外的火道数；

不合格火道数——对每个燃烧室而言，实测火道温度与标准温度超过±20℃的火道数。

横排温度是调节直行温度的基础，据此来分析斜道调节砖与煤气喷嘴排列是否合理，蓄热室顶部吸力是否恰当。

(4) 炉头系数。用炉头系数 $K_{炉头}$来表示炉头温度的均匀性，其计算式为：

$$K_{炉头}=\frac{(M-B_{M})+(M-B_{K})}{2M} \tag{3-77}$$

式中 M——焦炉燃烧室数；

B_{M}、B_{K}——分别为机、焦侧炉头温度与该侧炉头平均温度相差±50℃以上的火道数。

炉头温度不应低于1100℃，比标准火道温度不低于70℃为宜，既要保证炉头焦炭均匀成熟，又要保证炉头砌体不受损坏。

254. 制订焦炉操作的压力制度有哪些原则？

炼焦炉的加热系统、炭化系统、荒煤气导出系统、废气导出及其空气吸入系统，由于其部位不同，流量及流体密度、温度、阻力状况的不同而影响着焦炉的操作，我们将规定各部位不同的压力指标来协调整个焦炉的正常运行，这些压力指标称为焦炉的压力制度。

制订这些压力制度的主要原则是。

(1) 炭化室内的煤气压力在整个结焦期内的任何情况下，均保持正压。为达到这一目的，若保持吸气管下炭化室底在结焦末期为正压，就能保证全炉炭化室内各点在任何情况下均为正压，并以此来确定集气管压力。

(2) 在焦炉操作的所有情况下(正常操作、改变结焦时间、停止出炉、停止加热等)，燃烧系统各处压力必须小于相邻部位炭化室的压力。

根据焦炉加热系统气体流动的特点，若保证看火眼压力为 0～5Pa，就可以保证在整个结焦过程的任何情况下，加热系统任何一点的压力小于相邻部位的炭化室压力。

(3) 在同一结焦时间内，沿加热系统高度方向的压力分布应当稳定。

控制合适的蓄热室顶部吸力是实现这一原则的必由之路。从应用流体力学基本方程式对焦炉加热流体的分析，我们可以得出上升气流蓄热室顶部吸力与看火眼压力的关系式：

$$p_{蓄} = p_{看} - Hg(r_{空} - r) + \Delta p \qquad (3\text{-}78)$$

式中 $p_{蓄}$——上升气流蓄热室顶部吸力，Pa；

$p_{看}$——看火眼压力，Pa；

H——蓄热室至看火孔距离，m；

$r_{空}$——外界空气密度，kg/m^3；

r——炉内气体密度，kg/m^3。

若其他条件相同，则下降气流蓄热室顶的吸力为：

$$p_{蓄下} = p_{看} - Hg(r_{空} - r) - \Delta p \qquad (3\text{-}79)$$

若改变加热条件，气体流量发生变化，则蓄热室顶部吸力应根据下式重新确定：

$$\frac{a_1' - a_2'}{a_1 - a_2} = \frac{v_0'}{v_0} \qquad (3\text{-}80)$$

式中　$a_1{}'-a_2{}'$——改变后上升与下降蓄热室吸力差，Pa；

a_1-a_2——改变前上升与下降蓄热室吸力差，Pa；

$v_0{}'$、v_0——分别为改变后、前气体体积流量，m^3/h。

在生产中，下降气流蓄热室顶部吸力要根据实际情况进行调整。

255. 怎样用集气管压力来控制炭化室底部压力？

集气管与炭化室位置及气体流向如图 3-41 所示。

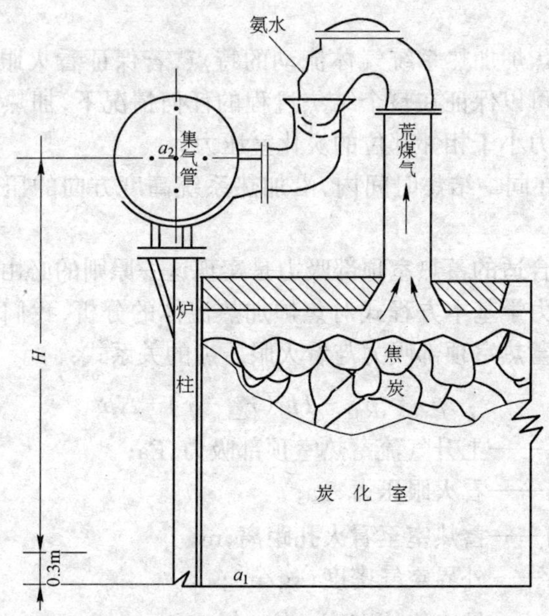

图 3-41　集气管与炭化室位置示意图

荒煤气汇集在炉顶空间后经上升管、桥管而进入集气管，在桥管处用氨水喷洒冷却，经集气管后的煤气进入吸气管。

现举例如下：焦炉压力制度规定，在推焦前集气管下部炭化室底部测压孔（距炉底 0.3m 处）的相对压力为 5.0Pa，若推焦前煤气密度为 $\rho_0=0.35kg/m^3$，温度为 700℃，炭化室底部与集气管中心

距 $H=7m$，荒煤气经焦炭层、上升管到集气管测压点的阻力为 4.9Pa，大气温度为 28℃，标准状态下的空气密度为 $\rho_0=1.29kg/m^3$，此时的集气管压力应规定多少？

解：因为荒煤气作上升气流运动，则：

$$a_2=a_1+Hg(\rho_{空}-\rho_{1-2})-\Delta p \tag{3-81}$$

式中 a_2——集气管压力，Pa；

a_1——炭化室底部压力，5.0Pa；

$\rho_{空}$——大气密度，$\rho_{空}=1.293\times273/273+28=1.173kg/m^3$；

ρ_{1-2}——荒煤气平均密度，$\rho_{1-2}=0.35\times273/273+700=0.098kg/m^3$；

Δp——阻力，$\Delta p=4.9Pa$。

将上述数值代入式 3-81，得：

$$a_2=5.0+7\times9.81\times(1.173-0.098)-4.9=73.92Pa$$

集气管压力是可以随时调节的，以此来控制炭化室底部压力。在焦炉操作条件不变的情况下，集气管压力将随大气温度的变化而变化，夏季小而冬季大。

256. 为什么要使用混合煤气加热，使用混合煤气要注意什么问题？

这里所指的混合煤气主要是指焦炉煤气和高炉煤气。在钢铁企业中，合理地利用高炉煤气资源是节约能源的需要，也是保护环境的需要。现代焦炉的设计一般都是复热式焦炉，既可用焦炉煤气加热，也可用高炉煤气加热，还可用两者混合的煤气加热。焦炉使用高炉煤气加热可拉长立火道火焰，使焦饼上下温差减小并改善上下均匀成熟程度。但是由于其发热值低，仅为焦炉煤气的 20%～25%，则焦炉耗热量比使用焦炉煤气时增加 10%～20%。为了提高高炉煤气的热值，可采用向高炉煤气中掺入少量高热值的焦炉煤气的措施。焦炉采用高炉煤气加热后，用置换出来的高热值的焦炉煤气供给其他用户，对某些钢铁企业来说尤为重要。

使用混合煤气主要应注意的问题是：

(1) 保持合理的混合比，一般情况下焦炉煤气掺入量不能超过 8%(体积分数)，若混合比增大，通过蓄热室时，煤气中的 CH_4、C_mH_n 将分解，生成游离碳堵塞蓄热室格子砖，增大蓄热室阻力，破坏加热系统的正常压力制度。

(2) 使用混合煤气，注意及时调节上升、下降气流蓄热室顶部吸力，防止空气窜到煤气里燃烧，注意焦饼上下加热的均匀性和横排温度的变化。

(3) 加强操作管理，如分烟道吸力的调整，混合比增加 1%，则分烟道吸力要减小 5Pa 左右。加强煤气流量的调节，一般应固定高炉煤气量，自动调节焦炉煤气量，使焦炉总供热稳定。

(4) 焦炉煤气主管压力不应低于高炉煤气机焦侧主管压力，否则混入困难，甚至产生倒流。当高炉煤气管道内充满大量焦炉煤气时，易造成燃烧不完全而导致爆炸事故。

257. 焦炉用耐火材料有哪些基本性质?

现代焦炉主要是用耐火材料砌筑而成的，耐火材料的性能与焦炉的生产能力及使用寿命密切相关。

焦炉使用的耐火材料的一般性能有：

(1) 气孔率。在耐火制品中有许多大小不一、形状各异的气孔，气孔的总体积占耐火制品总体的百分比即为气孔率，它表示耐火材料的致密程度。这里所说的气孔率是不计闭口气孔的开口气孔率。

(2) 体积密度和真密度。体积密度是指包括全部气孔率在内的每立方米砖的质量。真密度是指不包括气孔在内的单位体积耐火材料质量与水的密度的比值。由于不同的石英晶形其真密度不同，因此测定硅砖的真密度可以了解硅砖的烧成情况。

(3) 热膨胀性。耐火制品受热后，一般都发生膨胀，不同温度范围其膨胀率是不同的，通常以平均线膨胀系数来衡量制品的热膨胀性。

(4) 耐火度。它是耐火制品在高温下抗熔化的性能。耐火制品的耐火度一般大于1580℃。

(5) 荷重软化温度，是表示耐火材料在高温和荷重同时作用下的抵抗能力。黏土砖的荷重变形曲线比较平缓，而硅砖达到开始变形温度后立即破坏。由于焦炉砌体中耐火材料自重很大，再加上机械设备负荷，故耐火材料的高温荷重变形温度对炉体寿命非常重要。

(6) 高温体积稳定性，用于表示耐火制品的残余收缩和膨胀程度的指标。其数值是用把耐火制品加热到1200～1500℃（因种类不同而异），保温2h，冷却到常温的体积变化百分率来表示。耐火材料在高温下长期使用，成分会继续变化，产生再结晶和烧结现象，使制品体积发生改变，且这种变化是不可逆的。

(7) 温度激变抵抗性，表示耐火制品承受温度急剧变化而不开裂、不损坏的性能。将试样加热到850℃ ±10℃后，放在流动的冷水中冷却，反复进行，直到脱落部分的质量占原试样质量的20%为止，其经受急冷急热的次数为温度激变抵抗性。

(8) 导热性，是指耐火制品传递热量的能力，它取决于相组成和组织结构，其数值用导热系数表示，单位为kJ/(m·h·℃)。

258. 焦炉硅砖晶型转变的主要特点是什么?

硅砖中 $w(SiO_2)>93\%$，属酸性耐火材料，具有良好的抗酸性渣侵蚀的作用，导热性能好，耐火度为1690～1710℃，荷重软化点为1640℃，热膨胀性强，耐急冷急热性能差。

SiO_2 在不同的温度下能以不同的晶型存在，晶型转化时产生体积变化，并产生内应力。

SiO_2 能以三种结晶形态存在，即石英、方石英和鳞石英，而每一种结晶形态又有以下几种同素异形体：

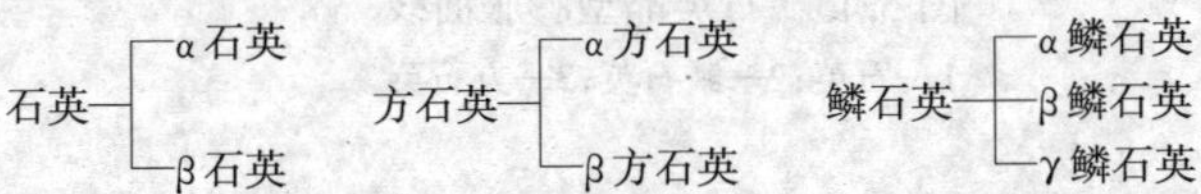

这三种形态及其同素异形体，是以晶型的密度不同来区别的，在一定的温度范围内是稳定的，超过此范围，则会发生晶型转变。

SiO_2 晶型转变图如图 3-42 所示。

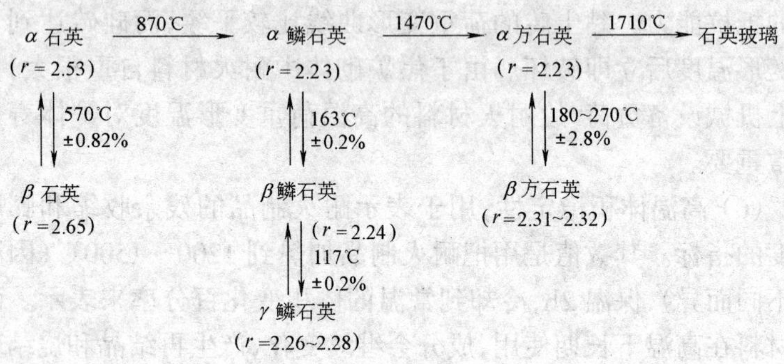

图 3-42 SiO_2 晶型转变图

α 型是较高温度下的晶型，一般只向一个方向进行；β、γ 型是较低温度下的晶型，变化是可逆的。各种形态的 SiO_2 在转化温度下，将会发生不同程度的体积变化，参见图 3-43。

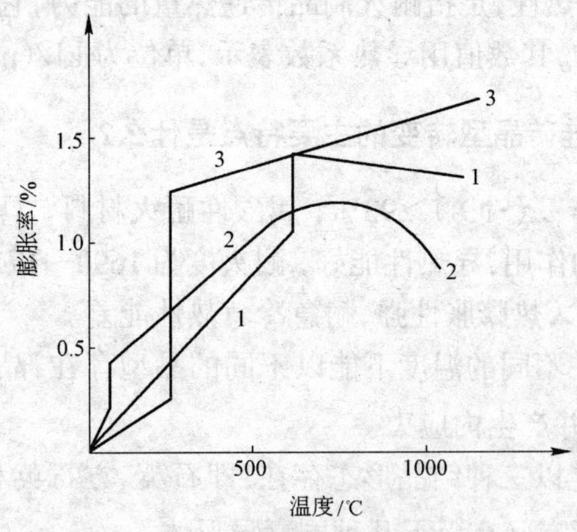

图 3-43 石英晶型膨胀曲线

1—石英；2—鳞石英；3—方石英

从图 3-43 中可以看出，方石英变化最剧烈，石英次之，鳞石英变化较缓和。所以焦炉要采用真密度尽可能小的硅砖，即要求硅砖在烧成过程中，尽量转化为鳞石英。实际生产的硅砖制品总是三种晶型同时存在的。

259. 炼焦炉为什么要烘炉，烘炉计划是怎样编制的？

炼焦炉烘炉的目的是，将冷态焦炉点火烘烤，砌体经干燥去水、炉体升温，并逐步将炉温升到 900～1000℃以上，使焦炉达到生产条件。由于焦炉主要是由硅砖砌筑而成，而硅砖的晶型转变将伴随着体积的膨胀，那么对于这种不可抗拒的膨胀必须是在一种安全的保护性的外力作用下来完成，以保证炉体的完整性和严密性。烘炉质量的好坏，关键也在于此。

烘炉计划的确定主要有以下几点：

(1) 砖样膨胀曲线的确定。砖样膨胀特性是制定烘炉升温计划的主要依据。在燃烧室、斜道、蓄热室部位选取横向和高向膨胀有代表性的砖号，尤其要选取那些用量多、砖型尺寸较大、制作较为困难的砖号。根据硅砖质量和焦炉炉型，每个部位选取 2～4 个砖号测定并要准备两套砖样。

测定热膨胀数据时，测定数据的范围为：

温度区间	测定范围
20～300℃	每隔 25℃测一组数据
300～500℃	每隔 100℃测一组数据
500～600℃	每 50℃测一组数据
600～900℃	每隔 100℃测一组数据

(2) 选择日膨胀率。硅砖受热膨胀是不均匀的，尤其在 117℃、168℃、180～270℃时，由于晶型转变，体积发生急剧变化，如果升温速度选择不好，可能产生破坏性应力。为了避免发生这种破坏性膨胀，用日膨胀率这个指标来控制升温。总结实践经验，400℃前日最大膨胀率为 0.035%，400℃后可选取 0.05%，按此计划升温。

(3) 确定干燥期。把常温至100℃通常称为干燥期，干燥阶段主要应保证砌体内部水分向外扩散速度与砌体表面水分蒸发速度相协调。干燥期天数的长短主要取决于砌体中所含水分、砌砖时的季节、烘炉所用的燃料及烘炉初期空气过剩系数的大小。一般雨季砌成的硅砖焦炉每昼夜升温 7～10℃，旱季砌成的焦炉每昼夜升温 8～12℃，通常干燥期定为 7～10 天。

(4) 上下升温比例的确定。为保持焦炉各部位尽量能相应地膨胀，使相对位移达到最小，不致把砌体拉开，控制上下部适当的升温比例是十分必要的。要求在 300℃ 前，蓄热室的温度为燃烧室温度的 95%，随着温度的上升，此比例可以逐步递减，但到烘炉末期仍不低于 85%。小烟道温度，初期为燃烧室温度的 85%，末期应接近正常生产时的温度。

根据以上 4 个条件，制定烘炉升温计划。

260. 炼焦炉损坏的主要原因有哪些？

炼焦炉在长期的使用中，受到高温、机械及物理化学反应等作用，炉体的衰老和损坏是必然的。这种衰老和损坏主要表现为：墙面剥蚀、炉墙和炉顶裂缝、炉长增长、炉墙变形、炉底砖磨损产生裂缝、燃烧室砖烧熔、砖煤气道变形、严重串漏等。说炉体的衰老和损坏是必然的，其原因是：

(1) 硅砖的 SiO_2 长期处在荒煤气被裂解的碳、氢、一氧化碳等还原气氛中，当温度高于 1300℃时，将发生下列反应：

$$SiO_2 + C \longrightarrow SiO\uparrow + CO\uparrow \qquad (3\text{-}82)$$

若有金属铁和含氧化合物存在，将会降低反应温度，上述反应导致了硅砖性能的降低。

(2) 煤料中的碱性盐类和灰分中的 Fe_2O_3、FeO 和 Al_2O_3 等都能与硅砖中的 SiO_2 结渣，使硅砖表面形成低熔点的共熔物(如硅酸铁 2FeO、SiO_2 等)，不仅降低了硅砖的耐热能性，而且又减少了抗机械磨损的能力。

(3) 在长期生产过程中，炭化室炉墙的炭化面、中间层到燃烧面的化学组成发生了重新分布，从炭化面经中间层到燃烧面，炭化面中的 SiO_2 含量是最低的。由于燃烧面处于氧化气氛且又高温的环境中，故鳞石英的转化程度好于炭化面，造成炭化室炉墙不同层具有不同的膨胀率和其他性能，出焦过程中，增加了炉砖的热应力，降低了温度激变的抵抗性。

(4) 结焦过程中，煤气热解生成的石墨不断地沉积在砖缝和砖的细孔中，在烧石墨时，造成高温，加宽了砖缝，石墨在砖缝中周而复始地生成、除掉、再生成……引起了炉墙的损坏和开裂。

(5) 焦炉除横向膨胀外，在长期生产中，纵长方向也会发生膨胀，并由于抵抗墙内外的温差，导致炭化室墙面向两端倾斜。焦炉周期性出焦、装煤，炉温发生变化会造成炉墙逐渐鼓肚，炉头洞宽度变窄，加速炉墙剥蚀，裂缝扩大和炉长伸长。

上述原因造成焦炉的正常衰老是必然的。但造成焦炉损坏还有其他原因，如：

(1) 砌炉时留有隐患，如砖缝大小不合适，耐火砖质量不好。

(2) 烘炉时没有控制好升温速度。

(3) 生产操作不良，炉门冒烟着火，事故多，炭化室负压操作，炉门或炉盖经常打开时间较长，推焦平煤不正常等。

(4) 护炉铁件管理不好，失去保护作用。

(5) 热工制度不稳定。

(6) 焦炉热修工作差。

261. 维护好焦炉有哪些主要措施？

维护好炼焦炉的主要措施是：

(1) 炼焦炉的砌筑、烘炉、开工试生产是一个复杂的工艺过程，不能使刚开工生产的焦炉留下先天性不足。

(2) 加强三班操作，作好炉门炉框清扫，杜绝冒烟着火，严禁负压操作。

(3) 严格执行推焦计划，加强炉温管理，维护好机械设备，及时清除炉墙上过厚的石墨。防止焦饼难推并严禁强行推焦而损坏炉体。

(4) 确定适当的结焦时间并力求稳定,因为结焦时间的频繁变动,会导致炉墙的波动而引起炉体膨胀的变化,不适当地缩短结焦时间,容易造成高温、焦生和难推等事故。结焦时间过长,也容易造成串漏或引起炉墙结渣,烧熔和砖缝加宽,一般情况下,焦炉是不允许强化或过分延长结焦时间的。

(5) 严格贯彻护炉铁件的管理制度,定期检查、及时分析,保证护炉铁件对炉体的保护性压力,确定合理的炉柱曲度,监护好拉条,使其保持完整状态。

(6) 抓好日常热修维护工作,确保炉体各部位的严密。

(7) 加强炼焦配煤管理工作,未经实验的配煤方案不得采用,煤种变化时要经过配煤试验,防止变质煤入炉,配煤操作力求准确,配合煤质量必须稳定。

(8) 要建立健全原始记录和统计报表,分析制度,随时掌握炉体动向,及时准确地解决存在的问题。

262. 焦炉大修的主要标准是什么?

炼焦炉是焦化厂的主要设备,一座年产 50 万 t 全焦的大容积焦炉投资超亿元,建设周期需 2~3 年才能投入使用。一般来说焦炉寿命是很长的,大型硅砖焦炉可使用 25 年以上,甚至有些炉龄可达 35 年以上。而有些焦炉,由于操作维护不当只使用了几年就彻底报废,造成了很大的浪费。

那么焦炉大修的主要标准是:

(1) 焦炉的正常炉龄为 25 年以上。

(2) 平均每孔推焦总次数 12500 次以上。

(3) 凡影响全年生产量两个月以上者,20%以上炉孔局部冷修或更大范围内修理的焦炉。

炼焦炉的大修或报废必须附有具有焦炉鉴定资格的单位及专家所做的鉴定报告。

第四章　煤的气化

263．什么是煤的气化？

煤的气化是利用气化剂将煤及其干馏产物如半焦、碎炭、焦炭的有机物最大限度地转变为煤气的过程。所用的气化剂为水蒸气、空气(或氧)、氢气及其他物质的结合氧将煤中的碳转化为可燃性气体是一个热化学的过程,这一过程称之为煤的气化。

气化剂通过炽热的固体燃料层时,其中的游离氧或结合氧(水蒸气或二氧化碳)或氢将燃料中的碳转化为 CO、H_2 或 CH_4 等可燃成分的气体,这种煤气称为气化气。当然由煤制取煤气的其他手段还有高温干馏、低温干馏,干馏所得的煤气称之为干馏气,其煤气产率远较气化为低。

煤气化后,必须进行煤气的净化,除去煤气中夹带的粉尘并脱硫脱氰,以便适用于各种用户的需要。

264．用于气化的主体设备是什么？

用于气化固体燃料的设备为煤气发生炉,其结构如图 4-1 所示。

265．发生炉煤气的种类、性质及用途如何？

根据所用气化剂的不同,将发生炉煤气分为以下几种:

(1) 空气煤气:以空气作为气化剂而生成的煤气。其中含有60%(体积分数)的氮及一定量的一氧化碳和少量的二氧化碳和氢。

(2) 混合煤气:以空气和适量的水蒸气的混合物为气化剂而生成的煤气。这种煤气在工业上一般用作燃料。

(3) 水煤气:以水蒸气作为气化剂而生成的煤气。其中氢和一氧化碳的含量共达 85%(体积分数)以上,而氮含量较低。

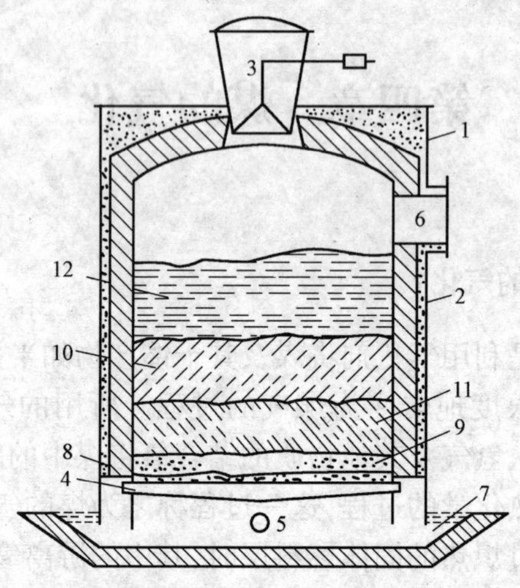

图 4-1　煤气发生炉及炉内料层分布示意图

1—炉壳；2—炉衬；3—加料装置；4—炉栅；5—气化剂入口；
6—煤气出口；7—炉渣排口及灰盆；8—灰层；9—氧化层（燃烧层）；
10—还原层；11—干馏层；12—干燥层

（4）半水煤气：以水蒸气为主加适量的空气或富氧空气同时作为气化剂所制得的煤气。一般要求合成氨的半水煤气中 $m(H_2+CO)/m(N_2)\geqslant 3.1$，并要求杂质（如 H_2S、CO_2、CH_4）含量越少越好。

各种发生炉煤气的主要特征（指发热量）及适用范围参见表 4-1。

表 4-1　各种发生炉煤气的发热量及应用

煤气种类	气化剂种类	煤气低发热量 /$kJ\cdot m^{-3}$	主要用途
空气煤气	空气	3762～4598	化学原料、煤气发动机燃料
混合煤气	空气＋适量水蒸气	5016～6270	加热原料等
水煤气	水 蒸 气	10032～11286	化工原料等
二重水煤气	水 蒸 气	11704～13376	焊接或补充家庭用煤气
水蒸气煤气	氧加水蒸气	10032～10450	化工原料及日常生活用气

266．试述几种工业用煤气的组成，获得这种组成的煤气应采取哪些主要措施？

煤气化的目的是由煤制取气体燃料或合成气，并尽可能地保留煤中固有的热值，尽量减少气化过程的耗电量和水蒸气用量。有几种工业煤气的组成见表4-2。

表4-2 几种工业用煤气的组成

煤气种类	气体组成(体积分数)/%						
	H_2	CO	CO_2	N_2	CH_4	O_2	H_2S
空气煤气	0.9	33.4	0.6	64.6	0.5		
水 煤 气	50.0	37.3	6.5	5.5	0.3	0.2	0.2
混合煤气	11.0	27.5	6.0	55.0	0.3	0.2	
半水煤气	37.0	33.3	6.6	22.4	0.3	0.2	0.2

为了获得上述组成的煤气，我们必须做到以下几点：

(1) 为使煤中所含碳基本上达到完全气化，必须保证在有氧存在的前提下，在高温下进行一系列反应。氢也能得到充分的转化和利用，氮和硫也可能完全转化。那么碳的转化率可用单位煤生成煤气中碳重与单位煤中碳重的比值来表示。

(2) 在接近室温条件下得到主要产品、副产品及废物。

(3) 得到尽可能少的氧化副产物如CO_2、H_2O或其他低热值和无热值的副产物。

(4) 在生产过程中尽量降低辐射或其他热损失，提高热效率。

267．气化用燃料的质量指标主要是什么？

气化用燃料的质量指标主要有：

(1) 水分。燃料中的水分含量过高，会增加热量损失，降低煤气产率和气化效率，而适量的水分又降低气化炉上部的炉温。实际生产中,水分一般为8%～10%左右。

(2) 灰分。灰分高的燃料,在使用时很大程度上受到限制,它不仅增加了运输费用,而且在气化过程中少量碳的表面被灰分覆盖,减少了气化剂与碳表面的接触面积,降低了气化效率;同时灰分的增加使炉渣量大幅度增加,随着炉渣排出的碳的损失也将增加。低灰的燃料将有利于气化的操作和管理,对提高气化效率起到了重要作用。但是低灰煤价格较高,使制气的综合成本升高,这是十分不利的。采用何种燃料作原料,应根据当地资源和经济效益综合进行考虑。

(3) 挥发分。作为气化燃料的挥发分要根据发生炉煤气的不同用途而选取合适的燃料挥发分。当生产的煤气用作燃料时,则可用挥发分较高的煤作原料,在所获得的煤气中甲烷含量较高,随甲烷含量的增高而提高了煤气的热值。当制取的煤气用作合成氨的原料气时,则甲烷为惰性气体,它的存在不仅增加了动力和原料的消耗,而且降低了气化炉的生产能力。所以在移动床的煤气发生炉中,用于制取合成氨原料气的燃料,要求其挥发分不超过6%。另外,气化挥发分较高的燃料,所获得的煤气中将含有大量的焦油蒸气,将给分离带来一定的困难,同时还增加了含酚氰废水的处理量。

(4) 硫分。硫是煤中最有害的杂质,在气化过程中大约80%～85%的硫转入煤气中。用作燃料的煤气,燃烧后的废气中将含有大量 SO_2 而排入大气,污染环境;用作合成原料的煤气,则煤气中的硫化物将会导致催化剂中毒而失效。所以,气化用燃料含硫量是越低越好。

(5) 粒度。在移动床气化炉中,燃料的粒度对气化过程有很大的影响。粒度小的燃料,气化剂与燃料的接触表面面积大,有利于气化反应,但会增大气化剂通过燃料层阻力并增加带出物的损失。反之,大块燃料会增加灰渣中可燃组分的含量。粒度范围大,会增加或可能产生局部气流短路,也可能产生偏析现象,影响气流均匀分布。一般移动床煤气发生炉所用的燃料要进行过筛分级,最大粒度与最小粒度的比例要适宜。流化床或气流床气化炉则采用小颗粒或粉煤为原料，对粒度范围也有一定的要求。

268．什么是燃料的反应性，气化用燃料对反应性有何要求？

燃料反应性就是燃料的化学活性，是指燃料与气化剂中的氧、蒸汽、二氧化碳等的反应能力。煤的这种能力与其变质程度、物理性质等有关，因为燃料的反应性对上述三种气化剂都有一致的趋向，所以一般都以二氧化碳的还原系数 α_{CO_2} 来表示煤的这种能力，其计算式为：

$$\alpha_{CO_2}=\frac{100b_{CO}}{\sigma_{CO_2}(200b_{CO})} \tag{4-1}$$

式中 α_{CO_2}——二氧化碳还原系数；

σ_{CO_2}——还原反应前二氧化碳的体积分数，%；

b_{CO}——反应后一氧化碳的体积分数，%。

气化用燃料要求反应性高，因为对同一气化反应而言，反应性强的燃料气化温度可以低一些，以减少显热损失和提高气化率，有利于改善气体质量和提高气化能力。

269．燃料的灰熔点和成渣性能对气化过程有何影响？

燃料燃烧后的残留物叫灰分，灰分主要由氧化硅、氧化钙、氧化铁、氧化铝等组成，此外还含有少量的氧化钛、氧化镁、氧化钾及氧化锂，其中氧化硅、氧化铝的熔点高而氧化铁、氧化钙的熔点低。若灰分中 SiO_2 和 Al_2O_3 的比例越大，其熔化温度范围越高，不易结渣，而 Fe_2O_3 和 MgO 等碱性成分比例越大，则熔化温度范围就越低，就易结渣。

燃料在气化时是否易于燃烧而结成渣，反映了燃料的成渣性能。易于成渣的燃料，容易软化熔融而生成熔融渣块，影响气化剂的均匀分布，并增加了排灰的困难，因而只能在较低的温度下操作，煤气的产量和质量也因此而受到影响。

一般用于固态排渣气化炉的固体燃料灰熔点应在1250℃以上。液态排渣气化炉可采用灰熔点低的煤为原料，其液渣的黏度也不能过高，应小于25Pa·s，以保证液态渣一定的流动性。

270. 燃料的机械强度对气化过程有何影响?

燃料的机械强度是指燃料抗粉碎的能力。机械强度很差的燃料，不仅在运输过程中会产生许多粉状颗粒，造成燃料的损失，而且在进入发生炉后，粉状颗粒的燃料将堵塞气道，造成炉内气流分布不均匀，严重影响气化效率。

燃料的热强度差的原料，在气化过程中易于碎裂，产生大量小颗粒和煤粉，增加燃料层的阻力和带出物的损失，甚至影响生产能力的发挥。一般情况对煤而言，褐煤和泥炭的热强度差，而烟煤具有较高的热强度。

271. 气化用燃料对黏结性指标有何要求?

燃料的黏结性是指燃料在高温下干馏所体现出来的一种性能，对气化过程而言，黏结性具有不利的影响。移动床气化炉在气化过程中，如煤粒相互黏结，会破坏燃料层的透气性，影响气化剂的均匀分布，尤其是在加压气化的条件下，煤的黏结性将会增强，影响将会更为突出。即使是气流床气化，黏结性的原料对其操作也是不利的。

272. 根据燃料的性质，气化用燃料一般分为哪几种类型?

人们知道，气化用煤的理化性质对气化过程有着很大的影响，所以在选择气化用原料时，必须结合气化方式和气化炉的结构进行考虑，同时，还要注意充分利用资源，因地制宜选用原料。

我们将气化用燃料分为4类，见表4-3。

表 4-3　气化用原料分类表

类　别	主要特征	代表性燃料
第一类	气化时不黏结，不产生焦油，煤气中甲烷含量少，几乎不含不饱和碳氢化合物，煤气热值低	无烟煤 焦　炭 半　焦 贫　煤
第二类	气化时黏结，并产生焦油，煤气中含有较多的不饱和烃、碳氢化合物，煤气热值高，煤气净系统比较复杂	烟　煤
第三类	气化时不黏结，但产生焦油	褐　煤
第四类	气化时不黏结，但产生焦油和脂肪酸，煤气中含有大量甲烷和不饱和合碳氢化合物	泥炭煤

273. 在煤气发生炉中，各处的气相组成如何？

有关实验采用高度为 0.45～1.4m 的燃料层，以 50～350kg/(m^2h)的速度进行气化，其实验结果如图 4-2 所示。

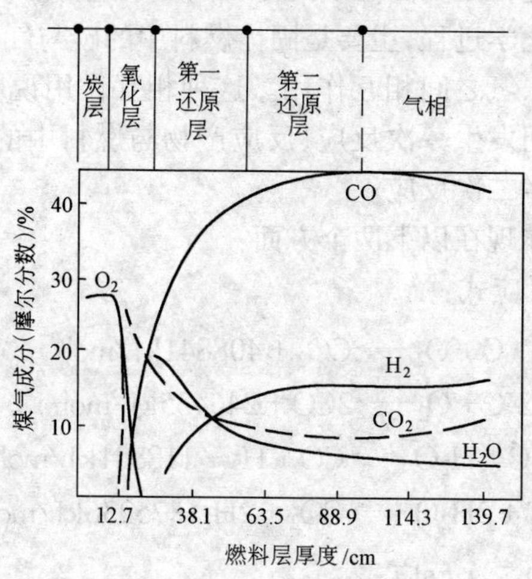

图 4-2　发生炉内各处的煤气组成

由图 4-2 可知：

(1) 气化剂由灰层进入后，被预热的氧气进入燃料层 7～10cm 之内就几乎全部用完，CO_2 达到最大值，可见反应是以极快的速度进行的，在此处开始出现 CO，直到第二还原层结束一直继续增加。

(2) 在 CO 生成后不久，水蒸气开始分解，在 30～40cm 间继续进行，此时 CO_2 继续被还原，煤气与燃料进行热交换，即为第一还原层。

(3) 在第一还原层上面约有 40cm 高的第二还原层，在这里除继续生成少量的 CO、H_2 外，以热交换为主，由还原层中 CO_2 浓度增加的曲线可知，CO_2 还原成 CO 的速度并不快。

(4) 在气相中，CO 反而减少，H_2、CO_2 稍有增加，说明反应仍在继续进行。

274. 煤的气化过程发生哪些主要的化学反应？

煤的气化过程是在高温或同时在高压下进行的一个复杂的多相物理及物理化学过程，主要是固体燃料中的碳与气相中的氧、水蒸气、二氧化碳、氢之间相互作用。这种相互作用说明，燃料中的碳与气化剂之间发生一次反应，反应产物与燃料中的碳或其他气态产物之间发生二次反应。

主要反应体现在以下两个方面：

(1) 一次反应式：

$$C + O_2 \longrightarrow CO_2 + 408841kJ/mol \quad (4\text{-}2)$$

$$2\,C + O_2 \longrightarrow 2CO + 246435kJ/mol \quad (4\text{-}3)$$

$$C + H_2O \longrightarrow CO + H_2 - 118821kJ/mol \quad (4\text{-}4)$$

$$C + 2H_2O \longrightarrow CO_2 + 2H_2 - 75236kJ/mol \quad (4\text{-}5)$$

(2) 主要的二次反应式：

$$2CO + O_2 \longrightarrow 2CO_2 + 571246kJ/mol \quad (4\text{-}6)$$

$$CO_2 + C \longrightarrow 2CO - 162405kJ/mol \quad (4\text{-}7)$$

$$CO + H_2O \longrightarrow CO_2 + H_2 + 43584kJ/mol \quad (4\text{-}8)$$

$$C + 2H_2 \longrightarrow CH_4 + 87378kJ/mol \quad (4\text{-}9)$$

$$2CO + 3H_2 \longrightarrow CH_4 + CO_2 + 247439kJ/mol \quad (4\text{-}10)$$

$$CO + 2H_2 \longrightarrow CH_4 + H_2O + 206199kJ/mol \quad (4\text{-}11)$$

$$CO_2 + 4H_2 \longrightarrow CH_4 + 2H_2O + 162866kJ/mol \quad (4\text{-}12)$$

使用不同的气化剂而制取不同种类的发生煤煤气，其主要的一次反应和二次反应是不同的，要视具体情况而定。

275. 怎样理解燃料中的碳在气化过程中的氧化机理？

随着温度、流体动力条件及压力的不同，所获得的煤气中碳的氧化物比例（$CO:CO_2$）变化范围是很大的。许多研究结果认为，碳与氧作用的结果，CO 和 CO_2 同是一次产物，并且氧与燃料中的碳在煤的表面形成未知组成的中间碳氧络合物，这种复杂的碳氧络合物可用以下公式表示：

$$xC + y/2O_2 \longrightarrow C_xO_y \quad (4\text{-}13)$$

碳氧络合物在不同条件下发生热解，生成不同比例的 CO 和 CO_2：

$$C_xO_y \longrightarrow mCO_2 + nCO \quad (4\text{-}14)$$

为了避免二次反应，使 O_2 与 CO 由反应层逸出相碰，同时为了避免反应物与炽热的炭表面接触，采取了高流速和压力非常低的鼓风。有人曾经做了这样的实验，用炽热的石墨丝在真空度为133.3～26660Pa 的条件下，气流速度为 4m/s，在 1200℃ 下进行碳的燃烧反应，结果生成了等分子的 CO 和 CO_2。这一过程分两个阶段进行，第一阶段是两个被溶解的氧分子渗入石墨的结晶格中，并使其活化；第二阶段是第三个氧分子引起反应的进行，用下式表示为：

$$4C + 3O_2 = 2CO_2 + 2CO \quad (4\text{-}15)$$

当温度由 1600℃ 升到 2000℃ 时，则 $m(CO)/m(CO_2) = 2$，

因其碳氧络合物按下式分解所致：

$$3C + 2O_2 \xlongequal{} CO_2 + 2CO \tag{4-16}$$

了解碳的氧化机理的目的在于进一步改善和控制发生炉的操作条件，实现高效、低耗的目标。

276. 二氧化碳在气化过程中是怎样被还原的？

二氧化碳还原成一氧化碳是重要的二次反应。在固体燃料气化过程中，该反应在很大程度上确定了所获得煤气的质量。

在低温下，CO_2 的还原速度不大。许多研究得出结论，在高温（大于 300℃）下还原以显著的速度进行，其反应是复杂的多项反应，形成固体表面络合物 C_xO_y 及其分解产物。

在化学吸收过程中，首先是 CO_2 和燃料中的碳在其表面形成六环形的碳氧初次络合物；其次是初次络合物分解形成放射性 CO 和非活性二次碳氧络合物；其三是二次碳氧络合物分解形成非活性的 CO 分子和 C 的游离原子，也可能发生如图 4-3 所示的可逆反应。

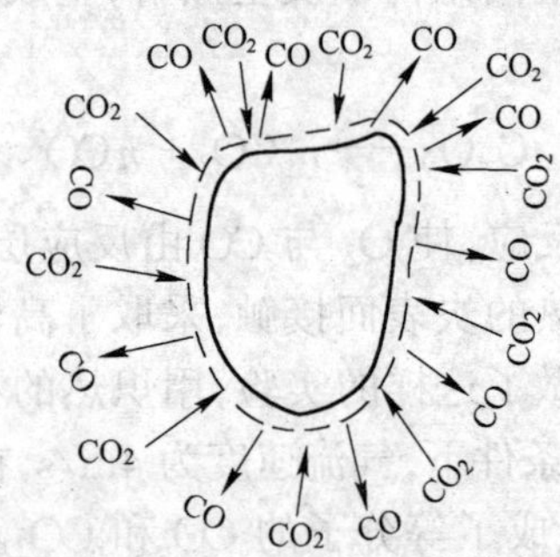

图 4-3　CO_2 扩散到碳表面的过程

277. 水蒸气分解的主要过程是什么？

燃料中碳与水蒸气之间的反应属一次反应，它对用水蒸气—

空气，水蒸气—氧鼓风条件下的成气过程具有重要的影响。

多年来，许多学者对水蒸气的分解反应进行过大量的研究工作。近年来开始认识水蒸气的分解也存在着化学吸收的过程。第一阶段碳与水蒸气的反应为在碳表面的物理吸附，反应式为：

$$C + H_2O \longrightarrow C + H_2O(\text{吸附}) \tag{4-17}$$

第二阶段是燃料中的碳与水蒸气形成中间络合物，这是化学吸附过程。用水蒸气中的氧得到中间表面络合物，当形成络合物的瞬间分解出为碳表面吸附的氢，进一步在高温作用下解吸，反应式为：

$$C + H_2O(\text{吸收}) \rightleftharpoons H_2$$

$$H_2(\text{吸附}) \rightleftharpoons H_2$$

所形成的中间络合物，既可在高温下分解，也可能由于气相中的水蒸气与之反应而形成 CO，反应式为：

$$C_XO_Y \rightleftharpoons CO(\text{吸附}) + H_2 \tag{4-18}$$

$$C_XO_Y \rightleftharpoons CO(\text{吸附}) + C \tag{4-19}$$

$$CO(\text{吸附}) \rightleftharpoons CO \tag{4-20}$$

在气化含灰的燃料中，当气化剂中有水蒸气时，所得到的气体组成 CO_2 较多，而气化含灰少的燃料或纯碳 CO_2 较少。显然，在固体燃料气化的同时，进行着水蒸气与碳的反应和 CO 的变换反应，而燃料中的灰分将加速 CO 的变换反应。某些煤在一定温度下，其中的灰分是反应式：

$$CO + H_2O \longrightarrow CO_2 + H_2 \tag{4-21}$$

的有效催化剂。

278．什么是空气煤气，理想空气煤气的组成、产率、热值及气化效率约为多少？

空气煤气是碳与干空气相互作用产生的煤气。在理想状态下的气化过程中，碳全部转化为一氧化碳。以干空气为气化剂，理想空气煤气生成的总过程可用下式来表示：

$$2C + O_2 + 3.76N_2 = 2CO + 3.76N_2 + 246435kJ \quad (4\text{-}22)$$

式中，3.76 为 1 个单位体积的氧参加反应相当于有 3.76 个单位体积的惰性气体氮气同时参加反应。

(1) 组成计算。理想空气煤气的体积百分比为：

$$CO = \frac{2}{2+3.76} \times 100\% = 34.7\%$$

$$N_2 = \frac{3.76}{2+3.76} \times 100\% = 65.28\%$$

(2) 产率计算。理想空气煤气的单位产率为：

$$V = \frac{22.4 \times (2+3.76)}{2 \times 12} = 5.38m^3/kg$$

(3) 热值计算：

$$Q = \frac{284702}{538 \times 12} = 4409kJ/m^3$$

式中，284702kJ 为 1kg 分子 CO 的燃烧热。

(4) 气化效率的计算。所制得的煤气热值与所使用的燃料热值之比，称为气化效率，可用下式表示：

$$\eta = \frac{QV}{8137 \times 4.1868} \times 100\% \quad (4\text{-}23)$$

式中 η——气化效率，%；

Q——煤气热值，kJ/m^3；

8137×4.1868——碳的燃烧热，kJ/kg；

V——煤气的单位产率，m^3/kg。

将数据代入式 4-23 得：

$$\eta = \frac{4409 \times 5.38}{8137 \times 4.1868} \times 100\% = 69.3\%$$

可见，空气煤气的生产甚至在理想状态下，转入煤气中的热能也不会超过碳中热能的 69%，而其余的热能则消耗在气体的加热和炉渣带走的热量中。

279. 空气煤气的气化原理是什么?

在空气煤气发生炉中,主要发生下列反应:

$$C + O_2 = CO_2 + 405.6kJ/mol \tag{4-24}$$

$$C + 1/2O_2 = CO + 118.3kJ/mol \tag{4-25}$$

$$C + CO_2 = 2CO - 164kJ/mol \tag{4-26}$$

$$CO + 1/2O_2 \longrightarrow CO_2 + 282.7kJ/mol \tag{4-27}$$

式 4-24 为碳的完全燃烧反应,其平衡常数极大($K_P = p_{CO_2}/p_{O_2}$),在 900~1500℃的高温下,一瞬间即可进行。有人用直径为25mm 的炭球作试验,测得温度与各种流速下的比反应率的关系如图 4-4 所示。

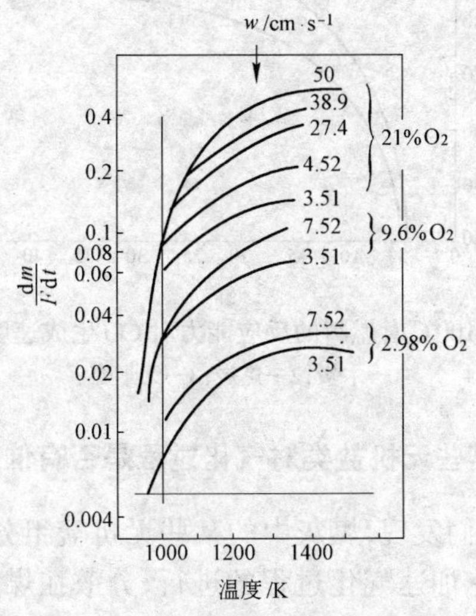

图 4-4 炭球的燃烧与流速、温度的关系

反应式 4-25 为碳的不完全燃烧反应,是氧与碳的间接反应还是直接反应尚难断定,但是高温条件下,这种反应也是不可逆地向

右进行。

反应式 4-26 才称为发生炉煤气反应，为可逆反应，其平衡组成取决于温度、压力，温度的提高和压力的降低有利于 CO_2 被还原为 CO。此反应的反应速度远较氧化反应式 4-24、式 4-25 的速度小，故应尽可能地提高温度。

反应式 4-27 是在气化过程中进行的，为可逆反应。从反应的平衡常数计算可知，在 1200℃ 时平衡组成中 CO_2 的含量（体积分数）为 99.9%，在 1500℃ 时为 99.6%，反应速度比式 4-24 稍慢。

发生炉煤气反应进行的过程中，特别在低温部位，燃料的反应能力越高，所得煤气中一氧化碳的浓度也越高（体积分数），如图 4-5所示。

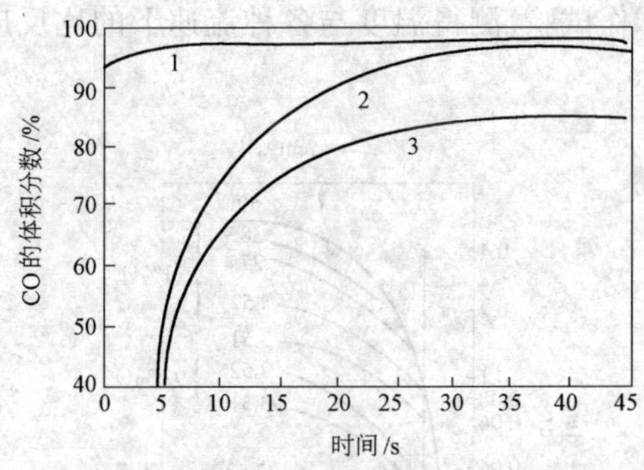

图 4-5　1100℃ 时燃料的反应能力对 CO 生成速度的影响

1—木炭；2—焦炭；3—无烟煤

280. 煤灰中的某些无机盐类对气化过程是否有催化作用？

长期以来人们发现，煤灰中的某些无机盐组分对煤的气化反应有催化作用，它加速气化过程的进行，分散在煤或炭中的矿物，不仅对煤炭表面所发生的反应有催化作用，而且对气体间的反应也有催化效应，这种催化效应主要是由气体携带的煤灰尘颗粒所致。

许多学者进行了大量的实验，用纯石墨添加各种化合物，用脱除灰分的煤添加各种化合物来研究其催化作用。多数实验结果表明，碱土金属及过渡金属是最有效的催化剂，它们不仅影响气化速率，而且影响活化能 E。当有催化剂存在时，碳与氧及碳与二氧化碳等反应的 E 值有所下降，对 4 种主要气化反应有效的催化剂如表 4-4 所示。

表 4-4　4 种主要反应的有效催化剂

反　应	有效催化剂
碳—氧	Fe、CO、Ni
碳—水蒸气	K、Na、Ni
碳—二氧化碳	K、Na、Ni、Li、CO、Fe、Co
碳—氢	K、Ni(Fe)

催化剂的物理、化学形态、数量及反应条件不同，其影响程度也是不一样的。煤灰中的无机盐类所含上述元素的形态、性质及数量也是千差万别的，所以对其气化过程催化程度的影响也是不尽相同的。

281. 空气煤气发生炉为什么采用液态排渣？

在气化层中所达到的高温对二氧化碳还原反应来说是有利的，氧化层中，当主要反应为 $C+O_2=CO_2$ 时，温度可高达 1600～1700℃。在此高温下，燃料中的灰分发生软化，甚至变成熔融状态，这些熔融的大块炉渣，在炉身壁上形成炉渣的硬壳，堵塞炉栅，从而破坏发生炉的正常操作，导致生产能力急剧下降，煤气质量严重变坏。同时由于熔融的炉渣包住了颗粒状的燃料，这些燃料未能得到充分的燃烧就排出炉外，增加了燃料的消耗，加大了成本。

这种空气煤气生产制气的特点，就要求不宜采用固态排渣的形式，而往往采用液态排渣的形式。不难想像，这种发生炉的构造、操作和炼铁高炉十分相似，为使炉渣易于熔融成为液态，一般在往炉内加入燃料的同时，添加一定量的溶剂，即可达此目的。

282. 空气煤气在工业上的应用存在什么问题？

在前述的5种煤气中，空气煤气的热值是最低的，混合煤气、水煤气、二重水煤气、水蒸气氧煤气与空气煤气的热值比分别为1.37、2.55、3.00和2.45，这就限制了它在工业上的应用。二是操作时采用液态排渣，对砌筑用耐火材料的质量指标要求也高，排渣口及排渣通道的损坏也较为严重，操作环境也较差。三是出口煤气温度较高，可达800～900℃，煤气带走热量而造成的热损失也较大，降低了气化效率。鉴于上述原因，一般不宜采用这类煤气发生炉。对于固态排渣的空气煤气仅在一些小型简易煤气炉上使用。

283. 何谓混合煤气，混合煤气有何特点？

用空气和水蒸气的混合物作为气化剂时，所产生的煤气为混合煤气。此时，发生煤气的设备即为混合煤气发生炉。

混合煤气发生炉的主要特点是：

(1) 克服了单用空气或水蒸气作气化剂时存在的问题。由于空气煤气热值低，炉渣易结块，致使发生炉运转不正常；而只用水蒸气进行气化时，尽管可能得到质量良好、符合各种要求的煤气，但成本高、效率低。若采用空气—水蒸气的混合物作气化剂，则上述弱点在很大程度上可以消除。

(2) 充分利用氧化区中的剩余热量，提高煤气热值，改善操作。水蒸气和空气一起进入氧化区时，被这一区的热量所过热，从而降低了该区的温度，当过热气体进入还原区时，则被分解而生成可燃的组分。因为水蒸气的分解是吸热反应，所以还原区的温度也下降。

284. 混合煤气的生产过程怎样？

混合煤气的生产是两个反应同时进行，而它们的热效应相反。在理想状况下：

$$2C + O_2 + 3.76N_2 = 2CO + 3.76N_2 + 246034.8kJ \quad (4\text{-}28)$$

$$C + H_2O = CO + H_2 - 118628.4kJ \quad (4\text{-}29)$$

哈斯拉姆研究过的焦炭制取混合煤气时气化反应进行的过程是,在氧化区中水蒸气并不分解,只有在氧气消失的时候,才发现有水蒸气开始被分解的迹象。根据这一结论,在还原区有下列反应发生:

$$C + H_2O = CO + H_2 \quad (4\text{-}30)$$

$$C + 2H_2O = CO_2 + 2H_2 \quad (4\text{-}31)$$

$$C + CO_2 = 2CO \quad (4\text{-}32)$$

$$CO + H_2O \rightleftharpoons CO_2 + H_2 \quad (4\text{-}33)$$

前三个反应是在还原区下部发生的,第三个反应除在还原区下部发生以外,还在该区的上部和第四个反应一起进行,不过进行的速度较慢。

285. 混合煤气的组成与其炉料层高度有何关系?

混合煤气的组成与其炉料层高度的关系参见图 4-6。

从图 4-6 中可以看出,在炉渣上面 75～100mm 处氧气已全部被耗掉,同时生成最大量的 CO_2,并开始生成 CO,在气体达到燃料层上部空间以前,CO 含量一直在上升。

水蒸气也几乎是在氧气用完的时候开始分解的,气体中的氢含量在燃料层高度为 300mm 左右的范围内增加得很快,此后增长较慢。

在第一还原区内进行着反应式 4-29、式 4-30、式 4-31、式 4-32,在第二还原区进行着次级反应式 4-32 和式 4-33,局部也有反应式 4-31 进行。

在燃料层上部空间也有化学反应在进行着。从图 4-6 可见,气体中 CO 和水蒸气含量在减少,CO_2 和 H_2 的含量在增加,这说明燃料层上部空间反应式 4-33 仍在进行。

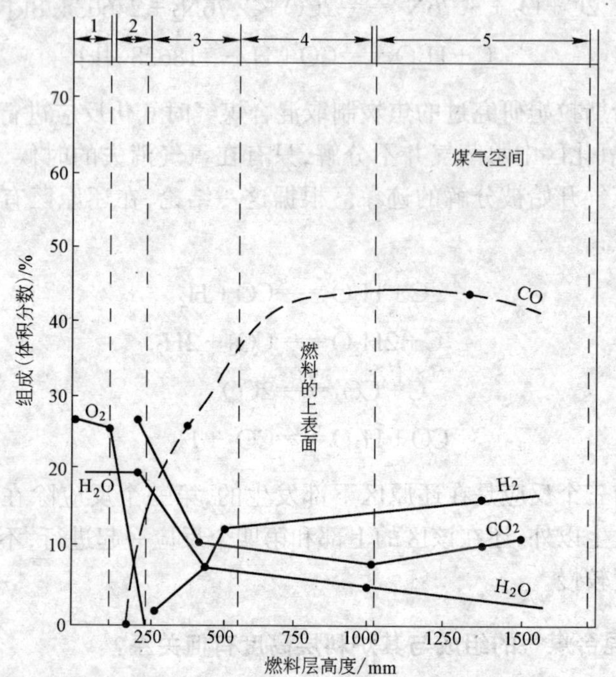

图 4-6 混合煤气的组成随燃料层高度的变化曲线

1—灰分区；2—氧化区；3—第一还原区；4—第二还原区；5—煤气空间

286. 影响混合煤气气化指标的因素有哪些？

影响混合煤气气化指标的因素主要有以下几个：

(1) 制气的固体燃料的物理化学性质。固体燃料的物理化学性质，不仅决定其最终的气化指数，而且还决定一定的燃料在一般情况下采用某一气化方式是否合适。例如，机械强度较差和热稳定性较差的燃料，是不适于通过气化以制取水煤气和在液态下排渣的煤气发生炉中制取空气煤气的。

具有强黏结性的燃料是不适合于气化的，混合煤气对燃料的要求比空气煤气要低，但其物理化学性质对气化结果同样有重大影响。

(2) 进行气化过程操作的影响。科学的正确操作是保证制气过程连续、安全、顺利进行的关键。除了要按照各种不同气化炉的操作规程严格执行外,还要善于在实践中摸索经验并掌握特殊操作和事故的处理,不断提高管理和操作水平。

(3) 煤气发生炉的结构。在长期生产实践中,我国煤气发生炉的设计已经具有很高的水平,尤其是在引进国外先进技术的基础上,消化、移植、完善、提高已取得可喜成就,在工艺过程自动化以及计算机技术的应用等方面已经达到了相当高的水平。

287. 什么是煤气发生炉的气化强度,提高气化强度的途径有哪些?

煤气发生炉的气化强度指的是煤气发生炉炉体截面积的生产强度,用下式表示:

$$I = FqV \tag{4-34}$$

式中 I——气化强度,m^3/h;

F——气化炉截面积,m^2;

q——单位时间、面积上的气化燃料量,$kg/(m^2 \cdot h)$;

V——煤气产率,m^3/kg。

气化强度取决于气化方法、气化燃料的特性、气化炉的结构等等。提高气化强度的主要途径是:

(1) 提高气化剂中的氧气浓度。采用富氧空气和水蒸气的混合物或氧蒸气混合物为气化剂。若将氧浓度(体积分数)提高至50%时,气化速度和相应的生产能力将增加两倍,而且煤气的热值也大为提高,当气化焦炭时,煤气热值从 4848.8kJ/m^3 提高到7942.0kJ/m^3。随着鼓风中氧浓度的提高,煤气组分中 CO 和 H_2 的含量增加,煤气热值、效率、水蒸气的消耗量增加,分解率降低。

(2) 提高气化炉温度。提高气化炉温度,可以增加气化速度,改善煤气质量,提高生产能力。增加气化剂中的氧浓度或者将气化剂进行预热,都能提高炉内温度。在干法排渣的固定层煤气发生炉中，温度的提高受到灰分软化温度的限制。

(3) 增加燃料的反应面积。采用颗粒小的燃料可以增加单位体积中燃料的表面积。但燃料中若含有大量粉末时，会增加带出物的损失，降低气化效率。

(4) 增大气化炉的压力。这是强化气化的重要方法，它允许增加单位体积内反应的密度，降低气流速度，增加了反应时间。

(5) 提高鼓风速度。在移动床发生炉中，碳的氧化反应速度很快，以致氧化层的高度只有颗粒直径的2～3倍，如果增加鼓风速度，将使气化速度也相应提高，但这一举措，将受到燃料层稳定性的限制。

(6) 燃料与气化剂的充分接触和混合。炉料布料均匀与气化剂分布均匀是相辅相成的，这样可避免串漏，保证燃料与气化剂的充分接触、混合。

288. 何谓水煤气，采用燃烧部分燃料供热时，发生水煤气的基本过程是什么?

以水蒸气作为气化剂而制取的煤气称之为水煤气。当水蒸气进入煤气发生炉时，在气化层发生下列反应：

$$C+H_2O = CO+H_2-118.71kJ/mol \tag{4-35}$$

$$C+2H_2O = CO_2+2H_2-77.44kJ/mol \tag{4-36}$$

$$CO+H_2O = CO_2+H_2+41.23kJ/mol \tag{4-37}$$

$$H_2+1/2O_2 = H_2O+241.74kJ/mol \tag{4-38}$$

有关研究资料表明，在高温下进行的主要反应是式4-35，而在低温下进行的主要反应是式4-36，反应式4-37是变换反应，也称为均相水煤气反应，为放热反应。水蒸气的分解率取决于反应温度、时间及燃料中碳的性质，反应温度越高，反应时间越长，若燃料的反应性越强，则水蒸气的分解率也就越高，这种关系如图4-7所示。

从上述的反应方程式可知，制取水煤气要吸收大量的热，如

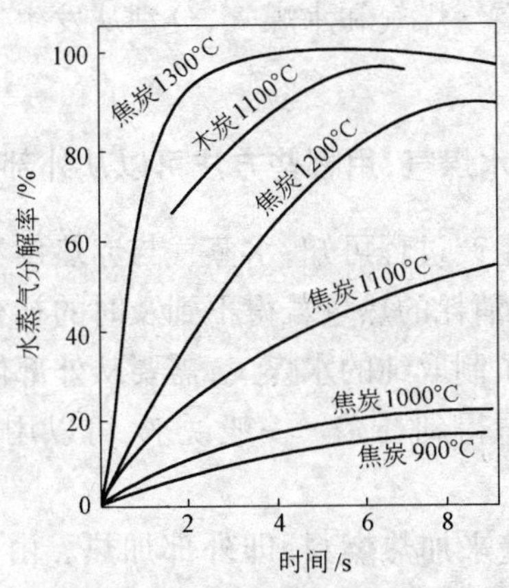

图 4-7　水蒸气被碳分解时的分解率与温度、反应时间和碳性质的关系

能连续供给足够的热量，保持反应温度，就能使过程连续进行。当采用以蒸汽—氧或富氧空气作为氧化剂的连续气化发生炉时就能达到此目的，但实际上现有的水煤气发生炉都是间接操作的。为了使燃料层保持必要的反应温度，应交替地向炉内吹入空气、水蒸气。当向炉内吹入空气时，实行燃烧部分燃料的供热方式，主要进行的反应是：$C + O_2 \longequal CO_2 + Q_1$ 和 $C + CO_2 \longequal 2CO - Q_2$，而碳的完全燃烧放出的热比 CO_2 还原所吸收的热要多，吹空气时放出的热量，一部分被煤气所带走，另一部分使燃料层的温度升高到一定程度，此时再吹入水蒸气，即主要进行 $C + H_2O \longrightarrow CO + H_2 - Q_1$ 和 $C + 2H_2O \longrightarrow CO_2 + 2H_2 - Q_2$ 两个反应，燃料层温度下降到 1000℃左右时，再通入空气，这样周而复始 交替进行，以制取水煤气。

为了降低反应温度的波动以制取组成比较稳定的水煤气，可以在规定的换向时间内采取上吹、下吹相结合的方式来达到此目的。

按上述方法制造水煤气时，制造空气煤气的过程（吹空气）和制造水煤气的过程（吹水蒸气）是在不同的时间内进行的，这一生产过程的产品为空气煤气和水煤气,分别从发生炉内引出,而供给不同的用户。

289. 为制取纯的水煤气,用哪些方法可以从外部供热?

从水煤气的生产过程可知,水蒸气与赤热焦炭反应时,消耗了氧化区的热量,所消耗的热量若得不到及时的补充,则此反应将无法进行下去。为了制取纯的水煤气,需要从外部供给热量,以保证反应所消耗的热量得到补充。一般说来,可以用下列 4 种方法进行供热:

(1) 通过炉壁来加热燃料,即外部加热。由于耐火的炉壁导热性不好,采用这种方法很不经济。另外,此法需要用耐火度高的材料,所以这种方法没有能够得到广泛的应用。

(2) 用高度过热的水蒸气(1100℃)或水蒸气和气体的过热混合物把热量送入燃料层中。这种方法在工业上也未广泛采用,其原因是需用耐火度高和化学稳定性好的材料。此法只是被用于制取人造液体燃料及工业所需要的特殊气体。

(3) 加热水蒸气和粉末燃料的混合物达到水煤气反应温度(1100℃)。这种方法适合于化学合成需要的气体。

(4) 燃烧一部分气化所用的燃料,而把热量积累到燃料层里。这种方法制造水煤气的过程是间歇的,燃烧阶段和制气阶段联合组成水煤气制造过程的工作循环。这一方法得到普遍采用。

290. 采用不同气化燃料所制得的水煤气的组成、热值等技术指标有何不同?

采用不同燃料,用燃烧部分气化燃料供热的方式进行水煤气的生产,有关技术指标见表 4-5。

表 4-5　采用不同燃料制得的水煤气的技术指标

指　标	燃　料			
	焦炭	无烟煤	Ⅱ级烟煤	褐煤
1．燃料(被气化物质)				
(1) 水分/%	4.5	5.0	8.0	25.4
(2) 灰分/%	11.0	6.0	10.5	7.3
(3) 碳含量(质量分数)/%	81.0	83.0	63.0	49.1
(4) 高热值/$kJ \cdot kg^{-1}$	28006.0	30096.0	26981.9	20105.8
低热值/$kJ \cdot kg^{-1}$	27608.9	29594.4	25707.0	18588.5
(5) 挥发物含量(在可燃基中)/%	2	4	45	47
2．消耗系数和比产率				
(1) 空气消耗/$m^3 \cdot kg^{-1}$	2.6	2.86	1.6	1.02
(2) 水蒸气消耗/$kg \cdot kg^{-1}$	1.2	1.7	0.68	0.40
(3) 水蒸气分解度/%	50	40	51	68
(4) 水煤气产率/$m^3 \cdot kg^{-1}$	1.5	1.65	1.05	0.62
(5) 吹出气产率/$m^3 \cdot kg^{-1}$	2.7	2.9	1.81	1.33
3．气体的组成、热值、温度				
(1) 干水煤气组成(体积分数)/%	6.5	6.0	7.5	14.5
CO_2	0.3	0.4	0.3	0.2
H_2S	0.2	0.2	0.2	0.2
C_mH_n			0.9	0.6
CO	37	38.5	32	23.8
H_2	50	48	49.6	50.0
CH_4	0.5～2	0.5	4.7	6.9
N_2	6.0	6.4	4.8	3.8
(2) 热值高热值/$kJ \cdot m^{-3}$	11411.4	11286.0	12999.8	12310.1
低热值/$kJ \cdot m^{-3}$	10450.0	10366.4	11745.8	11035.2
(3) 干吹出气的组成(体积分数)/%				
CO_2	17.5	14.5		
H_2S	0.1	0.1		
O_2	0.2	0.2	0.2	0.2
C_mH_n			0.3	0.2
CO	5.0	8.8	12.2	16.9
H_2	1.3	2.5	5.4	11.0
CH_4		0.2	1.2	1.7
N_2	75.9	73.7	67.6	58.9

续表 4-5

指　　标	燃　　料			
	焦炭	无烟煤	Ⅱ级烟煤	褐煤
(4) 吹出气温度/℃	600	700	560	335
(5) 吹出气热值/$kJ \cdot m^{-3}$	600			
高热值/$kJ \cdot m^{-3}$	836.0	1534.1	2900.9	4368.1
低热值/$kJ \cdot m^{-3}$	794.2	1479.7	2727.5	4067.1
(6) 水煤气温度/℃	550	675	525	270
4. 碳损失(质量分数)/%				
(1) 在炉渣中的碳含量	14	20	32	26
(2) 带出物量	2	5	1.9	9
(3) 焦油量			2.8	2.0
5. 燃料中的碳平衡(质量分数)/%				
(1) 转入水煤气中的	49.5	48.2	41.7	31.3
(2) 转入吹气中的	45.5	45.0	45.3	47.6
(3) 转入炉渣中的	3.0	1.8	7.4	4.1
(4) 转入带出物中的	2.0	5.0	1.9	14.2
(5) 转入焦油中的(被水煤气带出的)			3.7	3.4
6. 热平衡收入/%				
(1) 燃料的热值	90.3	85.7	93.3	94.7
(2) 空气的显热	0.1	0.1	0.1	0.1
(3) 水蒸气的显热	9.6	14.2	6.6	5.2
合　　计	100.0	100.0	100.0	100.0
支　　出/%				
(1) 水煤气的热值	54.1	52.5	47.2	36.2
(2) 吹出气的热值	18.2	12.5	21.8	31.0
(3) 水煤气的显热	3.4	4.5	2.6	1.1
(4) 吹出气的显热	6.1	8.0	4.8	2.5
(5) 气体中水分的显热	6.5	11.5	5.9	6.5
(6) 焦油的热值			3.6	3.6
(7) 随炉损失掉	3.0	1.6	5.5	3.2
(8) 随带出物损失掉	2.0	2.0	1.6	12.0
(9) 传到周围介质和其他方面的损失	6.7	4.4	7.0	4.1
合　　计	100.0	100.0	100.0	100.0
7. 效率/%				
(1) 气化效率	60	61	51	38
(2) 热效率	54	53	47	36

291. 水煤气发生炉构造的主要特点是什么?

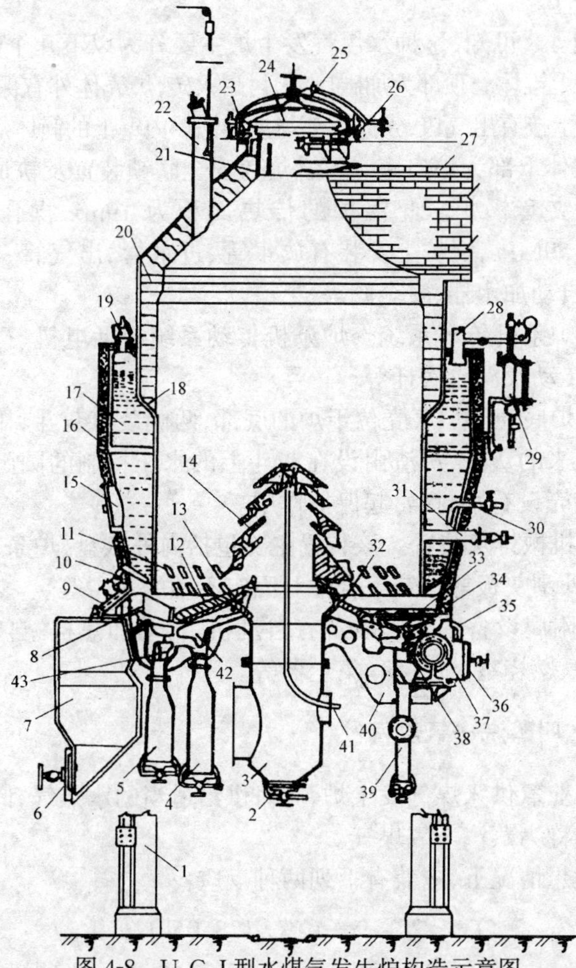

图 4-8　U.G.I 型水煤气发生炉构造示意图

1—支柱;2—炉底三通圆门;3—炉底三通;4—长灰瓶;5—短灰瓶;6—灰斗圆门;7—灰槽;8—灰犁;9—圆门;10—夹层锅炉放水管;11—破碎板;12—小推灰器;13—大推灰器;14—宝塔形炉条;15—夹层锅炉入孔;16—保温层;17—夹层锅炉;18—R 形连接板;19—夹层锅炉安全阀;20—耐火砖;21—炉口保护圈;22—量炭层装置;23—炉口座;24—炉盖;25—炉盖安全连锁装置;26—炉盖轨道;27—出气口;28—夹层锅炉出气管;29—夹层锅炉液位计警报器;30—夹层锅炉进水管;31—试火管及试火考克; 32—内灰盘; 33—外灰盘;34—角钢挡灰圈;35—涡杆箱大方门;36—涡杆箱小方门;37—涡杆;38—涡轮;39—涡杆箱灰瓶;40—炉底壳;41—热电偶接管;42—内刮灰板;43—外刮灰板

我们介绍一种名为 U.G.I 型 ϕ3m 水煤气发生炉的构造示意图(图 4-8)。

从图 4-8 可知,这种水煤气发生炉主要分为以下几个部分:

(1) 上锥体。顶部为加碳口,内衬耐火砖,炉壳体外有保温砖层,壳体斜面上接有出气口,壳体底部与夹层锅炉内壁上的筒体焊接。

上锥体上部为炉口座、炉盖、炉盖安全联锁装置及轨道。

(2) 夹套锅炉。此锅炉的传热面积为 $19m^2$,操作压力为 0.39~0.59MPa,锅炉上安装有放水管、进水管、出气管、液位计、警报器、自动加水器、安全阀等。

(3) 炉条机传动系统。炉条机传动系统包括电机、行星减速机、链条传动及涡轮涡杆等。

(4) 炉底壳。炉底壳位于炉的底部,两侧装有灰斗,用来装被灰犁刮下来的灰渣,灰渣由设在灰斗上的水压控制的圆门定时排出。炉底壳设有水封槽,起保护作用。

(5) 机械排灰装置。该装置主要包括内外灰盘、炉条、大小推灰器、内外刮灰板等运转组合件及固定不动的灰犁等。

(6) 附属设备。附属设备有自动机、自动加焦机、自动阀门、废热锅炉、燃烧室、洗气箱、集尘器等。

292. 什么叫蒸汽—氧煤气?

将工业氧供入煤气发生炉,同时供给适当的水蒸气,此时所制得的煤气称为蒸汽—氧煤气。

在理想情况下,应兼有下列两种反应:

$$C + 1/2O_2 = CO + 123.05kJ/mol \qquad (4\text{-}39)$$

$$C + H_2O = CO + H_2 - 118.74kJ/mol \qquad (4\text{-}40)$$

如果当第一个反应的热量正好被第二个反应所利用时,则气化反应的综合方程式为:

$$2.04C + 1/2O_2 + 1.04H_2O = 2.04CO + 1.04H_2 \qquad (4\text{-}41)$$

此时蒸汽—氧煤气的理想组成(体积分数)为:CO66%,H_2—34%。

但是在实际条件下，在所得的煤气中除 CO 和 H_2 以外，还含有其他组分（CO_2、N_2、CH_4），其中 CO_2 含量比间歇式制取的水煤气中 CO_2 含量还高，这是由于 CO 在水蒸气浓度高的条件下按下式变换：

$$CO + H_2O \rightleftharpoons CO_2 + H_2$$

蒸汽一氧（富氧）煤气可以用来代替水煤气或半水煤气。

293. 蒸汽一氧煤气与间歇式水煤气、半水煤气比较有何特点？

间歇式水煤气、半水煤气主要存在的问题和不足是：

(1) 因为在鼓风时需要大量的空气，到吹风末期造成燃料层温度很高，从而对燃料的热稳定性、灰溶点、颗粒等要求都比较高。

(2) 吹风末期燃料层温度很高，势必导致在吹风过程中使一部分热量损失，也会造成燃料层温度的波动，从而降低气化效率。

(3) 由于间歇操作，大约有三分之一的时间用于吹风和切换阀门，有效制气时间相应减少，在一个制气周期内，燃料层温度逐步降低，蒸汽分解率也相应减弱，严重制约气化能力的提高。

(4) 由于频繁换向交换，又要维持燃料层气化区的合适位置，给操作和管理带来了许多麻烦，诸如构件损坏等等。

针对上述问题，采用蒸汽一氧混合物连续制取水煤气可以克服这些不足。在设计为间歇式的固定层煤气发生炉中应用蒸汽一氧混合物连续制气具有以下优点：

(1) 生产能力高，比间歇式水煤气炉高约一倍，比其他通常的煤气发生炉也高出 50%～150%。

(2) 能应用粒度较小的燃料。

(3) 气化效率高，碳消耗量低。用焦炭作原料时，其效率可从 50%～60% 提高到 80%～84%，用褐煤作原料时，效率可从 38% 提高到 73%。

(4) 管理和操作比较简单。

(5) 减少维修费用和人员。

但是，这种方法需要解决制氧设备，保证氧气供应。

294. 加压制取蒸汽—氧煤气的原理是什么?

燃料在加压下用蒸汽——氧鼓风气化时,气化过程在数量和质量上的指标均发生重大变化,随着压力的提高,燃料中的碳将直接与氢反应而生成甲烷,反应式如下:

$$C+2H_2 \Longrightarrow CH_4+75.45\text{kJ/mol} \tag{4-42}$$

$$CO+3H_2 \Longrightarrow CH_4+H_2O+205.03\text{kJ/mol} \tag{4-43}$$

$$CO_2+4H_2 \Longrightarrow CH_4+2H_2O+163.8\text{kJ/mol} \tag{4-44}$$

在这种情况下,在 900～1000℃ 的低温下进行气化反应成为可能,从而有效地避免了燃料移动床发生炉中结渣,减轻了劳动强度和改善了操作环境,使气化过程得到强化。

水煤气反应需要的热量的大部分可由甲烷生成反应放出的热量来供给,随着压力的增加,热量的需求量和氧气的需求量大大降低。

295. 加压气化对煤气的组成有何影响?

当在常压下,温度为 500～550℃ 时,碳和氧反应生成甲烷时的气体组成如图 4-9 所示。

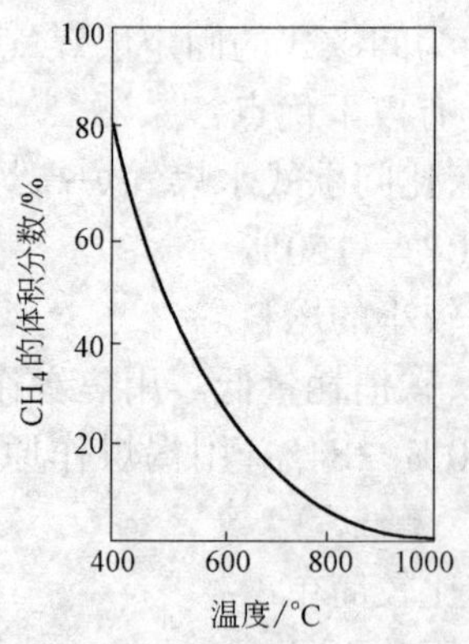

图 4-9 $C+2H_2 \rightleftharpoons CH_4$ 平衡时温度与气体组成的关系

压力增加对煤气组成的影响见图 4-10。

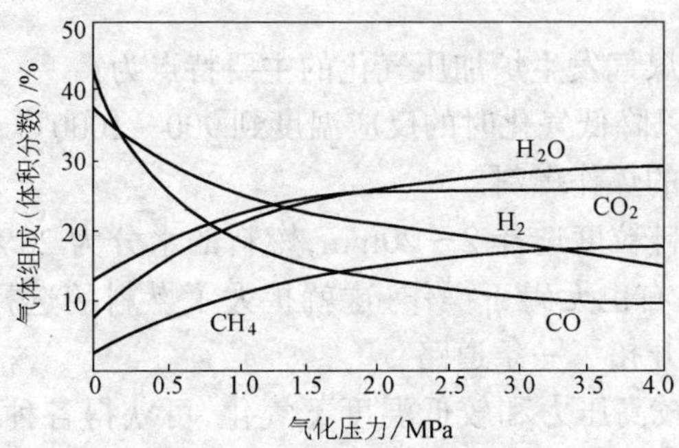

图 4-10　温度恒定时(1000K),压力增加对煤气理论组成的影响

在压力恒定时,升高温度对煤气组成的影响如图 4-11 所示。

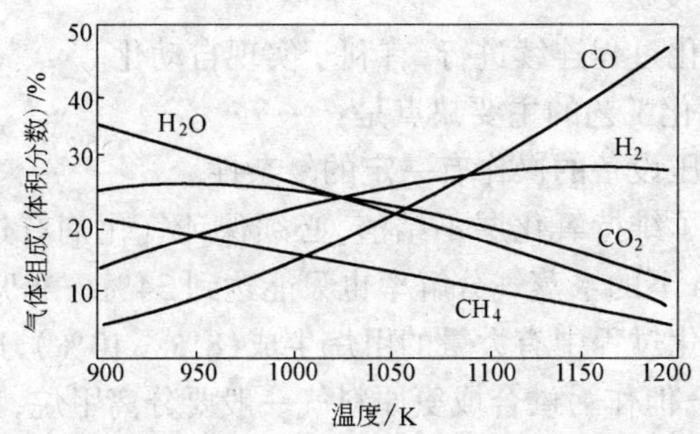

图 4-11　在 2MPa 下(恒定)升高温度对煤气理论组成的影响

在气化剂温度一定的情况下,随着气化压力的提高,将会产生:

一是增加 CH_4、CO_2 和 H_2O 的含量,同时 CO 和 H_2 含量降低;二是显著地减少氧气用量,$1m^3$ 氧使热量转入煤气中的效率比常压气化时几乎增加一倍;三是增加水蒸气用量并降低水蒸气分解率,同样也降低了用于生成甲烷的氢气用量;四是由于水蒸气的不完全分解,气化热效率稍有降低。

296. 移动床煤气发生炉加压气化的主要特点是什么?

移动床煤气发生炉加压气化的主要特点为:

(1) 可以降低气化时的反应温度到900～1000℃,从而可利用灰熔点较低的煤作燃料。

(2) 燃料粒度选择2～20mm,燃料的水分为20%～30%,灰分为30%左右也无碍于操作,这就扩大了燃料的选择范围,为降低制气成本开拓了一条道路。

(3) 在较高压力和较低温度下气化,可获得各种有价值的焦油和气态副产品。

(4) 可以降低动力消耗。

(5) 单位气化设备生产能力大为提高,缩小了设备和管道尺寸并减少了投资。

(6) 气化过程连续进行,有利于实现自动化。

这种气化工艺的主要缺点是:

(1) 高压设备的操作有一定的复杂性。

(2) 为了维持氧化层不结渣,必须保证气化剂有过量的水蒸气,在2MPa下的水蒸气分解率也只能达到34%～36%。

(3) 气化过程中有大量的甲烷生成(8%～10%),这对燃料煤气是有利的,但作为供合成氨原料气一般要分离甲烷,其工艺较为复杂。

297. 目前国内常用的煤气发生炉的型号和主要技术参数是什么?

目前国内常用的煤气发生炉的型号和主要技术参数见表4-6。

表4-6 目前国内常用的煤气发生炉的型号和技术参数

序号	名 称	规格/m	炉膛面积/m^2	燃 料			匹配电机功率/kW	质量/kg
				名称	耗量/$kg \cdot h^{-1}$	煤气量/$m^3 \cdot h^{-1}$		
1	ϕ3.6m发生炉	ϕ3.6	10.0	烟煤		8000～10000	7.3	

续表 4-6

序号	名　称	规格/m	炉膛面积/m^2	燃　料			匹配电机功率/kW	质量/kg
				名称	耗量/$kg \cdot h^{-1}$	煤气量/$m^3 \cdot h^{-1}$		
2	A-13 型发生炉	ϕ3.0	7.07	烟煤	1700	4600～5500	7.3	40400
3	A-21 型发生炉	ϕ3.0	7.07	无烟煤	1000～1500	4500～5600	4.5	382500
4	3M 型发生炉	ϕ3.0	7.07	无烟煤	1000～1500	4500～5600	4.5	38000
5	W 型 发生炉	ϕ3.0	7.07	烟煤		4600～5500	4.5	35800
6	W-G 型发生炉	ϕ3.0	7.07	无烟煤	1200～2000	6000～8000	4.5	28300
7	ϕ2.4m 发生炉	ϕ2.4	3.1	无烟煤	900～1200	3600～5000	3	90400
8	ϕ2m 发生炉	ϕ2.0	3.14	无烟煤	600	2100	6.8	16000
9	ϕ1.6m 发生炉	ϕ1.6	2.0	无烟煤	400～700	1600	3	22000
10	ϕ1.5m 发生炉	ϕ1.5	1.77		350	1200	4.1	

298. 煤气发生炉在投产前为什么要煮炉，其主要步骤是什么？

为了使发生炉在投产后能正常运行，要除去炉内的油污、沉淀物、铁锈，以保证受热均匀，需要对其进行化学处理，所以采用水溶烧碱外加蒸汽升温，对发生炉炉夹套及蒸汽汇集器进行煮炉。以A-21 型发生炉为例，其煮炉的主要步骤是：

(1) 打开炉内放空阀加水，保持炉内的水位在水位计 2/3 处。

(2) 加入烧碱 50kg。

(3) 通入蒸汽加热煮炉 24～36h。（蒸汽进口加在排污管上 3/4 处）

(4) 停止加热后，待炉内夹套、汽包内水温小于 60℃，打开排污阀将水全部放出。

(5) 待炉体和汽包冷却后，开启人孔门、手孔门进行炉内检查，如发现仍有油垢、铁锈时，继续按上述方法进行煮炉，直到没有油垢为止。

(6) 煮炉结束后，用清水冲洗 2～3 次，然后加水备用。

299. 煤气发生炉为什么要烘炉?

煤气发生炉一般用黏土砖砌筑而成,所砌筑的发生炉砌体内含有一定水分,必须进行烘烤加热,对砌体进行干燥,使砌体内的水分进行蒸发。逐步提高烘炉温度,使炉体达到安全膨胀的目的。发生炉的烘炉工作同其他制气炉一样,烘炉质量的好坏直接影响到正常生产和使用寿命,烘炉要严格执行烘炉技术规程,按烘炉升温计划完成任务。

300. 煤气发生炉点火烘炉前应做好哪些准备工作?

点火烘炉前应做好的准备工作有:

(1) 基建或技改工程应达到具备烘炉点火的条件,土建、主体设备安装、煤气导出及洗涤系统、仪表及自动控制系统以及相关的煤气用户系统均应达到一定的条件。

(2) 供电系统运转正常。

(3) 供蒸汽、供水系统运转正常,边界压力达到规定要求。

(4) 发生炉全部机械设备及润滑系统运转正常。

(5) 机械设备空负荷试车合格。

(6) 仪表经调试校核准确。

(7) 炉体、集尘器、热煤气管道水封、蒸汽汇集器、炉底水封,水封逆止阀等注水保持满流,灰盘注水且其水位高度保持至盘边100mm左右。

(8) 消除炉内的一切杂物。

(9) 若用焦炭烘炉,炉顶贮焦器中装满焦炭。

(10) 检查并打开放散阀,向炉内鼓风15~20min,排除炉内潮气和烟尘。

(11) 准备点火材料:

1) 选择粒度30~50mm的灰渣装入炉内,渣面高度要高于风帽顶200mm,形成蘑菇状,开动灰盘转动15~20min,以便对灰渣进行松动。

2) 将干燥木材装入炉内(木材长度小于 700mm,厚度大于 150mm),并把废油布、木铯花等易燃物放在木材上。

301. 烘炉点火操作的基本过程是什么?

烘炉点火操作的基本过程是:

(1) 认真检查准备工作完成的程度并作好记录。

(2) 微开最大的放散管,开始点火,点火时由炉体人孔处进行,注意使炉内四周木材均匀燃烧。

(3) 点完火后,封闭炉体人孔,起动鼓风机,慢慢开启闸门,并调节风管闸门,慢慢送入少量风,保证炉底风压在 200~300Pa 为宜。

(4) 当炉内木材燃烧 2/3 时,即可适当加焦,并逐步调整风量。

(5) 在加入焦炭后,注意观察火层的变化,当火层厚达 100mm 以上并呈红色时,根据炉内燃料燃烧情况可适当通入饱和蒸汽,同时适当增加焦炭,并调整风量。

(6) 在点火或烘炉过程中,炉内始终保持正压,严禁负压操作。

302. 怎样确定发生炉的烘炉升温计划?

一般发生炉砌筑用砖为黏土砖,根据黏土砖特性来确定其升温计划,黏土砖的热膨胀曲线参见图 4-12。

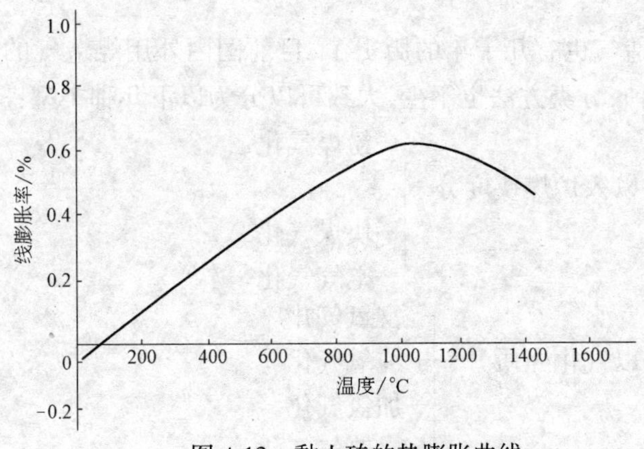

图 4-12 黏土砖的热膨胀曲线

从图中明显看出，在1000℃以前，基本是直线变化，其膨胀率与温度成比例地直线上升。黏土砖的热稳定性较好，总膨胀量较小，抗温度急变性强，但其升温也必须是逐步升温，不能过急，根据上述曲线确定的升温计划如表4-7所示。

表4-7　升温计划

温度/℃	计划升温/℃·天$^{-1}$	计划烘炉天数/天	备　注
常温～100	20	4.0	
100～120	20	1.0	
120	0	0.5	恒　温
120～200	40	2.0	
200	0	0.5	恒　温
200～360	80	2	
360	0	0.5	恒　温
360～600	120	2	

计划烘炉天数共12.5天，当炉温大于600℃后可逐步转入正常生产。

303．当前国内外工业化煤的气化方法主要有哪些？

用煤造气也有几十年的历史了，目前国内外用煤造气的方法不下几十种，分类方法也不少，大致可以分为以下几种类型：

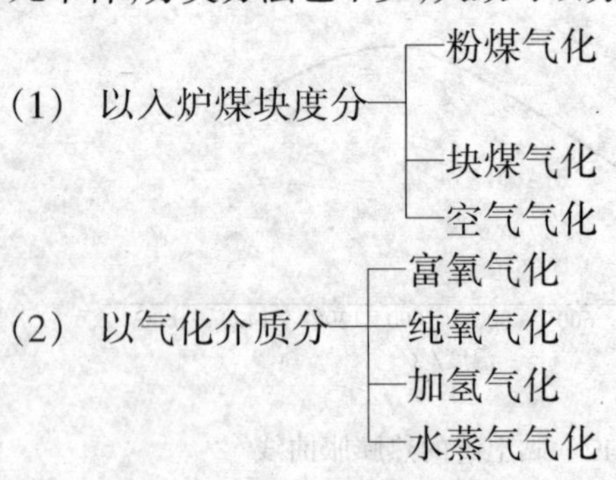

(3) 以传热方式分——外热式 / 内热式 / 热载体式

(4) 以燃料在炉内的状况来分——移动床气化 / 沸腾床气化 / 气流床气化 / 熔融床气化

在上述分类方法中，以燃料在炉内的状况来分的方式应用比较广泛。

304．什么是移动床块煤气化？

移动床是一种较老的方法，煤与气化剂逆向流动，煤能吸收生成煤气中的显热，气化剂能吸收灰渣中的显热，停留时间长，碳转化率高，灰渣残碳少，热效率高。其主要缺点是，对煤种要求较严，要有一定的块度，灰熔点、热稳定性要求较高，最好采用不黏结性煤，对反应床层的温度调节较为困难。

该工艺所采用的主要设备有：煤气发生炉、水煤气炉、鲁奇加压气化炉等。

305．何谓沸腾床气化法？

沸腾床气化法是用流态化技术来制取煤气的一种方法。气化剂经过煤粉层，使燃料处于悬浮运动状态，固体颗粒的运动如沸腾着的液体，由于煤粒小，表面积大，气相和固相相对运动激烈，对流传热效率高。这种煤气发生炉即为沸腾炉。沸腾床气化法又包括温克勒法(Winkler)、合成甲烷法(Synthane)、加氢气化法(Hygas)等。

沸腾床法温度均匀，易调节，原料粒度范围宽，可用粒度小于6mm的非黏结煤，用流化速度来调节加料量。采用这种气化途径，对原料煤的性质变化很敏感，煤的黏结性、热稳定性、水分、灰熔点变化时，易使操作不正常。此法应用不很广泛。

306. 什么叫气流床气化法?

气流床气化是将颗粒很小的煤粒与气化剂一起喷入气化燃料炉内,产生的煤气在高温的状况下离开反应器。近代典型的K—T炉是实现这一工艺的主要设备,其结构如图4-13所示。

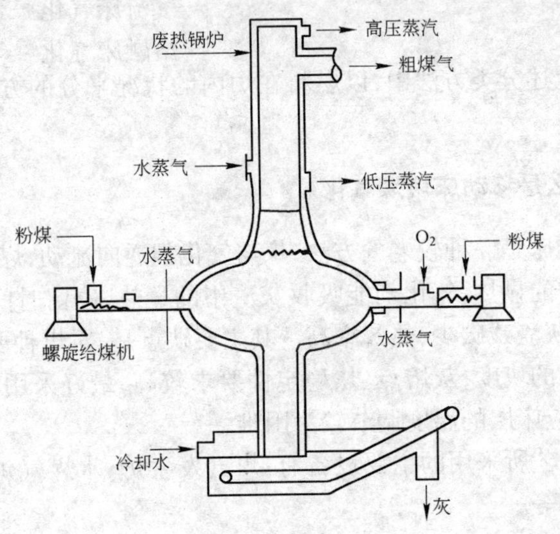

图4-13 K—T式气化炉

粒级小于0.074mm的粉煤占85%的燃料与过热蒸汽、氧气一起喷入高温炉头进行疏相并流燃烧、气化。高温炉头对称设置于炉子的两侧,当喷嘴喷出的煤粉未燃尽时可在对面喷出的火焰中燃烧,火焰对喷,不直接冲刷炉墙,对炉衬有一定的保护作用。这种气化又称为对称火焰对冲式气化。炉头内火焰温度高达2000℃,整个反应速度极快,约在0.1s的时间内即可完成。在气化炉中部,炉温为1500~1600℃,气体在炉内停留的时间约为1~1.5s,部分炉灰以液渣的形式自炉底排出,排渣黏度约为15Pa·s,其余渣滴和未燃尽炭粒则由炉顶排出。

为防止回火爆炸,喷嘴出口气流速度应大于火焰速度,通常要大于 100m/s。

炉内温度要比煤的灰熔点高 100～150℃，方能保证正常运行。

307．鲁奇炉移动床气化生产的主要特点是什么？

鲁奇加压气化炉结构如图 4-14 所示。

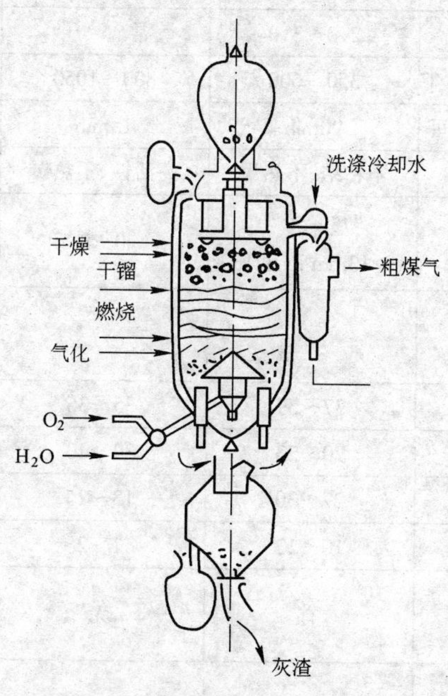

图 4-14　鲁奇加压气化炉

鲁奇炉内有可转动的煤分布器和灰盘，气化介质氧气和水蒸气由转动炉箅条状孔隙处进入炉内，灰渣由灰盘连续排入灰斗，以与加煤操作相反的顺序排出。

所采用的原料为不黏结或弱黏结块煤或小粒煤，操作压力为 2.0～3.0MPa，生产含甲烷 10%～12%（体积分数）的煤气，可作为城市煤气、燃料气及合成气。

308. 比较几种工业化制气方法有何不同?

工业上常用的三种制气方法,其主要区别见表 4-8。

表 4-8 工业上常用的三种制气方法的主要区别

气化指标	炉型		
	鲁奇炉(移动床)	温克勒炉(沸腾床)	K—T 炉(气流床)
气化压力/MPa	2.0~3.0	常压	常压
气化炉出口煤气温度/℃	350~600	800~1050	1400~1600
煤在炉内的停留时间	90min	15min	1s
气化煤种	不粘结、不热爆	高活性、不热爆	各种煤
入炉煤粒度/mm	5~50 (>13mm 占 87%)	0~8	<0.1 (0.074mm 占 80%)
煤气组成 (体积分数)/%			
H_2	37~39	35~36	31
CO	20~23	30~40	58
CO_2	27~30	13~25	10
CH_4	10~12	1~2	0.1
煤气中焦油、 酚等副产物污染	有	无	无
吨煤煤气产率 $/m^3 \cdot t^{-1}$	1220	1580	1900
粗煤气耗氧 (折成 100%)$/m^3 \cdot m^{-3}$	0.16~0.27	0.35	0.31~0.36
蒸汽耗量/kg	1.1~1.9	0.4~0.9	0.07~0.16
碳转化率/%	88~95	68~80	80~98
冷煤气效率/%	75~80	58~65	69~75

309. 煤的气化工艺发展方向大概有哪几个方面?

随着现代科学技术的发展,煤的气化工艺发展的方向主要在以下几个方面:

(1) 利用氧作气化剂。氧作气化剂时,生产强度大,煤气质量好,气化效率高,技术上较易掌握。在新研制的气化方法中一般已不用空气作气化剂。

(2) 提高造气压力。加压气化可提高气化强度、节省劳动力,便于远距离输送。一般粉煤气化压力已经提高到 2.5~4.0MPa,如萨尔贝尔克—奥托、谢尔—柯柏斯、德士古等。用块煤或小颗粒煤的鲁奇 100 型炉已将压力提高到 8.0~10.0MPa,高温温克勒炉(煤粒 0~8mm)也将压力提高到 1.0MPa。

(3) 增大炉子直径和容积,提高单产气量。

(4) 增大原料煤适应范围,尤其是发展粉煤造气。

(5) 使发电与生产价廉低热值煤气相结合,发展燃气透平、蒸汽透平复合循环发电。

(6) 利用核能制气,扩大能源范围,提高煤的利用率。

310. 国外关于煤的气化新工艺的研究动向如何?

国外关于煤的气化新工艺的研究目的在于寻求扩大能源资源,保持技术的先进性,这项技术比较领先的国家有德国、美国、英国等。如德国的德士古气化法适应于生产合成气,用含煤达 80%的煤水浆(加分散剂)做原料,灰团球排渣,这是国际上已可用于工业化的第二代气化法之一;美国研究并生产的高热值的代用天然气,不含甲烷的合成气,用于燃气、蒸汽轮机复合发电的低热值煤气等等在制气技术方面都是具有世界先进水平的。

德国正在研制的煤气化新工艺状况见表 4-9。

表 4-9 德国正在研制的煤气化新工艺

气化工艺	负责公司、厂家	投资/万马克	煤种	气化温度/℃	气化压力/MPa	排渣形式	试验规模/$t\cdot h^{-1}$
鲁奇加压气化100型	鲁尔煤气公司 鲁尔煤公司 煤电公司	10300	细料煤、不黏结煤—黏结性煤	900	最高达10.0	液态渣	7
高温温克勒法	莱茵褐煤公司	724	细粒煤、褐煤、不黏结性烟煤	1000	1.0	干灰	1
谢尔—柯柏斯法(Shell—Koppers)	谢尔公司 克虏伯—柯柏斯公司	6000	各种粉煤	1400～1500	2.0	液态渣	6
德士古(Texaco)	鲁尔化学公司 鲁尔煤公司	2900	各种粉煤制成的煤浆	1400～1500	4.0	液态渣	6
萨尔贝尔克—奥托法	萨尔煤矿 奥托公司	4300	各种煤粉残碳	1500	2.5～3.0	液态渣	5～10
原子能制气水蒸气气化法	采矿研究所	4000	硬煤	800	4.0	干灰	0.4
原子能制气加氢气化法	莱茵褐煤公司	2552	细粒褐煤	800～900	4.0～10.0	残碳	0.4

311. 什么是催化气化法?

在煤气化过程中,加入催化剂,强化制气过程的工艺即为催化气化法。国内外对催化气化法都在积极地研究和探索,其目的在于在加压和较低温度情况下生产含甲烷多的城市煤气或代用燃气。如:美国埃克森(EXXON)公司从 1971 年起就开始研究催化气化法,利用弱酸的碱金属盐(K_2CO_3、$NaCO_3$、K_2S、Na_2S)对煤与过热蒸汽反应有催化作用的原理，在 3.4MPa 气压条件下，675～700℃的温度，20%K_2CO_3、80%的半焦，碳的转化率可达 80%，虽然空间速度很高($2300m^3/h$)但，也可达到甲烷转化的平衡极限。

催化气化的供热量少，与热气化法相比仅为 1/15，这是发展这一气化工艺的可喜前景。

312. 我国在煤气化的新工艺的研究中有哪些突出的成果？

在煤的催化气化方面，茂名石油公司研究所曾提出过低阶煤的低温干馏和催化气化新工艺设想，其流程如图 4-15 所示。

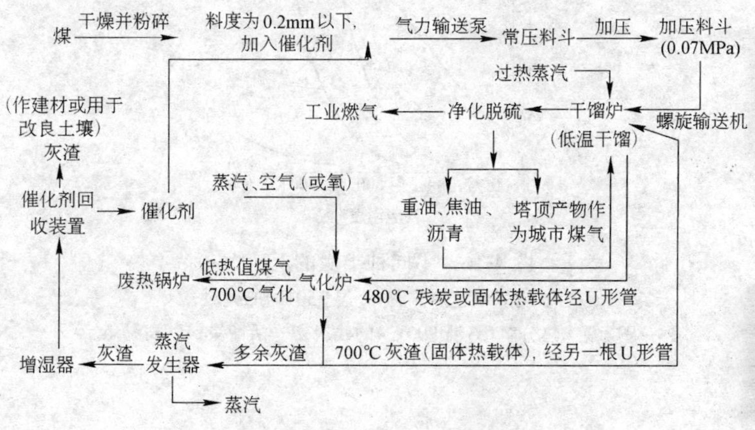

图 4-15 低阶煤低温干馏及催化气化新工艺

大连工学院从 1964 年起，就开始对粉煤快速焦化气化新工艺进行研究并取得可喜成果，人们知道慢速升温的热分解是以缩聚反应为主的，生成物质以炭或焦炭为主，而快速升温的热分解是以热裂解反应为主的，必然要有较多的挥发分析出，而残留的固碳是较少的。他们采用辐射加热法在长春、舒兰的中试装置中进行了试验。

以舒兰褐煤为例，在 850℃终温时的快速热分解，煤气产量最高达 $570m^3/t$ 可燃基，煤气热值为：$16744J/m^3$ 以上，煤气中含粗苯约为煤的 2.7%，含烯烃为 30m³/t 可燃基煤，焦油产率 8%，具有高温焦油特征，焦油中苯、甲苯、萘等成分比较集中，焦渣产率低，一般在 40%以下，其化学活性很好，800℃时 CO_2 的分解率可达 75%，而冶金焦炭无反应。焦渣活性特好，低温下甚至比活性炭还要高，从而可作为廉价的吸附剂用于污水处理。

不同种类炭的反应性参见图 4-16。

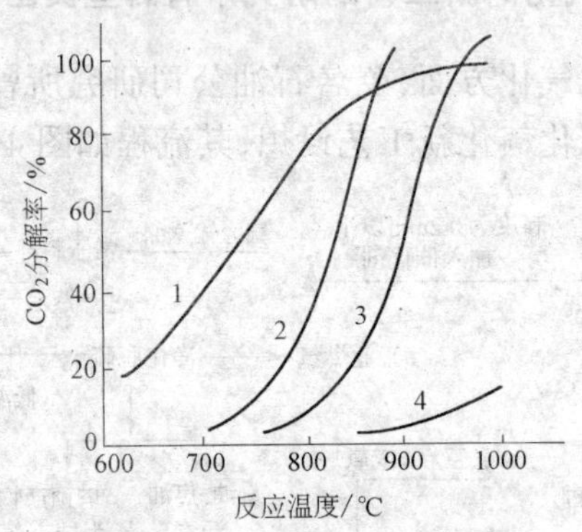

图 4-16 不同种类炭的反应性

1—褐煤快速热分解(终温 750℃)的残炭；

2—褐煤慢速热分解(终温 800℃)的残炭；3—活性炭；4—高温焦炭

第五章　煤的液化

313. 什么是煤的液化?

将固体燃料煤加工成液体燃料的过程称为煤的转化过程,这一过程的最终目标是生产液体产品,则该过程称为煤的液化。此液化的主要问题是将煤中的 H/C 原子比调整到合适的数值。不同煤和其他几种燃料或纯化合物的 H/C 原子比见表 5-1。

表 5-1　几种燃料或化合物的 H/C 原子比

燃料或化合物	H/C 原子比	燃料或化合物	H/C 原子比
甲　烷	4.0	甲　苯	1.1
天然气	3.5	苯	1.0
乙　烷	3.0	高挥发分 B 烟煤	0.8
丙　烷	2.7	高挥发分 A 烟煤	0.8
丁　烷	2.5	褐　煤	0.7
汽　油	1.9	中挥发分烟煤	0.7
石油原油	1.8	无 烟 煤	0.3

从表 5-1 可以看出,气体燃料的 H/C 原子比较大, 液体燃料次之,固体燃料的 H/C 原子比最小,所以煤的转化过程就要相对于原料煤而言大大提高产品的 H/C 原子比。除此以外,必须大大降低煤液体中杂质原子的含量,煤液体中含氧、硫、氯的化合物,在精制过程中,可以引起催化剂的中毒,并对燃料性能有很大的危害。煤中的矿物质也必须除去,矿物质对于在液化过程中泵送和处理煤-油浆将造成很大的困难,合成原油中存在的矿物质也必须在精制和利用之前预热清除。煤加氢能得到产率很高的芳香性油

状物,已分离鉴定出150种以上的化合物,比较从炼焦得到的产物,萘增加5~8倍,苯酚增加60~80倍,氮萘增加300~500倍。

314. 煤液化的目的是什么?

我国煤炭资源十分丰富,我国一次能源总消耗预计为14.4亿t标煤,其中优质能源石油和天然气分别占19.9%和2.8%左右,水电占6.9%,核能占0.97%,煤炭占69.4%。到2050年,我国一次能源总消费将增加为每年40亿t标煤,其中石油占4.28%,天然气占5.33%,水电占7.75%,新能源将有较大发展,约占2.5%,核能将会增加到12.5%,但煤炭仍然占有最大的比例67.65%。这就充分说明,我国一次能源的供应以煤炭为主的格局在相当长的时间内是不会改变的。那么,积极研究和开发煤的液化技术,其目的在于:

(1) 加速煤炭资源产品结构调整的力度,积极开发以煤为基础的优质能源,满足市场经济发展的需要。

(2) 将煤转化为清洁能源供发电厂使用,把现有用于发电的石油和天然气用于其他方面。

(3) 煤液化以制取冷油、柴油和透平用燃料油和化工产品。

(4) 制取几乎不含灰分且含硫极少的溶剂精制煤,作为人造黏结剂代替焦油沥青和强黏结性煤。

315. 如何从技术经济上评价煤的液化和气化工艺?

比较煤的液化和气化技术经济指标,必须根据煤种资源、产品需求、地区条件、环境保护、投资设备等条件,进行全面分析,综合评价,才能得出符合实际的结论。一般技术评价认为:

煤的液化,其原料转化效益较高,所需设备容积小,液体产品贮运设备小,运输方便,煤的芳构组分经改质后仍然保留。

煤的气化,工艺简单,用管线输送也颇为方便,气体燃烧空气过剩系数也小,因而燃料热损失也低,同时气体原料气可合成多样产品,气体原料气还便于非均相催化合成,煤的间接液化也是先气化后合成的工艺。

将煤转化为清洁能源的各种方法中，煤的液化是较为经济的，将煤转化为液体比进行气化时的化学变化要少，同时能量转化效率要高。

316．液化用原料煤对煤质有何要求？

煤液化用原料煤大部分是利用烟煤，但也有用褐煤的，褐煤的反应性强，加氢压力较低，价格便宜，同时生成油的发热量是褐煤的两倍，单位质量的运输费用是原来的50%，这是其优点。但是褐煤含氧量高，加氢耗量大，从而它的使用量又受到限制。在许多方法中，都倾向于使用含氧量少的烟煤。

有关研究资料表明，煤的加氢液化所用原料煤的组分（质量分数）宜为：含氢量不少于4.5%，灰分低于6.0%，丝炭含量低于5%～6%，此外，C/H质量比不应大于16。

317．如何根据原料煤的元素分析值来判断该种煤的加氢效果？

原料煤加氢液化，其产品收率与100H/C质量比的关系如图5-1所示。

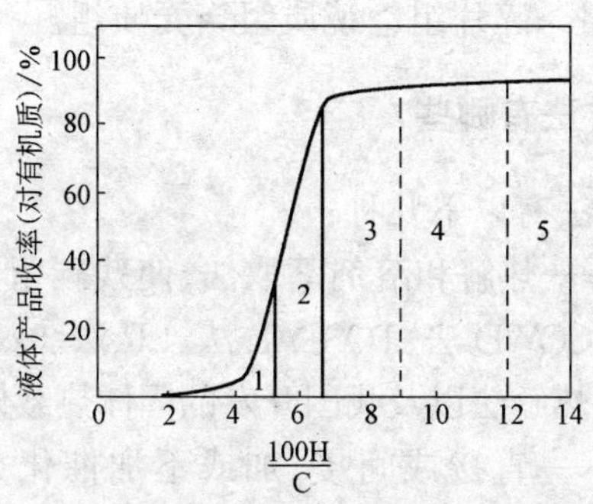

图5-1　液体产品收率与100H/C的关系

1—烟煤（T），100H/C<5.4；2—烟煤，100H/C=5.4～6.5，V<37%；3—烟煤与褐煤，100H/C=6.5～9.0，V=37%～50%；4—藻煤与生物岩，100H/C=9.0～12.0，V≥50%；5—石油产品，100H/C>12

从图 5-1 所示的曲线可以明显地看出：当 100H/C 质量比由 4 增加到 8 时，液体产品收率从 4%左右增加到 90%，当 100H/C≥8 后，曲线变化平坦，液体产品增加十分缓慢。

当已知原料煤的元素分析值时，计算出 100H/C 的比值，查图即可得到液体产品的收率，收率高即加氢效果好。

318. 煤液化的难易程度与哪些因素有关？

原料煤的液化难易程度一般与煤种、煤化程度及煤岩组成有关。就不同煤种而言，腐泥煤和残殖煤远比腐殖煤易于液化。

对相同地质年龄的各种煤岩类型，其破坏加氢的难易程度可排列成如下顺序：丝炭＞暗煤＞亮煤与镜煤＞煤的树脂质。

有关实验表明，丝炭在 20MPa 的气压下很难液化。如果，两种煤的地质年龄及元素组成很相近，但其岩相差别很大，则其破坏加氢的转化深度也会相差很大，丝炭含量高的煤种，不宜作破坏加氢液化的原料煤。

根据煤炭显微组分的加氢结果，可以得出，在丝质组的成分中主要是芳香族结构，在镜质组及稳定组中主要是氢化芳香族结构，在碎片组中存着非芳香族结构，不能经受氢化。显微组分加氢难易排列为：丝质组＞碎片组＞镜质组＞壳质组。

319. 煤液化的方法有哪些？

煤液化的方法有以下几种：

第一，除碳——热解和溶剂萃取法，使残碳留在热解或萃取残渣中。其中包括 COWD 法、TOSCAL 法、LR 法、Occidental 闪急热解法、Rockwell 加氢热解法以及我国开发的固体热载体快速热解法。

第二，加氢——直接或间接、加或不加催化剂法。具体方法有：伯吉乌斯法、美国矿务局 SYNTHOLL 法、煤—氢法、EDS 法、SRC 法、通氏煤液化法、CO—STEAM 法、Conoco 氯化锌法。

第三，煤的完全分解和各种原子的重新组合——气化、F—T 合成以及 Mobil MTG 法。

我们重点介绍的是煤的直接加氢液化法。

320. 煤直接加氢液化的工艺过程包括哪几个方面？

煤液化的工艺过程主要包括煤的粉碎、干燥、加混合油调制成煤糊、加氢液化、固液分离、加氢分解及蒸馏。其工艺流程如图 5-2 所示。

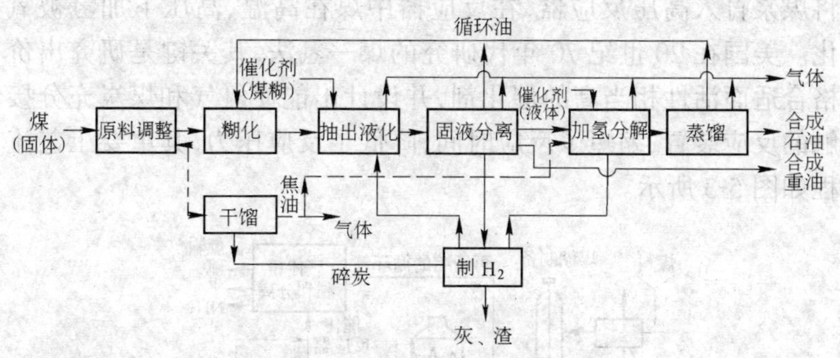

图 5-2　煤液化的基本工艺过程

首先是将煤粉碎，干燥脱水并与溶剂混合进一步粉碎至 0.25～0.15mm 以下制成糊状。用于调制煤糊的混合油有四氢化萘及加了氢的煤焦油高沸点馏分，如氢化蒽、氢化菲等。在工艺上常使用加氢反应生成的油作混合油，并循环使用。这种混合油能使煤溶解膨胀，同时还能成为氢的供给体。例如四氢化萘供给煤液化所需的氢原子后本身成为萘，萘又可以加氢形成四氢化萘，成为氢的载体而循环使用。

为提高加氢反应速度和增加转化率，在调制煤糊时或在加氢分解时均使用了催化剂。使用的催化剂必须具有抗硫化氢、水及氨的性能，一般采用铁、镍、钴、钼、钨的硫化物，在工业上通常也使用氯化锡、氯化锌、氧化铁、硫酸铁作催化剂。

从图 5-2 可见，在工业上煤的液化一般是分两步进行的，一是用廉价的催化剂将煤转化成一种液体，这种催化剂通常采用赤泥和硫酸铁，二是再将所获得的轻质馏分油按加氢裂解反应进行改质，使用的催化剂为钴或镍的硫化物。

321．什么叫煤—氢液化法？

煤直接加氢液化的方法即为煤—氢液化法。对煤的直接加氢液化，人们进行过很广泛的研究，现在大多数煤液化的方法具有共同的特征，即都经过干燥和粉碎后，再与煤衍生循环油制浆，然后将煤浆打入高压反应器，在反应器中煤在高温、高压下加氢被氧化。美国在 20 世纪 70 年代研究的煤—氢法，其关键是研究出价格合适而活性相当高的催化剂，并设计出能使氢气和煤炭充分接触的反应装置，缩短了反应时间，降低了反应压力，其主要工艺流程如图 5-3 所示。

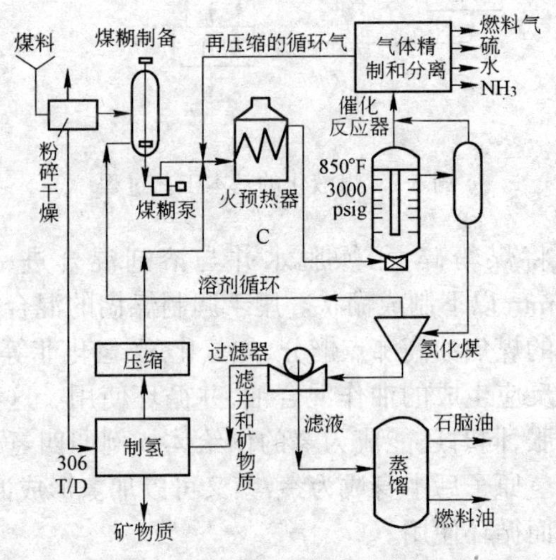

图 5-3　煤—氢法工艺流程示意图

322．煤—氢液化法工艺的主要特点是什么？

这套工艺装置可日处理粉煤 2.5t，粉煤用循环油制成煤糊经预热送入反应器中，也可将粒状催化剂与煤糊一起供给和排出，反应氢还流过反应器上方，有助于固体的悬浮，通过高空速和低压反应，烟煤能高收率地制取油品，由含硫（质量分数）3.4%的煤得到了含硫（质量分数）0.5%以下的油，生成油的75%类似原油。

这种流程的关键设备是反应器，其反应器的结构如图5-4所示。

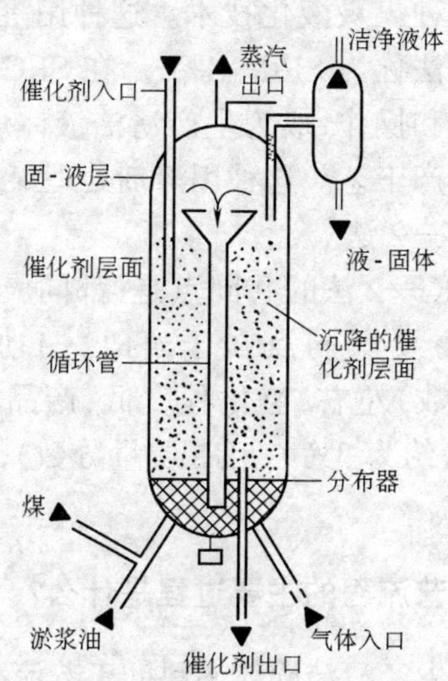

图5-4　反应器结构示意图

323．什么叫抽提加氢液化法？

抽提加氢液化法又称为加氢热溶法。本法采用供氢溶剂，使煤在400～450℃下热分解加氢，溶液循环，加氢补充氢耗。溶剂可用四氢萘、甲酚、为焦油加氢所得中油馏分和各种加氢石油馏分。在反应过程中，首先将H/C比较高的易溶（熔）组分抽提出来，再将耐溶（熔）组分热分解得较低分子物质，然后加氢而得所需产品。轻度加氢是为了制取无灰低硫煤，而深度加氢是为了制取化工原料。

抽提加氢液化法的总收率比全部加氢液化法要低，但避免了H/C低的难溶组分加氢困难的不足，其最大特点是在液化过程中完全不使用催化剂。

324. 什么是 SRC 法,SRC—1 和 SRC—2 有何区别?

用于获得溶剂精制煤的生产方法叫 SRC 法。它是利用溶剂对煤中有机质选择性溶解来生产固体燃料的方法,是美国研究开发的最有希望的一种煤炭液化技术。这种用溶剂精制煤炭,生产清洁固体燃料的方法称为 SRC—1 法。在 SRC—1 法的基础上进一步改进工艺流程和操作,成为生产清洁液体燃料和化工原料为主的油类产品的生产工艺。这种用溶剂处理煤炭生产液体燃料为主的方法即为 SRC—2 法。

SRC—1 和 SRC—2 法的共同点是:都同属抽提加氢液化法,机理基本相同。主要不同点在于,SRC—1 加氢量少,大约在 1%～2%(质量分数)左右,氢化程度低,产品以固体燃料为主。SRC—2 加氢量大,约为 3%～5%(质量分数),氢化程度较高,产品以液体燃料为主。

325. SRC—1 法工艺流程的主要过程是什么?

用 SRC—1 法生产清洁固体燃料的工艺流程如图 5-5 所示。

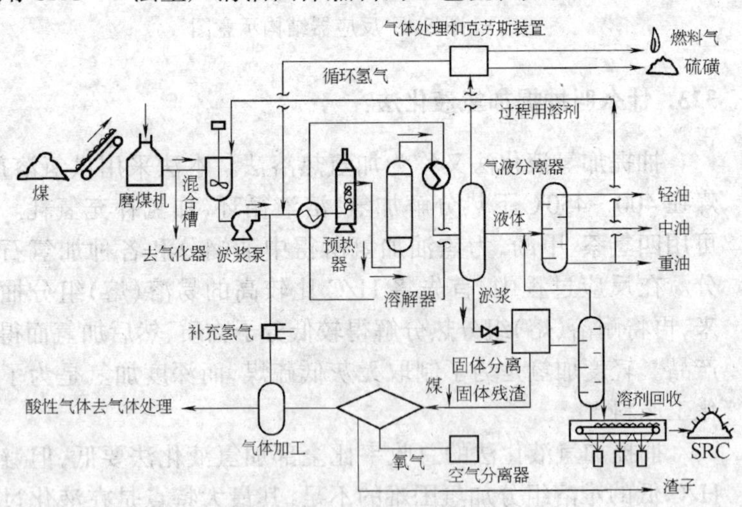

图 5-5 SRC—1 工艺流程图

原煤研磨成粒度小于0.3mm，干燥至水分小于2%后，将其与溶剂混合制成煤浆。煤浆中溶剂与煤之比为1.6～2.3，一般采用2.0。煤浆用泵增压至10.05～14.0MPa,其压力大小取决于煤的性质。氢注入煤浆以后,煤浆与氢的混合物进入火焰加热的预热器,煤浆和氢气在预热器螺旋管中加热至407℃,大量的物质溶解液化。煤浆通过液化反应器的时间一般是30min,反应温度为445～475℃,这是由于放热反应而导致温度升高。

由液化反应器流出的反应物在减压闪蒸塔中脱除溶解物中的气体,煤气经净化处理,回收含氢85%(体积分数)的循环气体,同时产生清洁煤气、硫及燃料气,固液混合物送入过滤分离,滤渣用作气化原料,滤液经过热沉淀脱灰,再送去减压闪蒸和固化,回收溶剂生产轻质油和固体溶剂精制煤。

326. SRC—1煤液化工艺的主要优点是什么?

SRC—1煤液化工艺的主要优点是:

(1) 转化率高。整个过程是在供氢溶剂中进行的,溶剂首先由气相中接受氢,然后再转送给煤,促进和强化煤的溶解液化,使煤中90%以上的碳溶解,溶解的煤又发生加氢和裂解,生成较低分子的碳氢化合物、轻质油和气体。煤中60%的有机硫转化成H_2S,黄铁矿硫变成硫化亚铁。

(2) 产品质量优良。SRC—1工艺装置生产的溶剂精制煤(SRC)是优质的清洁燃料,一般含灰量低于0.1%，含硫量(质量分数)低于0.9%，软化点为178～206℃,热值为38677kJ/kg,它既可作清洁的锅炉燃料,又是炼焦配煤及型煤的黏结剂,也是生产炭素材料、电极炭的极好原料,具有十分广泛的用途。

(3) 应用范围广。对于不同的煤种,只要选择适当的工艺条件,产品的组成和性质基本上能一样,不受煤种限制。SRC—1法技术较为成熟,氢耗较低。

(4) 适合我国国情。我国的高硫炼焦煤,其$S_Q^g>2.0\%$,贮量占全国炼焦煤贮量的20.6%，那么在发展煤直接液化技术中应首先考虑溶剂精制煤技术，利用耗氢量少、适应于煤液化的高硫含氧低的烟煤，就能取得较好的技术经济效益。

327．什么是煤的间接液化法？

间接液化法就是先将煤气化得到一氧化碳和氢气，再用铁、钴做催化剂在200～450℃、1～15MPa气压下合成石油烃和甲醇等含氧化工产品，这种方法即为间接液化法。这种间接法的代表工艺为费—托合成法。此法随温度、压力、催化剂等反应条件的不同其反应生成物也不同。

费—托法不但合成甲醇，而且正向低、中压发展，为大规模生产甲醇和改造内燃机燃料结构，防止排放尾气（NO_x、SO_x 等）污染大气奠定了基础。据有关资料报告，由甲醇合成汽油其转化率可达99%，汽油收率为75%，汽油辛烷值达90～100。同时，由一氧化碳、氢气合成乙烯、乙二醇等化工产品的工艺也正在开发，煤气化合成工业与石油化工将可能并驾齐驱。

328．什么是煤的部分液化法？

将固体可燃矿物褐煤、油页岩、油沙等，经低温450～700℃，中温700～800℃或其他能源的热处理，使部分大分子可燃物裂解而成为石油产品、半焦或残焦、化工产品、干馏煤气等，这一工艺过程称为煤的部分液化法。

对那些缺乏炼焦煤资源，但有大量褐煤资源的地方，可大规模开采和利用褐煤，首先用过热蒸汽将褐煤的水分干燥到10%左右，高压成形（压力为100MPa），再将型煤低温干馏，其焦油H/C比较高，易于加氢产生液体燃料。半焦可用于发电或造气，干馏气用作城市煤气。

329．煤的直接加氢液化方法的不同，其操作温度和压力有何区别？

煤的直接加氢液化过程的操作温度和压力是有区别的，如表

5-2 所示。

表 5-2 各种煤的直接加氢液化方法的操作温度和压力

方 法	温度/℃	压力/MPa	催化剂
伯吉乌斯法	480	30～70	氧化铁
SYNTHOIL 法	450	14～28	钼酸钴
氢煤法(H—coal)	450	19	钼酸钴
供氢溶剂法(EDS)	450	10	无
溶剂精制煤法(SRC—2)	460	13	无
道氏(Dow)煤液化法	460	14	乳化液
CO—STEAM 法	450	20～30	无
科诺可氯锌法	415	21	氯化锌

从表 5-2 可以看出：液化的方法不同，其温度的波动范围为 450^{+30}_{-35}℃，波动值不是很大；加氢压力波动较大，主要看生成何种产品，在比较缓和的条件下（低温、低压、短时间反应）或者是不使用催化剂时，液化产物通常是比较重的油类。在比较剧烈的条件下，重油进一步转化为可馏出的产品。无论是哪种条件，所得产品均需进一步改质才能更适应作清洁燃料。

330．煤的加氢液化可能发生哪些反应？

我们知道，煤的热解反应是在 400℃ 以上开始的，而加氢液化的操作温度大约在 450℃ 左右。加氢液化反应是非常复杂的，在液化过程中，有热解、脱氢、脱烷基、结构单位间的桥断裂、脱硫、脱水等反应，大概可归纳为四类可能发生的反应：

（1）热解导致结构单位间的断裂，其反应过程如下：

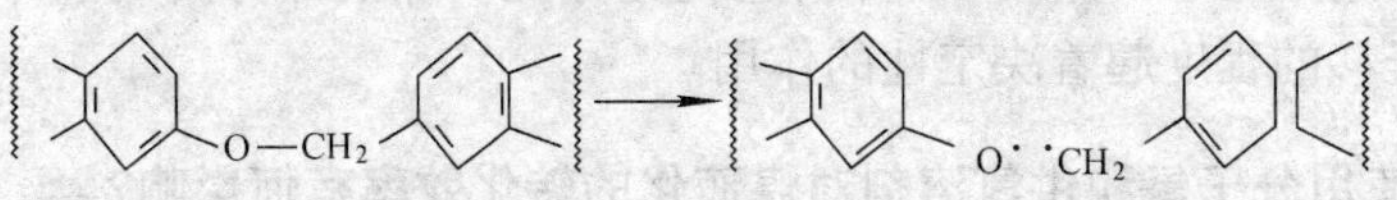

O—CH_2 ⟶ O· ·CH_2 (5-1)

（2）脱氢，其反应过程如下：

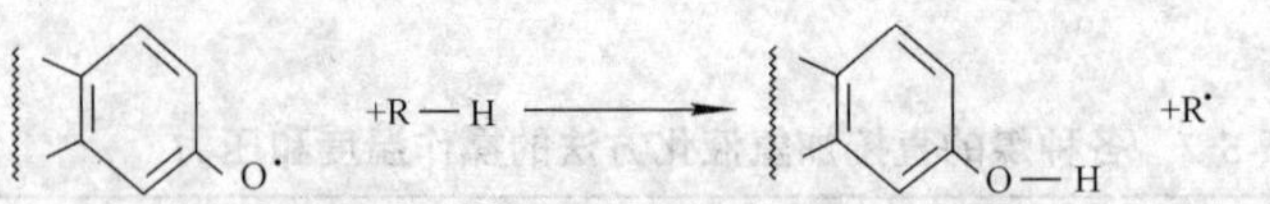

$$+R—H \longrightarrow +R^{\cdot} \quad (5\text{-}2)$$

(3) 开环脱硫,其反应过程如下:

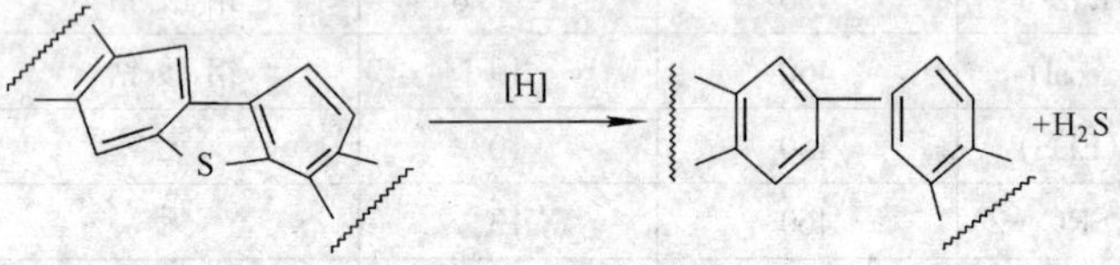

$$\xrightarrow{[H]} +H_2S \quad (5\text{-}3)$$

(4) 闭环脱水,其反应过程如下:

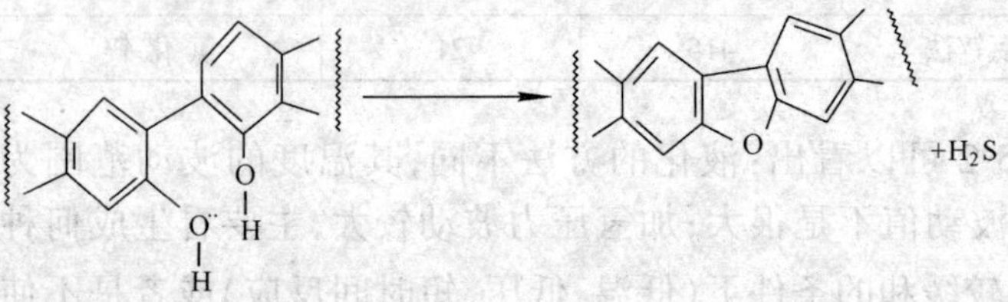

$$\longrightarrow +H_2S \quad (5\text{-}4)$$

331. 什么是煤液化时的氢迁移反应?

在液化过程的初始阶段,煤并不溶解,实验证明,此时用催化剂来加速反应是不成功的。这时,在有供氢溶剂或氢分子存在的条件下,它们迅速扩散到煤粒内部或将一部分煤溶解,煤粒由于内部热解而形成自由基,供氢溶剂中的氢或氢分子将迁移到自由基上,而使自由基稳定化,这种反应即为氢迁移反应。其基本过程可用图 5-6 来表示。

氢迁移反应可以认为是纯热过程反应,供氢溶剂的作用主要是为自由基提供氢源,不论供氢溶剂的结构活泼性如何,而发生氢迁移的速率几乎都差不多相同,这就充分说明煤的热分解的速率对氢迁移的程度起着决定性的作用。

332. 使用分子氢和供氢溶剂对煤液化的转化效率有何影响?

使用分子氢和供氢溶剂对煤热解时形成的自由基的加氢能力

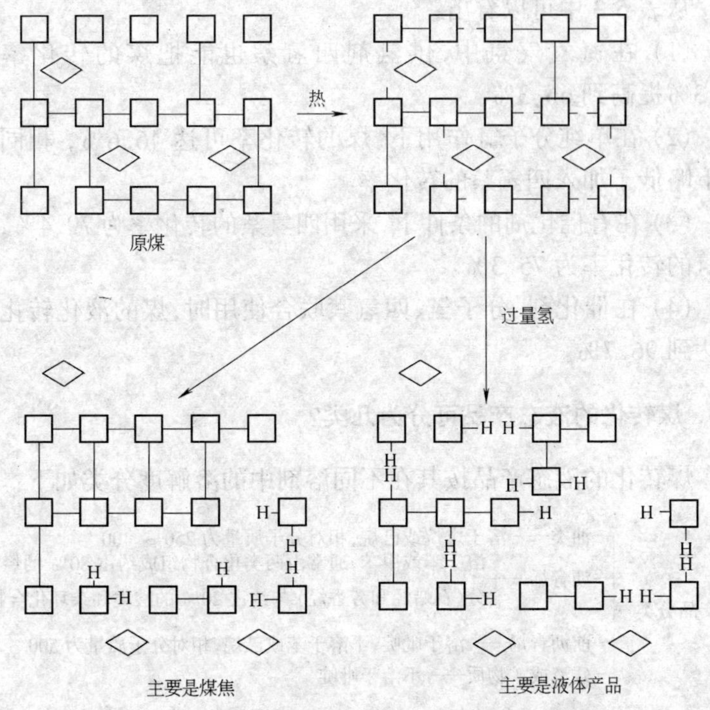

图 5-6　氢迁移反应示意图

大致相等，参见表 5-3。

表 5-3　煤加氢转化率在不同气氛中与是否有催化剂加入的关系

气体种类	气体压力/MPa	四氢萘加入量/g	催化剂加入量/g	煤的质量转化率/%
N_2	9.8			16.3
	9.8		0.25	16.9
	9.8	50.0		66.3
	9.8	50.0	0.25	79.4
H_2	9.8			46.6
	9.8		0.25	75.3
	9.8	50.0		75.4
	9.8	50.0	0.25	96.7

从表 5-3 中可以看出：

(1) 在氮气气氛中，供氢剂四氢萘也能把煤的转化率从 16.3%提高到 66.3%。

(2) 在单纯分子氢作用下，煤的转化率可达 46.6%，相同条件下略低于加入四氢萘的转化率。

(3) 在有催化剂的条件下，采用四氢萘的转化率为 79.4%，分子氢的转化率为 75.3%。

(4) 在催化剂、分子氢、四氢萘联合使用时，煤的液化转化率可达到 96.7%。

333. 煤转化的液态产品可分为几类?

煤转化的液态产品按其在不同溶剂中的溶解度分类如下：

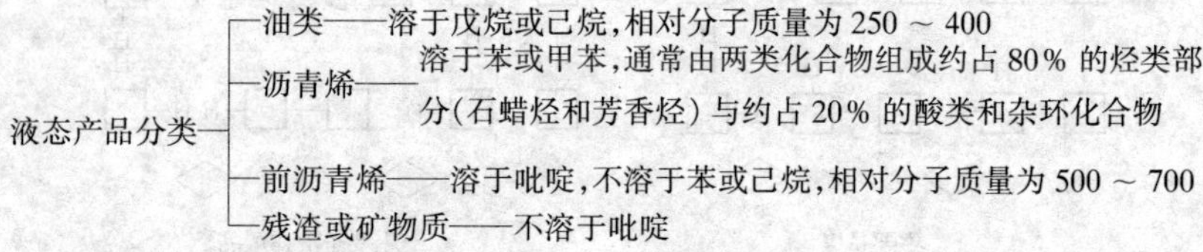

334. 煤液体是怎样形成的?

煤转化成液态产品是分段进行的，这种分段特性可用图 5-7 来表示。

从图 5-7 可见：

(1) 液化初始阶段有些油类很快形成了，这些油类主要是被吸附在煤的气孔结构内部的烃类，它们与煤的大分子不是以共价键结合的。

(2) 少数最活泼的键发生比较快的热断裂，产生较大的有机碎片，这类化合物含有相当多以酚羟基形式存在的氧，称为前沥青烯。

(3) 比较牢固的键断裂形成较小的分子碎片，即为稳定的自由基，可称为沥青烯。

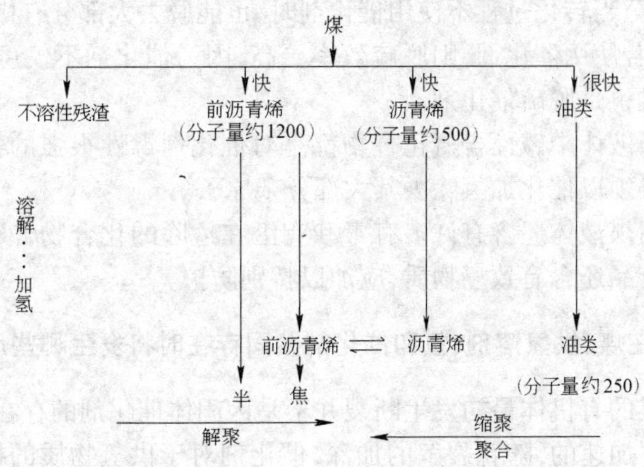

图 5-7 煤液化分段进行图

(4) 使沥青烯转化为油类，这一过程比较缓慢，这一过程要使强结合力的键断裂，以达到高的油类产率，必须在高温、高压及反应时间较长的条件下进行加氢、脱水、杂环打开失去杂原子和桥结构的键断裂等反应。

从煤转化得到的物料中，约占质量的 10%～25%是由非共价键结合的部分形成的，其余大部分是由煤的大分子碎裂而产生的。

335. 煤液体物质有何特征？

煤液体的分类和组成前面已经说过了，沥青烯具有酸—碱结构，可用色谱法将其分为中性、酸性和碱性三部分，酸性部分大多是酚类的衍生物，碱性大多是杂环、醚氧和吡啶衍生物。应该说，沥青烯部分主要是杂原子含量较大的芳香烃。由于酸性和碱官能团多，极性很强，所以对煤液体的黏度影响很大，因其黏度太高，液体产品在运输和贮存之前需要进行补充加工。

由于杂原子含量高，在全部转化为燃料之前，必须进一步加工处理，加工处理的目的就是要脱氮脱硫，否则将会造成氮、硫氧化物高浓度的排放而污染环境。降低硫含量要比降低氮含量容易得多，甚至当转化过程不使用催化剂时，也能脱去大部分有机硫及无机硫，若使用催化剂，则脱硫效率更高，因为催化剂不仅可有效加氢而且也是脱硫催化剂。

煤液体中碱性含氮化合物都是对催化剂毒性很强的物质，精制前必须以催化加氢除去其大部分杂原子。

粗煤液体还含有许多有毒和有潜在危险的化合物，液化产品和副产品还含有致癌物质，应加以特别防护。

336．在煤、供氢溶剂、氢和催化剂共同存在时将发生哪些反应？

煤的有机体最初发生断裂并不是因固体催化剂的存在而得到“催化”加速的，随着裂解的加深，催化剂对于供氢物质的提质、加氢脱硫、加氢脱氧、某些活泼的不饱和化合物还是非常有利的。当煤、供氢溶剂、氢和催化剂同时存在时，其主要反应如图 5-8 所示。

337．影响煤的加氢液化反应的活性因素有哪些？

煤对液化总反应活性主要取决于循环溶剂、反应条件、煤本身的组成等，主要有以下几个具体方面：

(1) 煤中碳含量。褐煤和次烟煤的油产率比变质程度较高的煤低，但在烟煤阶段的上端转化率下降很快，含碳(质量分数)90%以上的煤就变得更低了，高挥发分烟煤液化产率最好。有关研究表明，在烟煤范围内，煤化程度与转化产率的相关性很差。

(2) 挥发分。煤的挥发分和转化率之间的关系与实际反应条件及煤本身性质关系较大。在一般情况下，挥发分较高的煤的反应活性比挥发分较低的煤的反应活性要高，中等挥发分烟煤和变质程度更高的煤的转化率都比较低。

(3) H/C 原子比。在某种很有限的液化条件下，某一煤样的转化率和 H/C 原子比之间相关性很好，如：澳大利亚煤的转化率随 H/C 原子比的增加而有规律地增大(在 0.60～0.85 的范围内)。

(4) 岩相组成。煤岩组成与转化率之间的相关性比较密切。

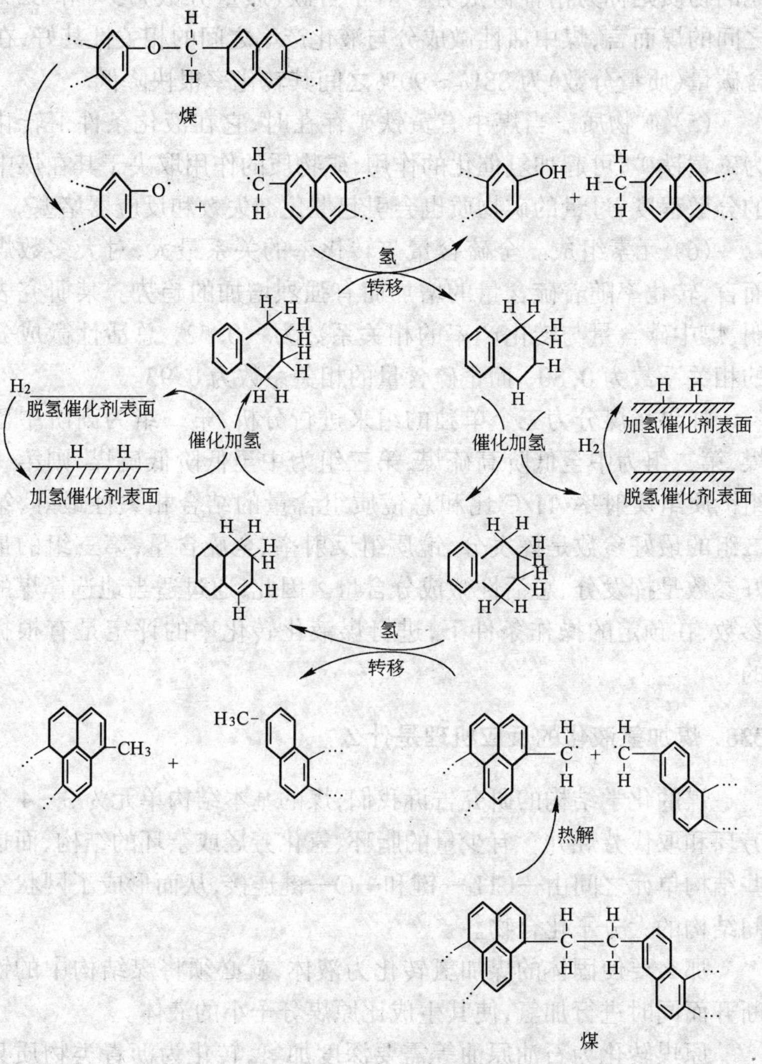

图 5-8　煤、供氢溶剂、氢和催化剂之间的反应

镜煤组和壳质组在加氢时转化成液体产物的产率很高，这部分物质称为活性微成分，丝碳组物质在液化时大部分不转化，这种不转

化的物质则称为惰性微成分。对于含碳(质量分数)75%和82%之间的煤而言,煤中活性微成分与液化产率之间的相关性甚好,在含碳量(质量分数)为88%~90%之间其转化率很快降低。

(5) 矿物质。当煤中有黄铁矿存在时,它在液化条件下转化为磁黄铁矿,可起加氢催化的作用,矿物质的作用取决于其在煤中的分散程度,过量的矿物质也会引起催化剂失效和反应器堵塞。

(6) 元素组成。全硫含量与转化率的关系最大,对大多数煤而言,转化率随着硫含量的增加而有强烈增加的趋势。某研究表明,煤中碳含量与转化产率的相关系数为-0.52,总活性微成分的相关系数为0.80,而全硫含量的相关系数为0.93。

如果将煤分为三个单独的组来进行分析:第一组为高阶中硫煤,第二组为中至低阶高硫煤,第三组为中至低阶低硫煤,则第一组镜质组反射率、H/C比和总镜质组含量的结合相关性最好,第二组的最好参数是挥发分、镜质组反射率、全硫含量,第三组的最好参数是挥发分、总活性微成分含量。因此,通过适当地选择煤的参数,在预定的操作条件下,进行煤液化转化率的评定是有根据的。

338. 煤加氢液化的反应机理是什么?

煤的化学结构的研究告诉我们,煤的基本结构单元为3~4个芳环和取代芳烃并含有少量的脂环、氢化芳烃或杂环的结构,而这些结构单元之间由—CH_4—键和—O—键连接,从而形成了网状空间结构的大分子化合物。

那么要使固体的煤加氢转化为液体,就必须将煤结构中的键断开而同时进行加氢,使其生成比原煤分子小的液体。

原煤转化为石油原油等需要深度加氢,转化为沥青类物质只要轻度加氢。

煤加氢的基本反应可大体上用下列反应式来表示:

$$R—OCH_3 + H_2 \longrightarrow RH + CH_3OH \xrightarrow{H_2} RH + CH_4 + H_2O \quad (5\text{-}5)$$

$$R—OH + H_2 \longrightarrow RH + H_2O \tag{5-6}$$

$$\begin{matrix} R_1 \\ \quad\diagdown \\ \quad CO \\ \quad\diagup \\ R_2 \end{matrix} \xrightarrow{H_2} \begin{matrix} R_1 \\ \quad\diagdown \\ \quad CHOH \\ \quad\diagup \\ R_2 \end{matrix} \xrightarrow{H_2} \begin{matrix} R_1 \\ \quad\diagdown \\ \quad CH_2 \\ \quad\diagup \\ R_2 \end{matrix} + H_2O \tag{5-7}$$

$$\begin{matrix} R_1 \\ \quad\diagdown \\ \quad CO \\ \quad\diagup \\ R_2 \end{matrix} + H_2 + CO \longrightarrow R_1H + R_2H + CO \longrightarrow R_1H + R_2H +$$

$$CO \xrightarrow{3H_2} R_1H + R_2H + CH_4 + H_2O \tag{5-8}$$

$$RCOOH + H_2 \longrightarrow RH + CO_2 \xrightarrow{4H_2} RH + CH_4 + H_2O \tag{5-9}$$

许多研究表明:煤在热解过程中生成了游离基,这些游离基从供氢溶剂中取得氢而生成比原煤分子量小的产品,这种过程可表示为:

$$煤 \xrightarrow[降解]{加热} R(游离基)$$

$$H(供氢溶剂) + R \longrightarrow RH(分子量较小的产品)$$

当供氢溶剂不足时,则游离基碎片将会重新结合而生成半焦:

$$n(R) \xrightarrow{缩聚} (R)_n(半焦)$$

在煤加氢过程中,应以多产液态产品为目的,则就需要控制这一缩聚反应的发生,其基本条件是保证足够的氢,使在热分解过程中形成的自由基碎片稳定下来,就可控制缩聚反应的发生。

339. 煤加氢液化时,其结构中各种化学键断裂降解的难易程度如何?

本杰明(Benjamin)曾进行了化学键断裂的研究,以四氢萘作溶剂,在400℃时,加热18h后对产品进行了分析。研究结果表明,对于芳基以$—CH_2—CH_2—$键连接时,次甲基键断裂的难易程度与所连接的芳基数目有关,芳基数目增多断裂较易,断裂主要发生在$—CH_2—CH_2—$键的中心,不发生在与芳基连接处。当次甲基由2增加到3时断裂的程序得以加强,但当次甲基数量增加到4

时,其断裂速度则变慢。其断裂情况如下:

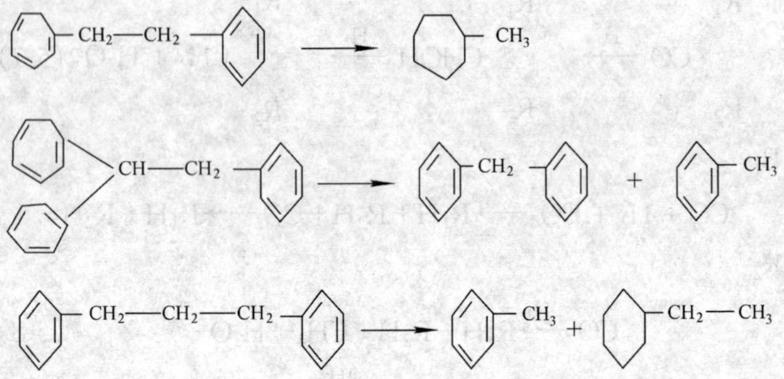

煤中还含有相当数量的氧键,部分以酚基形式存在。也可用含酚基的模型化合物作断裂速度的研究,以四氢萘作溶剂,在400℃的温度下加热18h,对二苯基甲烷进行研究,则表现得很稳定不分解。但当含有置换的酚基时产生了断裂,断裂发生在连接的芳基处,生成苯酚和甲苯,说明了苯环上的氢被酚基置换后对键的断裂是有利的。双苯醚不易断裂,但芳基烷基醚和苄基烷基醚则易断裂,其反应如下:

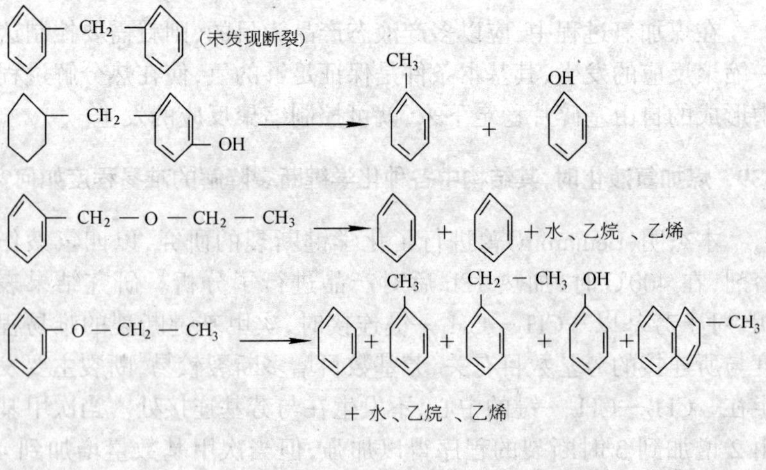

(未发现断裂)

+ 水、乙烷 、乙烯

+ 水、乙烷 、乙烯

由于煤在热解和加氢过程中产生各种游离基，发生加成、缩聚、加氢等反应而产生了多种生成物。

340. 煤在加氢过程中，对硫、氮等元素有何影响？

煤在加氢过程中产生脱硫反应，主要反应如下：

$$C_6H_5\text{—}SH \longrightarrow \underset{\text{微量}}{C_6H_6} + C_6H_5\text{—}S\text{—}C_6H_5 + H_2S$$

$$C_6H_5\text{—}S\text{—}CH_3 \longrightarrow \underset{\text{微量}}{C_6H_6} + C_6H_5\text{—}S\text{—}C_6H_5 + C_6H_5\text{—}SH + CH_4 + H_2S$$

部分硫可能以类似硫酚结构和含有烷基的硫醚结构出现，这些硫化物可生成 H_2S 得以脱除。所以，煤液化产品中硫含量低于原料煤中的硫含量。

煤的加氢液化可使煤的氢含量增加，而氧、硫、氮含量降低。氧、硫在反应初期就有85%被脱除，在加氢过程中，氧、硫、氮的脱除率参见图5-9。

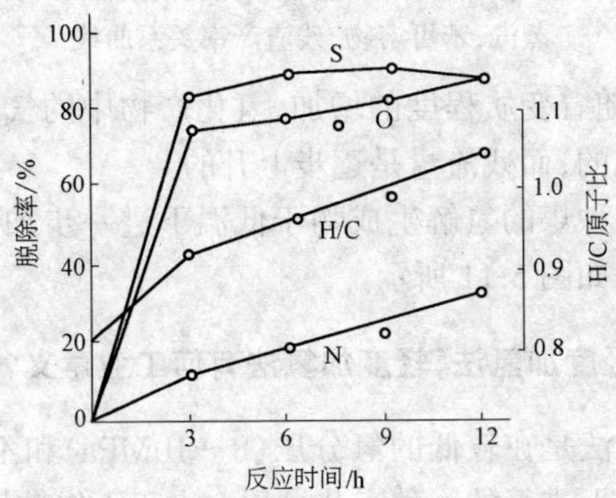

图5-9 在加氢过程中，氧、硫、氮的脱除率

341. 什么是破坏加氢法,各种不同变质程度的煤在此条件下氢解其产物产率有何不同?

破坏加氢是在温度低于 450℃ 的条件下,将煤中大部分有机质转化为可溶解于普通有机溶剂的过程。由于温度低,煤的大分子只发生部分的破坏、裂解或解聚。

克勒维伦用碘作催化剂,在氢气压力为 20MPa 和反应温度为 350℃ 时对煤进行氢解,此时煤将转化为液态碳氢化合物。

在这样的条件下,各种不同煤化程度的煤所产生的气体、苯可溶物、残留物的产率如图 5-10 所示。

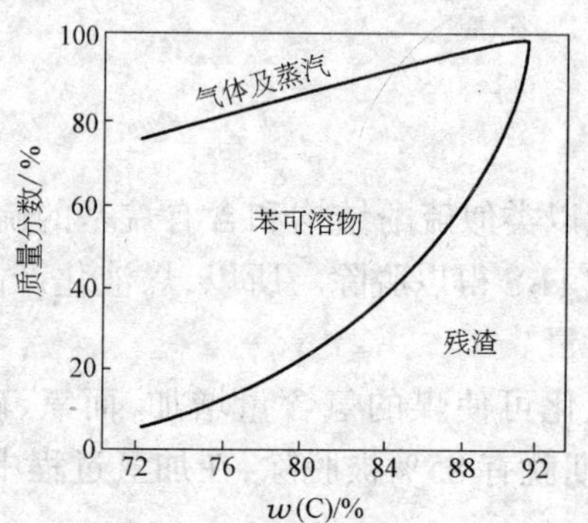

图 5-10　煤化程度与氢化时的气体与蒸汽、苯可溶物、残渣产率关系曲线

很显然,随着变质程度的增加,氢化产物中的气体及蒸汽、苯可溶物是降低的,而残渣量是逐步上升的。

如果对这种煤的氢解生成物于低温下进一步加氢,则生成物分子量的变化如图 5-11 所示。

342. 什么是轻度加氢法,轻度加氢法有何工业意义?

轻度加氢法是在较低的氢分压(8～10MPa)和不超过煤热分解温度的情况下进行的一种工艺过程。由于不像破坏加氢那样激烈,不引起煤的外形和元素组成的显著变化,对煤的结构也改变很

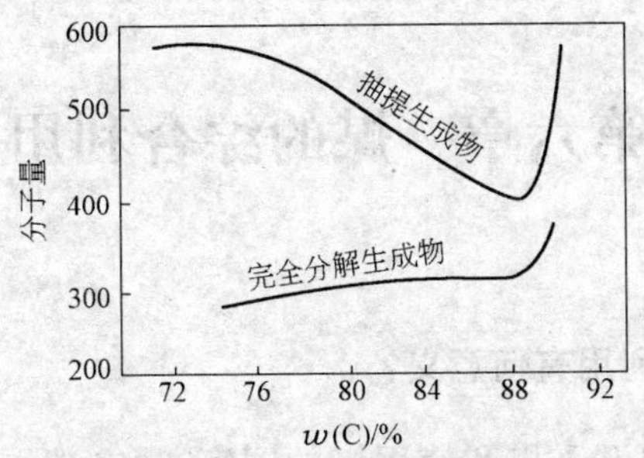

图 5-11　煤用碘化物氢解时生成物的分子量与煤化程度的关系

小，但是有关研究资料表明，在一定条件下，烟煤轻度加氢后，其黏结性，在蒽油中的溶解度、焦油产率、挥发分产率都有显著的变化，其元素组成变化不大。这种显著变化参见图 5-12。

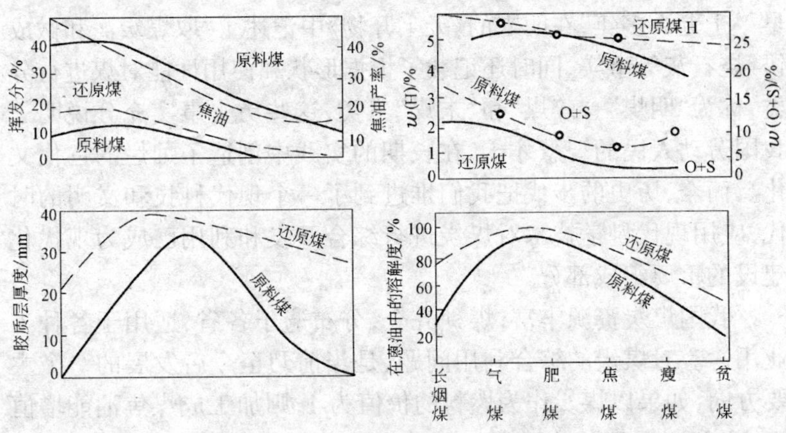

图 5-12　轻度加氢对煤性质的影响

从图 5-12 中我们可以看到，例如某种变质程度较深的瘦煤，在轻度加氢后，胶质层厚度明显增加，在蒽油中的溶解度而有一定程度的增加，这将大为改善这种瘦煤的黏结性，扩大其使用范围。

第六章　煤的综合利用

343. 煤的综合利用有何意义?

我国是最早开采煤和使用煤的国家,早在战国时期就发现了煤并利用煤的热能取暖。古代称煤为石炭、石墨等,如后魏《水经注》上说“石墨可书,又燃之难尽,亦谓之石炭”。可见,古人很早就从实践中认识到煤的使用价值,不但可作为燃料,而且可用作墨料写字。西汉时期(公元前一百多年)已应用煤来炼铁,这比欧洲约早一千七百多年,在明末的《天工开物》中记述了“取煤炭泥和做成饼”烧石灰等事实,同时还记载了根据形状和使用性能对煤进行分类,称为“明煤”、“碎煤”和“末煤”三类,这些历史事实充分说明了我国劳动人民的智慧才干,在长期的实践中创造了灿烂的古代文化。而今,历史的步伐把我们推进到了一个现代科技和文明的时代,应用现代科学技术对煤炭进行综合开发和利用已成为现代化建设的重要组成部分。

我国煤炭资源丰富,煤种齐全,分布遍于各省,适用于各种工业用途。对煤炭的综合利用问题,是当前乃至今后发展的一个主要方向,如果以煤炭作为燃料的价值为 1,则加工成煤焦油能增值 10 倍,加工成塑料能增值 90 倍,合成染料能增值 375 倍,制成药品可增值 750 倍,而制成合成纤维增值高达 1500 倍。

开展煤炭的综合利用是消除公害、保护环境的有效途径,煤炭加工所产生的煤灰、煤渣废气、废液都可以得到合理的处理和利用。

按照市场经济运作规律的要求,实行因煤制宜,因地制宜,煤炭产业资产的优化和重组以及煤炭、电力、化工、钢铁等行业的联合将对降低能耗、降低成本、提高效益、增强市场竞争力有着巨大的推动作用。

煤炭的综合利用将促进煤炭利用技术的不断创新，如煤的快速热解和超高温热解等，将促进煤的直接化学加工工业和炭素制品工业的发展。

煤炭的综合利用将使煤化工与石油化工互相依存共同发展。根据有关资料报道，煤炭资源与石油资源相比要大得多，可石油的消耗比率则较煤要大得多，因此从长远观点看，发展煤炭资源的综合利用就显得尤为重要。近年来，我国石油工业发展非常迅速，用加工石油的方法可以廉价地制得很多脂肪族和脂环族化合物的化工原料，也能较简便地制得石油苯类化合物。但是由于煤是一种以芳香核结构为主的具有烷基侧链和含氧、含氮、含硫基团的高分子化合物，以这种特殊结构的煤作为原料可以得到很多石油化工较难得到的产品，如萘、酚类等，从煤中可以独特地制得一些带有五环的化合物如茚、苊，以及三个芳香环以上的化合物，如蒽、菲、芘、苊蒽、晕苯等稠环化合物。另外，煤炭可以生产大量的烯烃和烷烃制品以补充石油原料的不足。应该说，煤化工和石油化工共同为基本有机合成工业提供丰富的化工原料。

344. 煤的综合利用的主要工艺方法有哪些？

煤炭综合利用的主要工艺方法参见表 6-1。

表 6-1　煤炭综合利用的主要工艺方法

<table>
<tr><th></th><th>产品形态</th><th>工艺方法</th><th>主要产品及其用途</th></tr>
<tr><td rowspan="6">煤的综合利用</td><td>固　体</td><td>燃　烧</td><td>生产热能、电能，副产品是煤渣、煤灰，还可生产煤渣砖、水泥等</td></tr>
<tr><td rowspan="5">气　体</td><td>干　馏</td><td>焦炭（冶金焦、气化焦、铸造焦、铁合金焦、化工焦、石油焦等）</td></tr>
<tr><td>炭素化</td><td>用冶金焦、无烟煤、沥青焦等生产炭素材料</td></tr>
<tr><td>氧　化</td><td>生产腐殖酸及腐殖酸肥料</td></tr>
<tr><td>活　化</td><td>活性炭、活化煤，用于污水处理、催化剂载体</td></tr>
<tr><td>磺　化</td><td>磺化煤，作离子交换剂</td></tr>
</table>

续表 6-1

	产品形态	工艺方法	主要产品及其用途
煤的综合利用	气体	喷吹	焦粉、无烟煤粉、烟煤粉,可作喷吹燃料
		干馏气化	用于生产合成氨、甲醇、人造液体燃料,城市煤气、一般燃料气、低热值煤气,用于汽轮机发电供热,还原性气体用于铁矿石等直接还原
	液体	干馏	煤焦油、粗苯、粗吡啶,精制后作为化工原料,用于生产染料、制药、炸药、合成纤维、黏结剂、木材防腐剂、塑料、涂料、香料和防水材料等
		加氢	液体燃料、溶剂精制煤、芳香族产品
		卤化	润滑油、有机氟化物
		溶剂处理	膨润煤、黏结剂、防水涂料

345. 煤的综合利用要着重考虑哪些问题?

煤炭资源的综合利用要着重考虑如下问题:

(1) 产品结构要满足市场和用户的需要。煤炭加工的工艺方法是多种多样的,要选择工艺成熟、技术先进、产品符合市场需要的工艺方案。同时要因煤制宜、因地制宜地采取措施,以达到产品质量优、成本低、效益好、竞争力强的目的。

(2) 要实现煤炭资源的合理、科学配置,不能光吃好的不吃差的,光吃肥的不吃瘦的,要充分利用各单种煤的优点,取长补短,要充分利用价格因素,协调资源的合理配制。

(3) 煤炭综合利用技术标准的选择应该是清洁、高效,减少或杜绝环境污染,提高煤炭的利用效率,降低消耗,节约能源。

(4) 合理、科学、因地制宜地选择综合利用的方式,这种方式主要有以下两种:

一是部门联合方式,其中包括:

1) 采洗煤—电力—建材—化工;

2) 钢铁—炼焦—化工—煤气—建材;

3) 炼焦—煤气—化工。

二是单元过程组合方式,其中包括:

1) 焦化—气化—液化;

2) 热解(或溶剂精制)—气化—发电;

3) 气化—合成;

4) 液化—燃烧—气化;

5) 液化—加氢气化。

这些方式既有共同点,又有独特之处,要有选择性并因地制宜地进行吸纳。

(5) 统一规划,加强管理,量力而行,分步实施。因为我国煤炭资源分布广,要根据国家的技术政策,资源的质、量情况,哪里该干什么,哪里不该干什么,哪里该怎么干,哪里不该怎么干,必须统一规划,要把眼前利益和长远利益紧密结合起来。

(6) 要培养人才、引进技术。我们不仅需要拔尖人才,而且需要煤炭开发和综合利用的大批现场应用和管理的人才,要充分利用省内外教育资源,培养和造就一批从事这方面科研和应用的中、高级人才。要充分应用目前国内外综合利用和开发的先进技术并转化为现实的生产力。

(7) 要有计划地建设一批综合利用的示范性项目,既适应市场经济的需要,又避免重复乱上项目,既保证资源的合理利用,又保证生态环境不被污染。

346. 煤作为燃料燃烧时,评价它的主要质量指标是什么?

当煤作为燃料燃烧时,评价的主要指标是:

(1) 发热量(kJ/kg)。不同牌号的煤发热量是不相同的,见表6-2。

表 6-2 各种煤的发热量

煤 种	发热量范围/$kJ \cdot kg^{-1}$	煤 种	发热量范围/$kJ \cdot kg^{-1}$
褐 煤	25959～30565	焦 煤	35171～36636
长烟煤	30984～35171	瘦 煤	34752～36427
气 煤	33077～36427	贫 煤	34333～36427
肥 煤	33915～36846	无烟煤	33496～36008

(2) 灰分。作为燃料用煤一般使用原煤，原煤的灰分是较高的，波动范围也比较大，而过高的灰分，不仅增加了运输量，而且降低了燃烧效果，燃烧后将产生大量的灰渣，难以处理，有时灰渣烧结成块，不易从炉中排出，影响操作。高灰煤其发热量也低，价格较为便宜，与洗精煤相比为 1∶2～1∶4。

(3) 硫分。硫是煤中最有害的杂质。煤作动力燃料时煤中的硫燃烧生成 SO_2，不仅腐蚀设备，而且不经处理的废气直接排放到大气中去会严重污染环境。即使作动力燃料对 硫含量也是有一定要求的，有些地方已明确规定不能燃用高硫煤。

347. 为什么说煤的焦化是发展煤炭综合利用的一个重要途径?

煤在隔绝空气的条件下加热，随着温度的升高，煤中的有机物逐渐分解，其中挥发性产物呈气态或蒸气状态逸出，残留下来的不挥发性产物就是焦炭。在挥发性产物中含有许多宝贵的化学产品，以它们为原料可直接提供使用的产品有几千种之多，煤焦化所得主要产品如下：

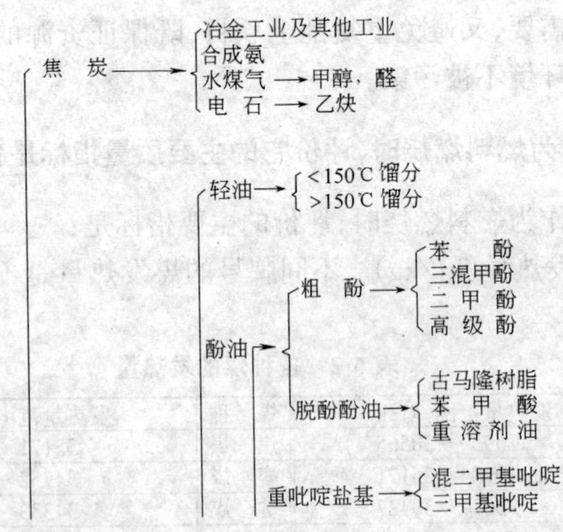

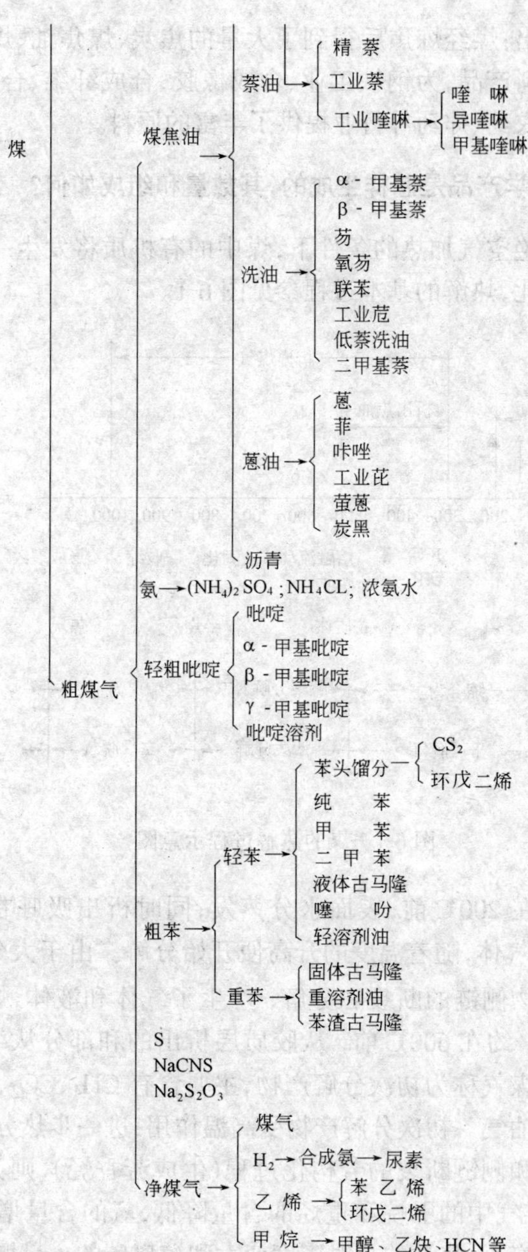

煤
煤焦油
萘油
精萘
工业萘
工业喹啉
喹啉
异喹啉
甲基喹啉
洗油
α-甲基萘
β-甲基萘
芴
氧芴
联苯
工业苊
低萘洗油
二甲基萘
蒽油
蒽
菲
咔唑
工业芘
萤蒽
炭黑
沥青
粗煤气
氨—→$(NH_4)_2SO_4$；NH_4CL；浓氨水
轻粗吡啶
吡啶
α-甲基吡啶
β-甲基吡啶
γ-甲基吡啶
吡啶溶剂
粗苯
轻苯
苯头馏分
CS_2
环戊二烯
纯苯
甲苯
二甲苯
液体古马隆
噻吩
轻溶剂油
重苯
固体古马隆
重溶剂油
苯渣古马隆
S
NaCNS
$Na_2S_2O_3$
净煤气
煤气
H_2→合成氨→尿素
乙烯
苯乙烯
环戊二烯
甲烷→甲醇、乙炔、HCN等

可以看出：煤经炼焦后得到了大量的焦炭、煤焦油、煤气及其他的化工原料产品，为钢铁工业、合成橡胶、合成纤维、合成树脂、化肥、医药、农药、炸药等行业提供了丰富的原料。

348. 炼焦化学产品是怎样生成的，其数量和组成如何？

煤在隔绝空气加热的条件下，煤中的有机质将发生一系列的物理化学变化，热解的基本过程参见图 6-1。

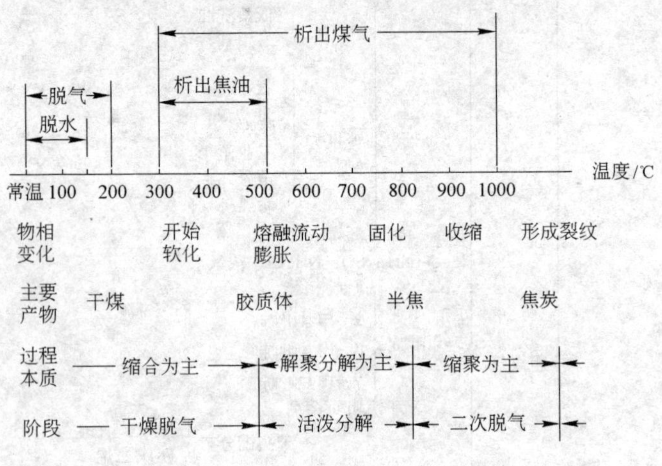

图 6-1 煤的热解过程示意图

入炉煤在 200℃ 前，表面水分蒸发，同时析出吸呼在煤中的 CO_2、CH_4 等气体，随着温度的升高便开始分解。由于大分子芳香族稠环化合物侧链的断裂和分解，产生了气体和液体，煤质发生软化和熔融，约在 600℃ 前，从胶质层析出的和部分从半焦中析出的蒸气和煤气称为初次分解产物，主要含有 CH_4、CO_2、CO 化合物和初次焦油气。初次分解产物受高温作用，进一步热分解，产生有氢气析出和侧链断裂的芳构化过程（生成芳香烃），则为二次分解产物，使煤气中的甲烷和重烃的含量降低，氢的含量增高，煤气的相对密度变小，焦油的相对密度变大和游离碳的含量增多，在炉顶空间形成了平均组成的煤气。由于炼焦操作是连续的,整个炉组发生的焦炉煤气的组成是均一和稳定的。

炼焦化学产品的数量和组成随炼焦温度和原料煤质量不同而波动。在工业生产的条件下,各种产品的产率为(对于煤的质量分数/%):

焦炭	75~78
煤气	15~19
焦油	2.5~4.5
化合水	2~4
粗苯	0.8~1.4
氨	0.25~0.35
其他	0.9~1.1

未经处理的荒煤气的组成为(g/m^3)

水蒸气	250~450
焦油气	80~120
粗苯	30~45
氨	8~16
硫化氢	6~30
氰化物	1.0~2.5

349. 配煤性质和组成对炼焦化学产品的产率有何影响?

炼焦化学产品的产率主要取决于配煤性质和组成。

(1) 对焦油:焦油气是在煤开始软化后逸出的,软化开始温度低,煤的胶质状态温度间隔越长,焦油产率越大,煤的生成年代越近,焦油产率也越大。

在配合煤可燃基挥发分 $V_{daf}=20\%\sim30\%$ 的范围内,可由下式求得焦油的产率 $X(\%)$:

$$X=-18.36+1.53V_{daf}-0.026V_{daf}$$

式中 V_{daf}——可燃基挥发分，%。

(2) 对苯属烃：其产率随煤料中碳氢比(C/H)的增加而增加，煤的变质程度越深，粗苯中甲苯的含量越高，配煤挥发分增大，粗苯的产率增加，粗苯中的甲苯含量减少。

当配煤挥发分为 $V_{daf}=20\%\sim30\%$时，可由下式计算粗苯产率 $Y(\%)$：

$$Y=-1.6+1.144V_{daf}-0.0016V_{daf}$$

(3) 对氨：一般配煤中含氮(质量分数)2%左右，其中约有60%的氮存在于焦炭中，约15%~20%的氮与氢化合而生成氨，其余部分呈挥发性化合物氰化氢、吡啶和其他含氮化合物存在于煤气和焦油中。氨的产率可按下式求出：

$$G=bw(N_{daf})\frac{17}{14}\times\frac{100-(A_{ad}-W_{ad})}{100}$$

式中 b——煤中的氮转入氨中的系数，取0.015~0.20；

$w(N_{daf})$——配煤的可燃基含氮量，%；

A_{ad}——配煤的操作灰分，%；

W_{ad}——配煤的操作水分，%。

(4) 对硫化物：配煤中的硫分有20%~30%转入煤气中，煤气中所含的硫化物大部分为硫化氢。

(5) 对化合水：配煤中的氧约有55%~60%在炼焦过程中转变为水，随配煤挥发分的减少而增加，经过氧化的煤料能生成较大量的化合水。由于配煤中的氢与氧化合成水，将使贵重的化学产品产率减少。

(6) 对煤气：煤气产率 $Q(\%)$与配煤挥发分有关，可依下式计算：

$$Q=a\sqrt{V_{daf}}$$

式中 a——系数(对气煤 $a=3$，对焦煤 $a=3.3$)；

V_{daf}——配煤的可燃基挥发分，%。

350. 炼焦炉的操作条件对化学产品的组成和质量有何影响?

(1) 温度影响。提高炉墙温度将使焦油中的高温产物——蒽、萘、沥青和游离碳的含量增加,酚类及中性油类含量降低。石蜡烃的减少,将使芳香烃、烯族烃的含量有显著增加。

炉顶空间温度不宜超过 800℃,否则焦油和粗苯产率均降低,贵重产品甲苯将被分解。

高温同样影响煤气质量,煤气的热解使其中的甲烷及不饱和碳氢化合物含量减少并提高了氢的含量,导致煤气发热量降低,体积产量增加。

(2) 结焦时间的影响。缩短结焦时间,必然伴随炉温的提高。结焦时间对化学产品产率和组成的影响参见图 6-2 和图 6-3。

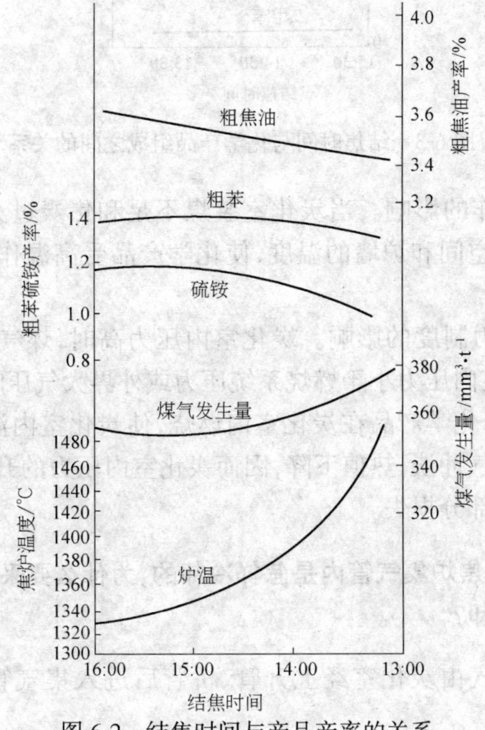

图 6-2 结焦时间与产品产率的关系

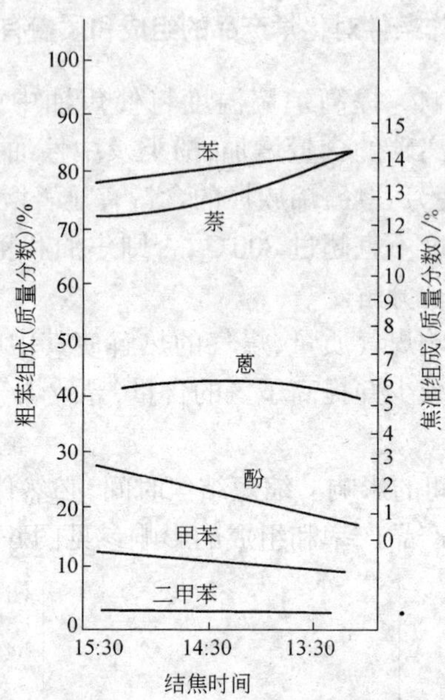

图 6-3　结焦时间与化学产品组成之间的关系

(3) 操作的影响。当炭化室装煤不足和焦炭过火时,相应地提高了炉顶空间和炉墙的温度,使化学产品受高温作用而强烈分解。

(4) 压力制度的影响。炭化室内压力高时,煤气漏入加热系统,当炭化室内压力小于燃烧系统压力或外界大气压时,则吸入空气,引起部分化学产品在炭化室内燃烧,使炭化室内温度升高,煤气被燃烧废气冲淡,热值下降,因而炭化室内压力的升降都会造成化学产品的部分损失。

351. 煤气在焦炉集气管内是怎样冷却的,为什么要采用 70～75℃ 的热氨水冷却?

焦炉煤气由炭化室经上升管、桥管后进入集气管,流程如图 6-4 所示。

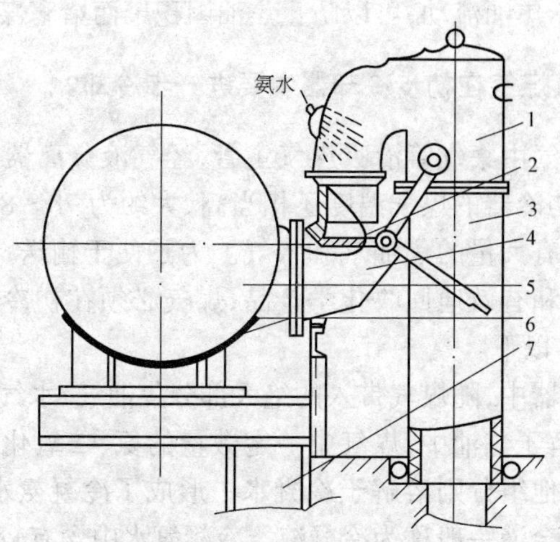

图 6-4　荒煤气导出设备

1—桥管；2—水封阀翻板；3—上升管；4—阀体；
5—集气管；6—水封阀连接短管；7—炉柱

煤气在桥管和集气管内被冷却时，是用压力为 0.15～0.2MPa、温度为 70～75℃的循环氨水通过喷头强烈喷洒冷却下来的。被喷成细雾状的氨水与煤气充分接触，由于煤气温度为 700℃左右，远未被水气所饱和，氨水大量蒸发，蒸发所需的潜热取之于煤气的显热，快速进行着传热和传质的过程。将煤气温度冷却到 85℃左右，传热过程取决于煤气与氨水的温度差，而传质过程的推动力是循环氨水液面上的水气分压与煤气中水气分压之差。

煤气在集气管中冷却时所放出的热量，大部分用于氨水蒸发，剩余热量消耗在加热氨水和集气管的散热损失上。

集气管正常操作过程中不用冷水喷洒，因冷水温度低，不容易蒸发，使煤气冷却不好，同时将会使集气管底部冷却太剧烈，使冷凝的焦油黏度增大，容易造成集气管的堵塞。进入集气管前的煤气露点温度为 65～70℃，水的温度高于煤气露点温度 5～10℃，以保证水向煤气的蒸发推动力，所以采用 70～75℃的循环氨水喷洒。另外氨水是碱性的，能中和酸焦油，保护煤气管道，氨水又有润滑性，便于焦油流动，可以防止焦油因积聚而堵塞煤气管道。

352．为什么煤气在初步冷却器中要进一步冷却?

炼焦煤气由集气管沿吸煤气主管，经气液分离器后进入初步冷却器，入初冷器的煤气温度还相当高，大约为78～82℃（饱和煤气），而且含有大量的焦油气和水气。为了便于输送，减少鼓风机的动力消耗和有效地回收化学产品，煤气必须在初冷器中进一步冷却到25℃以下。

在初冷器中，随煤气带入的绝大部分焦油气、水气和萘被冷凝下来，萘溶解于焦油中，煤气中一定数量的氨、二氧化碳、硫化氢、氰化氢和其他组分则溶解于冷凝水中形成了冷凝氨水，焦油和冷凝氨水的混合液一般称为冷凝液。冷凝氨水中含有较多的挥发铵盐如$(NH_4)_2S$、NH_4CN、$(NH_4)_2CO_3$，而含有的固定铵盐如NH_4Cl、NH_4CNS、$(NH_4)_2SO_4$和$(NH_4)_2S_2O_3$等较少，循环氨水中主要含有固定铵盐。

353．剩余氨水是怎样产生的，如何计算?

在氨水系统中，由于加入了配煤水分和炼焦时造成的化合水，氨水量增多而形成了所谓的剩余氨水。炼焦集气管冷却用氨水及间接初冷水平衡图如图6-5所示。

从上述分析可知：$W_1=W_4+W_7$，即：$W_7=W_1-W_4$。

现举例如下：

计算依据：

装入湿煤量	120t/h
煤气产量	$340m^3/t$
初冷器后煤气温度	22 ℃
循环氨水量	$5m^3/t$
集气管中氨水蒸发量	2.5 %
配合煤水分	10%
化合水	2%

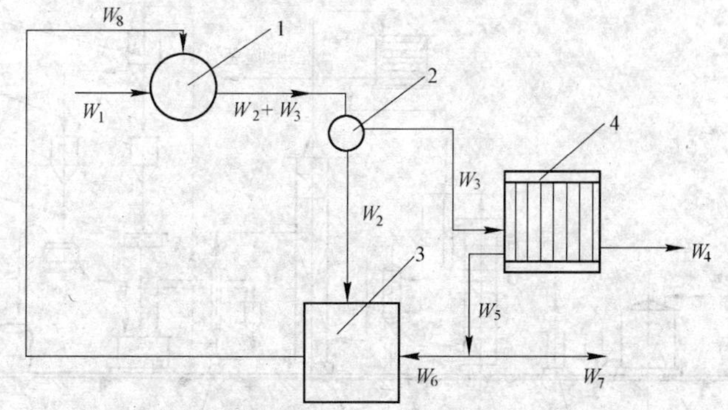

图 6-5　煤气初冷(间冷)系统水平衡

1—集气管;2—气液分离器;3—循环氨水槽;4—初冷器

W_1—煤气带入集气管的水量;W_2—气液分离器分离出来的水量;W_3—离开气液分离器的煤气带走的水量;W_4—初冷器后煤气带走的水量;W_5—初冷器的冷凝水量;W_6—补充循环氨水量;W_7—剩余氨水量;W_8—循环氨水量

计算:$W_1 = 120 \times (0.10 + 0.02) = 14.4\text{m}^3/\text{h}$

$W_4 = 120 \times (1 - 0.1) \times 340 \times 21.63/1000 = 0.794\text{m}^3/\text{h}$

则剩余氨水量为:$W_7 = 14.4 - 0.794 = 13.61\text{m}^3/\text{h}$

354. 怎样从剩余氨水中制取黄血盐?

亚铁氰化钠 $Na_4Fe(CN)_6 \cdot 10H_2O$ 俗名黄血盐,为黄色半透明的有毒晶体,相对密度为 1.458, 溶于水, 不溶于乙醇, 用于蓝颜色、蓝晒图纸,并用于鞣革和染苯胺黑等。其生产工艺流程如图 6-6 所示。

由鼓风冷凝工段送来的 70℃ 左右的剩余氨水(或混合氨水)进入原料氨水槽 1,澄清焦油后再进入过滤器 2,进一步去除氨水中的焦油,然后进入蒸氨塔 3,塔底通入直接蒸汽作热源,使塔底废水温度为 105℃左右,废水含氨不高于 0.1g/L, 送去脱酚。塔顶逸出的蒸汽为氨、水气、二氧化碳、硫化氢、氰化氢等混合物,温度为101～103℃,经间接加热器4加热至140～150℃,再进入

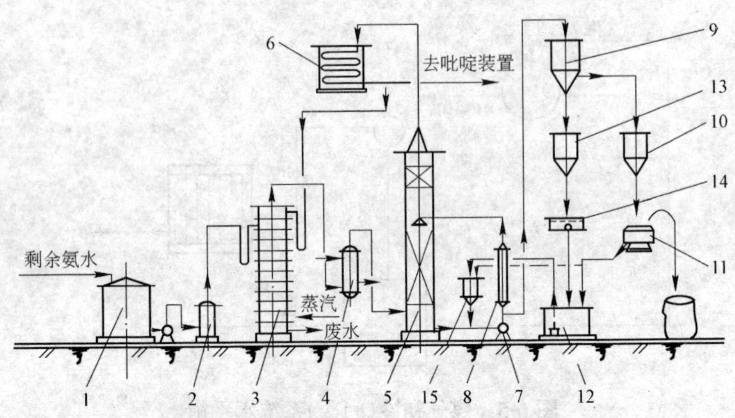

图 6-6 剩余氨水加工及制取黄血盐流程

1—原料氨水槽；2—过滤器；3—蒸氨塔；4—加热器；5—氰化氢吸收塔；
6—氨分离器；7—循环泵；8—加热器；9—沉降槽；10—结晶槽；11—离心机；
12—滤液槽；13—稀释槽；14—过滤器；15—溶碱槽

氰化氢吸收塔 5。脱除氰化氢的氨气(温度为 100～102℃)进入氨分离器 6，冷却到 98～100℃，部分冷凝液回流，浓度为 10%～20%的浓缩氨气送吡啶中和器。

在氰化氢吸收塔内，温度为 140～150℃的氨气由下而上流动，温度为 102～105℃含碳酸钠 100g/L 左右的碱液循环喷洒，则在铁屑填料塔内主要发生如下反应(也有一系列副反应)：

$$NaCO_3 + 2HCN = 2NaCN + CO_2 + H_2O$$

$$Fe + 2HCN \longrightarrow Fe(CN)_2 + H_2O$$

$$4NaCN + Fe(CN)_2 \longrightarrow Na_4Fe(CN)_6$$

上述反应为吸热反应，故氨气需加热到 140～150℃。当循环液内含黄血盐达 300～400g/L 时，提出一部分为结晶母液，由循环泵 7 送入沉降槽 9，槽内母液温度不低于 60℃，沉淀 4～5h，澄清的溶液加入搅拌式结晶槽 10，控制温度为 35℃左右，从结晶槽出来的母液进入离心机 11，分离出结晶，即为黄血盐产品。分离出来的母液进入滤液槽 12 中或溶碱槽 15，沉降槽的沉渣放入稀释槽 13，加水稀释后进入过滤器 14，滤液回滤液槽，滤渣弃掉。

355. 怎样去除煤气中的焦油雾滴?

初冷器后,煤气中悬浮的焦油雾滴粒径非常细小,其含量一般为 2~5g/m^3(间冷)。煤气中的焦油雾化对回收系统的操作及产品的质量有很大的影响,因此在回收系统内必须设置专门的设备给予清除。

焦油雾滴在离心式鼓风机中,由于离心力的作用可以去除一部分,但仍不能满足后续工艺的要求。

煤气中悬浮的焦油雾滴,其粒径大约为 1~17μm,而回收工艺要求其焦油含量低于 0.02g/m^3。从焦油雾滴粒径大小及工艺要求净化的程度来看,采用电捕焦油器是最经济可靠的。在正常情况下,电捕焦油器的效率可达 99%以上。

356. 硫铵产品是怎样生产的?

焦化厂回收氨的方法有三种,一是硫铵的生产,二是浓氨水的生产,三是磷酸法生产无水氨。这里我们只介绍硫铵产品的生产。

硫铵是一种白色透明结晶体,易溶于水,施于农田后,很快溶于土壤的水分中。大部分铵离子能与土壤结合,损失较少,失去铵离子的硫酸根与土壤的钙结合生成石膏,使土壤中所含碱性化合物分解。长期使用硫铵产品会使土壤的酸性逐步提高,必须使用石灰改变土壤酸性,否则肥效将会显著降低。

这里介绍 A·S 流程的硫铵生产工艺,如图 6-7 所示。

来自脱酸塔含有 NH_3、H_2S、HCN 等的酸性气体,在饱和器中煤气中的氨被硫酸母液中和吸收,生成硫酸铵结晶体。沉在饱和器底部的结晶体随同母液一起送入稠化器,再由稠化器底部流入离心机,经离心分离和用温水洗涤的硫酸铵结晶体用螺旋输送机送入沸腾干燥器,用热空气干燥后即为硫铵产品。硫铵产品经斗式提升机进入产品贮槽,再经自动包装称量后入库外销。稠化器溢溶母液和离心机滤液一起返回饱和器,硫酸从高置槽流入饱和器,饱和器中母液酸度保持在 4%~6%。

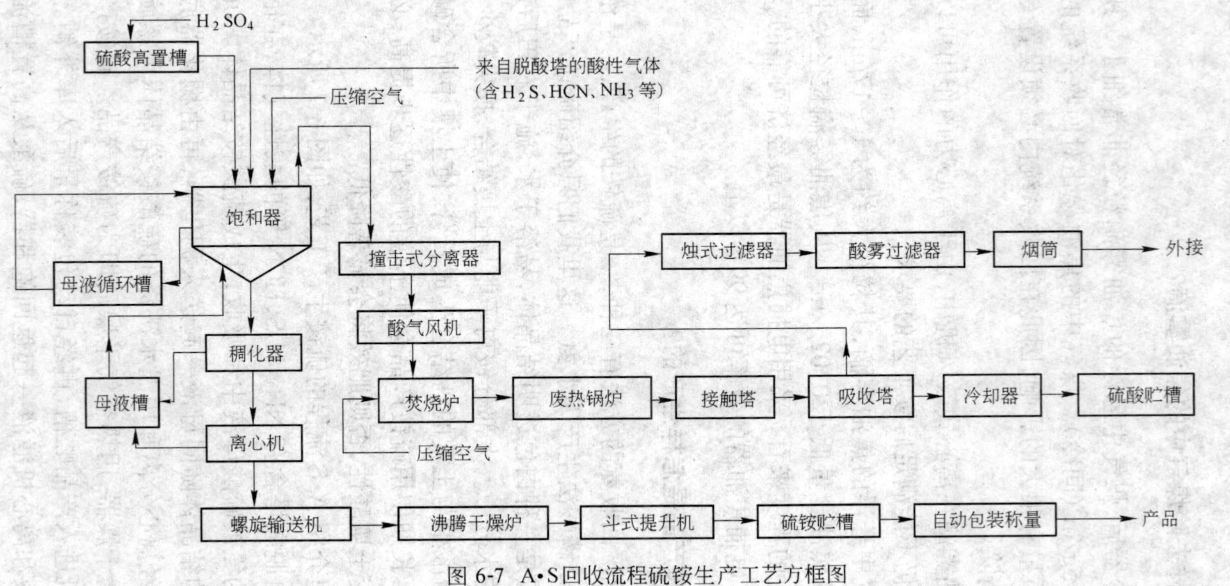

图 6-7 A·S回收流程硫铵生产工艺方框图

从饱和器出来的 H_2S、HCN 气体经酸式风机进入焚烧炉，燃烧后的高温气体（温度在 1100℃左右）进入废热锅炉，出废热锅炉的气体温度为 450℃左右，主要成分为 SO_2、CO_2 和水蒸气，此气体进入接触塔，在催化剂的作用下生成 SO_3，再经吸收塔后成为热硫酸，经冷却后进入硫酸产品贮槽，其尾气经烛式过滤器、酸雾过滤器后外排。

357. 从饱和器母液中怎样生产粗轻吡啶？

吡啶又名氮（杂）苯，无色液体，主要由粗轻吡啶精制得到。粗轻吡啶中含吡啶约 60%，它是合成许多药物的原料，主要用于生产磺胺类制剂、无味合霉素、维生素甲、可的松、驱虫药、局麻药等，还用于生产橡胶硫化促进剂、除草剂、合成树脂的缩合剂等。从饱和器母液中生产粗轻吡啶的工艺如图 6-8 所示。

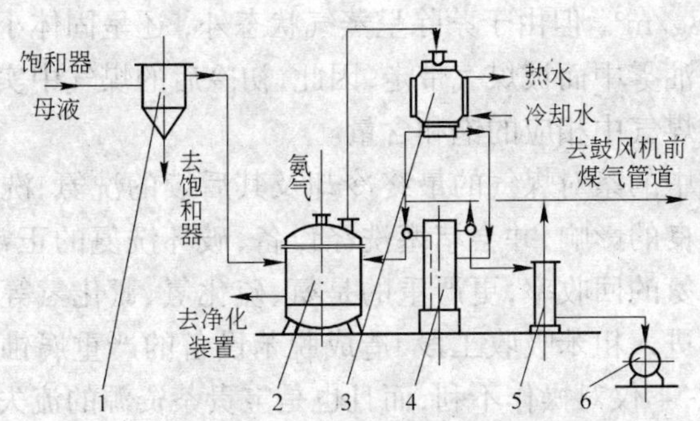

图 6-8　从饱和器母液中生产粗轻吡啶流程
1—母液沉淀槽；2—中和器；3—冷凝冷却器；
4—油水分离器；5—计量槽；6—产品贮槽

来自硫铵结晶槽的母液进入沉淀槽，进一步分离出硫铵结晶体和浮在母液面上的焦油，然后进入中和器 2，用含氨（体积分数）10%～12%的氨气进行中和，氨气中和时分解出吡啶。由于大量的反应热和氨气的冷凝热，中和器内的母液温度高达 95～99℃，此时，吡啶蒸气、氨气、硫化氢、二氧化碳、水气以及少量油气和酚等从中和器中逸出，进入冷凝冷却器 3，并冷却到 30～40℃。冷凝液进入油水分离器 4，上层的粗轻吡啶流入计量槽 5，产品进入贮槽6，下层的分离水返回中和器。中和母液时所消耗的氨以硫铵状态随脱吡啶母液回流至饱和器母液系统。

分离水中溶解了大量的碳酸铵，增大了分离水与吡啶盐基的密度差，使吡啶盐基从水中析出。吡啶蒸气有毒，同时尚有硫化氢、氰化氢等有毒气体，故吡啶操作系统均应在负压下进行工作，负压的产生是靠设备的放散管集中一起连接到鼓风机前的负压煤气管道上造成的。

358．为什么要除去煤气中的萘？

荒煤气中含有大量的萘，一般为6～8g/m^3。煤气经过桥管、集气管的冷却并经过初冷器的冷却后，大部分的萘溶解在冷凝焦油中。当煤气在间接初冷器中冷却到25℃以下时，萘的含量不应高于0.78g/m^3，但由于萘除呈蒸气状态外，还呈固体小颗粒状态或溶于焦油雾中而被煤气带走，因此，初冷后的煤气中实际含萘量高于它在煤气中相应的饱和含量。

煤气中的萘对煤气的最终冷却及其后续的洗氨、洗苯等操作均产生不良的影响，并会堵塞洗涤设备，破坏洗氨的正常操作，不仅减少了氨的回收率，更严重的是氨、硫化氢、氰化氢等腐蚀性气体随煤气进入粗苯吸收工段，造成脱苯设备的严重腐蚀。煤气中含萘高时，不仅对操作不利，而且也是宝贵萘资源的流失。

我国目前焦化厂煤气中的萘去除方法是水洗萘和油洗萘，这两种方法均得到了较广泛的应用。

359．粗苯有哪些性质，为什么要回收粗苯？

粗苯是多种有机化合物的混合物，是一种淡黄色的透明液体，比水轻，不溶于水，易与水分离，各组分的平均含量见表6-3。

表6-3　粗苯各组分的含量

组　分	分子式	含量(质量分数)/%
苯	C_6H_6	55～70

续表 6-3

组　分	分子式	含量(质量分数)/%
甲　　苯	$C_6H_5CH_3$	12～22
二甲苯	$C_6H_4(CH_3)_2$	2.0～6
三甲苯	$C_6H_3(CH_3)_2$	2.0～5
不饱和化合物		7～12
其中:环戊二烯	C_5H_6	0.6～1.2
苯乙烯	$C_6H_5CHCH_2$	0.5～1.0
苯并呋喃(古马隆)及同系物	C_8H_6O	1.0～2.0
茚及同系物	C_9H_8	1.5～2.5
硫化物(按硫计)		0.3～1.5
其中:二硫化碳	CS_2	0.3～1.5
噻　　吩	C_4H_4S	0.2～1.2

粗苯的组成取决于炼焦配煤的组成及炼焦产物在焦炉炭化室热解的程度。各主要组分皆在180℃前馏出,馏出量越多质量越好,一般要求粗苯在180℃前馏出量为93%～95%。在不同炼焦温度下所产生的粗苯中,苯、甲苯、二甲苯及不饱和化合物在180℃前馏分中的含量是不同的。随着炼焦温度的提高,苯含量增加,甲苯、二甲苯、不饱和化合物的含量均有降低。

粗苯易燃,其蒸气在空气中的浓度为1.4%～7.5%(体积分数)时,能形成爆炸性混合物。

在不同温度下,粗苯主要组分的蒸气压是不同的,这也是分离这种混合物的主要依据。

粗苯本身用途有限,因此必须进行精制,将其中各组分分离,并精制成纯产品,这些纯产品广泛地应用在国民经济的各个部门中。

360. 怎样从煤气中回收粗苯?

从焦炉煤气中回收粗苯的方法主要有以下几种:

一是洗油吸收法:用洗油在专门的洗涤塔中回收苯属烃,将吸收了苯属烃的洗油,送至脱苯蒸馏装置中,提取粗苯,脱苯后的洗油经冷却后重新回至洗苯塔以吸收粗苯。

二是吸呼法:用活性炭或硅胶等固体吸呼剂,使煤气中的苯属烃吸呼在其表面上直到饱和状态,然后用水蒸气蒸馏固体吸附剂进行脱吸而获得粗苯。

三是低温加压法:在低温和高压下,从焦炉煤气中分离出苯属烃。

目前,国内外焦化厂多采用洗油吸收法回收煤气中的粗苯。这里主要介绍这种方法。

煤气中萘属烃的分压 p_g 可根据道尔顿定律计算为:

$$p_g = p \cdot Y$$

式中 p——焦炉煤气总压力,kPa;

Y——煤气中苯属烃的体积分数,%。

当已知苯萘烃在煤气中的含量为 ag/m³,粗苯分子量为 M_b 时,对 1m³ 煤气可得:

$$Y = \frac{a}{M_b} \times 22.4 \times \frac{1}{1000} = 0.0224 \frac{a}{M_b}$$

所以:$p_g = 0.0224 \dfrac{ap}{M_b}$

用焦油洗油吸收苯属烃所得稀溶液可视为理想溶液,则液面上粗苯的蒸气压用亨利定律表示为:

$$p_L = 1.25 p_0 X$$

式中 p_0——在回收温度下粗苯的蒸气压,kPa;

X——洗油中粗苯的体积分数,%。

当已知洗油中粗苯的含量 C(质量分数)、粗苯分子量 M_b 及洗油分子量 M_m 时,则有:

$$X = \frac{C/M_b}{C/M_b + (100 - C)/M_m}$$

则 p_L 可改写为：

$$p_L = 1.25\frac{(C/M_b)p_0}{(C/M_b)+(100-C)/M_m}$$

当 p_g 大于 p_L 时，煤气中的苯萘烃就被洗油吸收，$p_g - p_L$ 即为吸收推动力，极限过程为气、液两相达到平衡，即 $p_g = p_L$。因为洗油中粗苯浓度很小，故其可简化为：

$$0.0224\frac{ap}{M_b} = 1.25\frac{C/(M_b p_0)}{100/M_m}$$

这就是洗油吸收粗苯的基本原理，从上式还可分析影响粗苯吸收的主要因素。

361. 如何从含苯富油中分离出粗苯产品？

粗苯蒸馏的工艺流程形式繁多，但归纳起来，主要可分为生产一种苯和生产两种苯的两种流程，这里我们仅介绍用蒸汽法生产一种苯的工艺流程，如图 6-9 所示。

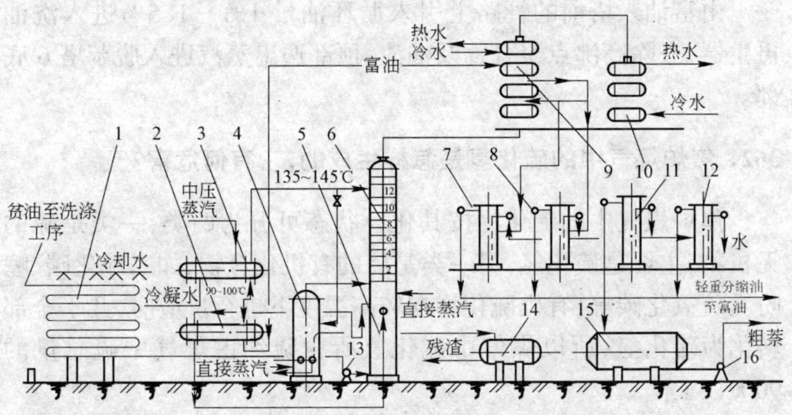

图 6-9　蒸汽法生产一种苯的工艺流程

1—贫油冷却器；2—贫富油换热器；3—预热器；4—再生器；
5—热贫油槽；6—脱苯塔；7—重分缩油分离器；8—轻分缩油分离器；
9—分缩器；10—冷凝冷却器；11—粗苯分离器；12—控制分离器；
13—热贫油泵；14—残渣槽；15—粗苯贮槽；16—粗苯泵

由洗涤工序来的富油，在分缩器中被脱苯塔的蒸汽加热至70～80℃，然后进入到贫富油换热器2中，被温度为130～140℃的热贫油加热到90～100℃，最后进入富油预热器中加热到135～145℃，此后进入脱苯塔，在脱苯塔底加入直接蒸汽蒸吹，富油中绝大部分粗苯及洗油中部分轻质馏分和萘从洗油中蒸出去，并与一定数量的水蒸气从塔顶逸出。这些气体混合物，在分缩器下部与富油换热，在上部用冷水冷却，控制分缩器顶蒸汽冷凝下来，从分缩器顶部逸出的即为粗苯蒸气，经冷凝冷却器10冷却至25～30℃，经粗苯油水分离器11后，粗苯流入贮槽，用泵16送往粗苯精制车间。

在分缩器9下部冷凝的轻重分缩油经油水分离后，油进入富油槽。从三个油水分离槽分出的冷凝水共同进入控制分离槽，进一步回收洗油。

从脱苯塔底排出的贫油自动流入贫富油换热器，经换热后回至脱苯塔底部的热贫油槽5，用热贫油泵13送往贫油冷却器，经冷却至25℃左右后，送洗苯喷洒。

由富油入塔前的管路上引入循环油量1%～1.5%进入洗油再生器，去除高沸点聚合物及油渣，顶部逸出蒸汽进入脱苯塔6底部。

362．焦炉煤气中的硫化氢是怎样生成的，它有何危害？

焦炉煤气中的硫化物按其化合状态可分为两类，一类是硫的无机物，主要是硫化氢，另一类是硫的有机化合物，如二硫化碳、噻吩及硫氧化碳等，有机硫化物在较高温度下进行反应时，几乎全部转化为硫化氢，所以煤气中硫化氢所含硫约占煤气中硫总量的90%以上。

硫化氢在常温下是一种带刺鼻臭味的无色气体，燃烧时生成二氧化硫和水，有毒，在空气中有0.1%（体积分数）时就能使人致命。

煤气中的硫化氢腐蚀化工回收设备及煤气贮存输送设备；含

有硫化氢的焦炉煤气用于轧钢，则会降低钢材的质量；含有硫化氢的煤气用于合成氨，则可使催化剂中毒；含有硫化氢的煤气用作城市煤气，则燃烧产物为二氧化硫也有毒，将污染大气，影响人体健康。所以煤气中的硫化氢必须消除。

由于用途不同，对煤气中二氧化硫含量的要求也有所不同：

(1) 冶炼优质钢时，允许含量 $1\sim2g/m^3$；

(2) 化学合成时，允许含量 $1\sim2g/m^3$；

(3) 作城市煤气，允许含量低于 $20mg/m^3$。

(4) 特殊用途，如制造高级陶瓷制品、特殊玻璃、轧制高级钢材、远距离输送，则焦炉煤气需经深度脱硫。

363. 去除焦炉煤气中硫、氰的基本方法有哪些?

焦炉煤气脱硫脱氰的基本方法有两种，即干法和湿法。

干法脱硫、脱氰过程是，煤气通过含有氢氧化铁的脱硫剂，使 H_2S 与 $Fe(OH)_3$ 反应生成 Fe_2S_3 或 FeS，当饱和后，使脱硫剂与空气接触，在有水分存在时，空气中的氧将铁的硫化物又转化为氢氧化物，使脱硫剂得以再生供继续使用。当煤气中含有氧时，则吸收剂的脱硫和再生同时进行。

经过反复的吸收和再生后，硫磺就在脱硫剂中聚积，并逐步覆盖活性的 $Fe(OH)_3$ 颗粒，使脱硫能力逐步降低，当脱硫剂上积有30%～40%的硫磺时(按质量分数计)，即须更换新的脱硫剂。

采用这种方法，工艺简单，脱硫剂容易制造，净化程度高，煤气含硫量可降到 $0.1\sim0.2g/100m^3$，同时能脱除氰化氢、氧化氮及焦油雾等杂质，适用于煤气处理量较小、净化程度要求较高的情况。

湿法脱硫种类甚多，目前国内使用较多的有如下几种：

(1) 改良 A.D.A 法。脱硫效率可达99.5%以上，同时可以脱除 HCN，脱硫溶液无毒性，处理煤气中的硫化氢浓度适应性强，操作温度、压力范围较宽，对设备腐蚀较轻，副产品硫磺质量较好。

(2) 氨型塔—希法。这是由日本东京煤气公司开发的塔卡哈克斯法和日本钢管公司开发的希罗哈克斯废液处理法两者结合而成的工艺，这种工艺已在宝钢焦化厂采用。该工艺与硫铵工艺结合，脱硫吸收液在再生塔内不产生硫泡沫，空气再生后的脱硫液，其中所含的硫磺粒子在脱硫塔内正好满足脱硫副反应生成 NH_4CNS 和 $(NH_4)_2S_2O_3$ 所需要的硫量，而废液在希罗哈克斯装置中经空气氧化而生成 S_2O_3''、CNS'、SO_4'' 等铵盐类，并且硫粒子可转变成 $(NH_4)_2SO_4$ 和 H_2SO_4。这种溶液可直接送至无饱和器法的硫铵装置中去，使流程简单，无二次污染，可使 $(NH_4)_2SO_4$ 增产30%～40%，降低酸耗33%。

(3) 三法流程（即F.R.C法）。F.R.C法是由弗玛克斯（Fumaks）脱硫法、洛达科斯（Rhodaos）脱氰法和昆帕库斯（Compacks）废液处理法组成，将煤气中三大有害成分 NH_3、H_2S 及 HCN 相互有效地利用并脱除，同时回收硫酸或石膏。该流程已在天津煤气厂、贵阳煤气厂等投产运行。

(4) A.S法脱硫脱氰。采用水洗氨和脱硫相结合的办法而形成A.S循环洗涤流程，其主要反应为：

$$H_2O + NH_3 \longrightarrow NH_4OH$$

$$H_2S + NH_4OH \longrightarrow NH_4OS + H_2O$$

$$HCN + NH_4OH \longrightarrow NH_4CN + H_2O$$

整个煤气系统保持在较低的温度下操作，为消除热压缩而引起的温度上升，故有的采用全负压流程，也有的采用正压流程，而增设煤气最终冷却塔，含有 H_2S、HCN 富氨水进入脱酸蒸氨工段。

364. 连续精馏法粗苯精制的主要工艺是什么？

粗苯精制的目的是将苯及其同系物甲苯、二甲苯等从粗苯中分离出来而获得重要的化工原料。这里以两苯塔在精制为例来说明这个问题。

(1) 分离出轻苯和重苯。两苯塔工艺流程如图6-10所示。粗苯经两苯塔蒸馏，将粗苯分为轻苯和重苯，轻苯中含苯、甲苯、二甲苯在98%以上，其密度为0.870～0.880g/mL，150℃前的馏出量为 96%，重苯可作为产品外销，主要对轻苯进一步加工。

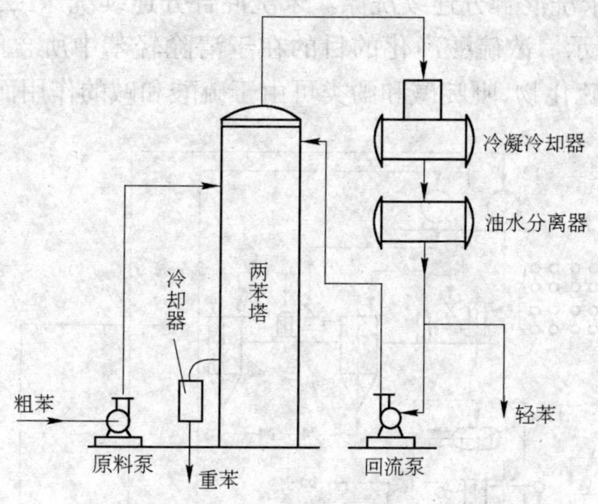

图 6-10　两苯塔工艺流程图

(2) 轻苯的连续蒸馏。轻苯连续蒸馏工艺流程如图 6-11 所示。

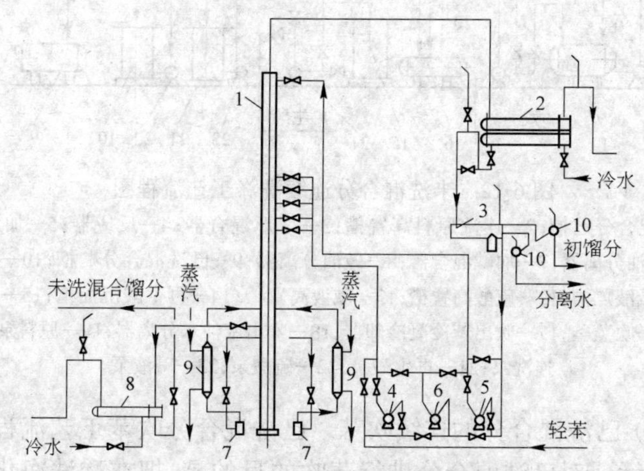

图 6-11　轻苯连续蒸馏工艺流程图

1—初馏塔；2—冷凝冷却器；3—油水分离器；4—原料泵；
5—回流泵；6—备用泵；7—过滤器；8—冷却器；9—初馏塔重沸器；10—视镜

通过轻苯的连续蒸馏，可获得初馏分(产品)和未洗混合分。

(3) 未洗混合分连续洗涤。未洗混合分连续洗涤工艺流程如图6-12所示。浓硫酸净化的目的在于清除轻苯中所含的不饱和化合物及硫化物，吡啶碱和酚类可由于硫酸和碱的作用而除去。

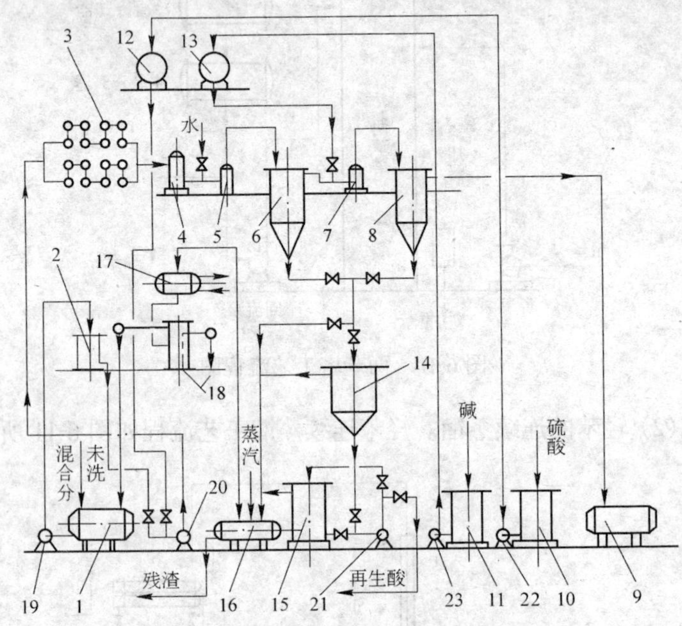

图6-12　未洗混合分连续洗涤工艺流程图

1—未洗混合分贮槽；2—连洗原料高置槽；3—球形混合器；4—反应器；5—加水混合器；6—酸油分离器；7—加碱混合器；8—碱油分离器；9—已洗混合分贮槽；10—硫酸贮槽；11—碱液贮槽；12—硫酸高置槽；13—碱液高置槽；14—再生酸沉淀槽；15—再生酸贮槽；16—吹蒸釜；17—吹出苯冷凝冷却器；18—吹出苯油水分离器；19—原料泵；20—连洗泵；21—再生酸泵；22—硫酸泵；23—碱液泵

(4) 已洗混合分的连续吹苯。已洗混合分吹苯工艺流程如图6-13所示。对已洗混合分进行蒸吹的目的是，把在酸洗净化时溶于混合分中的中式酯在高温作用下进行分解，分解产物为二氧化硫、三氧化硫、二氧化碳及碳渣，同时，将溶于混合分中的各种聚合物作为吹出苯残渣排出。

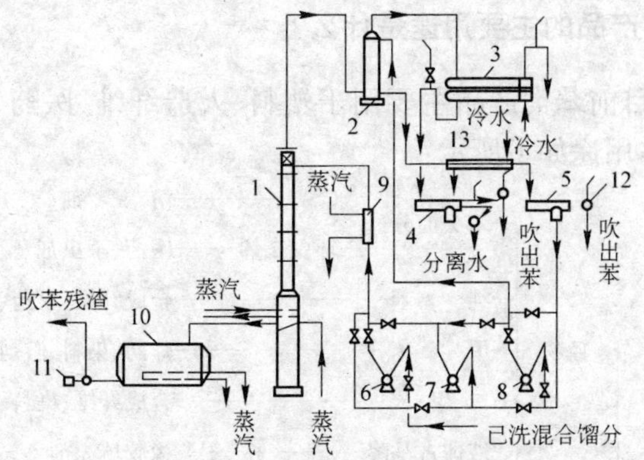

图 6-13　已洗混合分吹苯工艺流程图

1—吹苯塔；2—中和器；3—冷凝冷却器；4—油水分离器；5—碱油分离器；6—原料泵；7—备用泵；8—环碱泵；9—加热器；10—吹苯残渣槽；11—汽泵；12—视镜；13—套管冷却器

(5) 全连续精馏提取纯产品。全连续精馏提取纯产品工艺流程如图 6-14 所示。

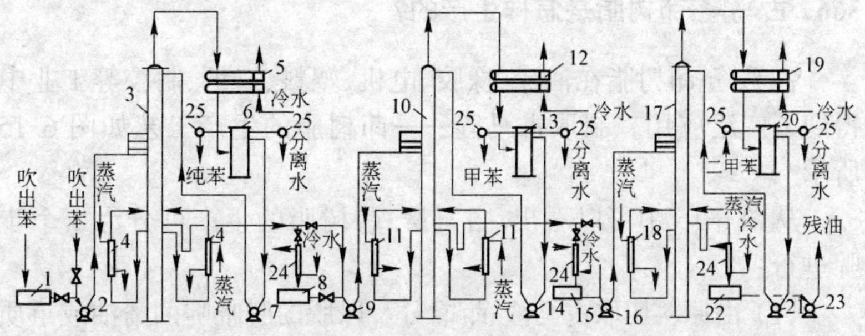

图 6-14　全连续精馏提取纯产品工艺流程图

1—纯苯塔开停工槽；2—纯苯塔原料泵；3—纯苯塔；4—纯苯塔重沸器；5—纯苯冷凝冷却器；6—纯苯油水分离器；7—纯苯回流泵；8—甲苯塔开停工槽；9—甲苯塔热油原料泵；10—甲苯塔；11—甲苯塔重沸器；12—甲苯冷凝冷却器；13—甲苯油水分离器；14—甲苯回流泵；15—二甲苯开停工槽；16—二甲苯塔热油原料泵；17—二甲苯塔；18—二甲苯塔重沸器；19—二甲苯冷凝冷却器；20—二甲苯油水分离器；21—二甲苯回流泵；22—二甲苯残油槽；23—二甲苯残油泵；24—冷却套管；25—视镜

经过上述三塔的精馏可获得纯苯、甲苯、二甲苯及二甲残油等产品。

365. 苯类产品的主要用途是什么?

我国目前苯类产品主要用于塑料、人造纤维、医药、染料工业等,其具体用途如下所示:

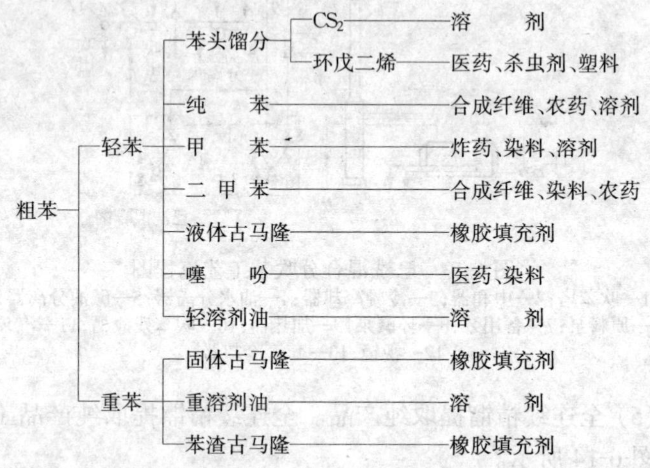

366. 古马隆-茚树脂是怎样生产的?

古马隆-茚树脂在油漆、橡胶、电机、塑料、造纸、制胶等工业中得到了广泛应用。制取古马隆——茚树脂的生产工艺如图 6-15 所示。

从图 6-15 中可以看出,古马隆-茚树脂的生产可分为 5 个步骤进行:

(1) 由原料切取古马隆-茚馏分。以脱酚脱吡啶的酚油或重质苯或重苯为原料,经过初馏切取沸点范围为 160~190℃的馏分。

(2) 古马隆-茚馏分的净化。用浓度为 15%~20%的苛性钠溶液和浓度为 30%~40%的硫酸进行洗涤,以除去酚及盐基类杂质。

(3) 聚合反应。经净化,再蒸馏后的馏分在洗涤器内进行聚合,以浓度为 92%~93%的 H_2SO_4 作接触剂,以获得古马隆-茚树脂聚合物。

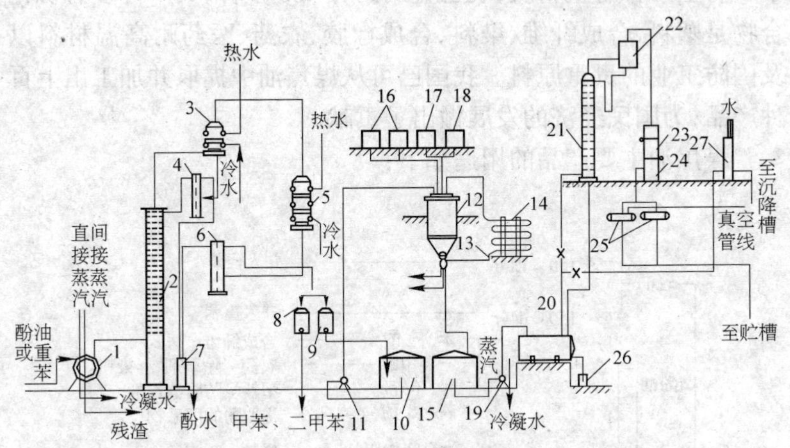

图 6-15　生产古马隆-茚树脂的工艺流程图

1—初馏釜；2—初馏塔；3、22—分缩器；4—分缩液回流分离器，5、23—冷凝冷却器；6、24—油水分离器；7—控制分离器；8—甲苯-二甲苯馏分计量槽；9—古马隆-茚馏分计量槽；10—古马隆-茚馏分贮槽；11、13、19—泵；12—聚合反应器；14—套管冷却器；15—古马隆-茚聚合物贮槽；16、17、18—硫酸、碱液及水高置槽；20—精馏釜；21—精馏塔；25—计量槽；26—凝固槽；27—冷凝器

(4) 中和及水洗。聚合反应完毕后，放出废酸，然后水洗，再用浓度为 15%～20% 的苛性钠或碳酸钠进行中和，以得到中性聚合液。

(5) 最后精馏。将上述聚合液在一间歇蒸馏釜中进行最后精制，精制所得的初馏分即为稀释剂，循环使用；馏分中不聚合的油类，可作为精溶剂油；在制高软化点树脂时，精馏末期出现黏性的高沸点油，相对密度大于 1.0，即为轻度聚合物，可进一步加工为润滑油、变压器油等；最后釜底的残留物达到规定的软化点时，即为古马隆-茚树脂成品。

367. 煤焦油产品的主要用途是什么?

高温煤焦油主要是由芳香烃所组成的复杂混合物，据估计其中含有上万种有机物质，现已查明的有480多种，其中许多有机化合物是塑料、合成纤维、染料、合成橡胶、农药、医药耐高温材料以及国防工业的贵重原料。我国已可从煤焦油中提取并加工出上百种产品，为国民经济的发展做出了贡献。

煤焦油主要产品的用途如下：

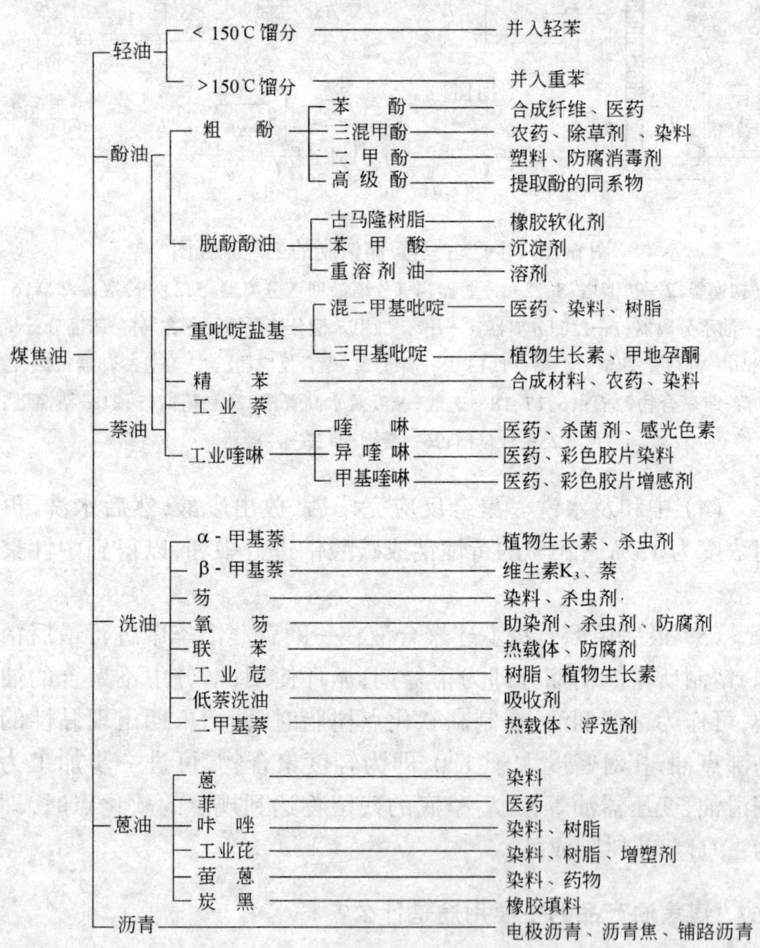

368．煤焦油加工前为什么要脱水脱盐，怎样脱水脱盐？

煤焦油中含有较多的水分，对焦油蒸馏操作是非常不利的。焦油含水多，将延长脱水时间而降低设备生产能力，增加消耗，尤其是水在焦油中能形成稳定的乳浊液，形成乳浊液的小水滴，在初受热时不能立即蒸发而处于过热状态，当温度继续升高时，这些小水滴急剧蒸发，使整个系统压力剧增，打乱了操作制度，严重时引起管道设备破裂而导致火灾。

焦油脱水可分为初步脱水和最终脱水，初步脱水采用静止加热的办法，使焦油温度维持在70～80℃，静置36h以上，使水和焦油因相对密度不同而分离，同时还使溶于水中的很大一部分盐类随水分一起排出。焦油的最后脱水，一般情况下列入焦油蒸馏工艺中解决。

焦油中所含的水实际上是氨水，氨水中的氨一部分以氢氧化铵的形式存在，但绝大部分均为铵盐，这些固定铵盐有氯化铵、硫氰化铵、硫铵等，其中主要是氯化铵。这些铵盐在焦油最后脱水阶段仍被留在焦油中，当加热到220～250℃时，固定铵盐分解成游离酸和氨，例如：

$$NH_4Cl \xrightleftharpoons{220\sim250℃} HCl + NH_3$$

产生的酸存在于焦油中，会引起管道和设备的严重腐蚀。此外，铵盐的存在会使焦油馏分与水起乳化作用，对萘油馏分的脱酚操作也极为不利。因此，必须设法降低焦油中固定铵盐的含量。

为降低固定铵盐含量所采取的措施是：

(1) 在鼓风冷凝工段采取循环氨水和冷凝氨水混合的工艺流程。

(2) 在焦油进入管式炉前加入碳酸钠，使固定铵盐转化为不易分解的钠盐，其反应为：

$$2NH_4Cl + Na_2CO_3 \longrightarrow 2NH_3 + CO_3 + H_2O + 2NaCl$$

$$2NH_4CNS + Na_2CO_3 \longrightarrow 2NH_3 + CO_2 + Na_2CNS + H_2O$$

$$(NH_4)_2SO_4 + Na_2CO_3 \longrightarrow 2NH_3 + CO_2 + Na_2SO_4 + H_2O$$

所生成的钠盐在焦油蒸馏温度下不分解。

369. 连续式焦油蒸馏的主要工艺是什么?

我们仅以单塔式焦油管式炉蒸馏工艺为例来说明这个问题,工艺流程见图 6-16。

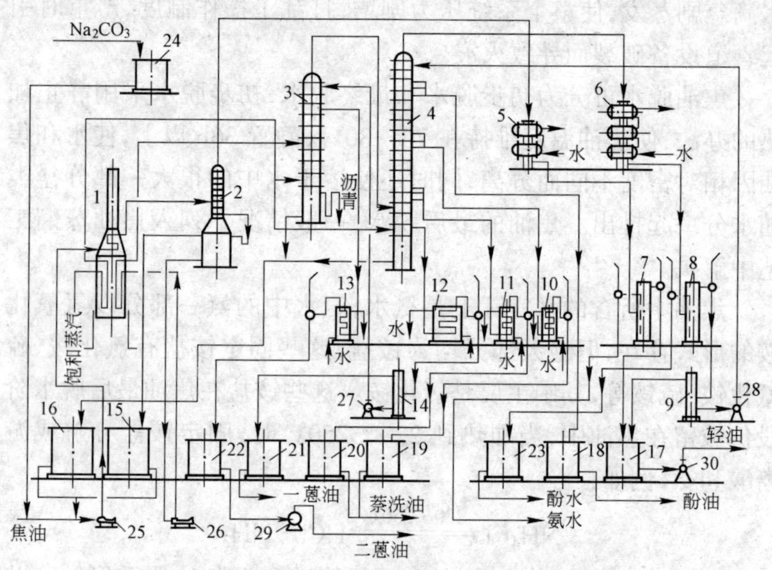

图 6-16 单塔式焦油管式炉蒸馏工艺流程图

1—焦油管式炉;2—一段蒸发器及无水焦油槽;3—二段蒸发器;4—馏分塔;5—一段轻油冷凝冷却器;6—馏分塔轻油冷凝冷却器;7—一段轻油油水分离器;8—馏分塔轻油油水分离器;9—轻油回流槽;10—萘油埋入式冷却器;11—洗油埋入式冷却器;12—一蒽油冷却器;13—二蒽油冷却器;14—一蒽油回流槽;15—无水焦油满流槽;16—焦油循环槽;17—轻油接受槽;18—酚油接受槽;19—萘油接受槽;20—洗油接受槽;21—一蒽油接受槽;22—二蒽油接受槽;23—酚水接受槽;24—碳酸钠溶液高位槽;25—一段焦油泵;26—二段焦油泵;27—一蒽油回流泵;28—轻油回流泵;29—二蒽油泵;30—轻油泵

经静止脱水后的焦油,用一段焦油泵打入管式炉的对流段,在泵的入口处加入浓度为 8%~10%的 Na_2CO_3 溶液,焦油被加热至

120～130℃后送至一段蒸发器进行脱水。无水焦油用二段泵打入管式炉的辐射段,焦油被加热到400℃左右后送入二段蒸发器进行分馏。沥青由二段蒸发器底部排出送至沥青加工系统。温度为325～330℃的二蒽油由侧线引出经冷却后送油库,塔顶逸出蒸汽进入馏分塔进行蒸馏。馏分塔底部切取温度为290～300℃的一蒽油,经冷却后一部分用于二段蒸发器顶部打回流,其余送结晶工段生产粗蒽。由下而上在侧线分别切取230～240℃的洗油馏分,200～210℃的萘油馏分,150～160℃的酚油馏分,各馏分经各自冷却器后进入馏分贮槽,塔顶馏分经冷凝冷却、油水分离后,一部分回流,一部分与一段蒸发器出来的轻油一起送精苯车间处理。

370. 工业萘是怎样生产出来的?

萘是有机化学工业的重要原料,用于氧化制取苯酐,而苯酐是生产涤纶和塑料增塑剂的主要原料,还可用于生产染料、医药、清漆等。萘还用于生产二萘酚、甲萘胺、H酸、扩散粉、周位酸、植物生长激素等。萘主要存在于煤焦油中,以焦油加工切取的含萘宽馏分再精馏就可获得含萘95%的工业萘。这里介绍一种双炉双塔的工业萘生产流程,如图6-17所示。

已洗三混分(酚、萘、洗)在原料槽中加热至85～90℃,静止脱水后,由原料泵送至热交换器,与工业萘蒸汽换热至200℃左右,进入初馏塔,塔顶采出酚油,经冷凝冷却、油水分离,大部分作回流用,少部分入酚油成品槽。初馏塔底已脱除酚油的萘洗油用热油泵送往初馏管式炉加热至270～275℃再返回初馏塔底,以热循环方式供给初馏热量。

在初馏热油循环过程中,以热油热出口分出一部分萘洗油打入精馏塔,塔顶蒸汽温度控制在218℃左右,工业萘蒸汽与原料换热后,进入冷凝冷却器。工业萘被冷却到95～105℃后流入工萘塔回流槽,一部分工业萘作精塔回流用,一部分进入高置槽转鼓结晶机,经冷却结晶后得到工业萘片状结晶产品。精馏塔顶由热油泵将残油送往精馏管式炉加热至 290℃左右打回精馏塔，同样以热油循环方式供给精馏塔热量。从热油泵出口管分出部分残油，经冷却作低萘洗油进入洗油槽，再用泵送往油库。

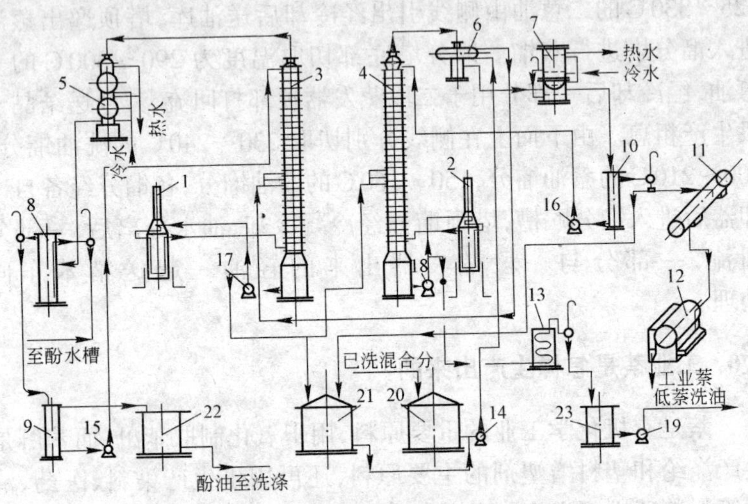

图 6-17　双炉双塔工业萘生产工艺流程图

1—初馏管式炉；2—精馏管式炉；3—初馏塔；4—精馏塔；5—酚油冷凝冷却器；6—工业萘换热器；7—工业萘汽化冷凝冷却器；8—酚油油水分离槽；9—酚油回流槽；10—工业萘回流槽；11—工业萘高位槽；12—转鼓结晶机；13—低萘洗油冷却器；14—原料泵；15—酚油回流泵；16—工业萘回流泵；17—初馏塔热油循环泵；18—精馏塔热油循环泵；19—低萘洗油泵；20—原料泵；21—开工循环槽；22—酚油槽；23—低萘洗油槽

371．改质沥青的主要用途及连续法生产工艺是什么？

焦油沥青常温下是黑色固体，无固定的熔点，呈玻璃相，受热后软化继而熔化，密度为 1.25～1.35g/cm^3，按其软化点的高低可分为低温、中温、高温沥青三种。近年来，随着铝冶炼工业的发展和需要，我国自行开发和研制出能满足电解铝行业需要的沥青，即为改质沥青，其生产工艺如图 6-18 所示。

由二段蒸发器底部排出中温沥青，温度为 320～330℃左右自动流入 1 号反应釜、2 号反应釜、3 号反应釜（依其标高差自流）。

三台反应釜可用一台作备品，即1号、2号；1、3号；2号、3号分别串用。流入到釜内的中温沥青在反应釜内被间接加热到390～400℃，并由釜中的搅拌机械进行搅拌，在釜内发生聚合反应，反应时间控制在4～5h内。然后将沥青从釜底放入沥青中间槽，由液下泵送至沥青高置槽，冷却到150～170℃后放入沥青直接水冷装置，冷却后的条状沥青用刮板机送入沥青贮仓或直接装车外运。

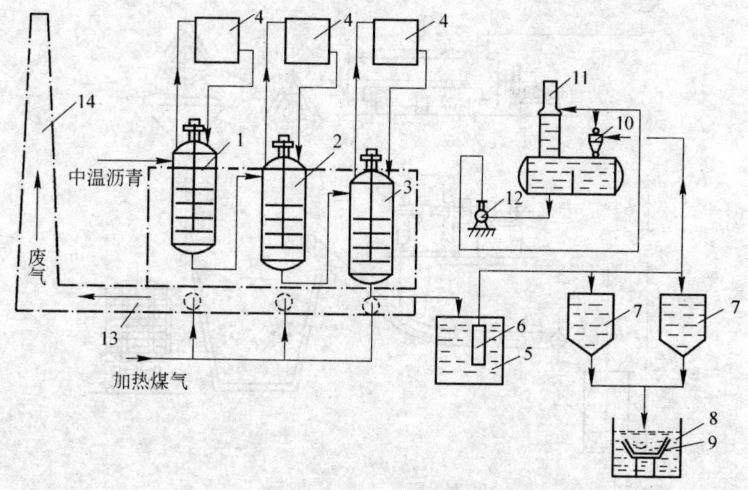

图 6-18 连续法生产改质沥青工艺流程图

1—1号反应釜；2—2号反应釜；3—3号反应釜；4—沥青烟气冷却器；5—改质沥青中间槽；6—液下泵；7—沥青高槽；8—沥青水冷槽；9—沥青刮板机；10—文氏管；11—洗涤塔；12—循环屈油泵；13—烟道；14—烟囱

对反应釜实行用焦炉煤气燃烧加热，控制加热炉炉膛温度在650～800℃左右。反应釜产生的沥青烟气经冷凝冷却后返回反应釜内达到调质目的。沥青高置槽、中间槽在生产操作过程中产生的大量沥青有毒烟气经文氏管抽吸和洗涤，达标后外排。

372．如何利用一蒽油馏分生产粗蒽？

在焦油蒸馏中，由馏分塔底部切取的馏程为300～330℃的馏分，产率为无水焦油的14％～20％，称为一蒽油，主要组分是蒽、菲、咔唑和芘等，是分离制取粗蒽的原料，也可直接配制生产炭黑的原料油。

用一蒽油生产粗蒽的工艺如图 6-19 所示。

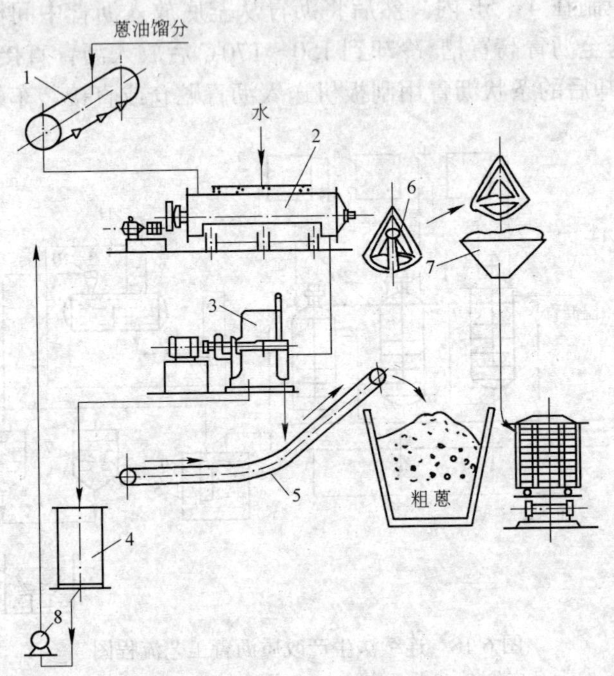

图 6-19　一蒽油生产粗蒽工艺流程

1——蒽油馏分高置槽；2—机械化结晶机；3—半连续卧式离心机；
4—脱晶蒽油收集槽；5—刮板运输机；6—单轨抓斗机；7—漏斗式贮槽；8—泵

将一蒽油馏分送入高置槽 1 内，温度保持 75～80℃，然后装入机械化结晶机内进行结晶，其外部用冷却水喷洒冷却，机内使用带刮刀的搅拌器搅拌，使粗蒽从馏分中结晶出来，结晶过程需要 12～16h。放料温度为 35℃后，放入半连续卧式离心机中进行离心分离，脱晶蒽油流入收集槽 4，用泵送往油库配制防腐油，粗蒽由离心机卸至刮板运输机上送往粗蒽仓库，然后装车外运。

373. 从煤焦油馏分中提取粗酚的基本过程是什么?

苯酚又称为石炭酸,为白色或带微红色的结晶体,有毒,也有腐蚀性。苯酚主要用于生产酚醛塑料,在医药、农药、染料等方面的应用也很广泛。苯酚主要是从粗酚中制得的,而粗酚又是从煤焦油蒸馏所得的酚油馏分中制取的。粗酚中含苯酚 25%,混甲酚 45%,二甲酚 10%,其余为高沸点酚,1t 煤炼焦可以得到 1kg 酚类产品。

从煤焦油蒸馏所得的酚油(或二混、三混分)馏分制取粗酚可分为以下三个步骤:

(1) 洗涤。酚系酸性化合物,可与稀碱溶液(10%~15%)的 NaOH 发生反应生成酚钠,而酚钠溶于碱液中而与油分离,其主要反应为:

$$C_6H_5OH + NaOH \longrightarrow C_6H_5ONa + H_2O$$

$$C_6H_4CH_3OH + NaOH \longrightarrow C_6H_4CH_3ONa + H_2O$$

吡啶矸系碱性化合物,可与 15%~17% 的硫酸中和而生成硫酸吡啶,溶于稀酸液中而与油分离,其反应式为:

$$C_5H_5N + H_2SO_4 \longrightarrow C_5H_5NHHSO_4$$

$$2C_5H_5N + H_2SO_4 \longrightarrow (C_5H_5NH)_2SO_2$$

当馏分中同时存在酚和吡啶碱时,两者可生成络合物,其反应式为:

$$C_5H_5N + C_5H_5OH \rightleftharpoons C_6H_5N \cdot HOC_6H_5$$

为破坏平衡并有利于操作,当馏分中酚含量大于吡啶矸含量时,宜采用碱洗、酸洗、碱洗的程序;反之,则采用酸洗、碱洗的程序。酚油馏分装入馏分洗涤器中,按洗涤程序加入洗涤试剂,经搅拌、静止,分别放出酚钠溶液或硫酸吡啶溶液、洗后酚油。

(2) 蒸吹。洗涤得到的中性酚钠含有中性油、萘和吡啶矸等杂质,在用酸分解前,需用蒸汽蒸出或吹出。蒸吹工艺如图 6-20 所示。

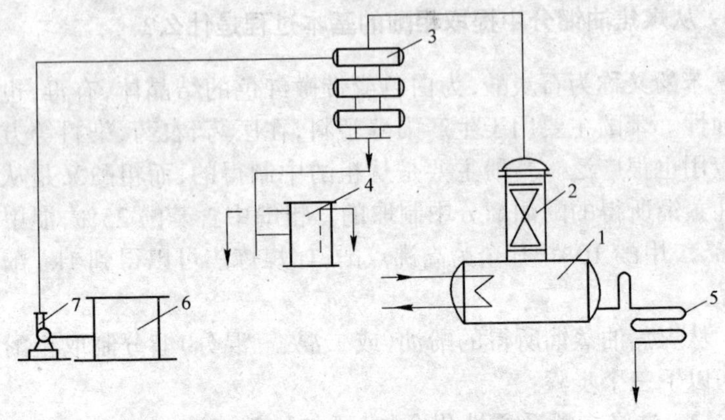

图 6-20　蒸吹工艺流程图

1—酚钠蒸吹釜；2—蒸吹柱；3—冷凝冷却器和油水换热器；
4—油水分离器；5—酚钠冷却器；6—中性酚钠槽；7—油泵

中性酚钠原料与蒸吹柱顶出来的油气换热后进入酚钠蒸吹釜，釜内用蒸汽间接加热并用蒸汽直接蒸吹，吹出的油和水进入冷凝冷却器和油水分离器，分离出的油送入脱酚酚油中，分离水含酚 7000～12000mg/L 并送污水处理设备，净酚钠从釜底排入净酚钠槽。

(3) 酚盐分解。酚盐分解一般有两种方法，一种是用硫酸分解，另一种是用二氧化碳气体分解，目前以前者应用较多(这里仅介绍间歇式硫酸分解法)。

将净酚钠放入间歇洗涤器内，在用压力为 0.025～0.05MPa 压缩空气搅拌的情况下，缓慢加入浓度为 70%～75% 的 H_2SO_4，在不高于 90℃ 的反应温度下，经充分反应呈微酸性为止，再静止 4h，分解生成的粗酚溶于液面，下层为密度较大的硫酸钠溶液。中间层液体放至精制酚钠槽循环处理，硫酸钠废液收集后集中处理。

这一过程进行的主要反应为：

$$2C_6H_5ONa + H_2SO_4 \longrightarrow 2C_6H_5OH + Na_2SO_4$$

$$2C_6H_4CH_3ONa + H_2SO_4 \longrightarrow 2C_6H_4CH_3OH + Na_2SO_4$$

分解操作不宜用浓硫酸，因浓硫酸能使分解出的酚受磺化作用而溶于粗酚中，当精制时会分解出二氧化硫气体，影响产品纯度，且腐蚀设备。

经过上述三个步骤所得粗酚质量为：$d_4^{20}=1.055\sim1.066$，含酚量不小于 83%，含水量不大于 12%，含 Na_2SO_4 量不大于 0.3%，反应中性。

374. 怎样用燃料油(二蒽油)生产炭黑?

炭黑是一种轻松而极细的无定形炭粉末，是由有机物质经不完全燃烧或热分解而成的黑色产品。根据所用原料和生产工艺的不同可生产各种炭黑，其性能略有差异，可做黑色颜料用于中国墨、油墨、油漆等工业，还广泛用作橡胶的补强剂。这里介绍用焦油蒸馏的蒽油馏分生产炭黑的工艺，流程简述如下：

燃料油用泵抽出，经细滤器及电热器预热后送至燃烧室，燃烧室温度为 1600℃。

原料油由输油泵按原料配比要求，经粗滤器泵送配油槽，从配油槽泵送加热器、脱水器，脱水后自动流入原料油槽。再用泵经细滤器、预热器注入喉管段，再进入反应室，反应室温度为 1300℃左右，部分油料经回流冷却器至原料油罐。

空气经加压后进入空气预热器，利用炭黑烟气的物理热预热，预热后温度为 +50℃，进入燃烧室。

内冷水送入反应室、冷却塔，急冷炭黑烟气，终止炭黑反应。外冷水送入燃烧室、反应室的冷却水套及冷却塔水套。

燃料油燃烧后产生的高温气体与原料油一起进入反应室，热解和不完全燃烧而生成炭黑。高温炭黑烟气经烟道、冷却塔、高低空气预热器、原料油预热器后进入炉后收集系统。

经冷却、换热后的炭黑烟气进入旋风分离器、温度为 280℃左右的炭黑烟气进入袋滤器，过滤后炭黑尾气经尾气风机排入放空管，部分尾气经反吹风机至袋滤器，排出的炭黑进入风送系统，收集下来的炭黑进入螺旋输送机，分配至造粒机造粒成产品，经称量、包装入库。工艺流程如图 6-21 所示。

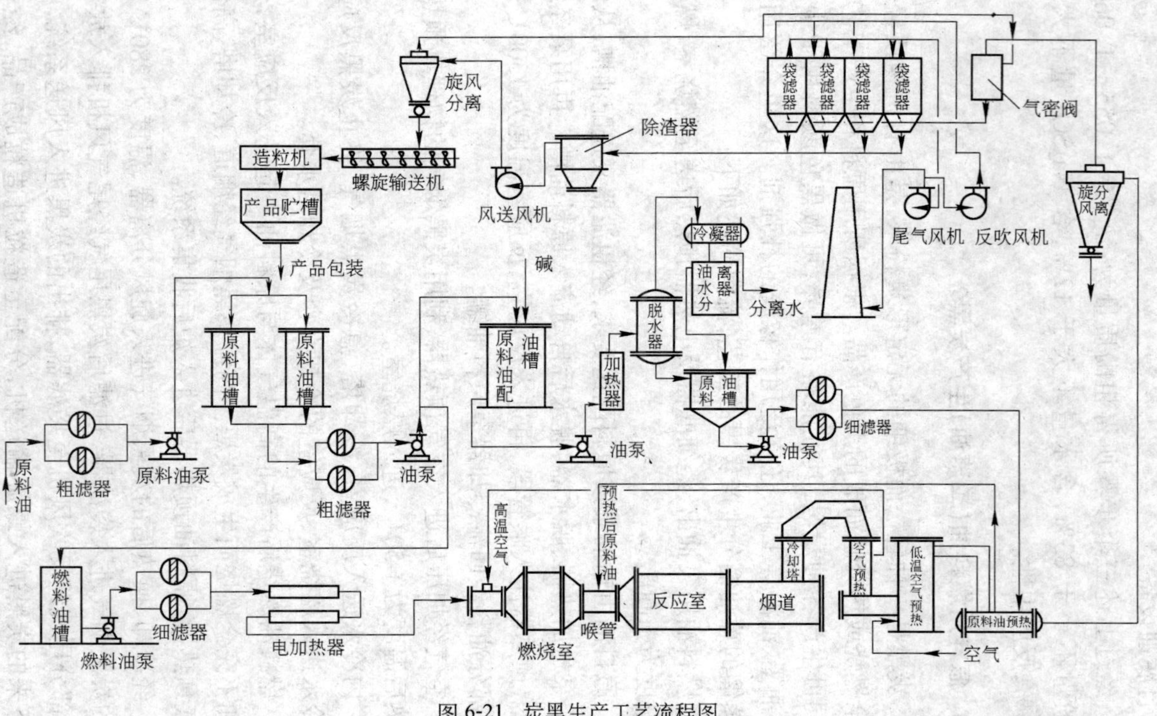

图 6-21 炭黑生产工艺流程图

375. 用焦炭生产电石的基本过程是什么?

电石又名碳化钙,工业品为灰色、黄褐色固体,含碳化钙较高的呈紫色,在空气中能吸收水分,能导电,纯度越高,导电越易,在水中分解生成乙炔和氢氧化钙并放出热量。所生成的乙炔气体为有机合成工业的重要基本原料,乙炔气可制取聚氯己烯、氯丁橡胶、氰氨基钙、醋酸、醋酸乙烯、己醇及其衍生物、氰化合物、双氰胺和丙酮等。电石与氮气作用生成石灰氮可作肥料,用电石发生乙炔用于金属切割和焊接。生产工艺如图 6-22 所示。

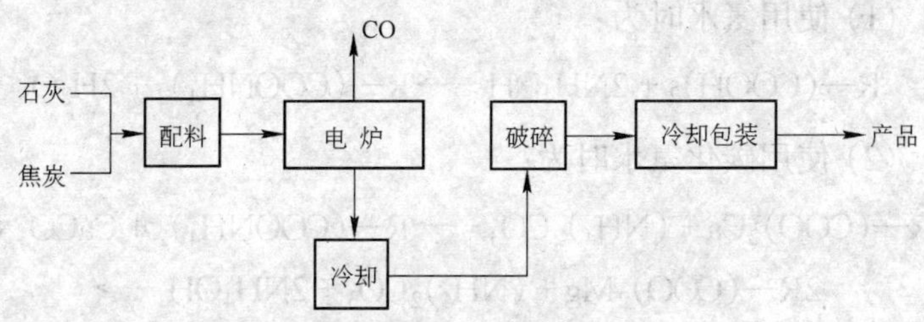

图 6-22　电石生产流程方框图

主要反应为:$CaO - 3C \xrightarrow{约\ 2000℃} CaC_2 + CO\uparrow$

以焦炭和石灰为原料,先将焦炭和石灰粉碎筛选为一定粒度,计量过磅,按一定配比混合均匀后加入密闭式电炉中,通电加热,在高温下反应生成熔融电石,熔融电石自炉内流入电石锅冷却、破碎、包装入桶。

376. 什么是腐殖酸肥料,生产腐肥的主要方法有哪些?

在泥炭、褐煤、土壤中含有一种物质,能够被碱抽提出来(不包括沥青和矿物质)的这种物质称为腐殖酸。它具有弱酸性,是一组含芳香结构、性质相似的酸性物质的复杂混合物。用碱直接抽提的部分称为腐殖酸,按其在不同溶剂中的溶解度和颜色可分成三个组分,其中只溶于碱的部分为黑腐酸,溶于丙酮、乙醇等溶剂的部分称为棕腐酸,可溶于水的部分称为黄腐酸。顾名思义,含有这种腐殖酸类的肥料为腐殖酸肥料，简称腐肥。

生产腐肥的原料主要是泥炭、褐煤和风化煤。

生产腐肥的主要方法有：氨化法、堆沤发酵法、碱抽提法、复合肥料法、硝酸氧解氨化法、空气氧解氨化法等，这里重点介绍氨化法。

氨化法是生产腐殖酸类肥料使用最多的一种方法，它利用氨水，将原料中不溶于水的腐殖酸转变为可溶性的腐殖酸铵，增加产品中的速效氮含量，以便为植物所吸收。同时氨与腐殖酸生成比较稳定的腐殖酸铵，减少氮的损失，提高利用率。

氨化机理比较复杂，氨化反应主要是：

(1) 使用氨水时为：

$$R—(COOH)_2 + 2NH_4OH \longrightarrow R—(COONH_4)_2 + 2H_2O$$

(2) 使用碳化氨水时为：

$$R—(COO)_2Ca + (NH_4)_2CO_3 \longrightarrow R—(COONH_4)_2 + CaCO_3\downarrow$$

$$2R—(COO)_2Mg + (NH_4)_2CO_3 + 2NH_4OH \longrightarrow$$
$$2R—(COONH_4)_2 + (MgOH)_2CO_3\downarrow$$

(3) 使用碳铵时为：

$$R—(COO)_2Ca + 2NH_4HCO_3 \xrightarrow{\triangle} R—(COONH_4)_2 + Ca(HCO_3)_2$$

$Ca(HCO_3)_2$ 在碱性介质中变成 $CaCO_3$ 沉淀及 $(NH_4)CO_3$，$(NH_4)_2CO_3$ 再与腐殖酸钙、镁盐发生复分解反应后生成可溶于水的腐殖酸铵。

生产方法及流程如下：

(1) 直接氨化法，如图 6-23 所示。

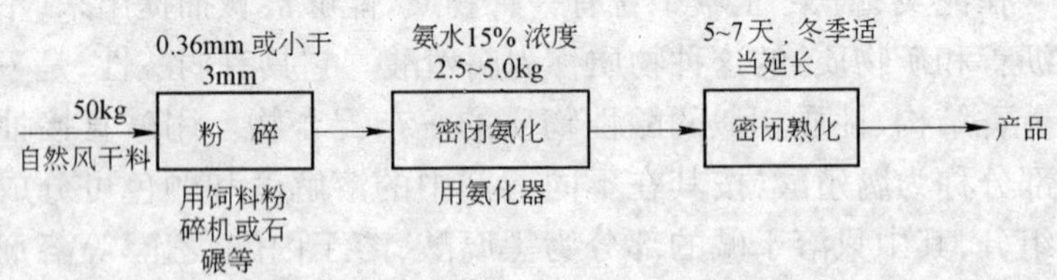

图 6-23 直接氨化法生产流程图

（2）碳化氨化法，如图 6-24 和图 6-25 所示。

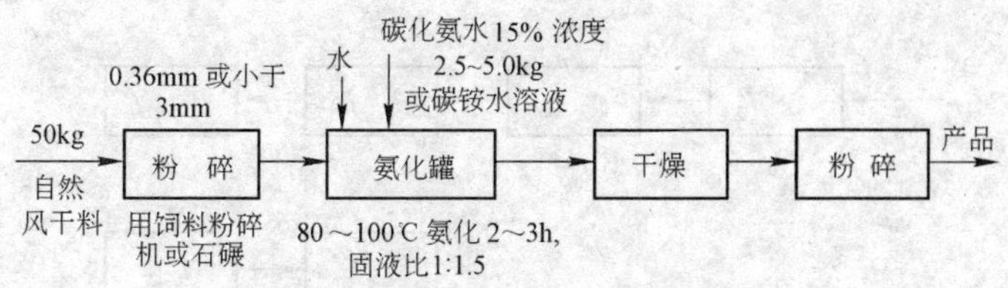

图 6-24 碳化氨化法湿法生产流程图

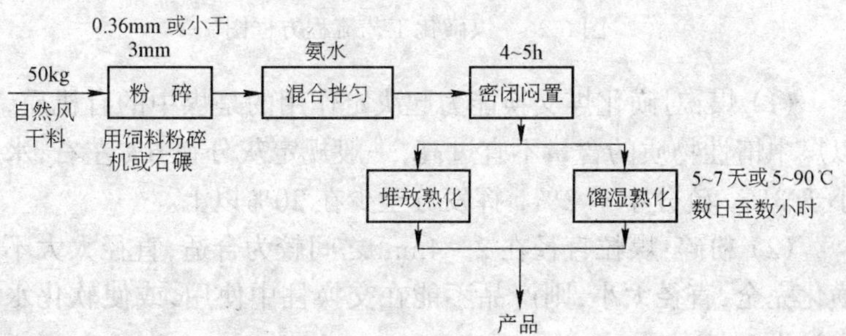

图 6-25 碳化氨化法干法生产流程图

377. 磺化煤的用途和生产方法是什么？

磺化煤是由烟煤等经过发烟硫酸或浓硫酸处理（即磺化过程），再经洗涤、中和、干燥和过筛而制得的产品。

磺化煤用途广泛，可用于对硬水的软化处理，有较好的抗酸性，又有较大的交换钙离子、镁离子的能力，制备容易，价格低廉，原料来源普遍，是较好的离子交换树脂，是一种良好的吸附剂，可用来回收稀有金属和一些有机酸，如甲酸、苯酚等，故广泛用于污水处理，在生产纯水和精制糖浆中也常使用；它还是一些有机化学反应的催化剂，如烯酮反应，烷基化-脱烷基化反应、酯化反应、缩合反应及链烯烃反应等；此外，磺化煤还用作制取活性炭的原料，用于低分子量硅酸溶液的制备以及从硝酸铵的蒸气冷凝液中分离氨等。

磺化煤的基本生产工艺如图 6-26 所示,说明如下:

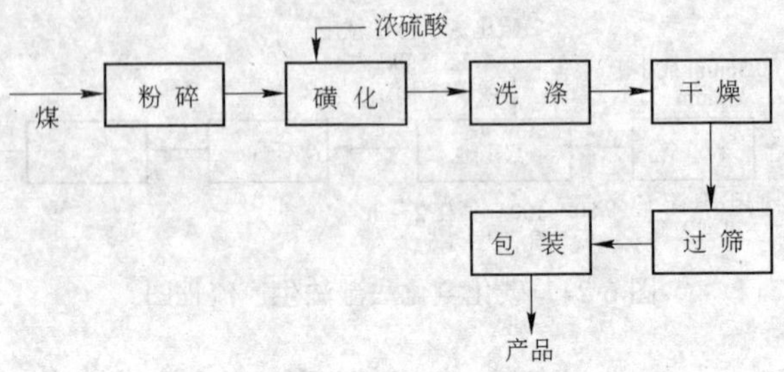

图 6-26 煤磺化工艺流程方框图

(1) 煤:对磺化煤交换能力起决定作用的是煤中的有机质,所以煤中惰性物质的含量不宜过高,一般规定灰分在 6%左右,水分小于 3%, 硫分小于 2%, 挥发分至少在 20%以上。

(2) 粉碎:煤粒直径在 2~4mm 之间较为合适,直径太大不易磺化完全,直径太小,则产品不能在交换柱中使用,或使软化水阻力过大。

(3) 磺化:磺化反应的基本条件是:

硫酸浓度:一般在 90%以上,浓度越大,磺化作用越激烈,但使用发烟硫酸,价格昂贵,来源不普遍。

硫酸用量:一般煤:酸为 1:3~5 为好,用量太少,磺化作用不完全,用量太多,造成浪费,增加洗涤负荷。

加热反应和持续反应时间:烟煤的磺化虽然是放热反应,但放出的热量不足以加速反应,需要有一段加热反应的时间,一般采用 3h 加热磺化。在室温下连续进行磺化,其持续反应时间一般以 6h 左右为宜。

反应温度:一般以 110~160℃ 为好,反应温度增高可促进氧化作用,提高磺化煤的交换能力,但温度过高会使耗酸量增多,同时 SO_2 放出增多,煤粒的变形也显著,不能制成一定粒度的成品。反应温度过低,磺化反应不完全,使产品质量变坏。

其余过程为洗涤去除其游离酸,经干燥、过筛后成产品。

378．苯酐的主要性质和用途是什么，怎样由工业萘生产苯酐？

苯酐又名邻苯二甲酸酐，白色针状晶体，易燃，在沸点以下易升华，具有轻微气味，熔点 131.16℃，沸点 284.5℃，微溶于热水和乙醚，溶于乙醇、苯和吡啶。

苯酐是一种重要的有机化工原料，主要用作涤纶树脂、醇酸树脂的原料，其酯类如丁酯、辛脂等是聚氯乙烯树脂的主增塑剂。苯酐还是生产糖精的原料，同时也是制造多种油漆、染料和有机化合物的重要中间体，在农药、医药等方面应用也十分广泛。

生产苯酐的主要原料为工业萘和邻二甲苯，这里主要介绍“萘法”生产工艺。工业萘是煤在焦化时所回收的煤焦油中提取的产品之一，以工业萘为原料生产苯酐的主要工艺如下：

固态工业萘倒入熔萘槽，熔融的工业萘经过滤器用工业萘原料泵送入计量槽，再用计量泵经缓冲器、转子流量计以喷射状进入气化器，空气经压缩机压缩后进入缓冲器、净化器、预热器、换热器后的温度为 155℃左右，同时进入气化器，在气化器中萘蒸气和热空气充分均匀混合，然后进入氧化反应器。在氧化反应器中发生的主要反应是：

$$+ 1\frac{1}{2}O_2 \longrightarrow \quad + H_2O$$

$$+ 9O_2 \longrightarrow H{-}\overset{O}{\overset{\|}{C}}{-}O{-}\overset{O}{\overset{\|}{C}}{-}H + 3H_2O + 6CO_2\uparrow$$

$$+ 12O_2 \longrightarrow 4H_2O + 10CO_2\uparrow$$

同时也产生一些副反应：

$$C_{10}H_8 + 4\frac{1}{2}O_2 \xrightarrow[365\sim380℃]{V\text{-}Ti} C_6H_4(CO)_2O + 2H_2O + 2CO_2\uparrow$$

从氧化反应器出来的粗苯酐气温度为370℃左右，经冷却器和空气换热器后温度降至小于200℃，再进入热油冷凝箱，经冷凝后形成熔融态粗酐入粗酐贮槽，热熔箱排出的尾气经薄壁冷却器进入吸收塔。

用粗酐泵将粗酐送入处理釜并加入一定的液碱处理，处理后进入蒸馏釜及精馏塔，从塔顶出去的气态产品经冷凝器、相分离器，液相产品经液封缸流入苯酐成品槽，再经水冷滚筒切片机后成为产品，计量装袋及外销。经相分离器排出的气态产品经处理达标后外排。

工艺流程参数图如图6-27所示。

379．怎样以纯苯为原料生产马来酸酐，其主要性质和用途是什么？

马来酸酐又名顺丁烯二酸酐、失水苹果酸酐，简称顺酐。它是一种白色针状晶体，易燃，易升华，相对密度为1.48，熔点52.8℃，沸点202℃，溶于水生成顺丁烯二酸，同时还溶于乙醇、乙醚、丙酮，难溶于石油醚和四氯化碳。

它的主要用途是：用于制造不饱和聚酯树脂、醇酸树脂、绝缘漆、尼龙-4、高效低毒农药、长效磺胺、增形剂、纸张处理剂、脂肪、油的防腐剂，同时也用于制造四氢呋喃、富马酸、酒石酸等。

生产马来酸酐目前国内有三种工艺，一是以纯苯为原料的催化氧化法工艺；二是混合碳四馏分为原料的催化氧化法工艺；三是以糠醛为原料的催化氧化法工艺。这三种工艺在技术上都是成熟

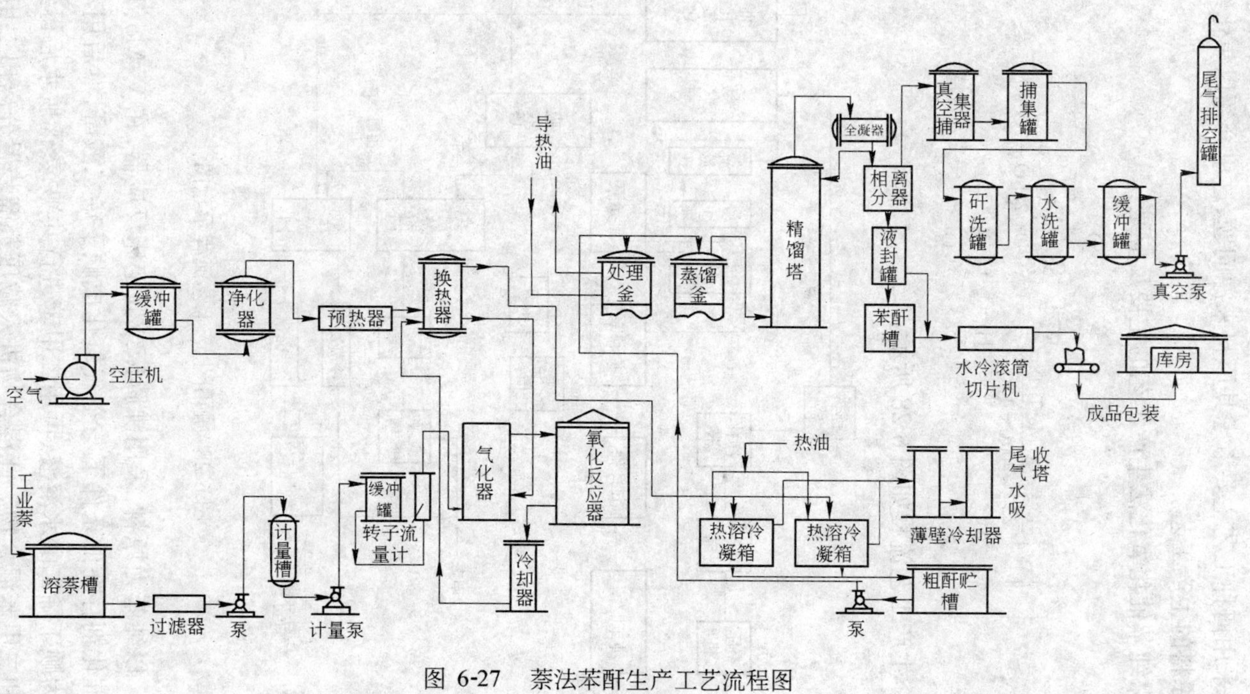

图 6-27 萘法苯酐生产工艺流程图

的，采用何种工艺主要考虑其原料来源问题，这里介绍以焦化纯苯为原料的生产工艺。

纯苯催化氧化法生产工艺的主要反应是：

$$C_6H_6 + 4\frac{1}{2}O_2 \xrightarrow[400℃\pm10℃]{V\cdot Mo\cdot Ti\cdot P} \begin{array}{l} H-C-C{=}O \\ \quad\;\; \| \qquad\;\; \rangle O \\ H-C-C{=}O \end{array} + 2H_2O + 2CO_2\uparrow$$

生产工艺流程如图 6-28 所示。

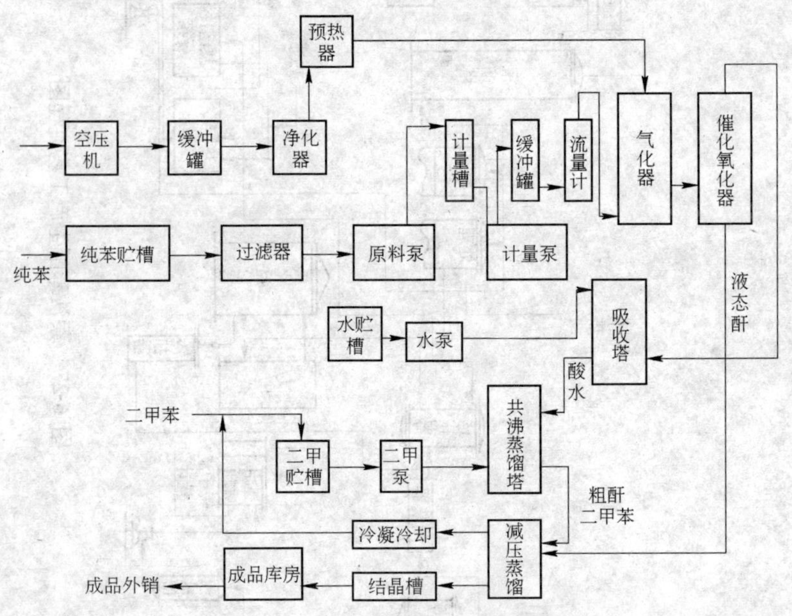

图 6-28　顺酐生产工艺流程示意图

以纯苯为原料，采用沸腾床或固定床反应器，在 V、Mo、Ti、P 系催化剂存在的条件下与空气氧化成顺丁烯二酸酐，然后用水吸收为顺丁烯二酸水溶液，再用二甲苯进行共沸，蒸馏脱水后得到粗酐和二甲苯混合物。此混合物进入减压蒸馏装置分离出二甲苯，液态酸酐进入结晶槽，白色针状结晶体即为顺酐产品，包装后入库并外销。

380．焦炉煤气化工综合利用的途径有哪些？

因为焦炉煤气的主要组成中有氢气、甲烷、乙烯和一氧化碳等，它们是有机化学工业的重要原料，可以制造乙炔、甲醇、甲醛、氢氰酸、二氯乙烷等多种化工产品。特别是焦炉煤气中的氢气、甲烷、一氧化碳，是制取合成氨发展氮肥生产的可贵原料。

下面介绍几种由焦炉煤气制取合成氨并加工成各种氮肥的工艺路线：

(1) 深度冷冻分离法。利用焦炉煤气中各主要成分冷凝温度不同的原理，通过深度冷冻（-190℃）的方法将它们分成单个物质，再作为化工原料进行利用。

焦炉煤气经深冷法分离后得到的氢可用于合成氨，甲烷既可高温裂解制乙炔，又可作高热值气体燃料使用，乙烯可用于制聚乙烯、乙基苯、环氧乙烷等。1t 煤炼焦可从产生的焦炉煤气中得到 5～10kg 乙烯，焦炉煤气中的重氢，可用以生产原子工业的原料——重水。

一座生产 30 万 t 焦炭的焦化厂，每小时可外供煤气 7500m^3，将其深冷分离，利用其中的氢气可生产合成氨 1.5 万 t/a，加工成硝铵约 3.2 万 t/a，重氢可加工成重水 25t/a，乙烯约 1300t/a，将乙烯加工成乙基苯可得 1000t/a，甲烷裂解制乙炔可得 2500t/a，可加工成人造羊毛 2200t/a。

深冷分离是利用焦炉煤气最合理的办法，尤其是在其深冷过程中得到重要的基本有机化工原料——乙烯。

(2) 加压蒸汽转换法。用两段触媒进行蒸汽转化，使焦炉煤气中的甲烷等转化成一氧化碳和氢气，转化后的气体再经一氧化碳的变换反应，将氢和空气中的氮进行合成反应，就可以得到合成氨。

(3) 加压部分氧化法。用氧气在加压情况下与焦炉煤气中的甲烷进行不完全的氧化反应，使其转化为氢气和一氧化碳。以年产 30 万 t 焦炭的焦化厂为例,用上述两种方法制成氨,可配套生产合成氨 3 万 t/a,尿素 5.5 万 t/a。

(4) 常压间歇蒸汽转化法。此法适应于一些小的焦化厂,以年产 10 万 t 焦炭的焦化厂为例,采用此法可与 2500t 合成氨的生产相配套。

381. 何谓苯加氢,其基本过程和主要产品是什么?

苯加氢是以粗苯为原料经两苯塔分离出轻苯和重苯,将轻苯在高温高压下相继进行预热处理和莱托加氢、脱烷基,得到的加氢油经过处理,最后再经精馏得到产品为特号纯苯(PB),加氢反应时产生的气体,经过脱硫净化、重整、吸附等精制步骤而制得纯氢,供加氢使用,不用外来氢源。上述这一工艺过程即为苯加氢。

苯加氢精制的基本过程用框图 6-29 表示。

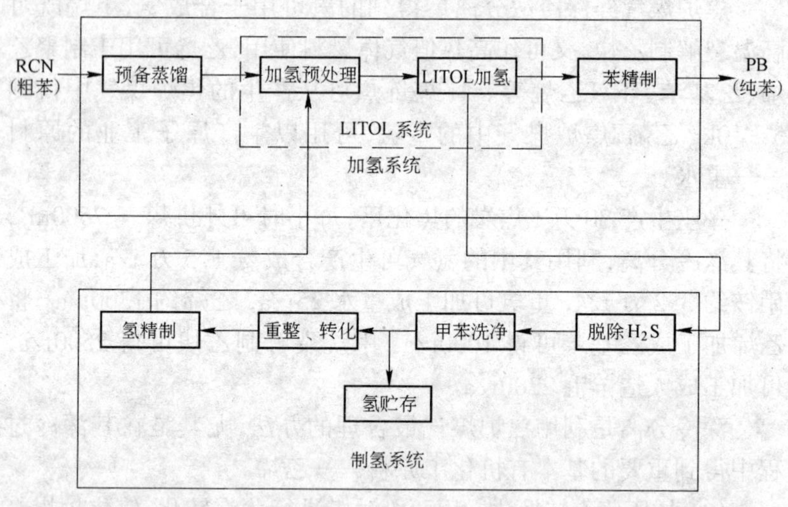

图 6-29 苯加氢精制过程框图

上述方框图主要分为加氢和制氢两个部分,其最终产品为特号纯苯。

(1) 加氢。原料粗苯经预热器加热至 90℃ 后进入减压预蒸馏塔，塔顶出来的轻苯油气经冷凝冷却后而成为加氢原料轻苯，所得轻苯一部分用于作溶剂油、冲洗油、回流液，剩余部分用作加轻原料。预蒸馏塔底出来的重苯用油泵送往重沸器加热后返回预备蒸馏塔作为热源，以控制预蒸馏塔塔底温度在 160℃左右，多余部分重苯排往古马隆装置作为生产古马隆树脂的原料。真空系统的压力调节是靠循环不凝性气体来完成的。为防止聚合物的产生，从而避免污染和堵塞工艺配管、热交换器等，在系统中注入阻聚剂，阻聚剂的注入必须在易发生热聚合的部位，以保证系统的正常生产。

经预处理后的轻苯，由蒸发器原料泵经预热器送入蒸发器中，来自制氢系统的氢气由压缩机送入气体预热器，加热炉后也进入蒸发器，在蒸发器中进行混合气化，轻苯在氢气的保护下被直接加热，这样可抑制轻苯中易聚合物的热聚合。由蒸发器出来的温度为 230～290℃的混合气体进入预反应器，经 Co-Mo 系统催化剂层，完成预加氢反应，从底部排出的混合气体进入 LITOL 反应系统。

预处理后的反应生成物，经第一 LITOL 反应器、第二反应器，其产物为气体和加氢油，气体进入制氢系统脱 H_2S，加氢油送往苯精制系统。苯精制系统是使加氢油通过稳定塔系、白土塔系、苯蒸馏塔系和产品的碱洗涤处理，得到合格的特号纯苯。

(2) 制氢。对轻苯的含硫化合物，加氢脱硫而转化为 H_2S 气体，再用化学吸附法脱除 H_2S 后的气体，10％左右作为制氢原料气，经甲苯洗净塔，再经重整转换工艺和氢精制工艺后所得的气体，含氢浓度 99.9％(体积分数)的纯氢混合至加氢循环气体中，作为加氢的补充氢源。

382．以粗苯为原料的苯加氢为什么要进行预备蒸馏，其工艺过程如何？

进行预备蒸馏的目的是将原料粗苯分馏为轻苯和重苯，其产率分别为 84.7％和 14.8％，工艺流程如图 6-30 所示。

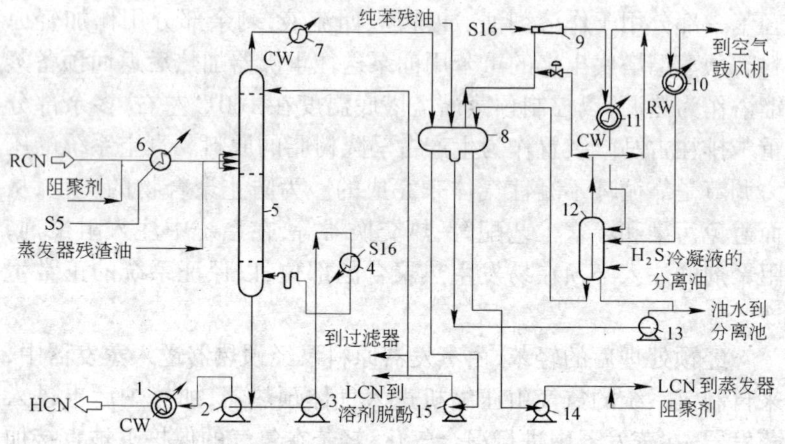

图 6-30　预备蒸馏工艺流程示意图

1—HCN 冷却器；2—塔底输出泵；3—重沸器循环泵；4—重沸器；5—预备蒸馏塔；6—原料预热器；7—塔顶凝缩器；8—回流槽；9—蒸汽喷射器；10—回收苯凝缩器；11—喷射气体凝缩器；12—苯水分离槽；13—回流槽排水泵；14—蒸发器原料泵；15—回流泵

383. 什么是阻聚剂，它有何特性？

在粗苯中含有一些烯烃、苯乙烯类不饱和化合物，在预蒸馏过程中一经加热很容易发生聚合，产生聚合物。能阻碍产生聚合物生成的物质即为阻聚剂。

阻聚剂的主要性质如下：

外观	淡黄色碱性高分子液体
相对密度(15.5℃)	0.92
密度(15.5℃)	$0.93g/cm^3$
闪点(TCC)	64℃
流动点	－2℃
黏度(5.5℃)	0.0133Pa·s(13.3CP)
(27℃)	0.0099Pa·s(9.9CP)
(38℃)	0.0074Pa·s(7.4CP)

在易产生聚合物的介质中，阻聚剂能阻止聚合物的生成，能使有机或无机物的聚合渣缓解，热稳定性好，操作温度可在538℃以上，可溶性也好，易溶于芳烃和脂肪烃，在搅拌的条件下可分散于水中。阻聚剂不含灰分，含氮(质量分数)小于3%，不含卤素和重金属，因此不会影响产品纯度，对工艺过程的催化剂也不会因中毒而失效，由于其良好的性能，可添加于加热炉、重沸器、预热器等设备中，防止系统堵塞效果十分显著。

阻聚剂用于加氢工艺中，其注入点为：

(1) 粗苯原料泵后和预备蒸馏原料预热器前的管道上。

(2) 蒸发器原料泵后和蒸发器原料预热器前的管道上。

阻聚剂的注入点，一般应选择在距注入对象较远一点的进料管道上，为了使阻聚剂和物料混合得均匀，注入点最好选择在泵的入口处，若注入点选择在泵后的压出管上，则阻聚剂要用定量泵压送。

阻聚剂使用时，可以不稀释，若需稀释则稀释水pH值最小为7.5。

阻聚剂使用量一般在$10\sim100\times10^{-6}$范围内效果最佳，当使用于高温介质中，其最小用量为25×10^{-6}，生产中要根据温度、传热系数和压力等情况来变换注入量。

384. 轻苯加氢预处理的工艺是什么？

轻苯加氢预处理的工艺如图6-31所示。

来自预备蒸馏处理后的轻苯，用原料泵加压至5929kPa，预热器预热至120℃，然后与压力为5929kPa、经加热炉加热至470℃左右的循环气同时进入蒸发器内(压力为5821.2kPa)进行混合和气化。蒸发器内液面控制一定的高度，轻苯在氢气的保护下被直接加热，以抑制轻苯中易聚合物的产生。

循环气体进入蒸发器，供给潜热和显热使轻苯蒸发，同时也降低碳氢化合物的分压，降低蒸发温度。循环气体含氢量(摩尔分数)为65%～68%，经分液槽分离出油后，由气体压缩机循环气体

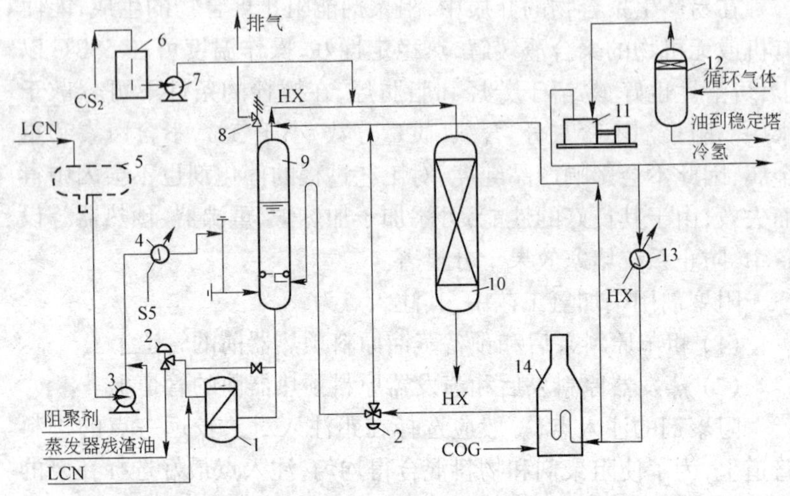

图 6-31　加氢预处理工艺流程图

1—蒸发残渣过滤器；2—调节阀；3—蒸发器原料泵；4—蒸发器原料预热器；5—预备蒸馏塔回流槽；6—CS_2 槽；7—CS_2 注入泵；8—安全阀；9—蒸发器；10—预反应器；11—气体压缩机；12—压缩机分液槽；13—循环气体预热器；14—循环气体加热炉；HX—氢气和碳氢化合物的混合物

缸加压到 5929kPa，温度为 70℃，再经预热器加热至 150℃ 左右后，分为两路，一路作为冷循环气体，送入蒸发器出口的氢气与油的混合气体管道；另一路进入循环气体加热炉，加热后又分为两股，一股直接进入蒸发器底部，另一股作为热循环气体也送入蒸发器出口的混合管道，对两股热循环气体的流量进行自动调节，同时根据进入预反应器顶部混合气体温度来调节冷循环气体流量，以保证预反应器物料入口温度为 230～290℃。

加氢预处理是在加氢预处理反应器中进行的，在反应器中经 Co-Mo 系催化剂床层完成预加氢反应，从底部排出的混合气体进入 LITOL 反应系统。通过催化加氢预处理来脱除苯乙烯类不饱和化合物。

苯乙烯在预加氢反应器的气氛中（压力 5742. 8kPa，温度

232℃)，通过Co-Mo系催化剂的特殊选择性能，可以使双键氢化，其反应如下：

$$\underset{\text{苯乙}}{C_6H_5CH=CH_2} + H_2 \longrightarrow \underset{\text{乙基苯}}{C_6H_5CH_2CH_3}$$

生成的乙基苯，在LITOL反应中最终转化为苯和低碳烷烃。同时预加氢反应也伴随着一部分含硫化合物的脱硫反应。

385. 什么叫LITOL加氢生产工艺？

LITOL加氢生产工艺流程如图6-32所示。

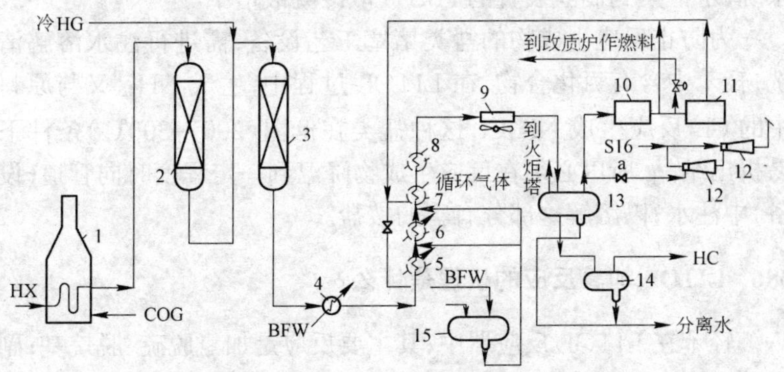

图6-32　LITOL加氢工艺流程方框图

1—LITOL反应加热炉；2—第一LITOL反应器；3—第二LITOL反应器；4—蒸汽发生器；5—稳定塔重沸器；6—苯塔重沸器；7—循环气体预热器；8—稳定原料预热器；9—反应生成物凝缩器；10—H_2S脱除系统；11—氢精制系统；12—排气喷射器；13—高压分离器；14—水分离器；15—洗净水槽

加氢预处理后的反应生成物，经LITOL反应加热炉的对流段、辐射段加热至610℃(压力为5566.4kPa)，从顶部进入第一LITOL反应器，然后从其底部排出，油气温升约17℃。再用气体压缩机压出的冷氢进行急冷，温度降至620℃再进入第二LITOL反应器。在反应器中经铬系催化剂(Cr_2O_3-Al_2O_3)的催化作用，进行着一系列加氢净化脱烷基反应，完成LITOL加氢的工艺过程。

加氢油气从第二 LITOL 反应器底部排出(压力 5507.6kPa,温度为 630℃),先经蒸气发生器放出热量,压力为 2940kPa 的副产蒸气可并网使用,油气温度降至 365℃,再相继通过稳定塔重沸器、苯塔重沸器进行换热,油气混合管中被注入水,再与循环气体预热器、稳定塔原料预热器换热,最后经反应生成物冷凝冷却器冷却后进入高压分离器。在高压分离器中(压力为 5086.2kPa),温度为 49℃条件下进行高压分离。分离气体进入制氢系统脱除 H_2S 后,与补充氢气一起再循环到加氢预处理系统,作为循环气体使用。分离油再经水分离器分出水分后,作为加氢油送往苯精制系统,水汇集到制氢装置的 H_2S 放散冷凝液槽中。

为防止反应生成物的盐类堵塞工艺设备,需进行注水溶解清洗,轻苯中含有氮化合物,在 LITOL 过程中,生成 NH_3,又与原料中的 Cl^- 反应生成 NH_4Cl,这种盐类在低温(200~300℃)条件下易析出结晶,所以必须在反应生成物降温到一定程度时向管道(设备)中注水,以溶解这部分有害的铵盐。

386. LITOL 加氢反应的机理是什么?

轻苯在 LITOL 反应器中,其主要反应是加氢脱硫、脱烷基;副反应是饱和烃加氢裂解、不饱和烃加氢和脱氢、环烷烃脱氢和联苯生成等,化学反应十分复杂,仅选择有代表性的反应来说明 LITOL 加氢的机理。

(1) 加氢脱硫。轻苯中的含硫化合物主要是噻吩,其沸点与苯相似,噻吩的同系物如甲基噻吩、二甲基噻吩等,也很难用蒸馏法与甲苯、二甲苯分离。一般轻苯中的噻吩类含量(质量分数)约为1%左右,LITOL 法氢化加氢后几乎能使噻吩完全氢化、分解,其反应为:

$$\underset{\text{噻吩}}{C_4H_4S} + 4H_2 \longrightarrow \underset{\text{丁烷}}{C_4H_{10}} + \underset{\text{硫化氢}}{H_2S}$$

噻吩以外的硫化物如 CS_2,硫醇加氢反应为:

$$CS_2 + 4H_2 \longrightarrow CH_4 + 2H_2S$$

二硫化碳　　　甲烷　硫化氢

$$C_4H_9SH + H_2 \longrightarrow C_4H_{10} + H_2S$$

硫醇　　　　丁烷　硫化氢

(2) 加氢脱烷基。可将苯的同系物转化为苯,其反应为:

$$C_6H_5R + H_2 \longrightarrow C_6H_6 + RH$$

芳香烃　　　　苯　链烷烃

$$C_6H_5CH_3 + H_2 \longrightarrow C_6H_6 + CH_4$$

甲苯　　　　苯　甲烷

$$C_6H_4(CH_3)_2 + H_2 \longrightarrow C_6H_5CH_3 + CH_4$$

二甲苯　　　　甲苯　　甲烷

$$2C_6H_5CH_2CH_3 + H_2 \longrightarrow 2C_6H_6 + 2C_2H_6$$

乙基苯　　　　苯　　乙烷

$$C_9H_{10} + H_2 \longrightarrow C_6H_5CH_2CH_3$$

茚满　　　　丙苯

$$C_6H_5CH_2CH_3 + H_2 \longrightarrow C_6H_6 + CH_3CH_2CH_3$$

苯　丙烷

(3) 饱和烃加氢裂解。轻苯中的饱和烃主要是直链烷烃和环烷烃等,这些杂质用普遍蒸馏法与甲苯、二甲苯很难分离,但 LITOL 加氢可使其裂解,其反应为:

$$\underset{\substack{|\\ CH_3}}{H_3CCH}CH_2\underset{\substack{|\\ CH_3}}{CH}CH_3 + H_2 \longrightarrow C_3H_8 + C_4H_6$$

2,4 二甲苯戊烷　　　丙烷　　丁烷

$$C_6H_{12} + 3H_2 \longrightarrow 3C_2H_6$$

环己烷　　　乙烷

$$C_6H_{12} + 2H_2 \longrightarrow 3C_3H_8$$

环己烷　　　丙烷

$$C_7H_{16} + 2H_2 \longrightarrow C_3H_8 + 2C_2H_6$$

庚烷　　　丙烷　　乙烷

小于 C_4 的链烷烃加氢是分步进行的,最终多生成 CH_4,即:

$$C_4 \longrightarrow C_3 \longrightarrow C_2 \longrightarrow CH_4$$

加氢裂解是提高苯产品纯度的重要反应,氢主要消耗在这类反应中。

(4) 不饱和烃的脱氢加氢,其反应为:

$$\underset{\text{环己二烯}}{C_6H_8} \longrightarrow \underset{\text{苯}}{C_6H_6} + H_2$$

$$\underset{\text{环己烯}}{C_6H_{10}} \longrightarrow \underset{\text{苯}}{C_6H_6} + 2H_2$$

$$\underset{\text{茚}}{C_9H_8} + H_2 \longrightarrow \underset{\text{茚满}}{C_9H_{10}}$$

(5) 环烷烃的脱氢:

$$\underset{\text{环己烯}}{C_6H_{12}} \longrightarrow \underset{\text{苯}}{C_6H_6} + 3H_2$$

$$\underset{\text{1,2,3 四氢化萘}}{C_{10}H_{12}} \longrightarrow \underset{\text{萘}}{C_{10}H_8} + 2H_2$$

饱和烃的加氢裂解,消耗了相当数量的氢,大约有 50% 的环烷烃由于脱氢而生成芳香烃和氢气,使其消耗的氢气得到补偿。

(6) 芳香烃的氢化及联苯的生成,其反应为:

$$C_6H_6 \xrightleftharpoons{+3H_2} C_6H_{12} \xrightarrow{+2H_2} 2C_3H_8$$

芳香烃轻微程度的氢化反应,使加氢产品中混有微量的环烷烃,降低了产品纯度。

联苯的生成是加氢过程中苯缩合的结果,是苯损失的原因,其反应为:

$$2C_6H_6 \rightleftharpoons C_6H_5C_6H_5 + H_2$$

387. 怎样使加氢油进一步精制成特号纯苯?

加氢油在苯精制系统中通过稳定塔系、白土塔系、苯蒸馏塔系和产品的碱洗处理,得到合格的特号纯苯,其主要生产工艺如图6-33所示。

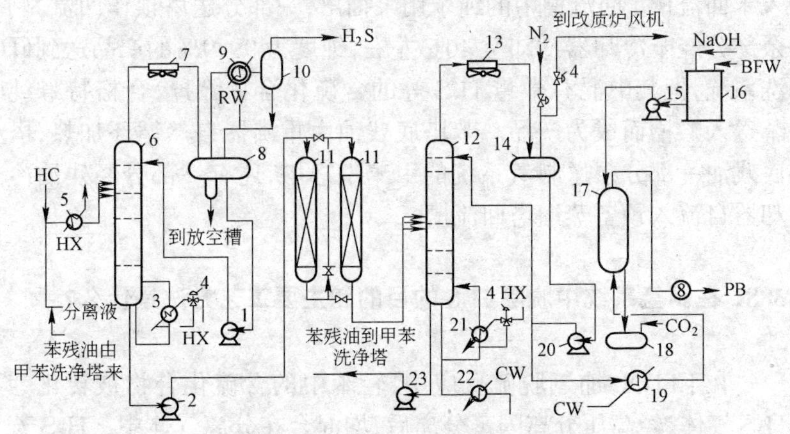

图 6-33 苯精制工艺流程图

1—稳定塔回流泵;2—白土塔进料泵;3—稳定塔重沸器;4—三通、两通调节阀;5—稳定塔原料预热器;6—稳定塔;7—稳定塔凝缩器;8—回流槽;9—苯回收凝缩器;10—苯回收槽;11—白土塔 A、B;12—苯塔;13—苯塔凝缩器;14—苯塔回流槽;15—碱泵;16—碱槽;17—碱处理槽;18—废碱中和槽;19—苯冷却器;20—苯塔回流泵;21—苯塔重沸器;22—苯残油冷却器;23—苯塔底泵

加氢油及其他原料与 LITOL 反应生成物在预热器换热,温度升至 120℃,而后进入稳定塔,塔底重沸器采取热虹吸自然循环向塔内供热,塔顶分缩物经空冷器进入回流槽,冷凝液泵送至稳定塔回流,不凝气体经凝缩器、苯回收槽,送煤气精制车间。

稳定塔的作用是用加压蒸馏的方式将加氢油中溶解的 H_2、小于 C_4 的烃类以及部分 H_2S 等比苯轻的组分分离出去,使加氢油得到净化。塔底馏出物温度为 179～182℃,作为白土塔的原料。

经过稳定塔处理后的加氢油,除了含有苯、甲苯、二甲苯外,尚含有一些微量的(痕迹)烯烃、高沸点(比二甲苯高)的芳烃、微量H_2S,通过以SiO_2和Al_2O_3为主要成分的活性白土吸附处理,可进一步去除不饱和化合物。

通过白土塔的含氢油,在温度为104℃左右时进入苯塔,塔顶压力为41.2kPa,温度为92～95℃。纯苯由塔顶馏出,经空冷流入苯回流槽,回流槽中的纯苯用泵抽出,一部分送塔顶作回流,剩余部分经苯冷却器冷却至40℃左右,纯度为99.9%的产品送到矸洗系统,把其中混有微量H_2S等的含硫化合物除掉,合格特号纯苯送入贮槽而成为产品。苯塔底残油由重沸器自然循环加热,塔底残油一部分泵送制氢系统的甲苯洗净塔,还有一部分经残油冷却器自流入预备蒸馏塔回流槽。

388. 在制氢系统中脱除H_2S的目的和主要工艺方法是什么?

在LITOL加氢脱硫反应中,轻苯中的含硫化合物被转化为H_2S气体,经高压分离闪蒸分离后,均混合在分离气体中。H_2S若在循环气体中集聚,不仅会导致对设备、管件的严重腐蚀,而且会使改质催化剂中毒,所以必须将其去除,并使循环气体中H_2S含量保持一定浓度。采取化学吸收法脱除H_2S,吸收剂为13%～15%的单乙醇胺水溶液,其化学反应方程式为:

$$2NH_2C_2H_4OH + H_2S \rightleftharpoons (NH_3C_2H_4OH)_2S$$

单乙醇胺　　　硫化氢　　　硫化乙醇胺

反应是可逆的,当高压低温时,反应向右进行,脱除气体中的H_2S;低压高温时,反应向左进行,在此条件下使单乙醇胺得到再生,可循环使用。

脱除H_2S工艺流程如图6-34所示。

由高压分离器来的加氢分离气体,进入H_2S吸收塔底部,上升气体与从吸收塔下喷出的贫液逆流接触,气体中的H_2S被单乙醇胺吸收,由塔顶出来的气体含H_2S为4×10^{-6},脱除H_2S的气体

90%作为循环气体返回加氢系统，10%左右的气体作为原料气送到制氢系统的甲苯洗涤塔。

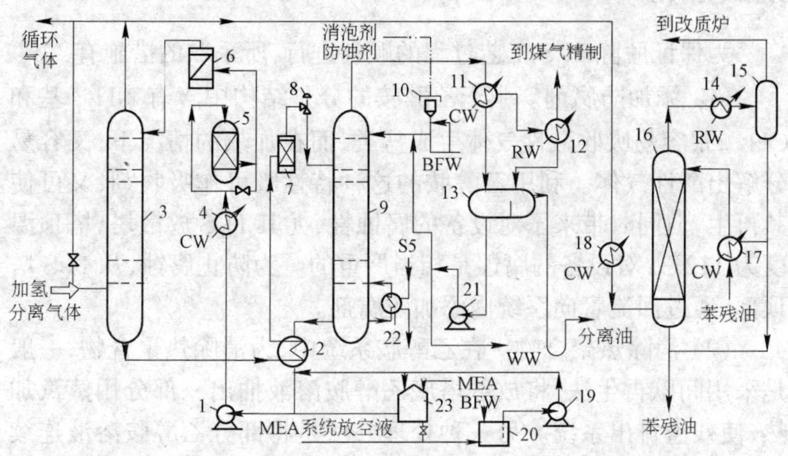

图 6-34 脱除 H_2S 工艺流程图

1—MEA 循环泵；2—MEA 热交换器；3—H_2S 吸收塔；4—MEA 冷却器；5—MEA 活性炭过滤器；6—贫 MEA 过滤器；7—富 MEA 过滤器；8—调节阀；9—H_2S 放散塔；10—漏斗；11—凝缩器；12—H_2S 冷却器；13—凝液槽；14、17、18—冷却器；15—改质炉供给气分液槽；16—甲苯洗净塔；19—MEA补充泵；20—MEA集液槽；21—凝液泵；22—重沸器；23—MEA受槽

吸收塔底排出的富液，与 H_2S 放散塔底排出的贫液进行换热，升温至 96℃，再经过滤器并减压到常压进入 H_2S 放散塔，放散塔塔底用蒸汽作热源，由重沸器循环供热，在温度为 117～121℃、压力为 78.4kPa 的条件下，富液在塔内进行蒸馏解吸，H_2S/水分和微量油类被分馏出塔顶，经冷却、冷凝、油水分离，分离油自流到预蒸馏系统的苯水分离槽中。冷凝水除作回流外，多余部分作为工艺排水送往煤气精制处理装置，未凝气体经冷却到 10℃，冷凝液返回凝液槽，尾气排至煤气精制系统。

与富液换热后的贫液，经冷却、过滤后泵送进吸收塔循环使用。

389. 在脱除 H_2S 工艺过程中采取了哪些防腐蚀、防堵塞、防高温分解的措施?

为保证脱除 H_2S 工艺过程的顺利进行,所采取的措施有:

(1) 添加防腐剂。由于乙醇胺的分子结构中含有 NH_2^+ 基和 OH^-,很容易吸收酸性气体生成盐类,而在加热的情况下,又容易分解出酸性气体。利用乙醇胺的这种特性既可作吸收剂,又可使其再生,但同时带来了对设备的腐蚀性,尤其 H_2S 放散塔,塔顶温度为 112℃,对设备的腐蚀是相当严重的。为防止腐蚀,从 H_2S 塔顶部,通过回流管向系统内添加防腐剂。

(2) 消除热聚合物。在乙醇胺系统中,为消除热聚合物,一般是采用间歇再生法,将放散塔底乙醇胺溶液抽出一部分用蒸汽加热,使残渣排出系统。另一种处理办法是将部分乙醇胺溶液连续通过活性炭过滤器,热分解物质即被脱除。

(3) 防止乙醇胺高温分解。在温度过高条件下,乙醇胺会分解出 NH_3,易与 H_2S 生成 $(NH_4)_2S$。当水分不足,尤其在气相时,存在 $(NH_4)_2S$ 是堵塞系统的原因之一。一方面可用贫、富乙醇胺过滤器将其除掉;另一方面可用锅炉给水作为硫化氢放散塔的回流,使 NH_3 溶解为氨水,随 H_2S 气从塔顶排出,经冷凝分离后送出系统。

(4) 防止氧进入系统。氧在乙醇胺系统中的存在,会使乙醇胺变质,是引起设备腐蚀的一个重要因素之一,应尽量防止氧气进入乙醇胺系统中,故在乙醇胺槽和集液槽采取 N_2 封。

(5) 硫化氢放散塔防腐。根据实际使用经验,为使放散塔抗 H_2S 腐蚀,以 H_2S 的摩尔数与乙醇胺的摩尔数的比值 0.08 为分界线,大于此数的部位选取不锈钢材质,低于这个数值的部位选取碳钢材质。

(6) 消泡。在乙醇胺循环系统中,由于乙醇胺系碱性热稳定性差,吸收过程中,尤其在高压低温条件下,很容易产生泡沫,这种现象会明显降低吸收 H_2S 的能力。为消除上述现象,除了正确操作外,还必须定期适量地添加消泡剂。

390．甲苯洗净塔的作用是什么？

脱除 H_2S 的反应气体，90％作为加氢用的循环气体，10％作为制氢原料气。原料气中尚有 10％（体积分数）的苯，若不脱除，则会导致制氢过程中改质炉炉管内结焦，所以在重整转化之前要先通过甲苯洗净塔，用甲苯（实际用纯苯残油）将气体中的苯类脱除。

原料气在进入甲苯洗净塔之前，先被冷却至 35℃，塔顶喷洒约 44℃的纯苯残油，洗净气体经冷冻水冷却至 10℃进入分液槽，在此分离出含苯冷凝液与塔底排出的甲苯洗净液汇合，再排往稳定塔原料预热器前的混合油气管道中，分液后的气体去改质炉进一步精制。

391．重整、转换的工艺过程是什么？

重整、转换的工艺流程如图 6-35 所示。

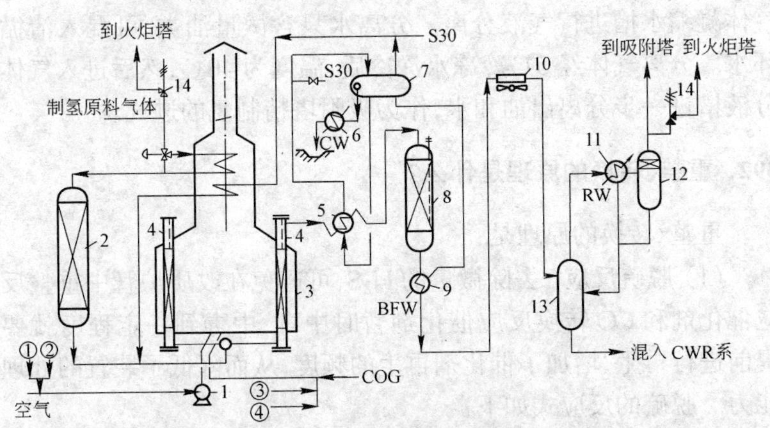

图 6-35 重整、转换工艺流程图

1—改质炉空气鼓风机；2—脱硫反应器；3—改质炉；4—装有催化剂的反应管；5—蒸汽发生器；6—排水冷却器；7—汽包；8—CO 转换反应器；9—反应气体凝缩器；10—反应气体空冷器；11—反应气体辅助冷却器；12—气体分液槽；13—反应气体凝缩水槽；14—安全阀

①—预备蒸馏系统回收苯凝缩器排出的不凝气体；②—预备蒸馏塔喷射凝缩器排气；③—多余的改质原料气（甲苯洗净后）气体；④—排放气体缓冲槽的解吸气体

已脱除 H_2S 并经甲苯洗净的制氢原料气，温度为 10℃，压力为 5037.2kPa，经减量调节阀减压至 2254kPa 进入改质炉，先经对流段被加热至 380℃，然后出炉进入脱硫反应器，在此气体中残留的 H_2S 几乎被完全吸附脱除。气体出脱硫反应器后，又与压力为 2352kPa 的过热蒸汽混合而进入改质炉辐射段炉管，混合后的气体温度为 400℃，压力为 2126.6kPa，该混合气体通过改质炉装有镍系催化剂的反应管，完成甲烷重整反应。出炉管后的重整气体温度为 790～800℃，压力为 2107kPa，这种高温气体经蒸汽发生器后其热量被回收利用，发生 2646kPa 的水蒸气，将此饱和蒸汽减压后，通入改质炉对流段加热成过热蒸汽，作为重整反应的反应介质使用。

通过蒸汽发生器的重整气体，温度降至 360℃进入 CO 转换反应器，由于 Fe-Cr 系催化剂的作用，重整气体中的 CO 和水蒸气进行反应。出 CO 转换反应器的重整气体，温度降至 380～390℃，经锅炉水冷器换热，降温至 190℃，再经空冷至 60℃左右，进入重整气体凝缩水槽进行气液分离。分离水只含微量油类，可混入清循环水。分离气体经 5℃冷冻水深冷后，温度为 40℃，然后进入气体分液槽进一步分离出油和水，作为吸附塔精制氢的进气。

392. 重整、转换的原理是什么？

重整、转换的原理是：

(1) 脱硫反应。去除微量的 H_2S，可避免在改质炉管中重整反应催化剂和 CO 转换反应催化剂暂时中毒，中毒到一定程度就要提前进行再生，增加了催化剂再生的频度，从而降低了装置的处理能力。脱硫的反应式如下：

$$H_2S + ZnO \longrightarrow ZnS + H_2S$$

(2) 水蒸气重整反应。脱硫后的气体与过热水蒸气混合，由于镍系催化剂的作用，其代表性的主要反应是：

$$CH_4 + H_2O \rightleftharpoons CO + H_2$$

$$CH_4 + 2H_2O \rightleftharpoons CO_2 + 4H_2$$

这两个反应是吸热的，重整反应都是可逆的，系统中水蒸气过量时，不利于 H_2 的制取，并使反应后气体中 CO_2 增多，所以控制适宜的 S/C 比是很重要的(供给重整的水蒸气量与改质炉内气体中的碳量之比，一般控制在 7.0～7.5 为好)。

重整反应也常常伴随着一些副反应，如 CO 转换反应：

$$CO + H_2 \rightleftharpoons CO_2 + H_2$$

该反应在改质炉的工艺条件下，很快达到平衡。游离碳生成反应：

$$CH_4 \rightleftharpoons C + 2H_2$$

$$2CO \rightleftharpoons C + CO_2$$

$$CO + H_2 \rightleftharpoons C + H_2O$$

$$CO_2 + 2H_2 \rightleftharpoons C + 2H_2O$$

前两个反应为析碳的主要反应，后两个反应，在有水蒸气存在条件下，会抑制反应向右进行，从而达到平衡。

其他副反应还有：

$$CH_4 + CO_2 \rightleftharpoons 2CO + 2H_2$$

$$CH_4 + 2CO_2 \rightleftharpoons 3CO + H_2 + H_2O$$

$$CH_4 + 3CO_2 \rightleftharpoons 3CO + 2H_2O$$

(3) CO 转换反应，反应式为：

$$CO + H_2O \rightleftharpoons CO_2 + H_2$$

从反应式中可以看出，当水蒸气量增大时，反应向右进行，一般说来，转换温度高，CO 的转换率就大，但当反应达到平衡时，再提高转换温度，CO 转换率反而会降低，应该说低温运转是有利的，进入 CO 转换反应器的重整气体温度一定要控制在露点之上。

393. 怎样进行氢精制?

氢精制的工艺如图 6-36 所示。

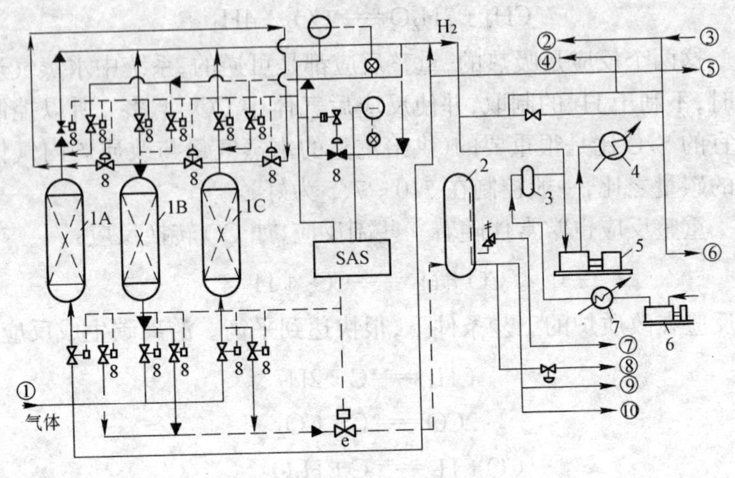

图 6-36 氢精制工艺流程图

1—吸附塔 A、B、C；2—排放气体缓冲槽；3—空气受槽；4—补充氢气冷却器；
5—补充氢气压缩机；6—空气压缩机；7—压缩空气冷却器；8—自控阀门
①—重整转换后的气体；②—循环气体到压缩机分液槽(见加氢预处理系统)；
③—脱除 H_2S 后的反应气体；④、⑩—多余气体做改质炉燃料；⑤、⑦、⑧—到火炬塔；
⑥—到 H_2 柜；⑨—到碱中和槽

经过重整、转换及冷却的，压力约为 1911kPa，温度为 40℃左右，含氢气(体积分数)约 20%的反应气体进入吸附塔，在塔中，进气中的 H_2O、CO_2、CH_4、CO 等非氢物质，被吸附塔内的吸附剂吸收，从吸附塔顶排出的气体即为纯度 99.9%的纯氢(体积分数)。纯氢由补充氢气压缩机加压至 5037.2kPa，再由补充氢气冷却器冷却至 49℃左右，汇入加氢气循环气体中，作为加氢的补充氢源返回预加氢系统。三台吸附塔交替使用，吸附剂的解吸再生，是在降低压力的条件下，用精制出的纯氢气反冲洗而完成的。

在日常生产开停工过程中，所需的氢气是来自平时运转时贮存在氢气柜中的氢气，当首次开工时，则是以 NH_3 为原料而制取氢气的。

394. 煤层中瓦斯和煤成气田的成因如何，怎样开采利用，煤层中的瓦斯有何危害和用途？

早在20世纪60年代，随着对油气成因及地球化学的深入研究，有关学者提出了植物有机质在成煤过程中能产生大量天然气，并能聚集成气藏的理论。这一理论为研究煤田瓦斯及天然气的勘探展示出一个新的前景。在俄罗斯的西西伯利亚秋明北部、荷兰东部都发现了巨大的由煤系变质作用而生成的天然气藏，其储气量占世界天然气总储量的25%以上，我国西南和西北等地区也发现了与煤有关的气藏。

煤内瓦斯绝大多数是在煤化过程中形成的。在自然条件下，如煤层围岩不透气时，每吨煤在其形成过程中约发生600～700m^3的瓦斯。研究植物成煤的物料平衡表明，煤在变质过程中析出大量气态烃，其中绝大部分是甲烷（70%～96%），生成1t褐煤可产生甲烷68m^3，生成1t肥煤、瘦煤、无烟煤分别可产甲烷230m^3、330m^3、400m^3。

在泥类转变为褐煤阶段，当埋深 小于1000m、地温低于50℃时，可产生甲烷和C_2、C_3的液态烃。我国长江三角洲砂层内的天然气，青海柴达木盆地第四系的气藏就是这阶段的实例。随着埋深的增加，地温升高到50～160℃时，煤化作用处于气煤到肥煤的阶段，这不仅是产生大量甲烷而且在中晚期也是大量出油的阶段。当埋深达6000～7000m、温度超过160～200℃时，煤转化为无烟煤，复杂的烃类受到破坏，只能产生甲烷而不能产生石油。

成煤过程产生的瓦斯以下列方式分布：

（1）保留在煤层中的部分，含量大，呈吸附状态，在煤层条件不发生变化时，难以释放。

（2）从煤层中转移出来积存在围岩中的部分，一般积存的范围和贮气量都较小，多呈局部。

（3）从煤层转移出来，溶于地下水的部分。

（4）排放到大气中的部分。

(5) 聚积到气藏中的部分。

第(1)、(2) 两部分就是现今在煤开采过程中涌出的瓦斯,称为煤田瓦斯,如空气中混有 5.3%～14.0%浓度的甲烷时遇火就能燃烧并产生瓦斯爆炸。为保证采煤生产的安全,煤矿在正常开采时,煤层和围岩中的瓦斯将由巷道、回采工作面和采空区排出,最后从总回风流中排出井外。第(5)部分为积聚或气藏的瓦斯,则称天然气田。

煤田瓦斯和天然气是一种质地优良的气体燃料,目前开发煤田瓦斯的主要方法是负压抽放,在井下巷道中向含瓦斯煤岩或围岩打钻孔,再通过管道连接由地面站的抽气机抽出,送入瓦斯框中,供用户使用。

瓦斯涌出量随煤层瓦斯的含量而变化,而煤层瓦斯含量又随开采深度而增加。有学者估计,在煤矿 1700m 开采深度内,瓦斯贮量将不亚于天然气和石油天然气贮量。我国曾对全国 631 对瓦斯井鉴定,高瓦斯矿井占 40%以上,631 对瓦斯矿井每年由风井排出的瓦斯近 30 亿 m^3,我国目前矿井设计深度范围内(一般小于750m),可开发的瓦斯贮量为 1040 亿 m^3,煤层瓦斯的热值为 35797kJ/m^3,一般不含杂质,不需脱硫净化就可直接利用。

第七章　煤炭综合利用的环境保护

395．什么是生态环境？

众所周知，一切生物（包括人类）都是在一定的自然环境条件下生存的。自然环境包括空气、阳光、水、温度和湿度、土壤、岩石等因素，这些因素构成了环境的基本因素，生物离开它所需的环境因素就不能生存。相反，生物的活动，尤其是人类的生产、生活、社会的活动，又影响它们所生存的环境。生物和环境相互依存、相互影响就构成了地球的生态环境。

396．为什么要保护生态环境？

我们知道，我们周围的环境是由各种各样生态系统组成的，各个生态系统对进入其中的化学物质都有一定的净化能力。当进入的有毒物质较少时，生态系统通过自身的物理、化学和生物的净化作用，降低其浓度或使之消除，这样就不致造成危害。如若有毒物质过多，超过了系统的净化能力，生态系统的结构和机能就会破坏，环境就出现污染。

现代社会，由于人类活动的剧增，石油、煤炭、天然气燃烧量猛增，加之地球上大片森林等绿色植物被砍伐，大气圈中的 CO_2 的平衡受到了破坏。有关资料表明，大气圈中的 CO_2 含量已由 0.028%（体积分数）增为 0.032%，近年来，平均每年又在原有基础上增加 0.2%，2000 年已增加到 0.037%，从而导致全球性气温升高。

人类生活离不开空气，大气环境显得尤为重要，对大气环境威胁较大的污染物质有粉尘和有毒气体，污染源是燃料的燃烧，早在 20 世纪的 30～50 年代，国外 8 大公害中就有 5 件是属于大气污染的公害事件。

水如同空气一样,是人类生活和各种活动所离不开的,水污染主要来自于城市生活排水;工业生产废水;农业生产有农药的排水;固体废弃物中的有害物质经水溶解后流入水体;工业排放的有毒尘粒经雨水淋洗后流入水体等等,其污染物是有毒物质和病原微生物。

土壤和食物的污染很大一部分是由于水、大气的污染所致,污染已成为人类的公害,我国党和政府非常重视生态环境保护和治理,随着我国现代化建设的高速发展,应用先进的科学技术,寻求破坏生态系统平衡的原因(如对沙尘暴的研究、防治),避免和减轻对环境的破坏,化害为利,为人类造福。

397. 我国环境保护的工作方针是什么?

我国环境保护工作的 32 字方针是:“全面规划、合理布局、综合利用、化害为利、依靠群众、大家动手、保护环境、造福人类”。这条方针是认真总结了我国在环境保护方面的经验和教训而得出来的,实践证明,只要按照这一方针去贯彻执行,环境就可以得到保护和改善。

为贯彻这一方针,在新建的企、事业单位中,对环境的污染和防治的措施必须做到与主体工程同时设计、同时施工、同时投产。对已经投产的各种设施要实行谁污染谁治理,对环境严重污染的要实行关、停、限期解决。

398. 什么是生物圈?

自然地理学把构成自然环境的总体划分为 5 个自然圈,即:

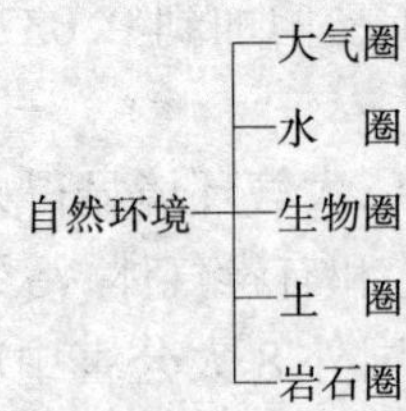

接近地球表面的那一层环境,因为在这个表面层里,有空气、水、土壤,能够维持生物的生命,人们把这个生物有机体生存其中的地球表面层叫做生物圈。其范围可以认为,从地球表面以上23km到海面以下12km均属生物圈。

399. 什么叫生态系统?

生存在生物圈内的动物、植物、微生物,在自然界中并不是孤立地生活的,它们总是结合成生物群落而生存的,这种生物群落与大气、水、土壤、岩石、化学物质等非生物环境之间密切相关,互相作用,并进行着物质和能量的交换,则生物群落与自然环境统称为生态系统。

生态系统可大可小,例如:自然生态系统有海洋生态系统、原始森林生态系统,人工生态系统有城市、工厂等,它们都是由生物群落与非生物环境组成一定的结构在一定的范围内进行着质能的交换和循环,相互联系又相互制约,在一定的条件下,保持着生物降落与非生物环境相对的、暂时的平衡关系,形成一个非常精巧而又复杂的生态系统。

400. 什么是生态系统的动态平衡?

生态系统在自然界中不是静止的,是处于不断运动和变化之中的,人类的各种活动和自然因素的变化都可以打破生态系统的暂时相对的平衡,发生变化后又达到一个新的平衡状态,在变化的过程中进行着物质和能量的交换,以达到新的平衡。例如在一个鱼池内,有水、植物、微生物和鱼,鱼依靠浮游动植物生活,鱼死了以后,微生物将它分解为基本元素和化合物,这些元素和化合物又是浮游动植物的养料,微生物在分解过程中又消耗水中的氧气,而浮游植物又通过光合作用向水中补充氧气。浮游动物吃浮游植物,鱼又吃浮游动物,这样在鱼池内就构成了微生物、浮游动植物和鱼之间的相互关系,而达到相对平衡的生态系统。

401. 何谓生态系统的能量流动?

生态系统中能量的转移称为能量流动。每一个生态系统都有一个物质循环和能量流动的系统,地球表面无数个生态系统的物质循环和能量流动就构成了整个地表大自然的物质循环和能量流动系统,大自然就是在这种循环和流动中不断变化和发展的。

我们可以用图 7-1 来说明能量流动。

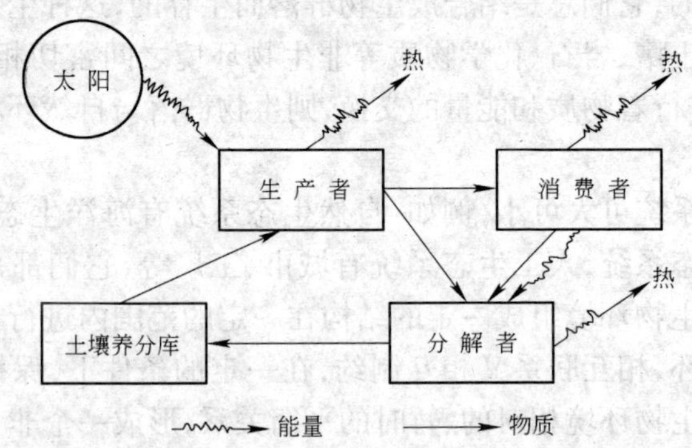

图 7-1 生态系统能量流动和物质循环示意图

绿色植物将太阳光的辐射能转化为化学能贮存在有机物中,而食草动物通过食物将能量转化到异养有机体中,食肉动物又将这种能量转化到自身的异养有机体中。这样食草、食肉动物就成为消费者,食草、食肉动物死后又被细菌分解,将复杂的有机分子变为简单的无机化合物,最后把光合作用的能量分散返回到环境中去。无论是生产者还是消费者在转换过程中均有一定的能量消耗,并把部分能量逸散到外界,组成了如图 7-1 所示的能量流动。

402. 什么是食物链?

在生态系统中,食物关系把多种生物联系在一起,这种食与被食的关系就构成了食物链。由太阳能经光合作用到绿色植物,由绿色植物到食草动物,由食草动物到食肉动物,这是最一般的食物

链。从环境保护的观点来谈这个问题,应特别引起我们关注的是:

第一,污染毒物会沿着食物链进入人体,严重影响人体的健康;第二,污染毒物可以通过食物链进行富集,例如一些有机农药和含重金属的物质就有这种倾向。

403. 什么是碳物质的循环?

碳物质的循环可用图 7-2 来说明。

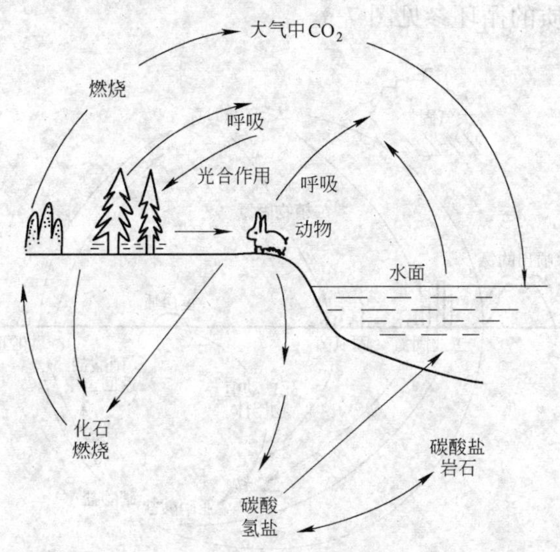

图 7-2 碳物质的循环

从图 7-2 中可以看出:

(1) 碳以 CO_2 的形式贮存在大气中,绿色植物从大气中吸收 CO_2,通过光合作用,把 CO_2 和水变为简单的糖类,并放出 O_2,供消耗者使用,而消费者呼吸时又放出 CO_2 被植物利用。

(2) 随着有机体的死亡和被微生物分解,蛋白质、碳水化合物、脂肪破坏,最终氧化成 CO_2、H_2O 和其他无机盐类,其中 CO_2 又被植物吸收,再次参与生态系统的循环。

(3) 燃料的燃烧、火山的爆发都会增加大气中 CO_2 的含量。

(4) 碳酸盐岩石会从空气中移动部分 CO_2,溶解在水中的碳酸氢钙顺江河流入海洋,在一定的条件下转变成 $CaCO_3$ 沉积于海底而形成新的岩石。

(5) 还有其他碳物质的循环形式。

上述诸过程就组成了生态系统中平衡的碳物质的循环。

404. 如何理解氮物质的循环?

氮物质的循环参见图 7-3。

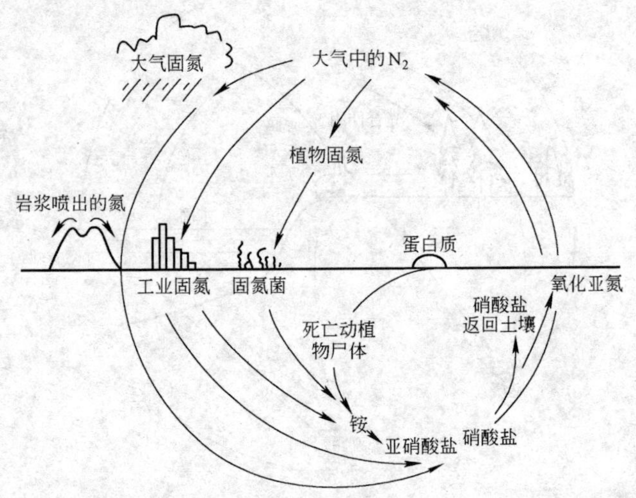

图 7-3　氮物质的循环图

动物不能直接从空气中摄取 N_2,也不能从矿物质中得到 N_2,只能从植物体内的蛋白质而得到 N_2。植物从土壤中吸收硝酸盐、铵盐等含氮分子,硝酸盐在植物体内与复杂的碳分子结合成各种氨基酸,氨基酸联在一起形成蛋白质,动植物死后,体内的蛋白质被微生物分解形成硝酸盐或铵盐回到土壤中又被植物吸收。土壤中的部分硝酸盐在反硝化的细菌作用下变成分子 N_2 到大气中。

大气中的氮含量很高,植物不能直接使用,因为只有固氮细菌和某些蓝绿藻能把空气中的氮转化为硝酸盐,供高等植物利用。

空气中的闪电也能使大气中的氮转化为硝酸盐。

上述这些过程的总和被称为氮物质的循环。

405. 从生态的观点如何理解环境污染或公害?

从碳物质和氮物质循环过程,以生态学的观点,我们可以用一个公式来表达环境污染或公害:

(人类各种活动的冲击)—(自然界动态平衡恢复能力)=(环境污染或公害)

由于人类的活动,如燃料的燃烧增多了,则大气中CO_2和CO的含量增加,这就破坏了碳物质的平衡,如果这种破坏小于自然界动态平衡恢复能力,可能还不至于造成环境污染和公害,反之,则就会造成环境污染或公害。有关统计资料表明:

从1950年到1960年这10年间,仅燃料燃烧进入大气中的碳量约为2.5×10^9t,而绿色植物通过光合作用将CO_2固定为淀粉形式,在同时间内为总排放量的18%,大量的CO_2、CO将排入大气,对自然界、全球性气候变化产生很大的影响,据统计,近年来全球空气中的CO_2浓度每年增加$0.7\sim1.3\times10^{-4}$%就是这样引起的,从而导致全球气温升高。

406. 什么是环境质量标准?

人类和生物要维持生存所必须的环境条件,即环境质量标准。环境的优劣,直接影响人类和生物的生存,为了创造一个良好的环境,必须对环境质量作出评价,所以必须制定环境质量标准。制定这种标准,就是限制有害物质在环境中的最高允许浓度,在这个含量下,人类不会发生急、慢性中毒,不会引起黏膜的刺激,不会有异常的不卫生条件。

407. 目前国内常用的环境标准有哪些?

环境标准是对环境要素间的配比、布局、各环境要素间的组成所规定的技术规范。这里的标准仅指与我们关系非常密切的居住区大气、饮用水、噪声三个标准。

目前国内常用的环境标准有：

(1) 居住区大气中有害物质最高允许浓度，如表 7-1 所示。

表 7-1 居住区大气中有害物质最高允许浓度

物质名称	最高允许浓度/$mg \cdot m^{-3}$		物质名称	最高允许浓度/$mg \cdot m^{-3}$	
	一次	日平均		一次	日平均
煤　烟	0.15	0.05	氟化物(折算为氟)	0.02	0.007
飘　尘	0.5	0.15	氧化氮(折算为 NO_2)	0.15	
一氧化碳	3.0	1.0	砷化物(折算为 As)		0.003
二氧化碳	0.5	0.15	硫化氢	0.01	
苯　胺	0.10	0.03	氯	0.1	0.03

(2) 生活饮用水水质标准，如表 7-2 所示。

表 7-2 生活饮用水水质标准

名　称	允许值/$mg \cdot L^{-1}$	名　称	允许值/$mg \cdot L^{-1}$
pH 值	6.5~9.0	硝酸盐氮	≤10
总硬度	≤25 度	氟化物	≤1.0
大肠菌类	≤3 个/L	氰化物	≤0.01
铁	≤0.3	砷	≤0.02
铜	≤0.1	汞	≤0.001
锌	≤0.1	镉	≤0.01
挥发分	≤0.002	铅	≤0.1

(3) 噪声标准，如表 7-3 所示。

表 7-3 噪 声 标 准

适用范围	理想值/dB	极大值/dB
睡　眠	35	50
交谈、思考	45	60
听力保护	75	90

408．大气污染对人类生存环境有什么影响？

众所周知，一个成年人每次呼吸空气量为 0.5L，每分钟 16 次，每天需要 10～12m^3 空气，约为 13～15kg，这个数字为每天所需饮水量的 10 倍，人可以 5 天不饮水，一周多不吃饭，但空气断绝 5min 就会死亡，人体的其他器官也要依靠空气才能正常工作，可见空气对人类的生存是何等的重要。

地球表面被大约 1000km 厚度的空气包围着，形成一个上层稀薄、下层浓密的空气层，在经历了无数次地球化学、地球物理、地球生物学的演变之后，即形成了现状和稳定的成分。人类的生存和活动使大气受到了污染，山林火灾、火山喷发、土壤扬散及大气圈的运动更加深了这种污染，但经过一段时间后，由于地球的自然净化，又可恢复到原来的空气成分。

当向大气中排放的污染物质越多，超过地球自然净化的能力时，则出现大气污染，这种污染将给人类带来灾难。

409．何谓大气污染发生源？

大气污染发源地称为发生源。大气污染发生源的实例很多，见表 7-4。

表 7-4 大气污染发生源

产业名称	污染发生源
电力工业	工业锅炉
钢铁企业	高炉、焦炉、热风炉、平炉、转炉
金属精炼及水泥工业	熔烧炉、烧结炉、煅烧炉
化学工业	无机或有机产品的生产设施
石油工业	石油加工化工产品的生产设施
医药、农药及染料、印刷、合成食品加工等	反应炉、塔设备

410. 大气污染物质发生的形态有哪些?

大气污染物质发生的形态主要有 8 种,如表 7-5 所示。

表 7-5　大气污染物质发生的形态

发生形态	内　容
燃　烧	热和光能的发生
蒸　发	高温冶金的金属类、油类的处理和输送、溶剂、油漆剂
制造处理、加工	金属精炼、焙烧、干燥、反应、木材石料加工、废弃物处理
粉粒体的处理和搬运	矿物粉碎、筛分、计量、包装、输送
泄漏和播散	煤气工业和化学工业中的有害气体、农药和消毒药的播散
磨　耗	轮胎和机械类的磨耗
天　然	风、发酵、腐败、天然气
事　故	火灾、爆炸等

411. 各种大气污染物质对人体器官有何危害?

各种大气污染物质对人体的危害见表 7-6。

表 7-6　各种大气污染物质对人体的危害

名　称	化学式	主要排放企业	对人体的危害
氟化氢	HF	化肥、制铝工业	刺激黏膜
硫化氢	H_2S	石油精炼、煤气、制氨工业	刺激眼呼吸器官
二氧化硒	SeO_2	金属精炼	急性中毒、神经障碍
盐　酸	HCl	制碱工业、塑料处理	刺激呼吸器官
二氧化氮	NO_2	硝酸生产、高温燃烧	刺激呼吸器官
二氧化硫	SO_2	硫酸生产、重油燃烧	刺激黏膜
氯	Cl_2	制碱业及化学工业	刺激呼吸器官
四氟化硅	SiF_4	化肥工业等	刺激黏膜
碳酰氯,光气	$CoCl_2$	染色工业	刺激眼和呼吸器官
二硫化碳	CS_2	二硫化碳制造业	刺激黏膜
氰氢酸	HCN	氰酸制造业、制铁、煤气、化工	阻止呼吸、剧毒

续表 7-6

名　称	化学式	主要排放企业	对人体的危害
氨	NH_3	化肥工业	刺激黏膜、眼、鼻、喉
三氯化磷	PCl_3	医药制造业、二氯化磷生产	中　毒
五氯化磷	PCl_5	三氯化磷制造	中　毒
磷	P_4	磷炼制和磷化物制造	中　毒
氯磺酸	HSO_3Cl	医药、染料工业	刺激皮肤
甲　醛	HCHO	甲醛制造、皮革、合成树脂业	刺激鼻、黏膜
丙烯醛	C_3H_3OH	丙烯酸制造,合成树脂业	刺激鼻、黏膜
磷化氢	PH_3	磷酸及磷酸肥料工业	剧　毒
苯	C_6H_6	石油精炼、煤焦化、甲醛制造	有　毒
甲　醇	CH_3OH	甲醇制造、甲醛制造、油漆业	刺激鼻、有毒
羟基镍	$Ni(CO)_4$	石油化学、镍炼制业	剧　毒
硫　酸	H_2SO_4	硫酸制造、化肥工业	刺激皮肤、黏膜
溴	Br_2	染料、医药、农药	刺激黏膜
一氧化碳	CO	煤气、金属精炼业、内燃机	中毒、死亡
苯　酚	C_6H_5OH	煤焦油加工、化学药品、油粘业	有　毒
吡　啶	C_5H_5N	炼焦油加工	有　毒
硫　醇	C_2H_5SH	石油、石油化工、浆料业	恶臭、有毒

412. 粉尘分几种类型,对城市空气中粉尘浓度有何要求?

粉尘按粒径大小分为两类,一类是直径在 10μm 以上的,容易沉降,故称为降尘。一类是粒径小于 10μm 的称为飘尘,飘尘因其粒径小,长期在空气中飘浮而不沉降,有的甚至几天几年都不沉降,而粒径小于 0.1μm 的尘粒就根本不沉降。

城市大气中的粉尘一般由 60% 的无机物和 40% 的有机物组成。无机物主要包括矿物质(石英、石棉等)和金属物质(包括汞、镉、铅);有机物包括多环芳烃等碳氢化合物。城市大气中的粉尘浓度的基本要求是:

公　园:0.2~0.5mg/m^3

居民区:1～15mg/m^3

街　道:2～4mg/m^3

工矿区:3～5mg/m^3

413. 粉尘对人体有何危害?

粉尘对人体的危害是很大的,主要在以下几个方面:

一是当人吸入粉尘后,除一部分在鼻腔、气管和支气管阻留外,粒径小于 5μm 的粉尘将进入肺泡,进入肺泡的飘尘除一部分沉积下来外,其余将随淋巴液而流到支气管淋巴结,或是进入血液系统,然后再到其他器官。

二是这种粉尘在人体中滞留的时间长达数年之久,人长期吸入含有粉尘(特别是含有有害物质的粉尘)的空气后,就会引起鼻炎、各种呼吸道疾病以及肺癌等病症。

三是那些沉积在肺部的石英、石棉等不溶解物质在肺组织中生成小结,逐步发展使肺纤维化,导致肺功能衰减。

四是一些工业发达国家的大气污染事件证明:当飘尘浓度大于 0.15mg/m^3 时,慢性支气管炎增加;浓度达到 2mg/m^3 时,老年体弱死亡率增加 20%。

五是粉尘空气中的 SO_2 协同作用加剧对人体的危害,当 SO_2 的浓度为 0.4mg/m^3 时,人体并未受到严重危害,但同时存 0.3mg/m^3 飘尘时,呼吸道疾病就显著增加。

六是粉尘中的重金属元素对人体的危害最大。

七是粉尘还有吸附致癌物质 3、4 苯并芘、有害气体和液体、细菌病毒微生物的作用。据测定,城市空气中,100g 粉尘中约含有 5mg 的 3、4 苯并芘,使城市人口的癌症发病率高于农村人口 1～3 倍。

八是粉尘还能大量吸收太阳光紫外线短波部分,当空气中粉尘浓度达 0.1mg/m^3 时,紫外线减少 42.7%,浓度为 1mg/m^3 时,减少 71.4%,这将严重影响儿童的发育成长。

九是大气中含有的粉尘使光照度和能见度减弱,将严重影响动植物的成长，也将在一定程度上影响城市交通秩序，造成人身事故的多发。

414. 二氧化硫污染是怎样产生的？

二氧化硫是一种无色有臭味的窒息性气体，它主要是通过含硫煤和石油及其他含硫燃料的燃烧而产生的（矿物硫以灰分存在）。

燃料中的可燃 S，在完全燃烧时发生如下反应：

$$S + O_2 \longrightarrow SO_2 \uparrow$$

燃料中的硫含量相差很大，如 1t 煤中有 5～50kg 的可燃硫，1t 石油中有 5～30kg 可燃硫，中东的石油中硫含量最高可达 50kg，燃烧后，生成 SO_2 排入大气。如一个发电厂每天用含硫量（质量分数）为 1.5% 的煤 2000t，则每天将产生 60tSO_2 排入大气，每年产生 21900tSO_2 排入大气。这对周围空气将造成严重污染。有的城市生活及取暖用燃料全部以煤为主，以 150 万人口的中等城市为例，年生活耗煤量为 80 万 t/a，含硫（质量分数）1%，则全年将有 1.6 万 t/aSO_2 排入大气，可见这种城市的污染将达到何等严重的程度。

415. 二氧化硫的主要危害有哪些？

二氧化硫的危害是十分严重的，首先是对人体的危害，当它单独存在时，主要是刺激黏膜，引起呼吸道疾病。但二氧化硫往往是很少单独存在于大气中，而是和飘尘结合在一起进入人体的肺部，引发各种恶性疾病。在湿度较大的空气中，因 Mn 或 Fe_2O_3 等催化作用，二氧化硫变成硫酸烟雾，其毒性比二氧化硫本身大 10 倍，对人体、生物的危害更大。如 SO_2 含量（质量分数）为 8×10^{-4}% 时，人体感到难受，而硫酸烟雾含量（质量分数）不到 0.8×10^{-4}% 时，人就忍受不了。其次是二氧化硫对植物的影响也很大，一般植物对 SO_2 的抵抗能力都较弱，受 SO_2 污染后，将沿叶脉开始出现灰白色和褐色斑点，随后出现枯斑，急性受害时，枯斑可横过叶脉，发生叶落或枯死。水稻和小麦的叶子经 35×10^{-4}% 的 SO_2 处理后，立即会出现急性受害症状，不同生长期水稻受 SO_2 气体污染后，其产量下降，其中扬花期受害最为严重，参见图 7-4、图 7-5。

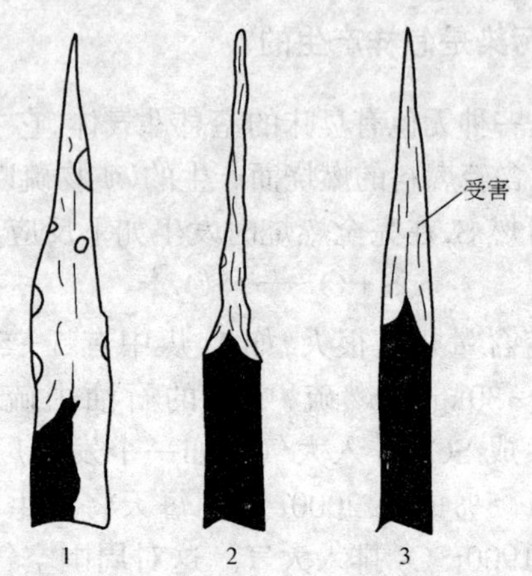

图 7-4 二氧化硫引起的水稻急性受害症状

1—条片状伤斑；2—受害叶蜷缩；3—叶尖枯黄

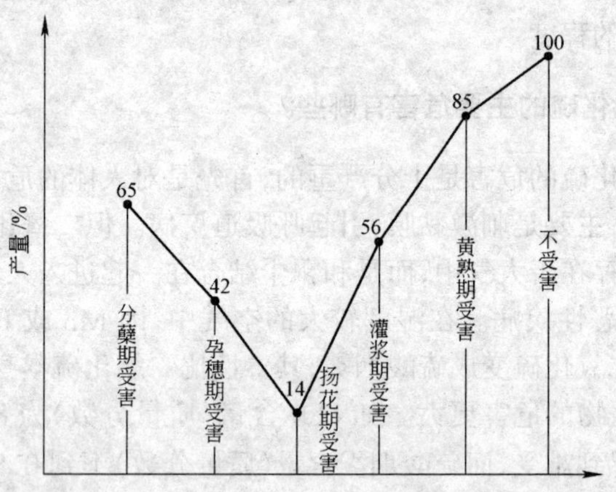

图 7-5 水稻不同生长期受二氧化硫污染的影响

另外，SO_2 还对金属及其制品造成腐蚀，使纸制品、纺织品、皮革制品变质、变脆、破碎。

416．氮的氧化物有哪几类，它们对人体有什么危害？

氮的氧化物的种类有 HNO_2、HNO_3、NO、NO_2、N_2O、N_2O_3、N_2O_4、N_2O_5 等，但构成对大气污染和光化学烟雾的主要是 NO 和 NO_2，而大气中的 NO 和 NO_2 主要来源于燃料高温燃烧的排烟和汽车的尾气。此外，硝酸和氮肥工厂，也排放一部分氧化氮气体。

NO 为无色无味的气体，在高温条件下由空气中的氮（或燃料中的氮）和氧化合而成。NO 的浓度较大时，其毒性很大，很容易和动物血液中的血色素（Hgb）结合，造成血液缺氧而引起中枢神经麻痹。NO 和血色素的亲和力很强，约为 CO 的数百倍至一千倍，它与血色素结合而成 NO-Hgb 或 NO-正铁血红蛋白，是一种变形的血色素，不能再和氧结合，从而不能再将氧输送到动物和人体的各个器官中去，出现麻痹和痉挛症状。

NO_2 是一种浓红褐色气体，由 NO 氧化而成。NO_2 对呼吸器官黏膜有强烈的刺激作用，尤其对肺部，其毒性较 SO_2 和 NO 都强，对大部分动物的最低致死量为 $100\times10^{-4}\%$，且都死亡于肺水肿。NO_2 除了对人体的肺组织有强烈的影响外，而且对心脏、肝脏、造血组织等都有影响。当 NO_2 经太阳光紫外线照射，与汽车尾气中的碳氢化合物同时存在时，生成一种浅蓝色的有毒烟雾，即为光化学烟雾，具有强烈的刺激性，能使人体的眼睛红肿，喉咙肿痛，中毒严重者，则呼吸困难，视力减退，头晕目眩，手足抽搐，长期中毒会引起人体动脉硬化，生机衰退。

417．NO_2 是怎样引起光化学烟雾的？

有学者认为：燃烧产生的 NO 和空气中的 O_2 化合生成 NO_2：

$$NO+O_2\longrightarrow 2NO_2 \qquad (7\text{-}1)$$

NO_2 吸收等波长的可见光和紫外线，发生如下反应：

$$NO_2+hV(\text{太阳光能})\longrightarrow NO+O \qquad (7\text{-}2)$$

$$O + O_2 \longrightarrow O_3 \quad (7\text{-}3)$$

$$O_3 + NO \longrightarrow NO_2 + O_2 \quad (7\text{-}4)$$

所以，在一般情况下，O_3 的浓度不一定会逐步增加。但是当存在碳氢化合物时，由于光化学反应生成原子氧，而原子氧与碳氢化合物作用生成有机过氧化合物 RO_2，而 RO_2 与 NO 化合生成：

$$NO + RO_2 \longrightarrow NO_2 + RO \quad (7\text{-}5)$$

上述反应抑制了 $O_3 + NO \longrightarrow NO_2 + O_2$ 反应的进行，使 O_3 的浓度不断增加，O_3 气态时为蓝色，从而形成一种浅蓝色有毒烟雾。1956 年有学者通过实验证实这种理论是完全正确的。

418. 一氧化碳的生成及其对人体有何危害？

空气中的 CO 主要来自燃料的不完全燃烧和汽车的尾气，矿井采掘爆炸时也会产生大量的 CO。

一氧化碳是一种无色无味的气体，它对人体的危害是众所周知的，例如，人们所说的煤气中毒，主要是 CO 的危害。一氧化碳被吸入人体后，和人体血液中的血色素结合成一氧化碳血色素，即碳氧血红蛋白。CO 和血色素的亲和力比 O_2 和血色素的亲和力大 300 倍左右，同时，碳氧血红蛋白的存在阻碍氧和血红蛋白的离解，使人体组织更加缺氧而发生各种疾病。

碳氧血红蛋白（CO-Hgb）达到 10% 以上时，就会出现中毒现象，50% 以上则严重中毒或死亡。实际上，CO-Hgb 达到 2% 时即可使人的大脑记忆力降低，达 5% 时就会引起神经机能降低，只要在 CO 浓度达 $12 \times 10^{-4}\%$ 的工作场所长期工作或在浓度为 $55 \times 10^{-4}\%$ 的地点滞留 1h，人体内的 CO-Hgb 就可达 2% 以上。

419. 不同浓度的 CO 对人体有什么危害？

不同浓度的 CO 对人体的危害参见表 7-7。

表 7-7 不同浓度的 CO 对人体的危害

CO浓度/%	滞留时间/h	对人体不同程度的影响
$5\sim30\times10^{-4}$		对呼吸道患者有影响
30×10^{-4}	>8	视觉及神经机能受障碍，血液中 CO-Hgb 达 5%
40×10^{-4}	8	气 喘
$70\sim100\times10^{-4}$	1	中枢神经受影响(大城市环境最高值)
200×10^{-4}	2~4	头重、头昏、头痛，CO-Hgb 达 40%
500×10^{-4}	2~4	剧烈头痛、恶心、无力、眼花、虚脱
1000×10^{-4}	2~3	脉搏加速、痉挛、昏迷、潮式呼吸
2000×10^{-4}	1~3	死 亡
3000×10^{-4}	0.5	死 亡

420. 硫化氢的产生及其对身体和环境有何影响?

硫化氢主要产生于下列生产过程:硫化染料的制造、制革工业的脱毛过程、精炼含硫原油、化学和制药工业中硫化物和酸的化合、煤的高温干馏企业中的煤气冷却加工、人造纤维工业等等。这些生产过程都不同程度地往大气中排放硫化氢气体。

当 H_2S 在空气中的浓度达到 1.5mg/m^3 时，由于嗅神经麻痹反而嗅不到了。硫化氢能刺激黏膜，引起眼、呼吸道炎症，严重时可导致肺水肿。H_2S 吸入人体后可通过肺泡而进入血液，和氧化型细胞色素氧化酶中的铁结合，造成组织缺氧，使人体神经受影响，浓度高时发生头痛、乏力等症状，浓度更高时，使呼吸中枢麻痹乃至窒息死亡。

421. 燃料燃烧和大气污染有何关系?

燃料分为固体、液体和气体燃料，人们在生产和生活中均离不开燃料的燃烧，而燃烧所生成的废气和废渣，又将污染大气、水、土壤，反过来又影响人类的正常生活。

实践证明，不同污染源排放同一污染物及同一污染源排放不同污染物的比例均是不同的，如表 7-8 所示。

表 7-8　污染源排放污染物的排放比例

发生源	排放比例/%		
	CO	碳氢化合物	氮氧化合物
汽车	64.7	45.7	36.6
汽车以外的交通工具	9.0	7.2	10.5
固定式燃料燃烧装置	1.2	2.4	42.0
工业过程	7.9	14.7	0.8
固体废弃物处理	5.2	5.3	1.7
其他	12.0	24.7	8.4

不同的燃料及不同的燃烧方式,其排向大气的污染物比例也是不一样的,如表 7-9 所示。

表 7-9　不同车型的排污量

排气量 $g \cdot L^{-1}$ / 车型 / 污染物	小汽车(汽油)	载重车(柴油)	机车(柴油)
铅化合物	2.1	1.56	3.0
SO_2	0.295	3.24	7.8
CO	169	27	8.4
氮氧化物	21.1	44.4	9.0
碳氢化合物	33.3	4.44	6.0

同一污染源,相同的燃料在不同的运转工况下,其污染物的排放量也不同。汽车在不同运转工况下,污染物排放情况如表 7-10 所示。

表 7-10　汽车在不同运转工况下污染物的排放情况

排污量（体积分数)/%	运行工况			
	空转	加速	空速	减速
CO	5	3	2.5	3.4

续表 7-10

排污量（体积分数）/%	运行工况			
	空转	加速	空速	减速
CO_2	10.2	12.1	12.4	6.0
碳氢化合物	$(300\sim1000)\times10^{-4}$	$(300\sim800)\times10^{-4}$	$(250\sim550)\times10^{-4}$	$(3000\sim12000)\times10^{-4}$
NO_2	$(10\sim50)\times10^{-4}$	$(1000\sim4000)\times10^{-4}$	$(1000\sim3000)\times10^{-4}$	$(5\sim50)\times10^{-4}$
O_2	1.8	1.5	1.7	8.0
乙炔	710×10^{-4}	170×10^{-4}	178×10^{-4}	1096×10^{-4}
醛	15×10^{-4}	27×10^{-4}	34×10^{-4}	199×10^{-4}

我们了解燃料品种、燃料方式、燃烧条件的不同对污染生成的影响，其目的就是要采取措施减少和控制向周围环境的排污量。

422．燃烧产物而引起的危害主要分为哪两种类型？

燃烧产物以 SO_2 为主体的污染称为伦敦型烟雾。而以碳化氢、氮的氧化物和臭氧为主体的污染称为洛杉矶型烟雾（当大气中碳氢化合物存在时，NO_2 引起的光化学反应对人体的危害）。

上述两种烟雾的情况比较见表 7-11。

表 7-11　两种烟雾的比较

项目	伦敦型	洛杉矶型
燃料	煤、油	汽油、液体燃料、气体燃料
污染物	烟尘、二氧化硫	碳氢化合物、氮的氧化物、臭氧
季节	冬	夏—秋
气温	低(4℃以下)	高(24℃以上)
湿度	高	低
日光	暗	明亮
臭氧浓度	低	高
出现时间	日夜连续	白天
视野	非常小(数米)	稍有影响
症状	强烈刺激性，加重病情，甚至死亡	刺激眼睛及呼吸系统，短期内不会造成死亡

423．烟尘如何分类？

烟尘分类如下：

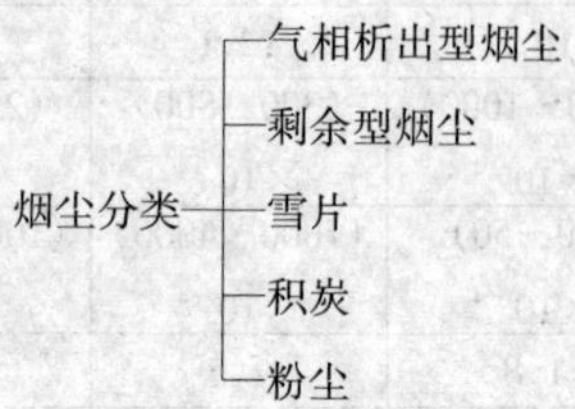

424．什么是气相析出型烟尘，它与剩余型烟尘有什么区别？

气相析出型烟尘是气体燃料、液体燃料、固体燃料在燃烧过程中放出气体可燃物，当空气不足时热分解而生成的固体烟尘，一般又称为炭黑。这种烟尘很细，重油燃烧产生的炭黑，其粒径在0.02～0.05μm范围内。燃料种类不同，粒径变化不大，由于粒径很小，表面积很大，每千克可达数平方米。

剩余型烟尘指的是液体燃料燃烧时剩余下来的固体烟尘，通常称为油灰，粒径较大，一般为10～300μm，大颗粒较少，大多数是外形接近球形的微小空心粒子。很显然，它的这些特点就是其区别于气相析出型烟尘的不同之处。

425．何谓预混燃烧和扩散燃烧，采用何种燃烧有利？

预混燃烧就是从燃烧器喷出的燃料和空气在着火前已经预先混合好，将其混合物喷入炉中燃烧，即为预混燃烧。扩散燃烧就是燃料和空气在着火前尚未混合好，而是在炉膛内边混合边燃烧。

预混燃烧将不会产生烟尘。无论是气体燃料的扩散燃烧，还是液体燃料的燃烧，其碳氢化合物发生热分解，而产生炭黑，例如甲烷在没有氧气条件下，发生下列反应：

$$CH_3 \longrightarrow C + 2H_2 \qquad (7\text{-}6)$$

如果这些碳氢化合物在着火前已经和氧混合，情况将不一样，在氧充足的情况下，它可以完全燃烧，发生下列反应：

$$CH_4 + 2O_2 \longrightarrow CO_2 + 2H_2O \quad (7\text{-}7)$$

即使氧气不够充分，也不会产生炭黑，而发生下列反应：

$$CH_4 + O_2 \longrightarrow CH_2O + 2H_2O$$

而甲醛 CH_2O 又可进一步分解，发生下列反应：

$$CH_2O \longrightarrow CO + H_2$$

或者，再进一步燃烧，其反应为：

$$CH_2O + O_2 \longrightarrow CO_2 + H_2O \quad (7\text{-}8)$$

可以看出，采用扩散燃烧将会产生烟尘，对环境造成污染，是一种不利的燃烧方式。

426．液体燃料燃烧时的烟尘是怎样形成的？

我们以单一颗粒重油滴在高温空气中燃烧时，油滴直径的变化情况来说明烟尘的产生。

油滴燃烧时，首先是油滴内部进行热分解，产生焦油和重碳氢化合物，直径开始略有增加，达到着火之前，由于大量热分解，直径增大很快，此时内部压力也增大，油气喷出，直径也略有下降，油气在其附近燃烧，加剧油滴内部的热分解，使油滴直径急剧增大，最后油滴破裂，直径很快下降，在油滴喷出气体成分的同时，产生絮状空心球，进一步变成焦炭，呈表面燃烧状态。

空心球和焦炭的生成与炉温和油滴蒸发的速度有关。当温度高于 1050℃、雷诺数 $Re = 3$ 时，无一例外地将生成焦炭；空心球是在温度低于 1050℃、$Re = 1$ 时生成的。实际生产中，许多燃烧炉的炉膛温度均在 1050℃ 以上，为焦炭的产生提供了条件，从而产生了剩余型烟尘。

A 重油油滴直径变化情况参见图 7-6。

427．固体燃料燃烧时烟尘是如何形成的？

固体燃料中含有灰分，在燃烧以后，其灰分大部分变为炉渣，

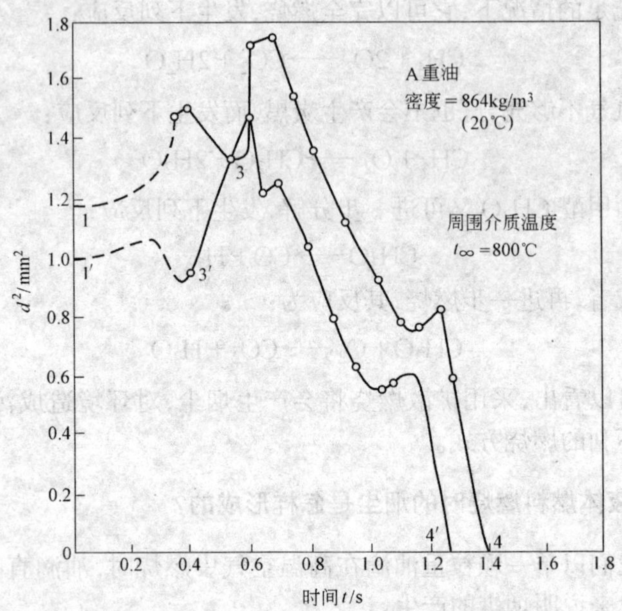

图 7-6　A重油油滴直径的变化

1～3—蒸发；3—着火；3～4—燃烧区

少部分以飞灰的形式离开燃烧炉。以锅炉煤粉炉为例：一般有10%～15%的灰沉落在冷灰斗和尾部烟道中，而85%的灰分以飞灰的形式随烟气排走。由于煤质相差较大，锅炉排烟中的灰尘浓度波动也很大，当然用发热量为 28600×10^3kJ/kg、灰分为10%的优质煤时，排烟中的粉尘浓度仅为9.35g/m³，而采用 $Q=14470\times10^3$kJ/kg、灰分为47.05%的劣质煤时，其粉尘浓度可达83.2g/m³。

煤粉炉中，燃用粒度为5～100μm的煤粉时，其飞尘粒度的分布参见图7-7。

从图7-7可见：粒度大于44μm的飞尘粉尘占20%～40%左右，小于44μm的占70%～80%。

实践证明：大于10μm的粉尘很快沉落在地面上，而小于10μm的为不可见微粒。

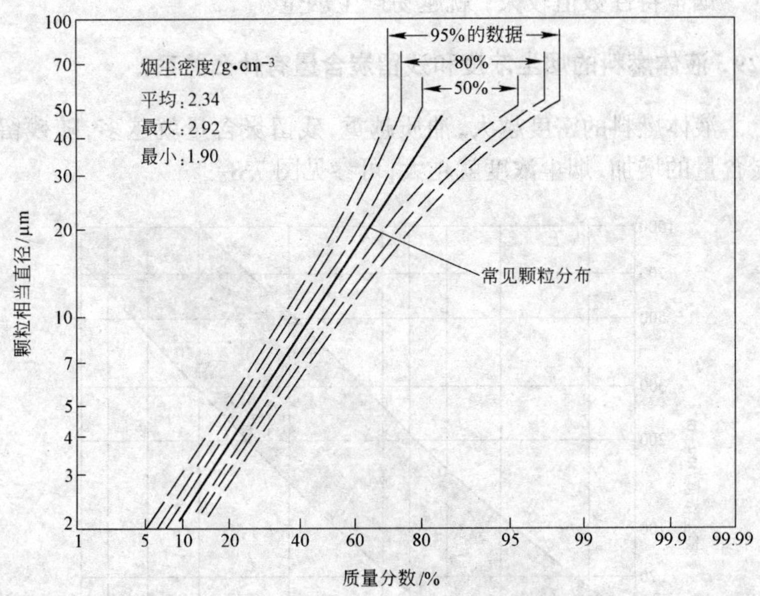

图 7-7　煤粉炉飞灰的粒度分布

428. 什么叫烟点?

对轻质液体燃料而言,通常采用不产生炭黑的最大允许火焰长度来表示烟尘发生特性的方法,即为烟点。可以说,烟点等于不产生炭黑的最大允许火焰长度。烟点越低,火焰长度越短,就越易产生烟尘。也有用烟尘的倒数来表示烟尘特性的。

有关研究资料表明:各种燃料的烟点是不一样的,我们以碳氢化合物为例,碳原子数越多,就越容易产生炭黑,见表 7-12。

表 7-12　碳氢化合物的烟尘特性

碳氢化合物	烟尘特性(烟点倒数)	碳氢化合物	烟尘特性(烟点倒数)
C_2H_6	0.73	C_5H_{12}	3.60
C_3H_8	1.73	C_6H_{14}	4.55
C_4H_{10}	2.71	C_7H_{16}	5.41

烟尘特性数值较大，就越易产生烟尘。

429．液体燃料的烟尘浓度和残留炭含量有什么关系？

液体燃料的密度越大，油质越重，残留炭含量就越多，随残留炭含量的增加，烟尘浓度就越大，可参见图 7-8。

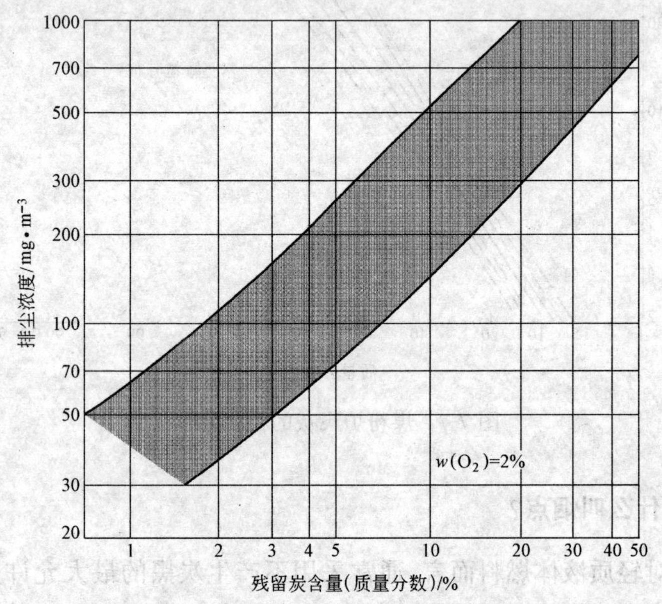

图 7-8　烟尘浓度和残留炭含量的关系

430．如何控制燃烧设备往大气中排放的烟尘？

燃料燃烧时，防止烟尘产生的重要措施有两条，一是改善燃料与空气的混合程度，二是保证足够高的温度水平和足够的燃烧时间。

液体燃料雾化燃烧时，改善燃料与空气的混合，就必须保证良好的雾化，使空气和油雾配合得当，达到最佳工况。图 7-9 为一台耗油量为 9t/h 的燃油锅炉旋流强度和烟尘浓度的关系曲线。

图 7-9 告诉我们，在空气旋流强度为 0.84 时，烟尘生成量是

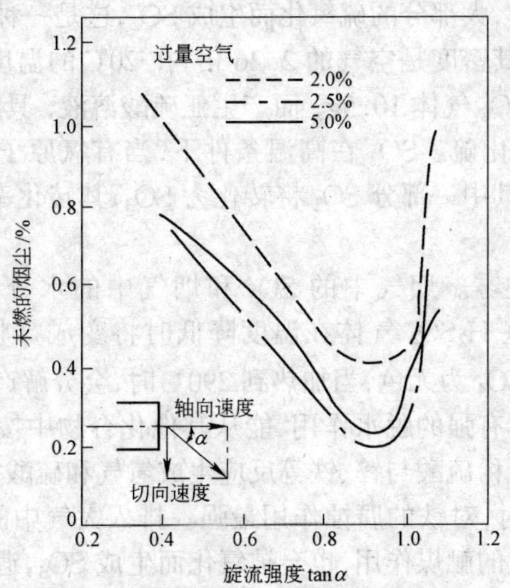

图 7-9　旋流强度和烟尘浓度的关系

最小的。当旋流强度大于 0.84 时，空气被甩离油雾区，使油雾与空气混合不良；当其值小于 0.84 时，油雾与空气过早混合，使温度下降，其结果都是烟尘浓度急剧上升。可见在数值为 0.84 时是油雾和空气的最佳配合。

对碳氢化合物而言，在没有氧气的条件下会热分解而产生炭黑粒子，只要供给一定的氧气，即使燃烧不完全，也不会产生炭黑，所以必须在燃料加热之前，与一部分空气混合，然后再让其燃烧，使烟尘生成量最少。

能使燃烧过程中产生的烟尘在离开炉膛之前烧掉也是控制烟尘的重要措施。这里必备的条件是：足够的氧量，一定的温度和时间。

431．硫的氧化物的种类和性质有哪些？

硫的氧化物的种类和性质是：

(1) 二氧化硫。煤在燃烧过程中，煤中的硫大约有 5%～10%

残留在灰分中，大部分的硫氧化而生成SO_2，这是一种无色而有刺激性的气体，其密度是空气的2.26倍，在20℃的温度下，每100g水中能溶解SO_2气体10.5g，而产生亚硫酸溶液，具有还原性。

(2) 三氧化硫。SO_2在高温条件下，当有氧原子存在或有催化剂存在时，其中一部分SO_2将转化为SO_3，其转化率为0.5%～2.0%左右。

(3) 硫酸雾。烟气中的SO_3和烟气中的水分结合而生成H_2SO_4，而这些H_2SO_4气体在温度降低时将变成雾状，称为硫酸雾。纯质H_2SO_4为无色，当加热到290℃时，会分解产生三氧化硫气体。硫酸具有强的脱水作用，能从其他化合物中按一定的比例夺取氢和氧。稀硫酸与锌、铁等反应生成氢气和硫酸盐，当H_2SO_4浓度为47%时，对铁的腐蚀作用最强。排入大气中的SO_2气体，由于金属飘尘的触煤作用，也会被氧化而生成SO_3，遇水气而形成硫酸雾，再与大气中的粉尘结合而形成酸性粉尘，或者被雨水淋落而产生硫酸雨，这种酸雨所带来的危害更大、更广。

(4) 酸性尘。烟气中的烟尘吸收硫酸，当烟气温度低到露点附近的温度时，长大而生成的尺寸较大的雪花状污染物即为酸性尘。金属受热后低温硫酸腐蚀产物及未保温的金属烟囱和烟道内其表面凝结的酸、腐蚀生成的金属盐类含酸粉尘也是酸性尘的来源。酸性尘一般尺寸较大，排入大气后降落在烟囱周围地区。

(5) 白烟。排入大气中的烟气，与大气混合后温度降低，烟气中的硫酸蒸气将凝结而形成硫酸雾，雾滴的慢反射使烟气呈白色而称做白烟。

432. 燃料燃烧时，SO_2的生成量与燃料的含硫量有何关系？

燃料中的可燃硫，在完全燃烧时，按下式反应：

$$S + O_2 \longrightarrow SO_2 \tag{7-9}$$

少部分的SO_2转化为SO_3：

$$SO_2 + 1/2O_2 \longrightarrow SO_3 \tag{7-10}$$

燃烧时，如果过量空气系数低于1.0，有机硫将分解，除SO_2

外，还将产生 S、H_2S、SO 等；当过量空气系数高于 1.0 时，则全部燃烧生成 SO_2，生成 SO_2 的同时，将有 0.5%～2.0%的 SO_2 转化为 SO_3。

目前，尚不能用改进燃烧技术的方法控制 SO_2 的生成量。燃烧时的 SO_2 生成量与燃料的含硫量成正比的，参见图 7-10。

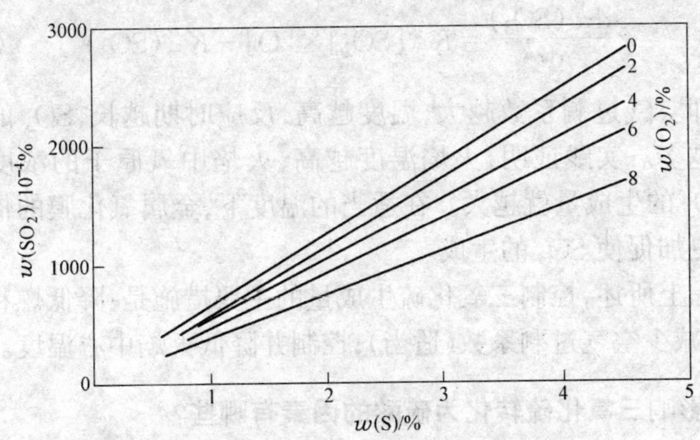

图 7-10　含硫量和 SO_2 生成量的关系

很显然，降低燃料的含硫量，采用低硫燃料是降低 SO_2 生成量、减少大气污染的根本途径。

433. 在燃烧过程中，如何控制 SO_3 的生成量？

从 SO_2 和 SO_3 的转化，可用下式来表示：

$$X=\frac{w(SO_3)}{w(SO_2)+w(SO_3)}\times 100\% \tag{7-11}$$

在锅炉一般燃烧条件的情况下，若 $X=1\%\sim5\%$ 对含硫量（质量分数）为 2%的重油，烟气中的 SO_3 浓度（质量分数）为$(20\sim60)\times10^{-4}\%$，远高于理论计算值。这种现象可以这样来理解，氧分子在高温下首先离解生成氧原子，氧原子再与 SO_2 生成 SO_3，可以写成如下方程式：

$$O_2 \rightleftharpoons O+O$$

$$SO_2 + O \underset{R_-}{\overset{R_+}{\rightleftharpoons}} SO_3 \tag{7-12}$$

式中　R_+——正向反应速度常数；

R_-——逆向反应速度常数。

即 SO_3 的生成速度可以表示为：

$$\frac{dw(SO_3)}{dt} = K_+[SO_2]\times[O] - K_-(SO_3) \tag{7-13}$$

即空气过剩系数越大，温度越高，反应时期越长，SO_3 的生成量就越多。实践证明，火焰温度越高，火焰中氧原子的浓度就越大，SO_3 的生成量就越大。在适当的温度下，金属氧化膜的催化作用将更加促使 SO_3 的生成。

综上所述，控制三氧化硫生成量的主要措施是：降低燃料的含硫量；减少空气过剩系数（适当）；控制并降低火焰中心温度。

434. 影响三氧化硫转化为硫酸的因素有哪些？

燃料燃烧生成的水，是以蒸汽状态存在于烟气中的，这些水蒸气和烟气中的 SO_3 结合就生成硫酸蒸汽，反应式为：

$$SO_3 + H_2O \rightleftharpoons H_2SO_4$$

上式中，SO_3 转化为 H_2SO_4 与温度的关系见图 7-11。

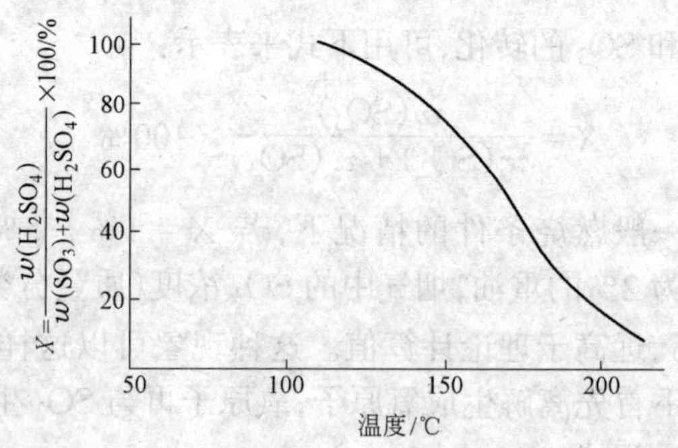

图 7-11　SO_3 转变成 H_2SO_4 的平衡份额与温度的关系

当温度高于200～250℃时，烟气中即使有SO_3，其转化率也是非常小的。随着温度的降低，转化率逐步增加，当温度降到110℃左右时，其转化率达到最大值，烟气中的SO_3几乎全部转化为H_2SO_4，如排入大气中再凝结时，将生成硫酸雾。

除了温度的影响之外，烟气中水蒸气的露点也将影响其生成量。正常情况下，水蒸气的露点仅和烟气中的水蒸气分压有关，如在燃油锅炉烟气中水蒸气分压约为$0.8～0.14\times10^5$Pa，相应的水蒸气露点为41～52℃，但当烟气中含有硫酸蒸气时，露点温度将急剧上升，如图7-12所示。

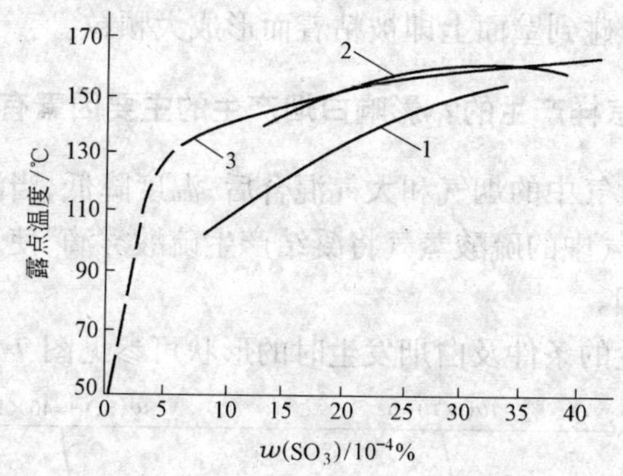

图7-12　烟气露点温度的实测值

1—哈尔滨锅炉厂试验台数据($S^y=4.93\%$，$p_{H_2O}=0.11\times10^5$Pa)；

2—上海汽轮机锅炉研究所数据($S^y=4.9\%～5.2\%$)；3—美国工业炉数据

烟气中只要有少量SO_3存在，就会使烟气的露点温度远远高于没有SO_3时的露点温度，当烟气中SO_3的浓度(质量分数)为$10\times10^{-4}\%$时，露点温度就高达140℃。

烟气中含有的飞灰粒子也正好为硫酸蒸气的凝结提供了良好的条件。

435. 酸性尘是怎样生成的?

含有H_2SO_4蒸气的烟气，当温度低到露点温度以下时，硫酸蒸气凝结在烟气中微小粒子的表面上，这些粒子粘结在一起，长成雪片状的酸性尘(也称雪片)。

在酸性尘生成过程中，烟气中的固体烟尘粒子为硫酸蒸气的凝结提供了良好的凝结中心，尤其是粒径小于 1μm 气相析出型烟尘，其表面积大，又很难从烟气中去除，为硫酸蒸气的凝结创造了有利条件。

在烟气中的固体粒子中含有大量的未燃炭，这些物质是良好的吸附剂，碳对 SO_2 和 SO_3 不仅有很强的亲和力，而且对 SO_2 转化 SO_3 时有一定的催化作用。

酸性固体粒子的长大，一是由于粒子互相磁撞而引起的；二是由于烟尘粒子碰到壁面上即被粘着而形成大颗粒。

436. 白烟是怎样产生的？影响白烟产生的主要因素有哪些？

排放到大气中的烟气和大气混合后，温度降低，当温度降到露点温度时，烟气中的硫酸蒸气将凝结产生硫酸雾滴，使烟气呈现白色而称为白烟。

白烟产生的条件及白烟发生时的形状可参见图 7-13、图7-14。

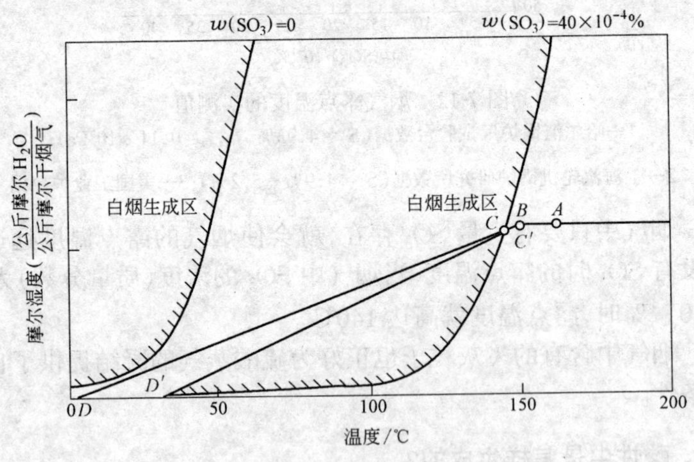

图 7-13　白烟发生条件

图中：A 是烟囱的入口，B 是烟囱的出口，C 是白烟开始产生的位置，D 是白烟消失位置。$ABCD$ 为烟气状态变化曲线，$ABC'D'$ 是夏季时的状态变化曲线。

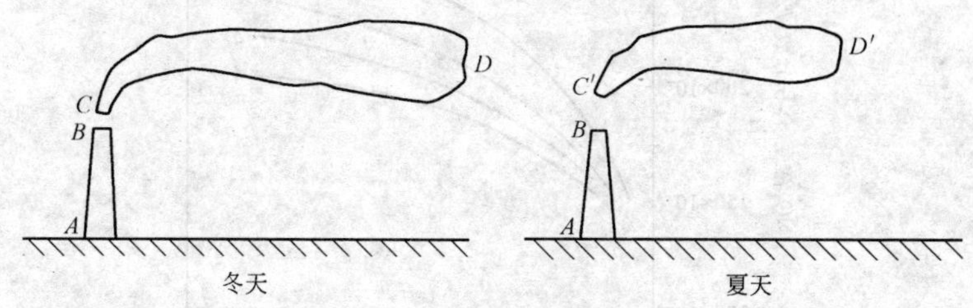

图 7-14　白烟发生时的形状

可以归纳出影响白烟产生的主要因素有：

(1) 燃料含硫量越多，SO_3 的生成量就越多，烟气露点升高，容易产生白烟。

(2) 烟囱的直径越大，烟气出口速度越低，白烟就越长。

(3) 大气温度越低，相对湿度越大，越易产生白烟。

437. 降低 NO_x 生成量的主要途径有哪些？

降低 NO_x 生成量的主要途径有：

(1) 降低空气过剩系数，实现低氧燃烧。一般情况下，炉内燃烧其空气过剩系数在 1.1～1.4 左右，过量空气越多，烟气中的氧气浓度越高，将使 NO_x 的排放浓度上升，其关系曲线如图 7-15 所示。

由图 7-15 可见，当氧气浓度(体积分数)小于 1% 时，NO_x 浓度将急剧下降。对预混合燃烧而言，降低空气过剩系数，将使火焰温度升高，其结果使 NO_x 生成量增大，对大多数工业燃烧设备来说，都属扩散燃烧，燃烧情况与预混燃烧是不一样的。降低空气过剩系数是由双重原因造成 NO_x 降低的，一是氧气浓度，二是温度降低。

(2) 降低热负荷。降低火焰温度可以降低 NO_x 的生成量。由于负荷下降，供给的燃料量减少，当然负荷降低也是一种不经济的运行方式，要在适当的负荷下，综合考虑。

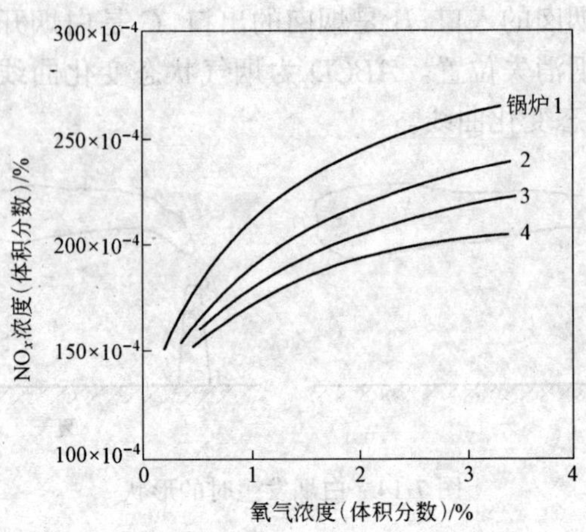

图 7-15　NO_x 和排烟中氧气浓度的关系

(3) 降低空气预热温度。热空气温度与 NO_x 浓度关系如图7-16所示。

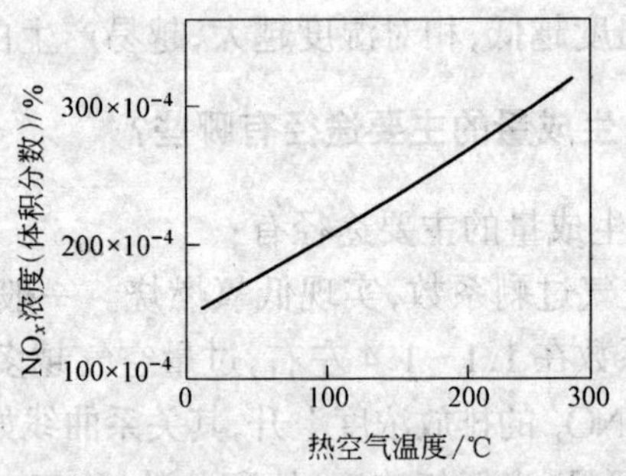

图 7-16　NO_x 浓度和热空气温度的关系

438. 燃烧产生的烟气排入大气后，能否造成污染取决于哪些条件？

燃烧后的烟气排入大气后，是否造成污染，还取决于该地区的城市和产业结构、规模、活动等所制约的污染物质排放总量，该地区的地理条件、气象条件等，具体条件如下：

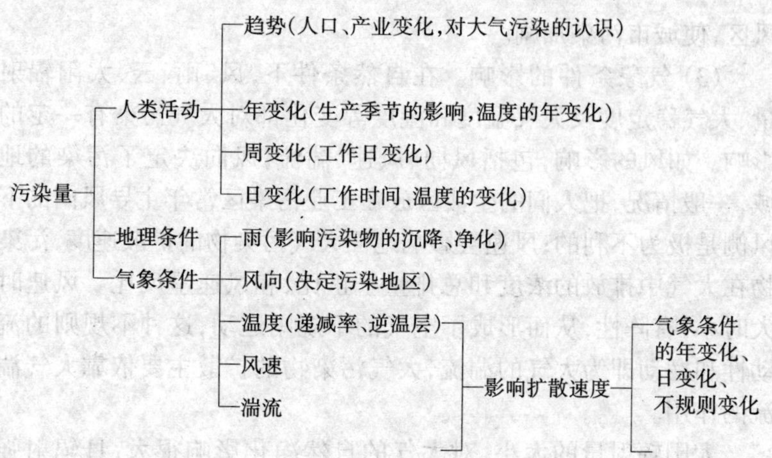

439. 人类活动、地理条件和气象条件是怎样影响污染程度的?

(1) 关于人类活动因素的影响。污染的排放受到人口、产业结构、生产的变化、群众的认识水平等诸因素的影响。生活水平高的比生活水平低的地区污染要严重些,群众对污染认识水平高的地区,将促使产业界注意保持和管理污染物的排出,使之维持在一个良好的水平上。人类活动及生产每年每月每日都在变化,其污染物的排放量也在变化。

(2) 地理条件的影响。地形、地面状况的不同也会影响污染物的扩散。山谷、河谷比平原地区容易形成逆温层,不易将污染物扩散出去。山谷夜间的山风由山坡吹向谷底,山风形成是因为山坡散热快,使山坡上的空气比同高度的山谷中的空气要冷,从而使冷空气下沉,堆积在谷底形成一个冷空气团。冷空气团的上层仍然是山谷原来较暖的空气,从而在无风或小风的天气情况下,自然形成一个较稳定的逆温层,污染物堆积在谷底长久不散而造成严重的大气污染。在海滨和湖滨,往往有海陆风,白天海风吹向陆地,晚上因大陆冷却比海水快,陆风就向海洋吹去,污染物就这样循环不已。如果工业区设置在海滨,白天海风将污染物吹向工业区下风侧的城市而引起污染,当海陆风交替时,又会出现暂时的无风区,使城市污染加剧。

(3) 气象条件的影响。在自然条件下,风、雨、云、太阳辐射量、大气稳定度及大气温度和湿度等变化都对大气污染有一定的影响。如风的影响,包括风向、风速、湍流,风向决定了污染的地域,一般情况,把人们的生活区放在工业污染区常年主导风向的下风侧是极为不利的;风速会影响地面大气污染物的扩散速度,污染物在大气中排放的浓度和总排量呈正比,和风速呈反比。风速时大时小,有阵性,从而形成了空气的不规则运动,这种不规则的流动性和摆动即为大气的湍流,大气污染物的扩散主要依靠大气湍流的作用。

太阳辐射量的大小,对大气的自然净化影响很大,日辐射强时,地面空气温度升高很快,造成上升气流,使高空和地面空气交流,便于污染物的扩散和净化。

空气的温度变化是引起大气湍流的原因。温度随高度的变化情况可用图 7-17 表示。

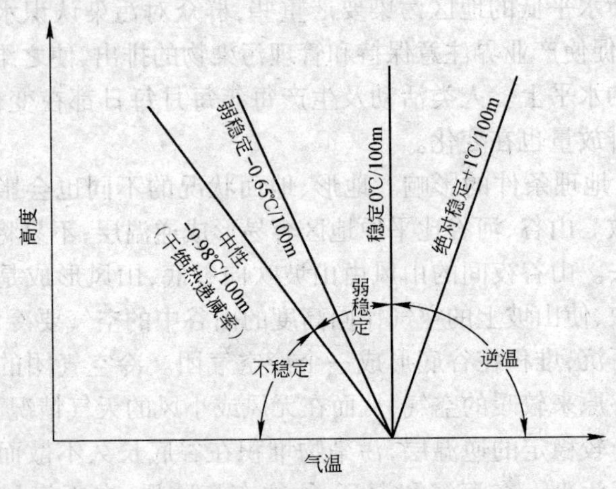

图 7-17 温度随高度变化情况

由图 7-17 可见,当温度随高度减小,其递减率为 0.98℃/100m 时,大气处于不稳定状况,垂直运动加剧,若温度以较低的递减率或随高度增加时，垂直运动减小或受阻，这样就很容易发生逆温层，其厚度可达几十米以至数百米。

440．何谓逆温层，逆温层分几种类型？

大气温度随地面高度的增加而递减或增加时，其垂直运动受阻，而大气处于一种较为稳定的状况。这种阻止大气扩散而加深污染的状态，称为逆温层。

发生逆温层的原因很多，根据不同的原因逆温层分为5类：

一是辐射逆温层，是太阳落山以后发生的，此时地表失热迅速，这种状态都在天晴风静的夜间发生，靠近地表，又称近地逆温。

二是地形逆温，常见于沼泽和河谷地带，冷空气从山坡流入低地而形成。

三是下沉逆温，因为高气压圈内整个上层空气层下沉而产生的，发生干绝热增温，下沉至地面附近时减弱，从而形成下沉时温度增高气层和原下层气层内气温的逆温。

四是峰面逆温，发生在冷、热空气交界处，如果交界处峰面活

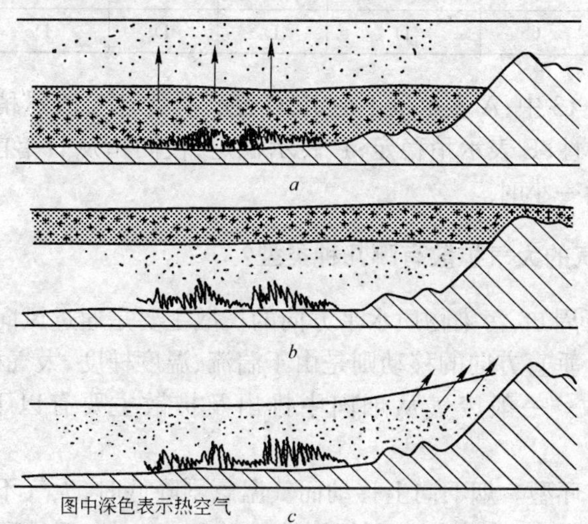

图 7-18　温度变化对大气扩散的影响

a—无逆温层；*b*—有逆温层；*c*—天气变化，逆温层消失

动缓慢，就会出现峰面逆温，它只限于沿峰面细长区域的上空。

五是湍流逆温，是下层空气因风而引起上下混合，在混合层的上面形成气温逆转。

温度变化对大气扩散的影响可参见图 7-18。

441. 什么是大气稳定度，它分为几类？

大气稳定度是大气安定的程度。它和风速、白天太阳辐射、夜间云量多少有关。按照 Pasquill 把大气稳定度分为 A～F6 类，见表 7-13。

表 7-13　大气稳定度的分类

地面风速（10m 高处）/m·s^{-1}	白天太阳辐射量/J·cm^{-2}·h^{-1}			白天阴天 夜间阴天	夜间云量	
	（强）＞4.2×50	（中）（25～49）×4.2	（弱）＜4.2×24		上层云少 中下层云多	云量多
＜2	A	A～B	B	D		
2～3	A～B	B	C	D	E	F
3～5	B	B～C	C	D	D	E
5～6	C	C～D	D	D	D	D
＞6	C	D	D	D	D	D

表 7-13 中：A 表示最不稳定；B 表示不稳定；C 表示稍不稳定；D 表示中性；E 表示稍稳定；F 表示稳定；夜间指从日落前一小时到日出后一小时。

442. 废气的大气扩散有哪几种类型？

众所周知，污染物质水平方向的扩散主要是通过风向、风速来实现的。垂直方向的移动则是由于湍流、温度梯度、大气稳定度的影响所致。一般废气从烟囱中排出及扩散主要有以下几种形式。

(1) 环型。烟羽向上移动而气温急剧降低时，大气不稳定，烟羽向上、下、左、右大幅度不规则地扩散和湍动，烟羽呈环形，在晴天的中午可以看到这一情况。

(2) 锥型。在气温递减率较弱的场合发生。此时烟羽呈圆锥形扩散,其断面在水平方向呈宽椭圆形,此情况在阴天的中午和夜间风大时均可见到。

(3) 扇型。在近地逆温层的场合发生。大气稳定,风速小而几乎没有湍流运动,此时烟羽在不太宽的水平方向成薄层扩散,从晴夜到凌晨的一段时间可以看到。

(4) 屋顶型。此类型发生在从地面到烟囱顶部气温随烟囱高度而升高,烟囱顶以上的气温随高度而降低,烟羽下降受到阻碍而呈屋顶型,在晴天日落或日落后一段时间内可以观察到。

(5) 熏烟型。此型在与屋顶型发生温度相反的情况下发生。烟羽上升受到阻碍而呈熏烟型,这种情况常见于有发达的近地逆温层环境中。

上述种类可参见图 7-19。

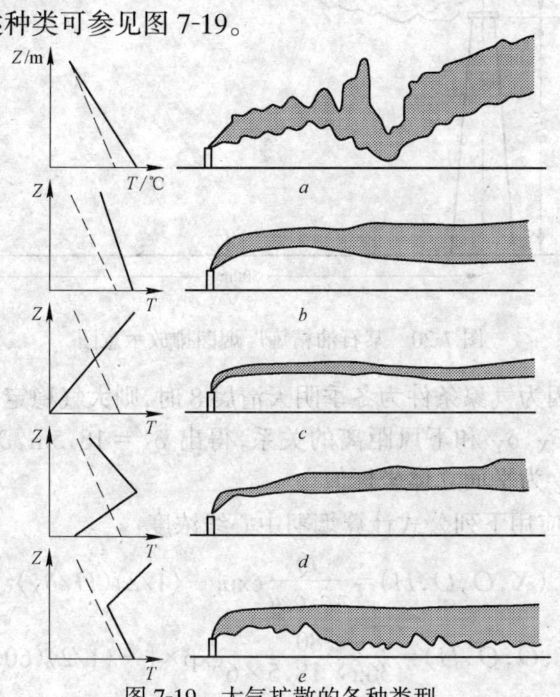

图 7-19 大气扩散的各种类型

a—环型,不稳定;*b*—锥型,弱稳定;*c*—扇型,稳定;
d—屋顶型,上部不稳定,下部稳定;*e*—熏烟型,下部不稳定,上部稳定

从图 7-19 可见，以环型和熏烟型最为不利，能引起剧烈的地区性大气污染。

443．怎样进行废气排往大气时的扩散计算？

例题(1)：某石油精炼厂自平均有效高度(H)60m 处排放(Q)80g/s 的 SO_2，在地面风速 u 为 6m/s 时的冬季阴天清晨 8 时，距离精炼厂正下风方向 500m 处的地面浓度是多少？其余条件相同，距离 X 轴 50m 处 A 点的浓度是多少？

示意图如图 7-20 所示。

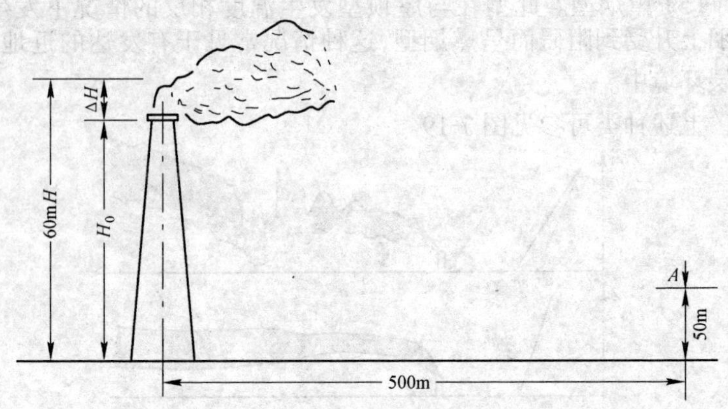

图 7-20　某石油精炼厂烟囱排放示意图

解：因为气象条件为冬季阴天清晨 8 时，则大气稳定度选择 D 类，根据 δ_X、δ_Y 和下风距离的关系，得出 $\delta_X = 18.5\text{m}$，$\delta_Z = 36\text{m}$。δ_X、δ_Y、δ_Z 为平面立体坐标值。

(1) 应用下列公式计算烟羽中心线浓度：

$$C(X,O,O,H) = \frac{Q}{\pi\delta_X\delta_Z u}\exp[-(1/2)(H/\delta_X)^2] \quad (7\text{-}14)$$

$$\begin{aligned} C(X,O,O,H) &= \frac{80}{36\pi\times18.5\times6}\exp\times[-(1/2)(60/18.5)^2] \\ &= 6.37\times10^{-3}\times(5.25\times10^{-3}) \\ &= 3.3\times10^{-5}\text{g/m}^3 \end{aligned}$$

(2) 距离 X 轴 50m 处，即 $Y=50\text{m}$，应用下式计算：

$$C(X,O,O,H)=\frac{Q}{\pi\delta_Y\delta_Z u}\{\exp[-(1/2)(Y/\delta_Y)^2]\}\times$$
$$\{\exp[-(1/2)](H/\delta_X)^2\} \quad (7\text{-}15)$$

代入计算数据，则：

$$\begin{aligned}C(X,O,O,H)&=3.3\times10^{-5}\exp[-0.5(50/36)^2]\\&=3.3\times10^{-5}(0.381)\\&=1.3\times10^{-5}\text{g/m}^3\end{aligned}$$

答：(1) 距正下风方向 500m 处的地面浓度为 $3.3\times10^{-5}\text{g/m}^3$。

(2) 其余条件相同，距 X 轴 50m 处的浓度为 $1.3\times10^{-5}\text{g/m}^3$。

例题(2)：某电厂每小时燃烧 10t 煤，排放 $SO_2$151g/s；排出物是从一个烟囱释放的，在夏季晴天的下午，地面上 10m 高处的风向来自东北，风速 4m/s，已知其有效排放高度为 150m，问电厂烟囱到地面最大浓度距离为多少，在该点的浓度又是多少？如若是阴天，其余条件不变，求 X_{max}和 C_{max}。

扩散排放示意图如图 7-21 所示。

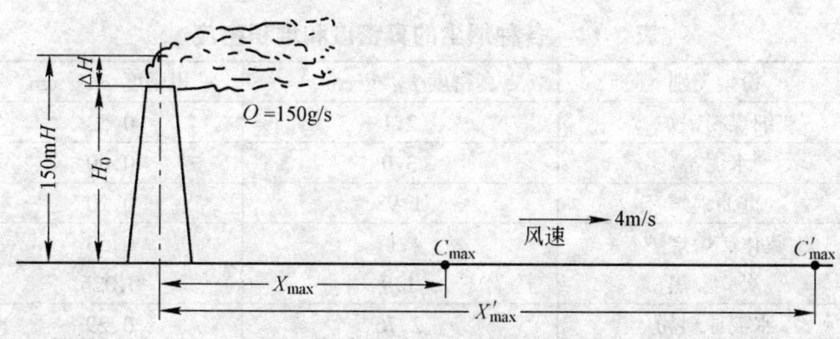

图 7-21　某电厂扩散排放示意图

解：

(1) 确定大气稳定度：在夏天晴朗的下午，风速为 4m/s，可查表确定为 B 类。

(2) 有效排放高度为 150m，B 类稳定度时，查图得到从电厂到最大浓度点距离为 1000m，且最大 $C_u/Q=7.5\times10^{-6}$，再查图

得 $\delta_Z = 110\text{m}$,则最大浓度为:

$$C_{max} = 7.5 \times 10^{-6} \times Q/u \tag{7-16}$$

所以:$C_{max} = 7.5 \times 10^{-6} \times 151.4 = 2.8 \times 10^{-4}\text{g/m}^3$

(3) 若是阴天, 其余条件不变:因为是阴天,大气稳定度为 D 类。参照上述方法,查得 $X_{max} = 6.5\text{km}$,$(C_u/Q)_{max} = 3.0 \times 10^{-6}$,所以:

$$C_{max} = 3.0 \times 10^{-6}(151/4) = 1.1 \times 10^{-4}\text{g/m}^3$$

444. 什么是粉尘的真密度和堆积密度?

单位体积具有的质量称之为粉尘真密度。堆积状态下单位体积具有的质量称为堆积密度。若空隙率为 ε,则真密度与堆积密度的关系可用下式表示:

$$\rho_\varepsilon = (1 - \varepsilon) \cdot \rho_{真} \tag{7-17}$$

粉尘密度对除尘装置的性能影响很大,最突出的是影响沉降速度,堆积密度越小,则粉尘的分离捕集越困难,捕集后的二次飞扬尘也多。

各种烟尘的真密度和堆积密度参见表 7-14。

表 7-14 各种烟尘的真密度和堆积密度

粉尘类别	真密度 $\rho_{真}/\text{g}\cdot\text{cm}^{-3}$	堆积密度 $\rho_\varepsilon/\text{g}\cdot\text{cm}^{-3}$
细煤粉锅炉	2.1	0.52
水泥窑	3.0	0.60
重油锅炉	1.98	0.20
硫化矿熔烧炉	4.17	0.53
炭 黑	1.9	0.025
水泥原料粉	2.76	0.29
造纸黑液炉	3.11	0.127
飞 灰	2.2(0.7~5.6μm)	1.07
烟道粉尘	4.88(5.6μm)	1.11~1.25

445. 何谓粉尘粒径的分布规律?

当某种燃烧方法、燃料及燃烧设备确定后,所产生的烟气粉尘特性基本确定，研究粉尘粒径分布，确定在某个范围内的粒径量，以便决定采取何种措施进行去除。

粒径分布一般有频率分布和筛上累计分布（积分分布）两种。

常见的粒径分布有以下几种类型：

(1) 高斯正态分布。其表达式为：

$$R = 100\int_{x}^{\infty} \frac{1}{\delta\sqrt{2\pi}}\exp\left[\frac{-x(x-x_0)^2}{2\delta^2}\right]\mathrm{d}x \tag{7-18}$$

(2) 由于粉尘的大小和复杂性，其粒径分布往往不完全按高斯正态分布，在粉尘中，粗粉较多时，它更符合对数正态分布规律，其表达式为：

$$R = 100\int_{x}^{\infty} \frac{1}{\lg\sqrt{2\pi}}\exp\left[-\frac{(\lg x - \lg x_0)^2}{2(\lg\delta)^2}\right]\mathrm{d}(\lg x) \tag{7-19}$$

(3) 对大多数细粉较多的粉尘，它符合 Rosin-Rammler 分布（简称 R-R 分布），其表达式为：

$$R = 100\exp^{(-bx^n)} = 100\times10^{-b'x^n} \tag{7-20}$$

上述的分布关系也可用图 7-22 和图 7-23 表示。

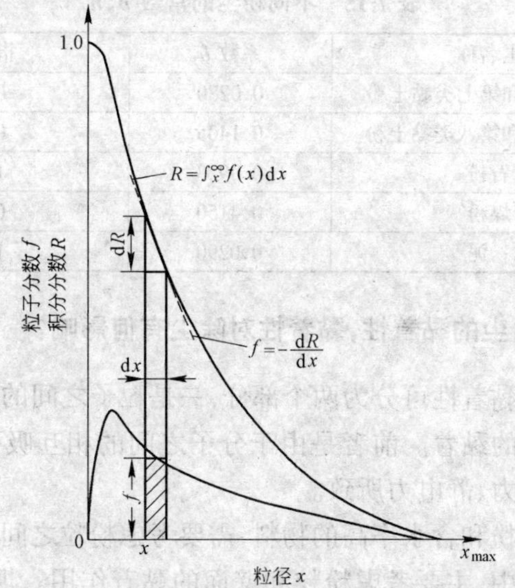

图 7-22　粒径的分数分布和筛上累计分布的关系

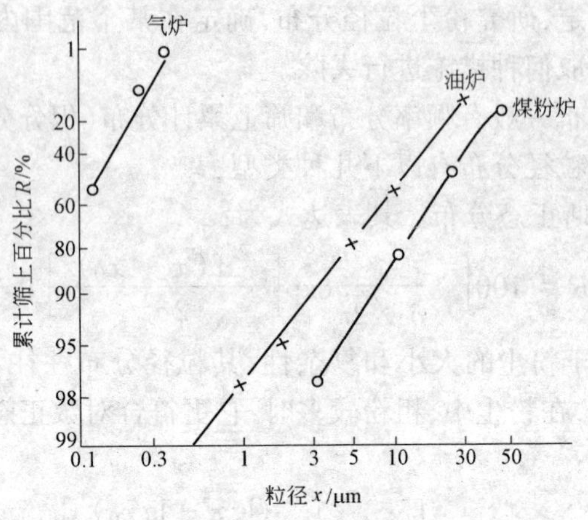

图 7-23 各种粉尘的分散度(按 R-R 分布)

式 7-18～式 7-20 中：δ 为标准离差(对数分布时为几何标准离差)；x 为粒子直径；x_0 为 $R=50\%$时的粒子径(中径)或多数径(对数分布)；b、n 为常数，其数值见表 7-15。

表 7-15 不同粉尘的常数 b、n

粉尘名称	系数 b	指数 n
第二类硅砂和第七类黏土粉	0.0280	0.95
第三类硅砂和第八类黏土粉	0.1405	0.76
滑石粉	0.0923	1.07
粉煤粉	0.4150	0.42
水　泥	0.0290	1.03

446. 何谓粉尘的黏着性，黏着性对除尘有何影响?

粉尘的黏着性可分为两个部分，一是粒子之间的黏着，二是粒子与壁面间的黏着。前者是由于分子之间的相互吸引力，附着水分的毛细管力、静电力所致。

对于细粉和含水率高的物料，需要考虑粉粒之间的黏着作用，在除尘装置中，主要考虑粉粒和壁面的黏着作用。烟尘粒径和黏着力的关系如图 7-24 所示。

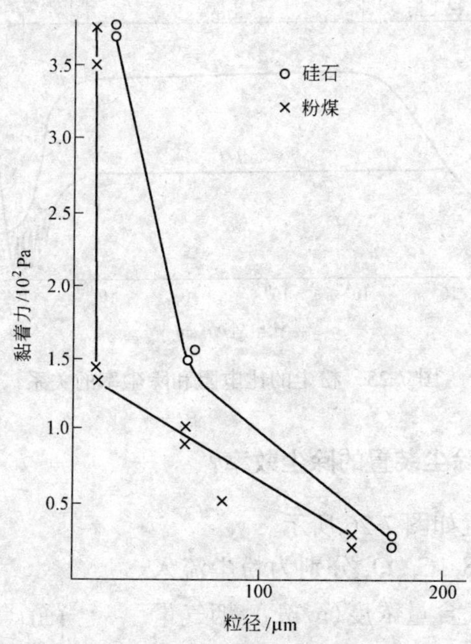

图 7-24　烟尘的粒径和黏着力的关系

粉尘的黏着性对除尘装置的影响主要表现为,可以使旋风除尘器堵塞;使布袋除尘器滤网孔堵塞;使电除尘器放电极肥大,集尘板粉尘堆积,从而影响除尘效率。

447. 粉尘的导电性能对电除尘效率有何影响?

粉尘的导电性能包括粉尘本身的容积导电和颗粒表面因吸收水分等的表面导电。

对于高电阻率的粉尘,低温时主要是表面电阻,高温时容积电阻才占主导地位。在电除尘器中,粉尘的比电阻在 $10^4 \sim 10^{11}\Omega \cdot$ cm 时,除尘效率尚好,否则将会降低除尘效率。粉尘的比电阻和除尘率的关系如图 7-25 所示。

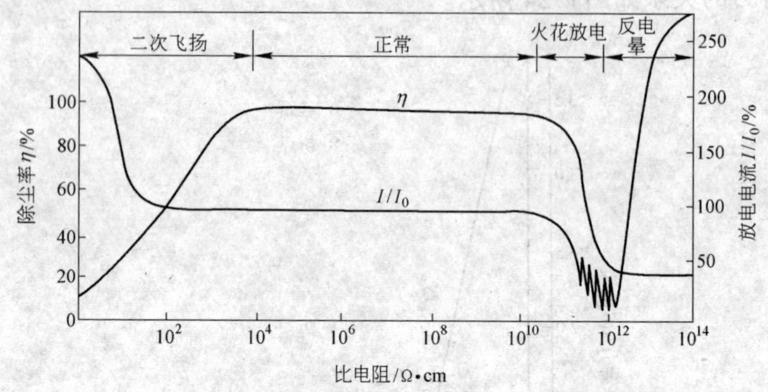

图 7-25　粉尘的比电阻和除尘率的关系

448. 什么是除尘装置的除尘效率?

除尘装置如图 7-26 所示。

入口处 S_i、C_i、Q_i 分别为粉尘流入量(g/s)、烟气含量浓度(g/m³)、烟气量(m³/s),出口处 S_o、C_o、Q_o 分别为带出的粉尘流量(g/s)、粉尘浓度(g/m³)、烟气量(m³/s),S_c 为除尘器中分离捕集的尘粒流量(g/s),则除尘效率为:

$$\eta=(S_c/S_i)\times 100\%$$
$$=[1-(S_o/S_i)]\times 100\% \quad (7\text{-}21)$$

因为 $C=S/Q$,所以 $S=CQ$,代入上式得:

$$\eta-[1-(C_oQ_o/C_iQ_i)]\times 100\%$$

如果 $Q_i=Q_o$,则:

$$\eta=[1-(C_o/C_i)]\times 100\%$$

因为 $S_i=S_o+S_c$,所以:

$$\eta=[S_c/(S_o+S_c)]\times 100\%$$

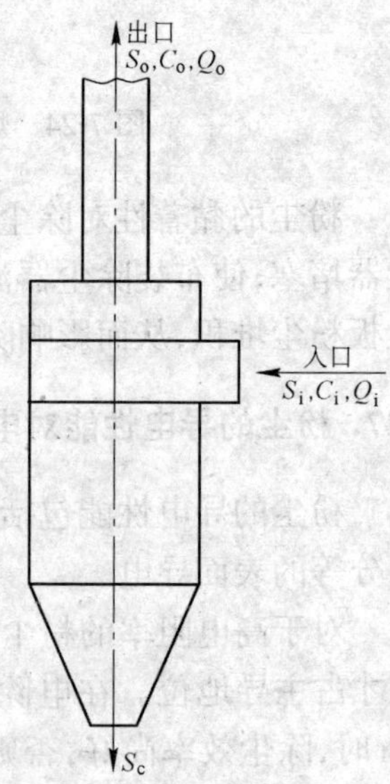

图 7-26　除尘装置示意图

结论:(1) 从除尘器排入大气的粉尘流量 S_o 为:

$$S_o = S_i[1-(\eta/100)] \tag{7-22}$$

(2) 从除尘器排入大气的烟尘浓度 C_o 为:

$$C_o = C_i[1-(\eta/100)] \tag{7-23}$$

449. 什么是除尘装置的分级除尘效率?

因为除尘装置捕集的对象是直径大小不同的集合粒子群,不同的粒径,其沉降速度差别很大,对不同粒径的尘粒其除尘效果也是各不相同。如果设粒径为 x,以 x 为中心的 Δx 范围内的粒子除尘效率称为分级除尘效率,以 η_x 表示。

设 Δx 范围内的粉尘量为 S_x,则总粉尘量为 $\sum_{x_{min}}^{x_{max}} = S_x$,又设 f 为质量基准百分数,则 $f = \dfrac{S_x}{\sum_{x_{min}}^{x_{max}} = S_x} \times 100\%$。这样对不同的粒径就可以得到 f 的频率分布曲线,这种曲线对粉尘的进口、出口及捕集粉尘都是适应的,参见图 7-27 和图 7-28。

450. 粒径分布与分级除尘效率及总除尘效率有何关系?

从图 7-27 可知:f_i 分布曲线以下 x 轴以上的总面积,就是进入除尘装置的总尘量,f_c 分布曲线以下 x 轴以上的总面积应是总的捕集粉尘量,则:

$$\text{除尘总效率} = \frac{f_c\text{ 以下总面积}}{f_i\text{ 以下总面积}} \times 100\%$$

若上式中,f_i 以下的总面积为 1 时,则:

$$\eta = \int_{x_{min}}^{x_{max}} f_c \mathrm{d}x = \int_0^{\infty} f_i \eta_x \mathrm{d}x \tag{7-24}$$

由上式最后可推导出:

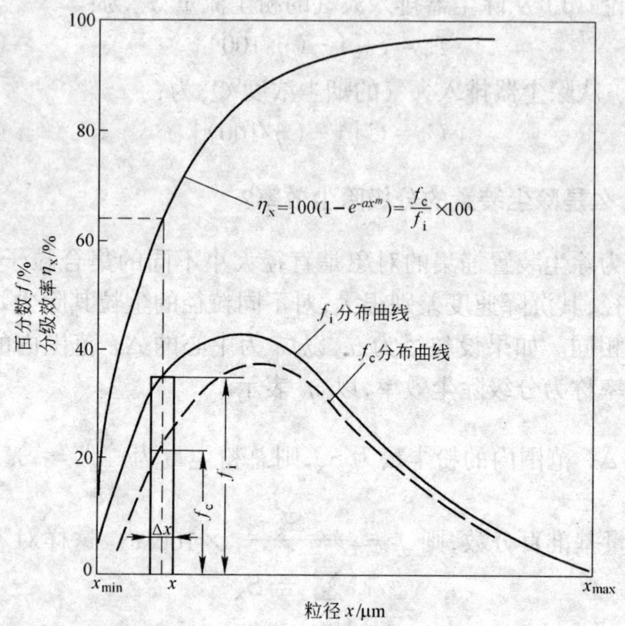

图 7-27　粒径分布和分级除尘效率

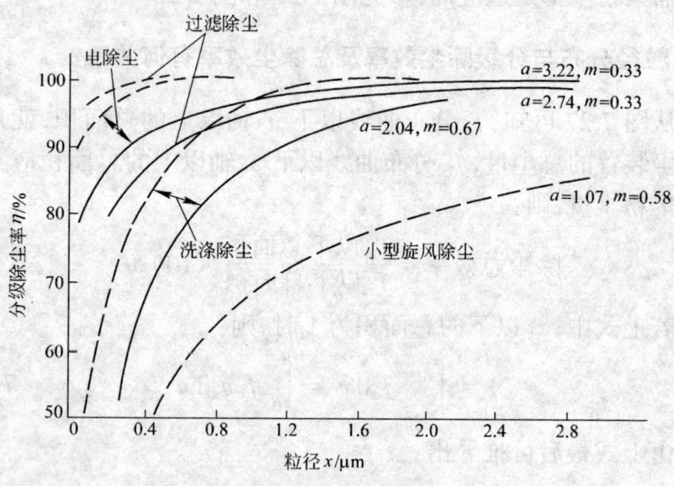

图 7-28　各种除尘器的分级除尘效率(图中虚线表示新式的)

$$\eta = a/(a+b) \tag{7-25}$$

由此可知,要提高除尘器总效率,必须增大 a 值。对细粉颗粒(此时 b 增大),这就需要使用 a 值远大于 b 的高效除尘器,对于粗粉颗粒(此时 b 值小),则可采用 a 值较小的除尘器就可满足其要求。

451. 什么是通过率和净化指数?

在过滤式除尘器中,除尘效率很高,我们使用通过率(P)来表征除尘器的特征,则:

$$P = 100 - \eta \tag{7-26}$$

还可以用进口烟尘浓度和出口烟尘浓度之比来确定净化系数 f_d,则:

$$f_d = \frac{C_i}{C_o} = \frac{1}{1-(\eta/100)} \tag{7-27}$$

取 f_d 的常用对数值,称之为净化指数。

452. 烟气处理量和除尘效率有何关系?

除尘效率和烟气处理量的关系比较复杂,对于旋风除尘器和文氏管洗涤式除尘器而言,除尘效率随处理烟气量增加而增加,达到某一烟气处理量时效率最高,若烟气量再增加,则除尘效率减小。对于不同的除尘设施,其效率可用下式表示:

(1) 对于旋风除尘器:

$$\eta = 100 - (100 - \eta_n)\sqrt{Q_n/Q} \tag{7-28}$$

式中 η_n——标准烟气量时的除尘效率,%;

Q、Q_n——分别为处理烟气量和达到标准值时的烟气量(效率最高时),m^3/s。

(2) 对于文氏管洗涤除尘器:

$$\eta/\eta_n = (Q/Q_n)^m \tag{7-29}$$

式中　m——常数,如粒级为 0.2～1.0μm 粉粒,$d_{真}=4.6$,则 $m=0.16$。

(3) 对袋式过滤除尘器和电除尘装置,它们基本上是随 Q 增加则 η 不断下降。

袋式过滤除尘器:

$$\eta=100-(100-\eta_n)(Q/Q_n)^n \tag{7-30}$$

式中　n——常数,对 5μm 以下粉尘,真密度为 1.8 时,$n=2.71$。

对于电除尘器,也可用上式计算,n 值按下列情况决定:

$Q/Q_n>1$ 时,$n=5.0$;

$Q/Q_n<1$ 时,$n=2.71$。

453. 含尘浓度对除尘效率有何影响?

进入除尘装置的烟气,其含尘浓度对除尘效率是有影响的,这种影响对不同形式的除尘装置也是不尽相同的。在旋风除尘装置中,入口含尘浓度 C_i 增加,η 值有增加的趋势,可以认为是大颗粒冲击小颗粒,使它趋向壁面而分离出来。其变化关系可用下面的经验公式来表示:

$$\eta=100-(100-\eta_n)(C_{in}/C_i)^{0.182} \tag{7-31}$$

式中　η_n——标准烟气量时的除尘效率,%;

C_{in}——标准烟气量时入口尘粒浓度,g/m³。

这一关系在入口粉尘浓度达到某一浓度以前是符合的,超过这个浓度时,则效率随浓度的增加而降低。对电除尘器而言,则情况和旋风除尘器恰好相反。开始时,C_i 增加,η 下降,当 C_i 再增加时,η 上升。在布袋除尘器中,C_i 对 η 的影响不大。

含尘浓度与除尘效率的关系参见图 7-29。

454. 选用除尘装置时,除了考虑除尘效率外,还应考虑什么问题?

评价和选用除尘装置时,除了考虑除尘效率外,还应主要考虑除尘装置的阻力。除尘器的阻力用进出的压力差来表示,对旋风

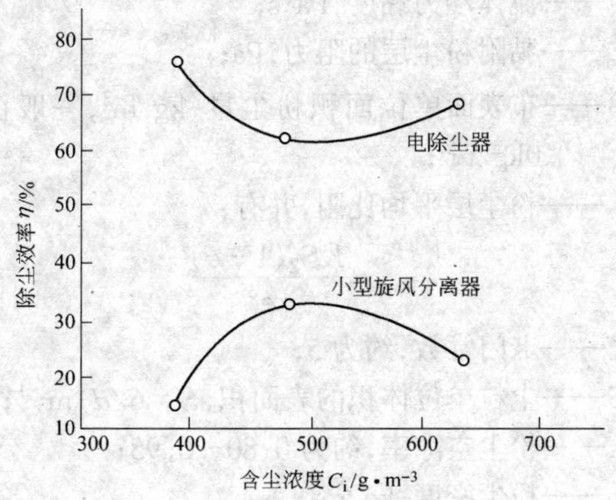

图 7-29 分离 Fe_2O_3 烟雾时 η 和 C_i 的变化关系

分离器而言有：

$$\Delta p = 30(bh/d^2)[D/(L+H)]^{0.5}(\rho/2)u_i^2 \tag{7-32}$$

式中 u_i——除尘装置入口处的平均速度，m/s；

ρ——流体密度，kg/m^3；

D——旋风筒直径，m；

L——旋风筒圆柱部分长度，m；

H——旋风筒锥状部分长度，m；

d——除尘装置出口管直径，m。

对布袋除尘装置而言，它的阻力决定于滤布阻力和滤布上粉尘负荷阻力两部分，即：

$$\Delta p = \Delta p_o + \Delta p_d \tag{7-33}$$

$$\Delta p_o = \xi_o \eta' u_\xi$$

$$\Delta p_d = \alpha_m (M/A) \eta' u_\xi$$

式中 Δp_o——滤布阻力，Pa；

ξ_o——滤布阻力系数，m^{-1}；

u_ξ——过滤速度，m/s；

η'——流体动力黏度,Pa·s;

Δp_d——黏附粉尘层的阻力,Pa;

(M/A)——布表面单位面积粉尘量,kg/m²,一般在 0.2~1.0kg/m²;

α_m——粉尘层平均比阻,并有:

$$\alpha_m = \frac{KS_2(1-\varepsilon)}{\rho\varepsilon^3}$$

式中 K——卡门常数,约为 5;

S——尘粒单位体积的表面积,$S=6/d$,m^{-1};

ε——粉尘空隙率,约为 0.80~0.95;

ρ——粉尘密度,kg/m³。

综合上述公式,得布袋除尘器的阻力公式为:

$$\Delta p = \{\xi_o + [\alpha_m(M/A)]\}\eta' u_\xi \qquad (7\text{-}34)$$

可见,布袋除尘器的阻力和旋风除尘器的阻力不同,它除了和过滤速度呈正比地增加外,很大程度上决定于滤布的网孔情况、尘粒的直径、堆积空隙率等。

455. 比较各种除尘装置的实用性能有何不同?

各种除尘装置的实用性能见表 7-16。

表 7-16　各种除尘装置的实用性能

名　称	压损/Pa	除尘率/%	被处理粒径/μm	设备费	运行费
重力除尘装置	100~150	40~60	50 以上	少	少
惯性力除尘装置	300~700	50~70	10~100	少	少
离心分离除尘装置	500~1500	85~95	3~100	中	中
洗涤式除尘装置	3000~3800	80~95	0.1~100	中	多
声波除尘装置	600~1000	80~95	0.1~100	中上	中
过滤式除尘装置	1000~2000	90~99	0.1~20	中上	中上
电气除尘装置	100~200	80~99.9	0.05~20	多	少~中

456．什么是重力除尘，它具有什么特点？

使含尘气流中的尘粒借助于重力的作用，而自然沉降分离捕集的过程称为重力除尘。尘粒的沉降力可用下式表示（假定尘粒为球形）：

$$F_g=(\pi/6)d^3(\rho-\rho_0)g \tag{7-35}$$

烟气的阻力为：

$$F=3\pi\eta' du_g$$

式中 F_g——尘粒沉降力，N；

F——烟气阻力，N；

d——尘粒直径，m；

ρ、ρ_0——分别为尘粒和烟气密度，kg/m^3；

g——重力加速度，m/s^2；

η'——烟气的动力黏度，Pa·s；

u_g——粉尘分离速度，m/s。

当 $F=F_g$ 时，则：

$$u_g=\{d^2(\rho-\rho_0)g\}/18\eta' \tag{7-36}$$

可知，$u_g\propto d^2$，若 d 小，则 u_g 也小，细尘就难以分离。其过程可参见图 7-30。

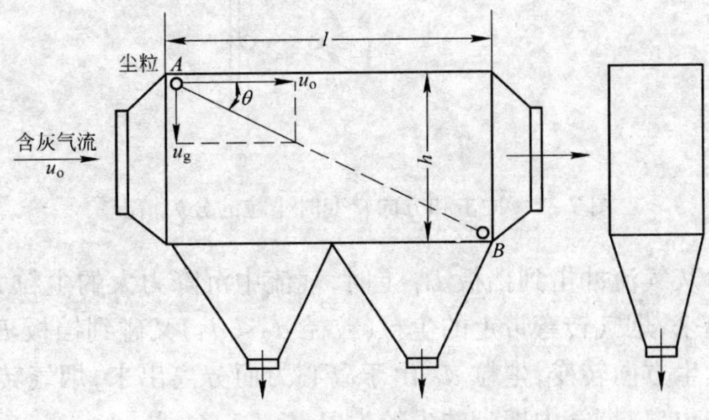

图 7-30　重力沉降运动示意图

落在水平距离 L 处时：

$$\mathrm{tg}Q = u_g/u_o = \{d^2(\rho-\rho_0)g\}/18\eta' u_o = h/l \tag{7-37}$$

满足上式者，分离效率为 100%，此时的粒径为极限粒径 d_e，则：

$$d_e = \{(18\eta' h u_o)/[gl(\rho-\rho_0)]\}^{1/2} \tag{7-38}$$

若 h 越小，L 越大，则 d_e 就越小，即可分离更为微小的粉尘，除尘效率就越高，在除尘器的设计中，采用多层结构，以提高尘粒的分离效果。

重力沉降除尘装置除尘效率虽然不高，但其阻力小，设备简单，这是其主要特点。

457. 何谓惯性除尘，比较典型的惯性除尘装置结构有哪些类型？

含尘烟气冲击挡板，或让气流方向急剧转弯，使尘粒受惯性力作用从烟气中分离出来的一种方法，称为惯性除尘。其基本原理图如图 7-31 所示。

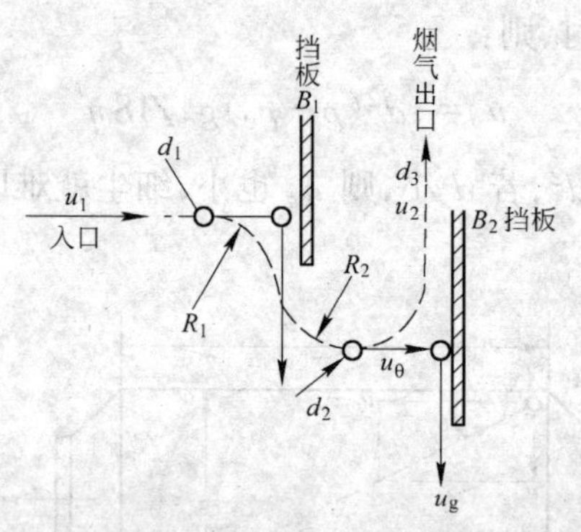

图 7-31　冲击和方向转变时尘粒的分离情况

含灰气流冲击到挡板 B_1 上时，气流中沉降力大的尘粒 d_1 被分离出来，烟气转弯带走的尘粒（粒径 $d_2 < d_1$）又碰到挡板 B_2，气流又发生方向转变，尘粒 d_2 由于离心力而分离出来，烟气转变方向流向出口，烟气中携带的尘粒为 $d_3 < d_2$。

比较典型的惯性除尘装置结构示意图如图 7-32 所示。

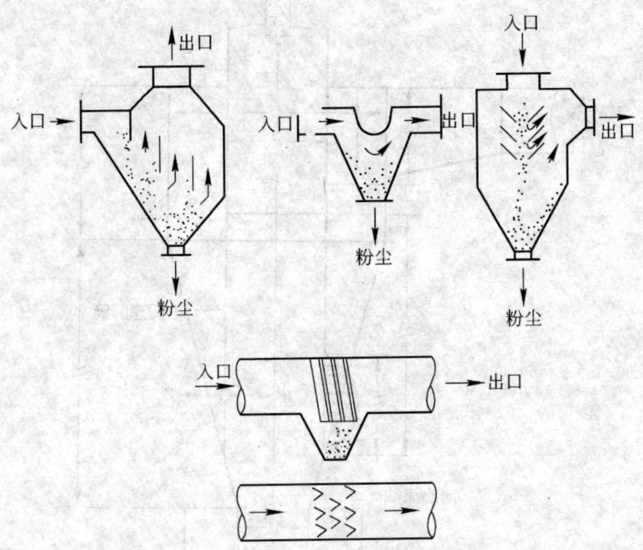

图 7-32　各种惯性除尘装置结构示意图

458. 离心分离装置的基本原理是什么?

利用烟气做旋转运动时,烟气中的尘粒由于离心力作用从烟气中分离出来。以图 7-33 为例来说明旋风除尘装置分离尘粒的基本原理。

烟气呈切线方向进入旋风除尘装置,进口烟速为 u_0,截面为 $A=h\times b$,在旋风器内任意半径为 r 处的圆周速度为 u_0,角速度为 ω,则在旋转流内部有 $u_0=r\omega$ 速度分布的涡心,包围它的气流,形成具有 $u_0 r^{n'}$ 为常数速度分布的准自由涡,在旋风器中 $\eta'=0.5\sim0.9$,若进口烟气浓度 $C_i<30\text{g/m}^3$ 时,则 $\eta'=2/3$。

如图 7-33 所示,尘粒直径为 d_p 所具有的离心力 Z 为:

$$Z=\frac{\pi}{6}d_p^3(\rho-\rho_0)\frac{u_0^2}{r} \tag{7-39}$$

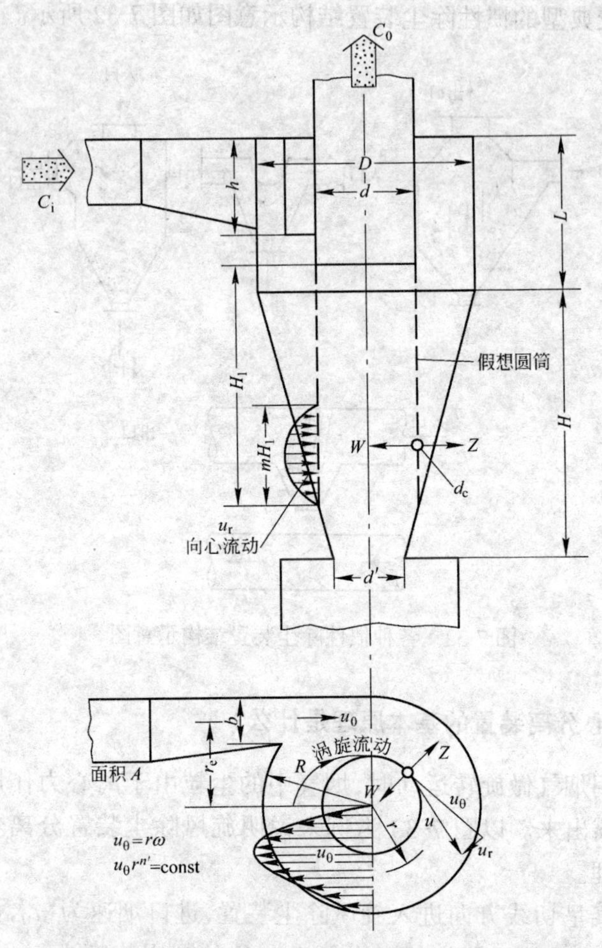

图 7-33　旋风除尘器内的气体流动和粉尘分离机理

式中　ρ、ρ_0——分别为尘粒和烟气的真密度，kg/m^3；

d_p——尘粒直径，m；

u_0——半径为 r 处的圆周速度，m/s。

另一方面，由于涡旋气流向涡心流动，根据径向速度 u_r 的向心流动，尘粒将受到向涡心的阻力，如若烟气的动力黏度为

η',则该阻力 W 可用斯托克斯公式来表示:

$$W = 3\pi\eta' d_p u_r \tag{7-40}$$

当 $Z = W$ 时,即:

$$Z = \frac{\pi}{6} d_p^3 (\rho - \rho_0) \frac{u_0^2}{r} = 3\pi\eta' d_p u_r$$

所以尘粒的分离速度为:

$$u_r = \frac{d_p^2 (\rho - \rho_0) u_0^2}{18\eta' r} \tag{7-41}$$

由上式可知:在旋风除尘器中,内圆筒直径越小,烟气速度越大,则分离速度就越大,愈能分离更细的尘粒。

当 $Z = W$ 时,尘粒在以半径为 r 的圆周上运动,此时的尘粒粒径称为极限粒径 d_e,若处理烟气量为 Q,涡旋气流卷入涡心的高度为:$H_b = mH_1 (m < 1)$,则分离速度 u_r 的大小可用下式表示:

$$u_r = Q/2\pi r m H_1 \tag{7-42}$$

又根据有关实验数据,极限粒径 d_e 又可表示为:

$$d_e = K\sqrt{\frac{\pi\eta'}{(\rho - \rho_0) u_0} \cdot \frac{d^2}{\sqrt{AH_b}}}$$

式中 K——系数,小型旋风器为 1/2,大型旋风器为 1/4;

A——旋风装置入口断面积,m^2;

d——旋风器内筒直径,m。

459. 旋风除尘装置的结构主要有哪些类型?

旋风除尘装置的主要类型参见图 7-34。

切向进入式旋风除尘装置进口烟速度为 12~15m/s,采用小的出口直径,以便分离细小的粉尘和提高除尘效率,但是管径太小,容易引起粉尘堵塞。

轴向进入式的导流叶轮式除尘装置,进口烟速为 10m/s 左右,和切向进入式相比,在同一压力损失下,能处理约大 3 倍的烟

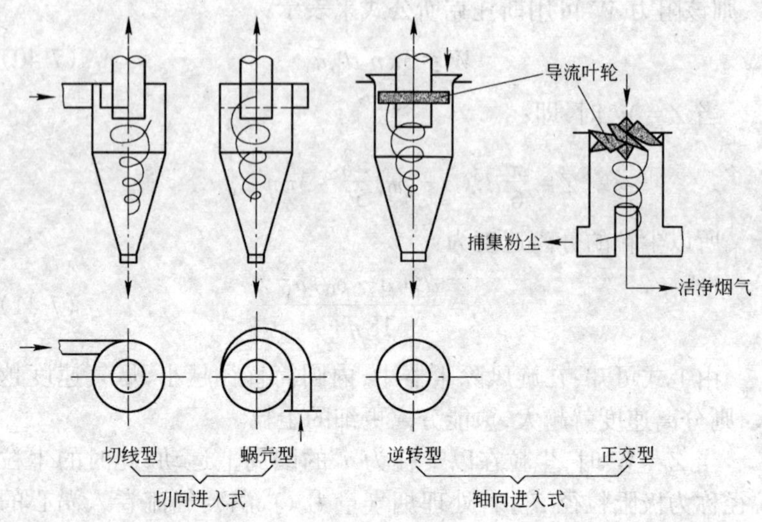

图 7-34　旋风除尘装置的几种形式

气量，且烟气分配均匀。

旋风式离心分离除尘装置，其结构简单，维护方便，可以分离捕集数微米的尘粒，除尘效率一般在 85%左右，阻力为 1000Pa，广泛用于独立除尘装置，也可以用于其他除尘的前处理装置。

460. 为什么洗涤式除尘器能较有效地捕集微细尘粒?

洗涤式除尘器之所以能够较为有效地捕集微细尘粒，其主要原因是：

(1) 尘粒撞击液滴而粘附在液滴上。

(2) 由于微粒的扩散作用，它易于和液滴接触。

(3) 由于烟气湿度增加，烟气中的尘粒相互凝集。

(4) 水汽以尘粒为核心的凝结，增加了尘粒凝集作用。

(5) 尘粒接触液膜和气泡而粘附其上。

由于上述原因，在洗涤除尘器中，形成大量的液滴、液膜和气泡，与烟气很好的接触，就能提高分离效果，因而获得较高的除尘效率。

461. 过滤除尘装置的基本原理是什么?

过滤除尘是使含尘烟气通过滤料,将尘粒捕集分离。它分为内部过滤和外表过滤两种方式。内部过滤是用松散的滤料作为过滤层,尘粒是在过滤材料内部进行捕集后而使烟气或空气净化的,如过滤放射性粉尘的空气过滤器即属于此种类型,这种类型的过滤装置,过滤速度小,压力损失不大,一般用于净化含尘浓度很低的污染空气。

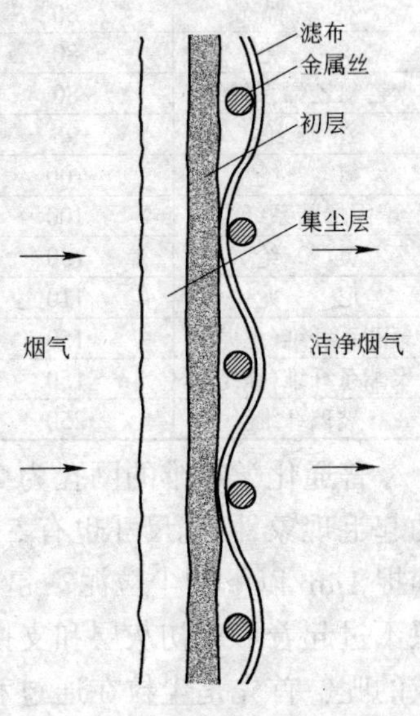

图 7-35　滤布的过滤作用

外表面过滤除尘装置是用滤布(即布袋除尘器)或滤纸作为滤料,将最初形成的尘粒层作为过滤层进行微粒捕集。如图 7-35 所示。

这种除尘装置在工作一段时间后,必须进行清灰,清灰要由专门的振打,振动或吹洗装置来完成,经清灰后的滤网层上,初尘灰大部分仍残留下来。因此,一旦初灰层形成之后,就能连续捕集 1μm 以下的微尘。

462. 过滤除尘对滤布的性能有何要求?

在过滤除尘器中,对滤布的要求是耐温高,有一定的强度,耐酸、耐碱性能好,吸湿性小,价格适宜。在实际中根据被处理烟气的性能和装置的投资来决定选用哪一种滤布材料。各种滤布的性能和价格比参见表 7-17。

表 7-17 滤布材料与价格比

滤布材料	性能				价格比
	使用最高温度/℃	耐酸性	耐碱性	吸湿率	
棉织品	80	不好	稍好	8	1
羊毛	80	稍好	不好	1.6	6
聚乙氯乙烯系纤维	80	稍好	不好	0	4
涤维纶	95	好	好	0.04	2.2
氯纶	100	好	好	5	1.5
聚丙烯腈系纤维	100	好	好	0.5	5
奥纶	150	好	不好	0.4	6
尼龙	110	稍好	好	4	4.2
聚酯系纤维(尼龙)	150	好	不好	0.4	6.5
聚酯系纤维(涤纶)	150	好	不好	0.4	6.5
玻璃纤维	250	好	不好	0	7

普通化学纤维的网孔为 20～50μm，如果使用短纤维，考虑它的起毛现象，网孔尺寸也有 5～10μm，这样的网孔尺寸，为什么能捕捉 1μm 以下的尘粒泥？起主要作用的是初层灰的形成，而滤布只不过起着形成初灰层和支持它的骨架作用。而初灰尘是怎样形成的呢？首先是尘粒在通过和接近滤布网孔时，它对滤网丝是有粘附作用的，尘粒越细，其粘附力越大。设单位面积上粉尘层重为 G_p，对粒径为 d_p 的尘粒，其粘附力为 F_e，则：

$$F_e/G_p \propto (1/d_p \sim 1/d_p^2) \qquad (7\text{-}43)$$

以尼龙为例，当过滤速度 $U_s = 2.8\text{cm/s}$，$d_p = 5\mu\text{m}$ 时，$F_e/G_p > 4000$ 以上，这样大的粘附力，当滤布振动时，是很难抖落粘附在滤布表面的粉尘层的。此外，丝网与丝网之间产生的粉尘架桥也加强了初灰层的形成过程。烟速度越大，架桥现象越不明显，初灰层的形成也就越困难，因此选用合适的烟速是十分重要的，只要烟速选取得当，初灰层一经形成，就可以捕捉 1μm 以下的尘粒，乃至 0.1μm 的烟雾，也可很顺利地捕集下来。

463. 布袋除尘器和清灰设施的结构特点是什么？

布袋除尘器的结构示意图如图 7-36 所示。

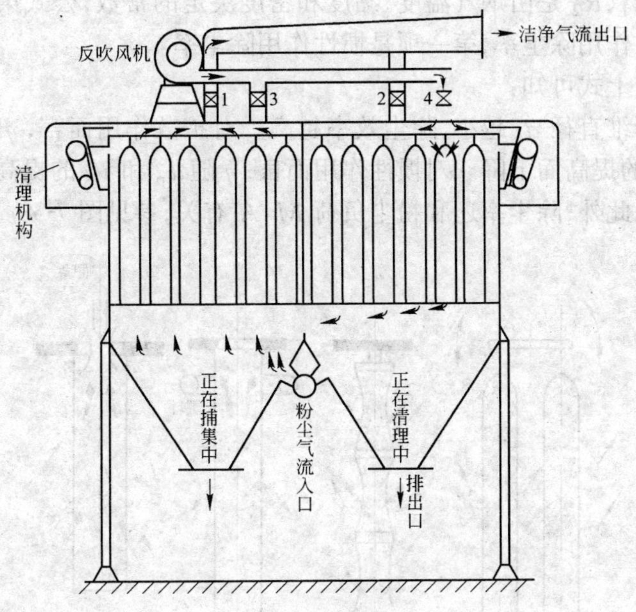

图 7-36　布袋除尘器结构示意图

布袋除尘器在工作 1～2h 后，就要进行清灰工作，清灰时间按不同的清灰机构性能而异，一般在 1～60s 之间。清灰机构有 4 种类型(振动型、反向吹洗型、气环吹洗型、脉冲喷吹型)，如图 7-37 所示，进行方式可以是间歇进行，也可以是连续进行。一般情况是振动型、反向吹洗型采用间歇方式清灰，将除尘室分为若干个，逐室切断处理烟气，顺次进行清灰工作，无粉尘外逸现象产生。气环反吹型是用压缩空气上下移动清除粉尘，脉冲喷吹型则在布袋上端装有文氏管，每隔一定时间用压缩空气喷吹清灰。

464. 影响布袋除尘效率的因素有哪些?

对于单一纤维的布袋除尘器效率可用下式来表示：

$$\eta=\frac{R_1}{d_f^{1/2}d_p^{2/3}u_s^{1/2}}+\frac{R_2d_p^2u_s^{1/2}}{d_f^{3/2}} \qquad (7\text{-}44)$$

式中 R_1、R_2 是由烟气温度、黏度和密度决定的常数，公式第一项是扩散作用除尘率，第一项是惯性作用除尘率。

由上式可知：

纤维直径 d_f 越小，除尘效率越高。对扩散作用而言，η 随 d_p 和 u_s 的提高而下降。对惯性作用而言，η 随 d_p 和 u_s 的提高而提高。除此外，除尘率还和粉尘负荷 M/A 有关，参见图 7-38。

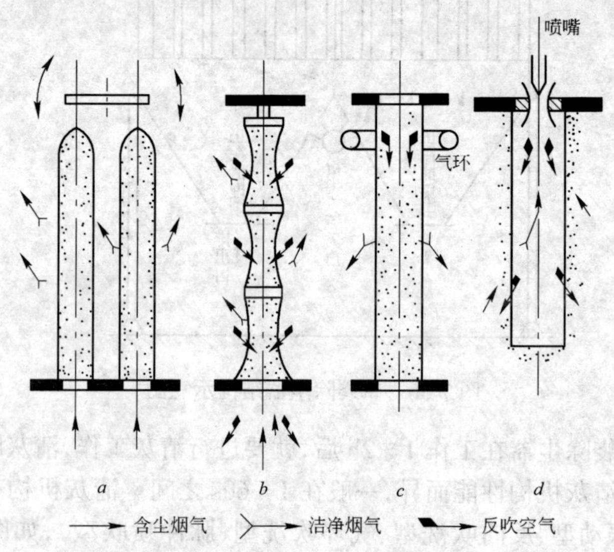

图 7-37　布袋除尘器清灰机构

a—振动型；*b*—反向吹洗型；*c*—气环反向吹洗型；*d*—脉冲喷吹型

如图 7-38 所示，当 M/A 较小时，即初灰层尚未形成时，除尘效率较低，当 $M/A > 200\text{g/m}^2$ 时，除尘效率可以达到 99% 以上，以后由于初灰层的稳定存在，除尘率均可保持 99.5% 以上。

除尘率还和滤布的材料和性能有关，尤其是当合成纤维变质或发生热变形时，要提高除尘率就比较困难了。

布袋除尘具有较高的除尘效率，但其阻力较大，其阻力由滤布和粘附粉尘层阻力两部分组成，一般在 1000～2000Pa 左右，实际中滤布阻力远小于粉尘层阻力，则可用简化公式表示：

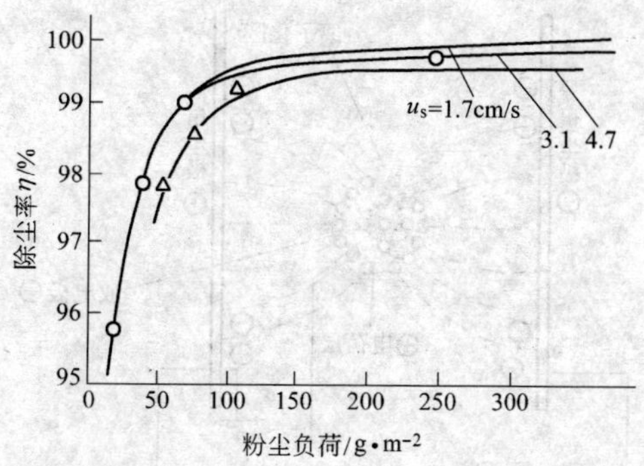

图 7-38　除尘率和粉尘负荷的关系

$$\Delta p \approx \Delta p_{\mathrm{d}} = am(M/A)\eta' u_{\mathrm{s}} \tag{7-45}$$

即阻力随过滤速度呈正比，和尘粒粒径的平方成反比，尘粒越细，阻力越大，同时粉尘层的空隙率 ε 增加，Δp 下降，反之则增加。

465．电除尘器工作的基本原理是什么？

电除尘器是在针状电极和平板电极（圆筒形）之间加上较高的直流电压，使之产生电场和发生电晕放电，此时气体中产生的离子附着在尘粒上使之荷电。然后借助于库仑力把这些带电尘粒分离捕集于平板电极上。采用细的针状电极易于使其附近的电场强度加大而发生电晕放电，使气体电离成正、负离子。这些离子与针状电极相异者马上中和消失，相同者则被吸向平板电极，离子在移动时与粉尘粒子碰撞接触使尘粒负电，同时被吸向平板电极而捕集下来。针状电极称放电极，平板电极称集尘极。在一般工业装置中，取负极为放电极性能较好，而且把尘粒荷电部分与集尘部分构成一个整体。另一种是荷电部分与集尘部分分开的静电除尘器，通常用来作为处理含尘浓度不高的空调设备。

在电场中，带电尘粒所受的库仑力为：

$$F_{\mathrm{e}} = ne_0E \tag{7-46}$$

式中　e_0——单位电荷≈1.6×10^{-19}C；

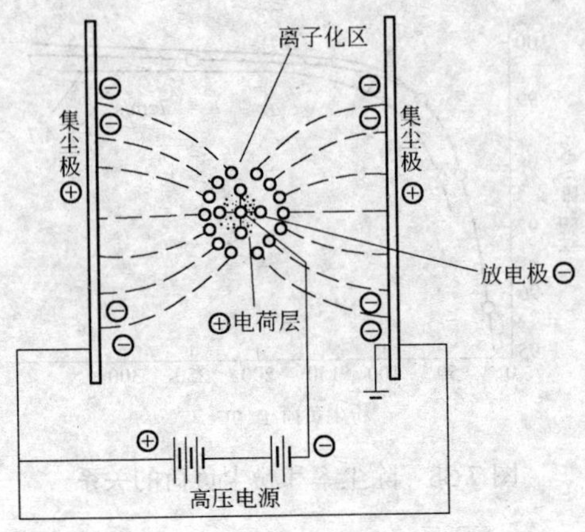

图 7-39　电气除尘原理图

n——电荷数；

E——电场强度，V/m。

另一方面，尘粒在驱向集尘极时所受的阻力为：

$$F = 3\pi\eta' d u_e \tag{7-47}$$

式中　η'——烟气黏度，P·s；

d——尘粒直径，m；

u_e——尘粒分离速度，向集尘极的驱向速度，m/s。

令 $F_e = F$，则

$$ne_0EC = 3\pi\eta' d u_e$$

所以

$$u_e = (ne_0E/3\pi\eta' d)C \tag{7-48}$$

式中　C——斯托克斯、康宁奇姆修正系数，并有：

$$C = 1 + (0.17/d)\times 10^{-6}$$

若 E 为常数，则 $u_e \propto n/d$，可见，驱进速度和尘粒所能保持的电荷数有关，尘粒达饱和的电荷数目，根据有关资料，参考表7-18。

表 7-18　尘粒直径与其保持的电荷数

尘粒直径 d/m	电荷数目/个	n/d	尘粒直径 d/m	电荷数目/个	n/d
0.1×10^{-6}	10	100×10^{-6}	0.5×10^{-6}	50	100×10^{-6}

续表 7-18

尘粒直径 d/m	电荷数目/个	n/d	尘粒直径 d/m	电荷数目/个	n/d
1×10^{-6}	105	105×10^{-6}	5×10^{-6}	2620	524×10^{-6}
2.5×10^{-6}	655	266×10^{-6}	10×10^{-6}	10470	1047×10^{-6}

由表 7-18 可知：当 $d>1\times10^{-6}$m 时，因 n/d 逐渐增加，u_e 随之增加；当 $d<1\times10^{-6}$m 时，因 n/d 几乎不变，n_e 大致是一个定值，d 过小时，c 值增大，u_e 又增大。

466．影响电除尘效率的因素有哪些？

根据有关资料，我们将几种除尘装备的含尘粒径和分离速度进行比较如下：

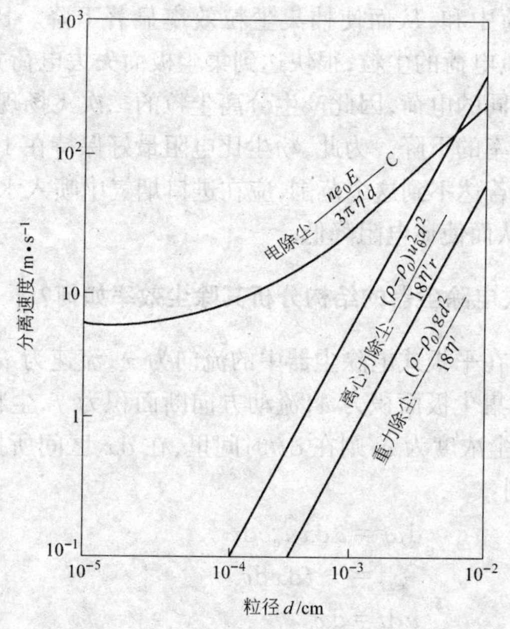

图 7-40 重力、离心力和电力造成的尘粒分离速度

三种方法的比较，当尘粒粒径较小时，电除尘具有较大的沉降速度，当粒径增加到 1μm 以上时，离心分离具有优越的分离条件。

影响干式电除尘装置运行良好的最大因素是粉尘的比电阻，

希望的粉尘比电阻为 $10^4 \sim 10^{11}\Omega\cdot cm$ 范围内,若灰层内电压降为:

$$V = \alpha\beta i \tag{7-49}$$

式中 α——干式电除尘器集尘极积灰厚度,cm;

β——尘粒比电阻,$\Omega\cdot cm$;

i——单位面积集尘极放电电流,A/cm^2。

在通常装置中,当 $i = 2\times10^{-8}A/cm^2$;$\alpha = 1cm$,$\beta = 10^9\Omega\cdot cm$,则 $V = 20V$,不会发生任何异常。若 $\beta = 10^{11}\Omega\cdot cm$,则 $V = 2000V$,$E = V/\alpha = 2000V/cm$,若 $\beta = 10^{12}\Omega\cdot cm$,则 $V = 20000V$,$E = 20kV/cm$,在这样高的电压和电场强度下,将在集尘极处发生电晕放电,称为反电晕。电晕放电将产生大量正离子,并向放电极移动,使电荷中和,从而使捕集尘粒效率显著下降。比电阻太小时,则携带负电荷的尘粒,很快达到集尘极而失去电荷并获得和集尘极极性相同的电荷,因此产生分离尘粒的二次飞扬现象,同样也导致除尘效率的下降。为此,粉尘比电阻最好保持在 $10^5 \sim 10^{10}\Omega\cdot cm$ 范围内,若达不到这个范围,应在进口烟气中喷入水或蒸汽,以增湿降温,从而使比电阻降低。

467. 从干式电除尘器的结构分析其除尘效率如何?

设烟气在平板式电除尘器中的流向为 x,流速为 u,流动方向单位长度的集尘极面积为 α,流动方向断面积为 f,尘粒的驱进速度为 u_e,粉尘浓度为 c,则在 dt 时间里,在 dx 区间所捕集的粉尘量为 dw,则:

$$dw = \alpha dx u_e c dt = -f dx dc$$

因为 $$u dt = dx$$

则 $$\{(\alpha u_e)/(fu)\}dx = -(dc/c) \tag{7-50}$$

如果进口粉尘浓度为 C_1,出口为 C_0,集尘极的长度为 l,则

$$\frac{(\alpha u_e)}{(fu)}\int_0^l dx = -\int_{C_1}^{C_0}\frac{dC}{C}$$

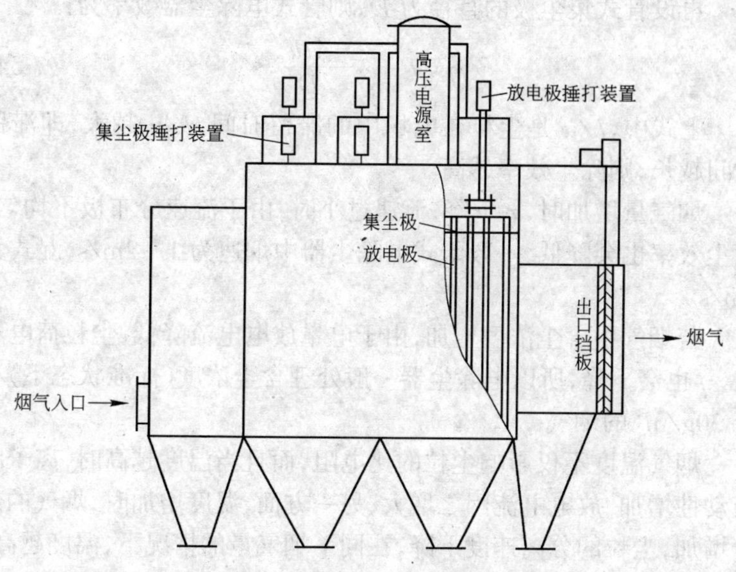

图 7-41　干式电气除尘器结构图

所以 $$e^{-\frac{Au_e}{2}}=\frac{C_0}{C_1}$$

电除尘的效率：

$$\eta=l-\frac{C_0}{C_1}=l-e^{\frac{-Au_e}{Q}} \tag{7-51}$$

实际上，除尘效率和电极的几何形状和运行情况有关，考虑这些因素后，则：

$$\eta=l-e^{\frac{-KAu_e}{Q}} \tag{7-52}$$

式中　K——考虑电极情况的系数；

A——平板电极面积；

Q——烟气流量。

设电极间距离为 S，则上式可写成：

$$\eta=l-e^{\frac{-lu_e}{su}} \tag{7-53}$$

再设管式集尘极的直径为 D，则管式电除尘器效率为：

$$\eta = l - e\frac{-4lu_e}{uD} \tag{7-54}$$

上式中，l/u 是尘粒在电场中的滞留时间，l/u 越大，即滞留时间越长，则除尘效率越高。

烟气量增加时，η 下降；流速过小时，由于流速分布极不均匀，除尘效率也会降低，一般干式电除尘器中烟速为 1～2m/s，湿式为 2m/s。

若烟气中含尘浓度增加，由于电晕放电电流降低，尘粒荷电不足，η 也会下降，所以电除尘器一般处理含尘浓度（标准状态下）小于 $30g/m^3$ 的烟气。

烟气温度不仅影响尘粒的比电阻，而且当温度越高时，离子的流动性增加，放电电流因之增大，另一方面，温度增加时，烟气的黏度增加，尘粒的分离速度下降，在同一烟气量的情况下，温度越高，除尘效率将有所下降，一般烟气以 500℃ 以下为宜。

粉尘的真密度 ρ 和堆积密度 ρ_e 对除尘效率也有影响，ρ_e 越小的粉尘是越难捕集的粉尘，而且易于发生二次飞扬，降低除尘效率。在电除尘器中，ρ_e 越大，捕集效率越高，当 $\rho/\rho_e > 10$ 时，应该考虑粉尘的二次飞扬。

除上述因素的影响外，还有集尘极要有足够的强度，不发生热变形，捶打除灰效果好等。

468．烟气中的各种成分对脱硫过程有何影响？

燃料燃烧产生的 SO_2 约占总 SO_2 排放量的 80%（质量分数）左右，其余来自于硫酸生产、石油提炼、金属矿石的冶炼尾气等。烟气中的其他成分，是减轻 SO_2 污染的重要因素，它不仅影响 SO_2 本身的浓度，更重要的是这些成分中均对脱硫过程起着或多或少的影响。

CO_2 在燃料燃烧产生的烟气中占 10%（质量分数）以上，CO_2 也可认为是一种污染物，但由于脱除 CO_2 所发生的费用昂贵，所以也尚未能很好地进行这项工作。尽管烟气中的 CO_2 含量,对于硫的氧化物的脱除没有重大的影响,但是在用固定吸附方法脱硫时,必须考虑 SO_2 和 CO_2 争相与吸附剂起反应,在低温时更是如此。在用碱和碱土溶液的湿式洗涤法中,应考虑 CO_2 进入溶液的平衡问题。

烟气的水分对脱硫的影响较大,由于水的分子量低于大多数其他烟气成分的分子量,因而水影响烟气的密度,即影响烟囱排放时烟羽上升的高度。同时水分的变化影响湿球温度,是湿法脱硫过程中一项主要考虑的因素。

烟气中含有一定的氧量,它在脱硫过程中能使烟气成分和吸收剂氧化,使 SO_2 氧化为 SO_3,在吸收系统中,将各种亚硫酸盐氧化成硫酸盐。

烟气中的尘粒,一部分由除尘装置清除,剩余部分随烟气进入脱硫装置,对脱硫过程起着不利的影响,一方面会造成装置的尘粒沉积和堵塞,另一方面会加速氧化。在湿式脱硫装置中,尘粒在洗涤器内和洗涤液一起分离出来,尘粒与洗涤液的分离及洗涤液的回收就较为困难了。在采用闭合系统运转时,因全部溶液的再循环,随着时间的推移,这些尘粒就会逐步积累,最后导致整个循环系统无法运转。

烟气中的碳氢化合物含量很少,主要是酚类,它在吸呼过程中起氧化抑制作用。

烟气中的氮氧化物本身是一种污染物,它参与脱硫过程并能在此过程中部分脱除。一般认为,氮的氧化物能促进 SO_2 和亚硫酸盐的氧化过程。

469. 硫的氧化物有哪些特点?

二氧化硫:

无色、有强烈窒息气味的气体,不燃也不助燃,液体密度 1.5g/cm^3。易溶于水,生成弱而不安定的亚硫酸。在 0℃时一体积的水能溶 79 倍容积的 SO_2 气体,5℃时下降为 60 倍,20℃时为 39

倍,40℃时为18倍。能使植物颜料漂白,但在遇碱后恢复原颜色。它溶于醇,是很强的防腐剂,熔点为-75.5℃,沸点为-10℃,亦在-10℃时凝结,常压下生成无色而流动的液体,液体暴露于空气中即迅速蒸发,它是氧化剂,也是还原剂。

作为氧化剂:

$$SO_2 + 2CO \xrightarrow[500℃]{铝矾土} 2CO_2 + S \tag{7-55}$$

通常情况下,能和 H_2S 自发地进行如下反应:

$$SO_2 + 2H_2S \longrightarrow 2H_2O + 3S \tag{7-56}$$

三氧化硫:

SO_2 作为还原剂,在铂或 V_2O_5 催化剂作用下生成 SO_3

$$SO_2 + 1/2O_2 \longrightarrow SO_3 \tag{7-57}$$

SO_3 是无色的液体,20℃时的密度为1.92g/cm³,44.6℃时沸腾,16.8℃时凝固为长角柱形透明结晶。它是一种强酸性氧化物,易和碱性氧化物反应而生成硫酸盐,能强烈吸水而生成硫酸,这既是烟气中 SO_2 的氧化脱除法,也是工业上常用的一种脱硫方法。

470. 常用的净化 SO_2 的方法有哪些?

烟气中 SO_2 的净化方法可分成两大类,即抛弃法和回收法。抛弃法是加入一种吸收物质,使烟气在形成 SO_2 时与之化合,生成另一种物质而不加利用地抛弃掉。抛弃法设备简单、投资少,也无副产品贮存和销售问题,正因为如此,有的发电厂、冶炼厂和炼油厂至今仍有使用抛弃法。但是,这仅仅是将大气污染转化为固体废物污染的问题罢了 。

回收法则是通过吸附将 SO_2 富集起来,经氧化、还原、吸附作用,使之产生另一种有用的硫的产品。

回收法脱硫,可以用干法,也可用湿法。湿法脱硫,设备和运行费用低、操作简单、脱硫效率高,但处理烟气必须冷却到湿球温度,这对烟羽的扩散是有影响的。同时,从生成物中把水分离出来也是必须考虑的问题。

471. 采用碱性吸收剂水溶液吸收 SO_2 装置的工艺流程是什么?

采用碱性吸收剂水溶液吸收 SO_2 的工艺流程图如图 7-42 所示。

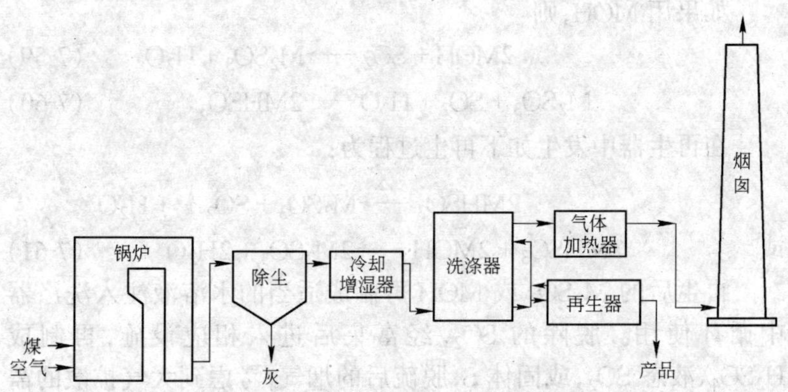

图 7-42　碱性吸收剂水溶液吸收 SO_2 的一般性流程图

这种脱硫方法是使用铵、钠、钾、锂等碱性化合物为吸收剂来脱除烟气中的 SO_2,这些碱性化合物对 SO_2 的亲和性相当高,而其产品亚硫酸盐和亚硫酸氢盐化学性质对吸收、再生循环的适应性好,有负载的吸呼剂可以在超过吸收温度不多的温度下加热再生,并能将所有生成的化合物保持在溶液内,防止洗涤器内部的结垢和堵塞,这种方法用途很广。

碱性吸收剂,大多数为水溶液,其中氨溶液费用最低,再生适应性好,尤其是可以留在化肥产品内,以节约再生费用。钠溶液作吸收剂时,不能留在成品中作肥料用,其产品可用于固体吸收剂系统中。钾溶液,可以把它留在产品中作肥料使用,但其费用较高。

由图 7-42 可知,从锅炉中出来的烟气,先经过除尘设备,将大部分尘粒分离出来,然后将烟气冷却和增湿。实践证明,进口烟气温度对 SO_2 脱除效率影响很大,温度越低,脱硫率越高,当气体温度达到湿球温度时,将有助于气—液的质量传递,增湿和降温在特定的冷却增湿器中进行。冷却后的烟气进入洗涤器，碱性吸收剂水溶液加入洗涤器中，在洗涤器中，烟气和吸收剂发生质量传递，如碱阳离子为 M^+，则在洗涤器中发生 SO_2 的吸收过程为：

$$M_2SO_4 + SO_2 + H_2O \longrightarrow 2MHSO_3 \tag{7-58}$$

如果用MOH，则

$$2MOH + SO_2 \longrightarrow M_2SO_3 + H_2O \tag{7-59}$$

$$M_2SO_3 + SO_2 + H_2O \longrightarrow 2MHSO_3 \tag{7-60}$$

在再生器中发生如下再生过程为：

$$2MHSO_3 \xrightarrow{\triangle} M_2SO_3 + SO_2\uparrow + H_2O$$

或

$$2MHSO_3 + 2MOH \longrightarrow 2M_2SO_3 + 2H_2O \tag{7-61}$$

再生后的 M_2SO_3 或 MOH 可制成适当的水溶液注入洗涤器中循环使用。脱除的 SO_2，经富集后进入相应设施，再制成 H_2SO_4、液态 SO_2，或固体 S，脱硫后的烟气，考虑到大气扩散的需要，必须再加热，最后从烟囱排出。

这种方法，装置结构紧凑，占地面积小，吸收液可以循环使用，药剂损失较少，脱硫率可达90%～95%。但由于系统中有 $MHSO_3$ 的形成，使溶液的pH值降低，造成腐蚀现象加重。

472．什么是WL法脱硫技术?

WL法脱硫技术，是英国Wellman-Lord动力气体公司自20世纪60年代以来一直采用的烟气脱硫方法，使用的吸收剂是亚硫酸钾和亚硫酸钠，其工艺流程如图7-43所示。

473．采用氨为吸收剂的脱硫技术主要特点是什么?

以氨为吸收剂的典型流程如图7-44所示。

含 SO_2 的烟气从洗涤器底部进入，吸收剂氨液从上部进入，在洗涤中进行 SO_2 的吸收，其吸收过程为：由于有水存在，则 NH_3 溶于水中成 NH_4OH。

$$2NH_4OH + SO_2 \longrightarrow (NH_4)_2SO_3 + H_2O \tag{7-62}$$

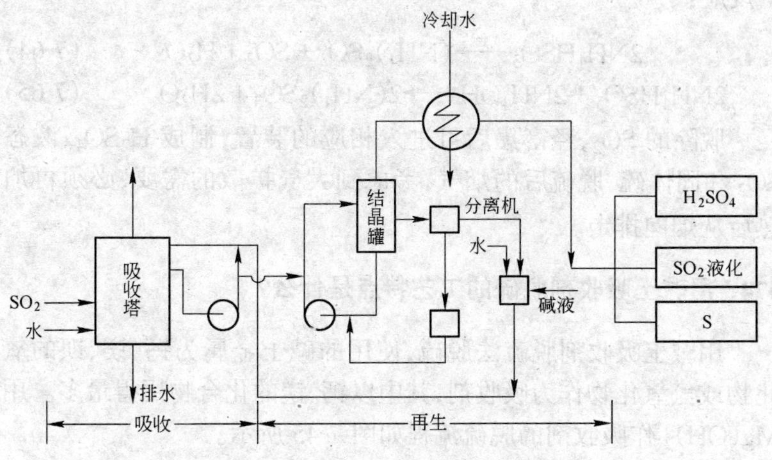

图 7-43　WL 法脱硫流程图

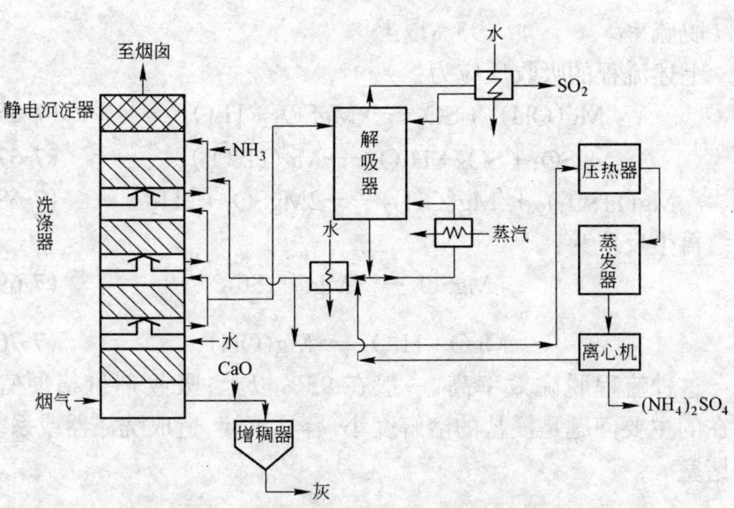

图 7-44　原苏联设计的 SO_2 脱硫流程图

$$(NH_4)_2SO_3 + SO_2 + H_2O \longrightarrow 2NH_4HSO_3 \qquad (7\text{-}63)$$

经吸收后，有负载的吸收剂进入再生装置在再生器中发生如下反应：

$$2NH_4HSO_3 \xrightarrow{\triangle} (NH_4)_2SO_3 + SO_2 + H_2O \qquad (7\text{-}64)$$

$$2NH_4HSO_3 + 2NH_4OH \longrightarrow 2(NH_4)_2SO_3 + 2H_2O \qquad (7\text{-}65)$$

脱除的 SO_2，经富集后可进入相应的装置，制成 H_2SO_4、液态 SO_2 和固体硫，脱硫后的烟气，考虑到大气扩散的需要，必须再加热后从烟囱排走。

474. 用碱土吸收剂脱硫的工艺特点是什么？

用碱土吸收剂脱硫法脱硫，使用的碱土金属为钙、镁、钡的氧化物或氢氧化物作为吸收剂，其中以钙、镁的化合物用得最多。用 $Mg(OH)_2$ 作吸收剂的脱硫流程如图 7-45 所示。

处理烟气量　　5000HM³/h

SO_2 入口浓度　　0.1%～0.15%

脱硫率　　95%以上

上述流程的吸收反应为：

$$Mg(OH)_2 + SO_2 \longrightarrow MgSO_3 + H_2O \qquad (7\text{-}66)$$

$$MgSO_3 + SO_2 + H_2O \longrightarrow Mg(HSO_3)_2 \qquad (7\text{-}67)$$

$$Mg(HSO_3)_2 + Mg(OH)_2 \longrightarrow 2MgSO_3 + 2H_2O \qquad (7\text{-}68)$$

再生反应为：

$$MgSO_3 \longrightarrow MgO + SO_2 \qquad (7\text{-}69)$$

$$MgO + H_2O \xrightarrow{\triangle} Mg(OH)_2 \qquad (7\text{-}70)$$

这种流程脱硫效率高，一般在 95% 以上；吸收剂价格便宜。存在的主要问题是镁盐的溶解度小，容易沉淀，造成洗涤器或系统的堵塞。

475. 用金属氧化锰作吸收剂其再生工艺有何特点？

由于氧化锰对 SO_2 有很强的亲和力，氧化锰作吸收剂脱硫首先为各国研究工作者采用。20 世纪 50 年代初，美国矿务局和 TVA 分别对锰的干法和湿法进行的研究指出：

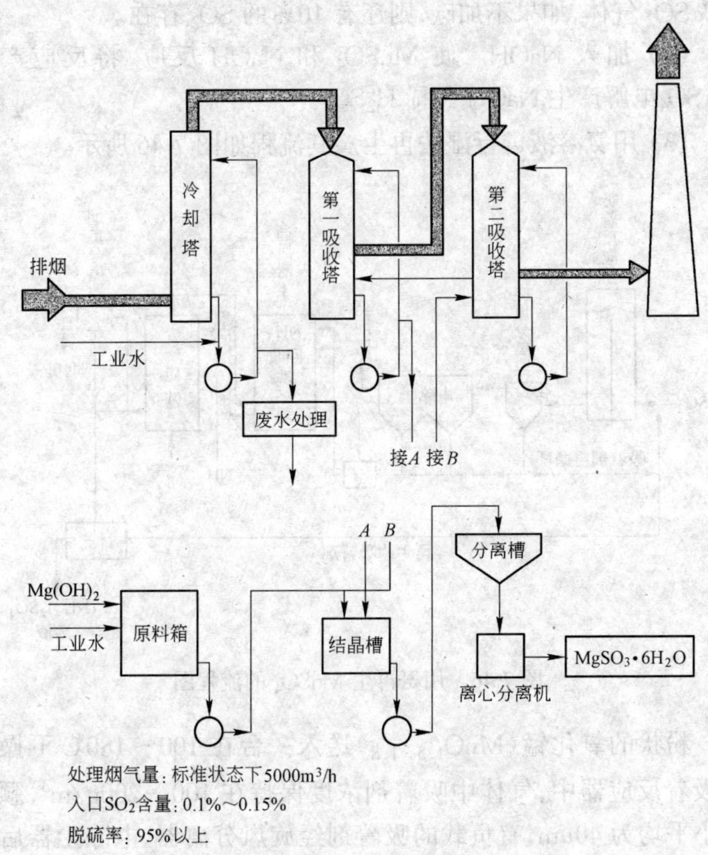

图 7-45　用 $Mg(OH)_2$ 吸收 SO_2 的流程图

(1) 温度增高对干式吸着力有利，100gMnO_2 在 130℃时吸收 $SO_2$23～31g，330℃时，吸收 53～61g。(2) Mn 对 O_2 的比例以 $MnO_{1.88}$为最佳。(3)氧化锰比其他金属氧化物为好。(4)$MnO_{1.88}$的吸着产品为硫酸盐。

对 $MnSO_4$ 的再生，有如下几种方法：

(1) 加热分解法。用含氧量低的气体，在 900℃下加热 $MnSO_4$ 并加入少量的碳，可以使 $MnSO_4$ 获得完全分解，分解为

99% SO_2 气体，如果不加碳，则还有 10% 的 SO_2 存在。

（2）加入 NaOH。使 $MnSO_4$ 和 NaOH 反应，将反应产物 Na_2SO_4 电解产生 NaOH 和稀 H_2SO_4。

（3）用氨溶液进行湿法再生。其流程如图 7-46 所示。

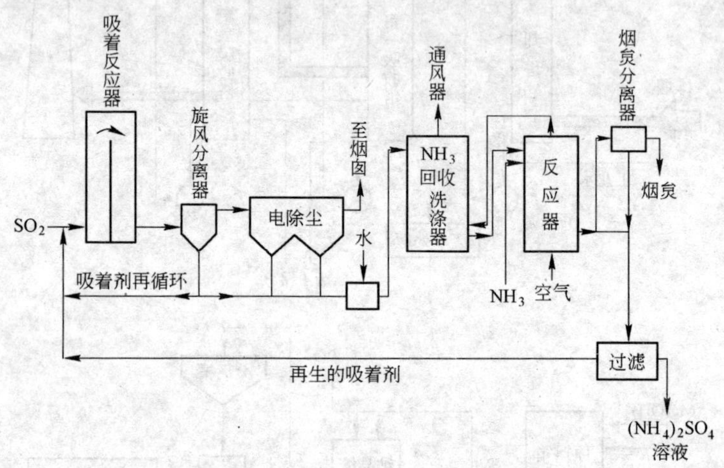

图 7-46　用氨再生 $MnSO_4$ 的流程图

粉状的氧化锰（$MnO_{1.5\sim1.8}$）送入一台在 100～180℃ 下操作的吸着反应器中，气体中吸着剂浓度保持在 100～200g/m³，颗粒大小平均为 40μm，有负载的吸着剂经旋风分离器、电除尘器后送入回收洗涤器中，烟气排至烟囱。在洗涤器、反应器中进行吸着剂的再生，其主要反应如下：

$$MnSO_4 + 2NH_4OH \longrightarrow Mn(OH)_2 + (NH_4)_2SO_4$$

$$Mn(OH)_2 + 1/2(x-1)O_2 + (i-1)H_2O \longrightarrow MnO_x \cdot iH_2O$$

其中：$x = 1.5 \sim 1.8$，$i = 0.1 \sim 1.0$。

再生的吸着剂返回吸着器循环使用，$(NH_4)_2SO_4$ 可用结晶方法制成化肥。

上述脱硫及吸着剂再生的主要优点是：

SO_2 的吸着率良好，对 0.11% 的 SO_2 烟气其脱除率可在 90%

以上;该吸着系统阻力小、气体不冷却。

使用氧化锰作吸着剂的不足之处是:由于在 SO_2 的吸着过程中还原所产生的二价锰形态的化合物,其毒性较大,是一种有害物质。

476. 何谓活性炭吸附脱硫?

活性炭对 SO_2 的吸附能力不是很高,一般情况下它可以有 2%~7% 的硫负载。而相同情况下,如果用金属氧化物(如 MnO_x),则可负载 20% 的硫。此法可以在低温下进行,过程简单,再生没有副反应。

活性炭对 SO_2 的吸附作用,必须有氧存在,一个无氧的碳表面所能吸收的 SO_2 总量是很有限的。在有氧气存在时,高度活性的吸附表面实际上起着催化氧化的作用,将 SO_2 氧化为 SO_3,在有 H_2O 蒸汽存在时,生成 H_2SO_4,被活性炭的微孔所吸收。烟气中的过剩氧和水蒸汽是足以能将 SO_2 变为 SO_3,再生成 H_2SO_4 的。这里关键问题是,如何使微孔中的 H_2SO_4 能释放出来,使活性炭再生保持吸收过程的持续进行。

477. 活性炭再生有哪些方法? 它们的主要特点是什么?

活性炭再生的主要方法有:

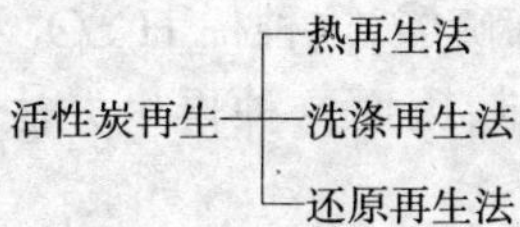

下面分别介绍三种方法的主要特征。

热再生法——这是采用惰性气体将热量带给炭粒,使炭粒与 H_2SO_4 发生如下反应:

$$2H_2SO_4 + C \longrightarrow 2SO_2 + 2H_2O + CO_2 \quad (7\text{-}71)$$

再生后 SO_2 引入硫制品装置中,形成产品。这一流程将消耗部分活性炭,约为 SO_2 其重的 10%,比较典型的 Reinluft 热再生流程如图 7-47 所示。

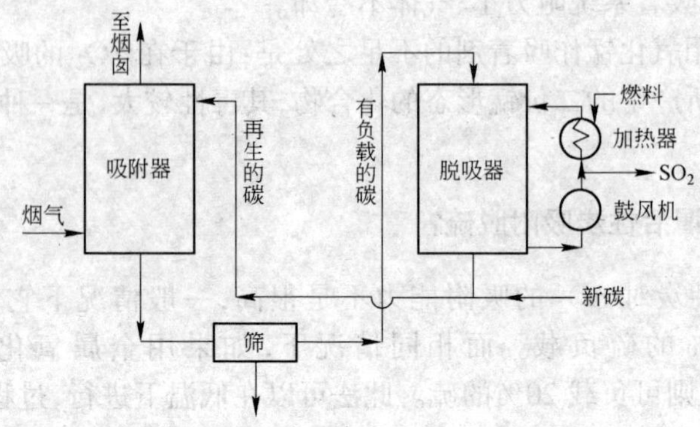

图 7-47　Reinluft 热再生活性炭脱硫流程图

在此流程中，颗粒大小为 2.5～7.5mm 的活性炭在吸附器中向下流动与烟气逆流，烟气温度为 120～150℃，从吸附器中出来的颗粒小的炭末被筛出，作为锅炉燃料，其余送入脱吸器，在脱吸器中送入加热到 400℃左右的惰性气体脱吸 SO_2，从气流循环系统中出来的 SO_2 送到硫酸厂或别的硫制品厂加工成产品。由于活性炭价格较贵，近年来，有采用泥煤或褐煤低温炭化所得的焦炭来代替，这种低温焦炭开始使用时并不令人满意，但在循环过程中逐步消耗扩大了微孔，经过几次循环后便成为具有高度活性的吸附剂。

洗涤再生法——即用水来洗涤，所需水量很大，所产生的产品为浓度 5%～15%的稀硫酸，这种稀 H_2SO_4 不仅对设备腐蚀严重，而且浓缩加工十分困难，因而这种再生办法的使用受到了很大的限制。

还原再生法——即把酸还原为 H_2S 和 S 的浓缩产品。美国 Westvaco 公司用这种方法设计的脱硫流程如下：

该系统采用流化床吸附器，在约为 105℃的气体出口温度下工作，有负载的炭进入酸还原器，通入 H_2S 气体，使活性炭微孔中的 H_2SO_4 被还原为：

$$H_2SO_4 + 3H_2S \longrightarrow 4S + 4H_2O \tag{7-72}$$

还原后的硫进入硫气提出器，约 25%的硫用 650℃的蒸汽降

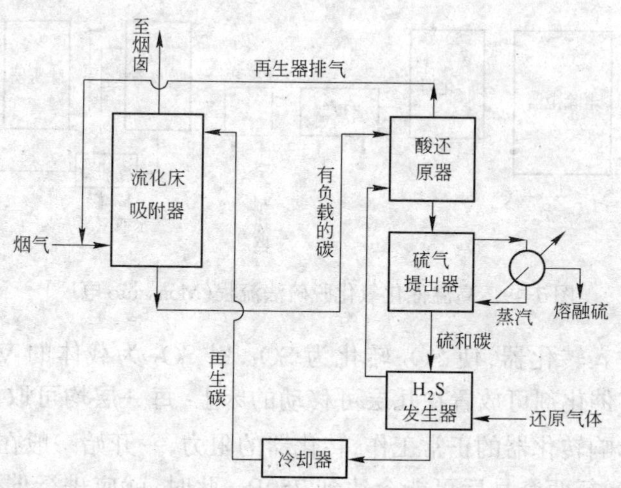

图 7-48 美国 Westvaco 公司活性炭脱硫和还原法再生流程

吸，然后冷凝下来，其余的硫仍保存在炭内进入 H_2S 发生器，在 H_2S 发生器中，通入氢或其他还原性气体，在 540℃ 左右的温度下被转化为 H_2S，最后将炭冷却到 150℃ 返回吸附器循环使用。

用活性炭吸附 SO_2 的方法，负荷硫量比金属氧化物小，吸附剂用量和吸着器尺寸较大，尤其是炭消耗是一个大的问题，曾设想用煤来代替，各种煤在吸附 SO_2 的容量上差别不大，约每千克煤吸收 2.5～3.5gSO_2，而活性炭的吸附能力在 140gSO_2/1000gC，脱硫效率在 80%～95%，可见寻求一种合理、经济的吸着剂是一个十分重要的途径。

478. 高温催化剂氧化法脱硫的主要特点是什么？

SO_2 可以在适当的温度和催化剂作用下转变为 SO_3，然后再转变为 H_2SO_4，这就是催化氧化法脱硫。

美国 Monsanto 电厂使用高温干式催化氧化脱硫的流程如图 7-49 所示。

温度为 510℃时的烟气经电捕除尘，其除尘效率大于 99.5%，

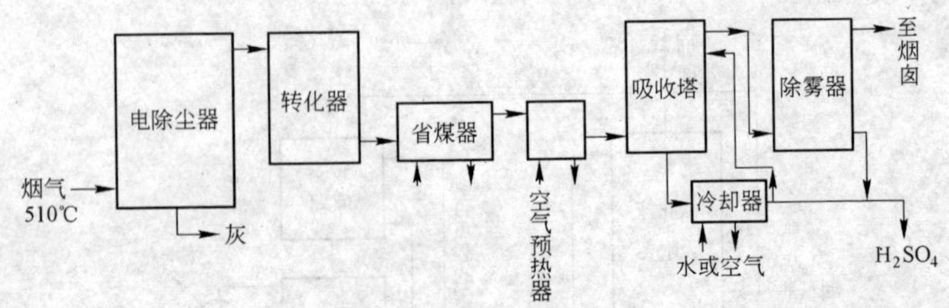

图 7-49　高温催化氧化脱硫法流程(Monsanto 电厂)

然后进入转化器,使 SO_2 转化为 SO_3,以 SO_2 为载体的 V_2O_5 或 K_2SO_4 催化剂可放置在几层可移动的床上,每一层均可取出清扫而不影响转化器的正常工作,转化器的阻力,一开始一般在 250Pa 左右,运行两个月后可能会达到 750Pa,此时,就应进行催化剂的振动和过筛清扫。在转化器中,80%～90%的 SO_2 转化为 SO_3,转化后的气体经省煤器和空气预热器后进入吸收塔,此时烟气温度约为 230℃左右,在吸收塔中用冷 H_2SO_4 进行洗涤吸收 SO_3,气体冷却到 104℃左右,得到浓度为 80%的 H_2SO_4,再经冷却器进一步冷却。经吸收塔后的烟气进入装有填充纤维的除雾器,以回收这些细雾 H_2SO_4,这种脱硫工艺效果较好,系统简单,不需要什么原料,也无再生步骤。但是,其设备庞大,产品中的水分和溶解杂质难以达到商品标准。

479. 什么是低温催化氧化法脱硫?

低温催化氧化法脱硫主要工艺流程如图 7-50 所示。

烟气中除了 SO_2 外,还有 NO_2,NO_2 可以使 SO_2 氧化为 SO_3,其反应有以下几个方面:

$$SO_2 + NO_2 \longrightarrow SO_3 + NO \tag{7-73}$$

$$SO_3 + H_2O \longrightarrow H_2SO_4 \tag{7-74}$$

$$2NO + O_2 \longrightarrow 2NO_2 \tag{7-75}$$

$$NO + NO_2 \longrightarrow N_2O_3 \tag{7-76}$$

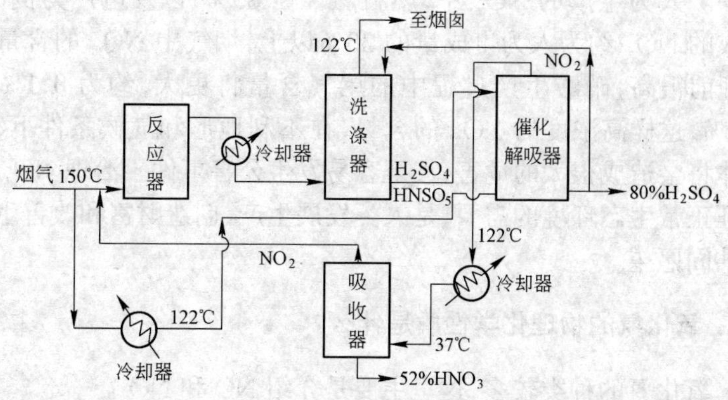

图 7-50 简化了的低温催化氧化法脱硫流程

$$N_2O_3 + 2H_2SO_4 \longrightarrow 2HNSO_5 + H_2O \qquad (7\text{-}77)$$

温度为 150℃的烟气与再生产生的 NO_2 气体共同进入反应器，在反应器中发生（式 7-73、7-75、7-76）反应，气态反应产物及烟气经冷却后进入洗涤器，则 SO_3 变为 H_2SO_4，同时，N_2O_3 溶于 H_2SO_4 发生（式 7-77）的反应，液态及少量气态产物进入催化解吸器，经洗涤器后的烟气排入烟囱，在催化解吸器中，通入少量烟气（10%左右），则：

$$4HNSO_5 + O_2 + H_2O \longrightarrow 4NO_2 + 4H_2SO_4$$

释放出来的 NO_2 再进入吸收器，使之生成浓度为 52% 的 HNO_3，剩余部分 NO_2 再循环使用。

采用这种方法，既能脱除烟气中的 SO_2，又能脱除烟气中的 NO_x，是一个很有实用价值的工艺。

480．为什么要治理氧化氮？

20 世纪 40 年代在美国洛杉矶发生光化学烟雾事件以后，人们对氧化氮的排放以及由此而引起的大气污染问题逐步引起关注。据有关资料统计，自然界每年生成的氧化氮（含细菌作用在内）约为 5 亿 t，其中，由于人类活动因素而产生的约在总量的十分之一。人为生成的 NO_x 中,燃料燃烧占 85%,以发电厂为例,它生成的 NO_x 约为人为生成量的 30%以上,烟气中 NO_x 的含量在治理前很高,硝酸生产过程中的尾气含量将更大,约为 0.1%~0.3%,这样高浓度的 NO_x 的含量,在不利地形和气候条件下,对人体将会造成很大的危害,甚至容易发生公害事件。治理 NO_x 是保证正常生态环境的需要,是人类发展生产、创造财富和改善生活的共同愿望。

481. 氧化氮的物理化学性质是什么?

氧化氮的种类较多,这里主要是介绍 NO 和 NO_2。

NO——氧和氮在通常情况下不发生反应,只有当温度升高至 1200℃左右时才产生 NO,它是无色气体,常温下在空气中很容易变成 NO_2,高压下冷却后呈无色液体,-167℃时凝固。NO 在温度达 1700℃时分解成氧和氮。它是一种惰性气体,微溶于水,溶于水时不发生化学反应,0℃时一体积水中可溶解 0.07 体积的 NO,在浓、稀 H_2SO_4 中溶解均很少,溶于浓硝酸,易溶于亚铁盐溶液,尤其溶于硫酸亚铁,更溶于 CS_2 中。它最特有的化学性质是化和作用,和氯直接化合生成氯化亚硝基 NOCl,它是一种有毒气体。

NO_2——在低温时的分子式为 N_2O_4,红棕色气体,0℃时为无色,0~10℃时为黄色,温度再高时为深黄色到近黑色,然后变为无色。液体在-10℃以下为白色结晶,在 180~200℃时分解为 NO 和 O,溶于少量冷水而成为 HNO_3 和 N_2O_3,在水较多时,生成亚硝酸和硝酸,热水中则生成 HNO_3 和 NO,NO_2 是一种很强的氧化剂,能把 SO_2 氧化成 SO_3,碳、硫、磷均能在 NO_2 中燃烧,它溶于浓 HNO_3、CS_2、$CHCl_3$。

482. 什么是干法脱硝,干法脱硝有几种类型?

为降低烟气中 NO_x 的含量,采取措施,将其控制在排放标准以下的过程称为脱硝。脱硝的方法很多,从化学反应的角度看,可分为氧化、还原、吸呼等方法，还可以区分为干法和湿法，有触媒和无触媒等，现在较多的采用接触还原法。干法脱硝的类型为：

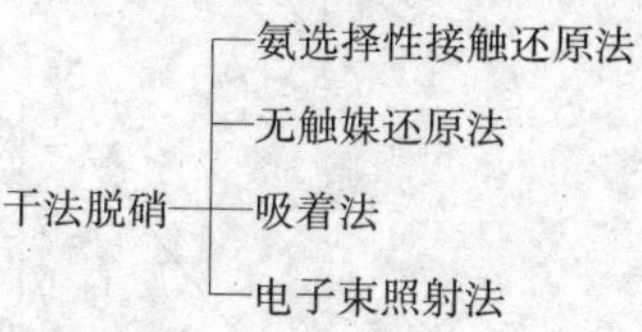

483. 氨选择性接触还原法的主要特性有哪些？

以 NH_3 为还原剂，将 NO_x 还原为 N_2，则 NH_3 是与烟气中的 NO_x 发生作用，不与烟气中的 O_2 起反应，这就是所谓的选择性。在使用 CH_4、CO、H_2 等还原剂时则不然，还原剂本身不仅和 NO_x 起反应，还与 O_2 起反应，致使还原剂消耗量大，烟气温度上升、能耗大，这即为非选择性还原法。

用这个方法脱除 NO_x，重要反应为：

$$2NH_3 + 5NO_2 \longrightarrow NO + 3H_2O \tag{7-78}$$

$$4NH_3 + 6NO \longrightarrow 5N_2 + 6H_2O \tag{7-79}$$

还原反应的温度最好控制在 250～425℃左右，一般情况，排烟温度比反应温度低，为此必须设置热交换设备。

其次是这种还原反应的反应速度比较低，为此必须加触媒，但由于燃料燃烧的烟气中有尘粒和 SO_2 的存在，触媒在这种烟气中很容易“中毒”，尤其是 SO_2 对触媒的影响更大，触媒“中毒”后迅速失去效能，所以在脱除 NO_x 前，要先进行 SO_2 和尘粒的脱除。触媒的形状有粒状、弹状和环状，其形状的选择应以放置在反应器中不积灰的形状为最佳，触媒量以每立方米触媒层每小时能处理多少立方米的烟气量来表示，一般控制在 $7000h^{-1}$左右来估算触媒用量。

再次是关于 NH_3 的用量，一般以 NH_3/NO 摩尔比等于 1 或大于 1 为好，此时脱硝率可达 90％以上。脱硝率、泄漏量、NH_3/NO 的摩尔比的关系可见图 7-51。

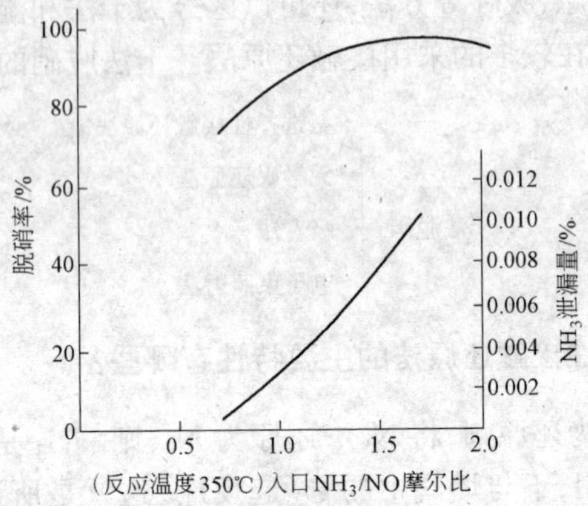

图 7-51 NH_3/NO 摩尔比与脱硝率、NH_3 泄漏量的关系

从上图可以看出，选择 NH_3/NO 的摩尔比为 1 时较为适当。

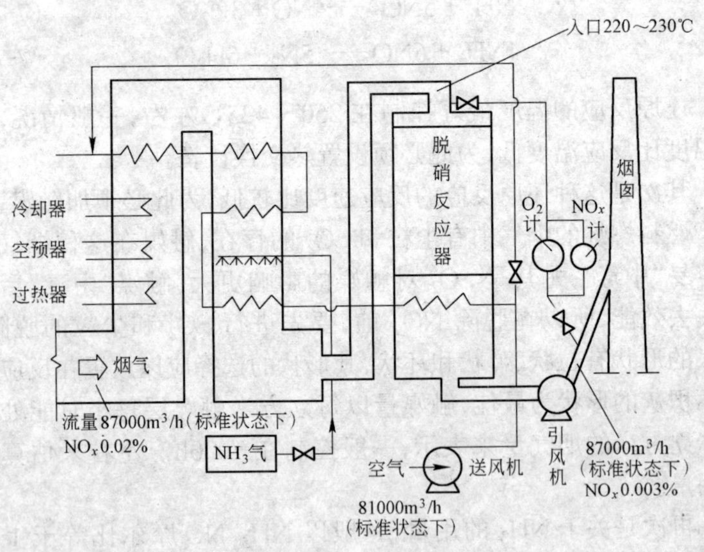

图 7-52 氨选择性接触还原法脱硝流程图

484. 氨选择性接触还原法的工艺流程是什么？

烟气进入反应器前先冷却到220～300℃，并与加入的NH_3气体很好地混合，其NH_3/NO的摩尔比为1.0～1.2，$SV=5000h^{-1}$，其脱硝可由入口的0.02%，下降为0.003%，去除率为85%，整个系统的压力损失为5000Pa，电耗360kW，NH_3用量为17kg/h，触媒寿命期为一年以上。

485. 湿法脱硝的具体方法有哪些？

因为NO很难溶于水，只有将NO先氧化为NO_2后，再用碱性溶液吸收。

$$NO + 1/2O_2 \longrightarrow NO_2 \tag{7-80}$$

$$2NaOH + 2NO_2 \longrightarrow NaNO_3 + NaNO_2 + H_2O \tag{7-81}$$

当NO和NO_2同时存在时：

$$2NaOH + NO_2 + NO \longrightarrow 2NaNO_2 + H_2O \tag{7-82}$$

根据上述原理，湿法脱硝的具体方法有：

(1) 用ClO_2将NO气相氧化为NO_2，然后用Na_2SO_3溶液还原吸收。

(2) 用K_2MnO_4的KOH溶液氧化吸收。

(3) 用Na_2MnO_4的NaOH溶液氧化吸收。

(4) 用O_3气相氧化，再用水溶液吸收为HNO_3回收。

(5) 用O_3气相氧化，在稀H_2SO_4、稀HNO_3溶液中加铁盐为触媒吸收。

(6) 用$CaCl_2$(30%)、$Ca(OCl)_2$的酸性溶液吸收，生成Cl_2和$CaSO_4$除去。

(7) 用加触媒的Na_2SO_3溶液还原吸收。

486. 气相氧化吸收还原法脱硝脱硫的工艺特点是什么？

气相氧化吸收还原法脱硝脱硫的工艺流程示意图如图7-53所示。

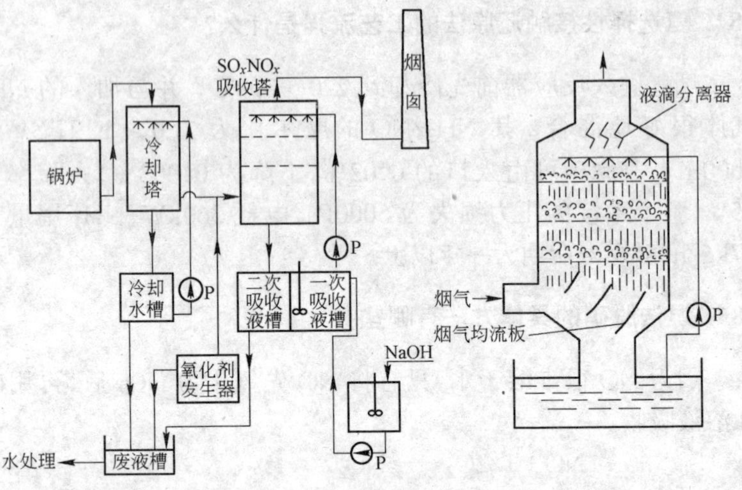

图 7-53　气相氧化吸收还原法脱硝和脱硫

锅炉烟气经冷却后进入反应塔，同时氧化剂 ClO_2 一并进入，吸收液 NaOH 从塔顶喷淋，则在塔中发生反应：

$$2NO + ClO_2 + H_2O \longrightarrow NO_2 + HNO_3 + HCl \qquad (7\text{-}83)$$

$$SO_2 + 2NaOH \longrightarrow Na_2SO_3 + H_2O \qquad (7\text{-}84)$$

$$NO_2 + 2Na_2SO_3 \longrightarrow 1/2N_2 + 2Na_2SO_4 \qquad (7\text{-}85)$$

经吸收塔后的洗净烟气排入烟囱，洗净液部分进入氧化剂发生器，并加入 $NaClO_3$ 和 H_2SO_4 后发生如下反应：

$$Na_2SO_3 + 2H_2SO_4 \longrightarrow SO_2\uparrow + 2NaHSO_4 + H_2O \qquad (7\text{-}86)$$

$$2Na_2ClO_3 + SO_2 + H_2SO_4 \longrightarrow 2ClO_2\uparrow + 2NaHSO_4 \qquad (7\text{-}87)$$

从而产生 ClO_2，达到此工艺的连续不断的运转。

这种装置的烟气处理量为 $62000m^3/h$（标准状态下），反应塔空塔截面速度为 3～6m/s，pH 值为 6～8，循环液中 SO_3 的浓度为 10～100g/L，脱硫率为 99.5%，脱硝率为 95%，该工艺的主要问题是运行费用较高，存在废水必须处理。

487. 什么叫液相氧化吸收法?

用 $KMnO_4$ 溶液将烟气中的 NO 氧化为 NO_2,然后再使之固定为硝酸盐。其主要反应为:

$$KMnO_4 + NO \longrightarrow KNO_3 + MnO_2 \uparrow \qquad (7\text{-}88)$$

$$KMnO_4 + 2KOH + 3NO_2 \longrightarrow 3KNO_3 + H_2O + MnO_2 \downarrow \qquad (7\text{-}89)$$

这个办法同时还可脱硫

$$KMnO_4 + SO_2 \longrightarrow K_2SO_4 + MnO_2 \downarrow \qquad (7\text{-}90)$$

反应产生的 MnO_2 沉淀,易于分离再生,每千克的 $KMnO_4$ 可处理 0.19kgNO 和 0.4kg 的 SO_2。脱硝率约为 90%~95%,对 NO 的浓度要求不严,副产品 KNO_3 可作为肥料。存在的主要问题是 $KMnO_4$ 价格较贵,当烟气中 SO_3 浓度大时,运行费用就更大了。

488. 用湿式还原法脱硝有何特性?

直接用 Na_2SO_3 溶液洗涤烟气,使烟气中的 NO_x 还原成 N_2,即为湿式还原法。其反应如下:

$$4Na_2SO_3 + 2NO_2 \longrightarrow N_2 + 4Na_2SO_4 \qquad (7\text{-}91)$$

$$2Na_2SO_3 + 2NO \longrightarrow N_2 + 2Na_2SO_4 \qquad (7\text{-}92)$$

如果用石灰乳溶液同时脱硫,则可与 Na_2SO_4 反应生成酸性亚硫酸钠和石膏,酸性亚硫酸钠加热后,可生成 Na_2SO_3,即可循环使用,石膏则回收利用。

489. 何谓摩尔溶液吸收法?

把 NO 和 NO_2 浓度调整为等浓度,然后用 $Mg(OH)_2$ 吸收,主要反应为:

$$Mg(OH)_2 + NO + NO_2 \longrightarrow Mg(NO_2)_2 + HO_2 \qquad (7\text{-}93)$$

将 $Mg(NO_2)_2$ 加热分解为 $Mg(OH)_2$,再生时生成的 NO 用臭氧氧化为 NO_2,然后制成 HNO_3,少部分 NO_2 返回烟气中,以调整

NO 和 NO_2 的浓度，这种方法在烧煤的火力发电厂常使用这种办法，容量为 5000m^3/h，此法也可以用 $Ca(OH)_2$ 代替 $Mg(OH)_2$。

490. 湿法排烟脱硝和干法排烟脱硝各有什么优缺点？

湿法排烟脱硝和干法排烟脱硝优劣比较见表 7-19。

表 7-19 湿、干法排烟脱硝比较

优劣比较	湿　法	干　法
液体处理	要处理，一般处理困难	不处理
所用原料	NH_3、氧化剂、碱液、原料费用高	NH_3 原料费较湿法低
烟气中粉尘的影响	几乎无影响	阻力增加，触媒变质
排烟中 SO_x 影响	几乎无影响	触媒变质，热交换器腐蚀
反应温度	低（50～60℃）	400℃左右
排烟温度	低，不利于大气扩散，冬季生成白烟	高，有利于大气扩散
负荷变动适应性	好，调节氧化剂及吸收液量可行	不好，按最大负荷运行
同时处理问题	可以和原脱硫装置改造后合用	困　难
设备费用	视脱硝方法而定，较大	视脱硝方法而定，较小
运行费用	较　大	较　小

在选择脱硝方法时，应视具体情况而定，一般情况下，小型装置，应采用湿法较好，一是因为用水量小，二是不需要大量水污染的处理。应该说，在处理“干净”烟气时，用干法较好，在处理“不干净”烟气时，则湿法就明显地体现其优越性了。

491. 不同的燃料品种其单位燃料量排出的 NO_x 量有何不同？

由于不同燃料的含氮量不同以及燃料的燃烧方式的不同，单位燃料量排放的 NO_x 的量是不同的，其排放系数如表 7-20 所示。

表 7-20 不同燃料及不同燃烧方式与 NO_x 的排放量

燃料种类	电站锅炉	工业锅炉
煤	128	
煤＋重油	105.3	

续表 7-20

燃料种类		电站锅炉	工业锅炉
重油	差的	63	56.6
	一般		40.5
	好的		25.2
原油		56.5	
灯油			20.7
天然气		38.9	
城市煤气			24

由上表可知，固体燃料燃烧时，NO_x 排放量最大，液体燃料次之，气体燃料最小。在国外，对主要在城市的企事业单位生产和生活上使用的工业锅炉，几乎全部燃用轻质油或气体燃料，这对于减少城市和人口集中的生活区中 NO_x 的排放量是有显著作用的。

492．什么是石灰-石膏法脱硝？

采用生石灰、消石灰和微粒碳酸钙制成吸收液，并加入少量的 H_2SO_4 调整 pH 值为 4.0～4.5，在反应塔内发生的脱硝反应如下：

$$Ca(OH)_2 + SO_2 \longrightarrow CaSO_3 + H_2O \quad (7\text{-}94)$$

$$CaSO_3 + SO_2 + H_2O \longrightarrow Ca(HSO_3)_2 \quad (7\text{-}95)$$

$$NO + Ca(HSO_3)_2 + H_2O \longrightarrow 1/2N_2 + CaSO_4 \cdot 2H_2O + SO_2 \quad (7\text{-}96)$$

$$NO_2 + 2Ca(HSO_3)_2 + H_2O \longrightarrow 1/2N_2 + 2CaSO_4 \cdot 2H_2O + SO_2 \quad (7\text{-}97)$$

反应所生成的 SO_2 可部分循环使用，石膏则经干燥制成产品。

493．什么是碱-石膏法脱硫脱硝？

如果在反应器中加入氨，则将发生如下反应：

$$2NH_3 + SO_2 + H_2O \longrightarrow (NH_4)_2SO_3 \quad (7\text{-}98)$$

$$(NH_4)_2SO_3 + SO_2 + H_2O \longrightarrow 2NH_4HSO_3 \quad (7\text{-}99)$$

$$NH_4HSO_3 + Ca(OH)_2 \longrightarrow CaSO_3 \cdot 1/2H_2O + NH_3 \uparrow + 1/2H_2O \quad (7\text{-}100)$$

$$NO + 2NH_4HSO_3 \longrightarrow 1/2N_2 + (NH_4)_2SO_4 + SO_2 + H_2O \quad (7\text{-}101)$$

$$NO_2 + 4NH_4HSO_3 \longrightarrow 1/2N_2 + 2(NH_4)_2SO_4 + 2H_2O + 2SO_2 \quad (7\text{-}102)$$

NH_3 可循环使用，$(NH_4)_2SO_4$ 和 $CaSO_3 \cdot 1/2H_2O$ 即为脱硫脱硝后的产品，可用碱或 $Mg(OH)_2$ 代替 NH_3，这就是碱-石膏法和镁-石膏法。

494．灰渣的治理途径和灰渣的物理化学特性有哪些?

灰渣的治理途径有：

(1) 改革、完善生产工艺，减少原料的流入量和废渣排出量。

(2) 回收废渣中的有用物质，并利用废渣来生产副产品。

(3) 对回收利用后的残渣，进行最终处理。

灰渣的特性，重点是介绍燃烧粉煤的煤灰渣的物理化学特性。

(1) 物理特性：粉煤灰的物理特性如表 7-21 所示。

表 7-21　粉煤灰的物理特性

名　称	特征数值	
密　度	2.0～2.4g/cm³	
熔化温度	1250～1450℃	
颗粒特征	5mm	1.95%
	2.5mm	3.1%
	0.65mm	8.4%
	0.315mm	34.65%
	0.14mm	41.9%
	<0.14mm	10.0%

续表 7-21

名　　称	特 征 数 值
比表面积	2500～4500cm^2/g
玻璃状物质占	60%～80%
磁铁矿(Fe_3O_4)	6%～16%
碳 粒 子	4%～13%
片状结晶物质	4%～6%

(2) 化学特性:粉煤灰的化学组成如表 7-22 所示。

表 7-22　粉煤灰的化学组成

序号	SiO_2	AlO_3	FeO_3	CaO	MgO	SO_3	烧失量
1	47.76	26.11	5.4	3.69	1.00	0.43	3.96
2	44.85	33.78	11.7	5.27	0.55		3.26
3	54.99	19.79	4.34	5.24	2.66	0.28	12.29
4	27.73	17.24	8.44	34.28	3.28	3.69	3.45
5	47.72	28.21	18.24	5.22	0.75		1.66

化学成分主要有:氧化硅和氧化铝组成,这两种成分的总含量在 60%以上,是粉煤灰的主要活性成分。

(3) 粉煤灰的活性:

粉煤灰经过 1100～1400℃的高温熔炼,含有较多的酸性氧化物,化学成分和火山灰相似,它本身略有水硬胶凝性能,在有水分存在的情况下,能和石灰、水泥熟料等碱性物质,产生水化反应并生成不溶于水的、化学性质稳定的含水硅酸盐和铝酸盐,并具有一定的强度。粉煤灰内玻璃体是其具有活性的主要矿物相,这种活性可以通过硅酸根,铝酸根与碱性物质化学呼吸作用产生新的化合物来体现。灰中可溶性 SiO_2 和 Al_2O_3 含量高则活性高,抗压强度也高,含碳大的粉煤灰,其玻璃体含量相对减少,活性和强度都低。

495. 灰渣可分为几种类别,其用途有何不同?

灰渣是一种不均匀的金属氧化物的混合物,大致分为三类:

第一类灰渣:其燃烧温度在1000℃左右,这种灰渣中氧化物的结晶水已去除,$CaCO_3$ 已分解为 CaO 和 CO_2,但矿石成分的晶体结构几乎没有变动,灰渣表面熔化约为20%,这种灰渣的活性差,在建筑中几乎不能使用,只能铺路制砖或用于低标准的混凝土掺和料。

第二类灰渣:其燃烧温度在1200~1400℃,结晶水已排除,矿石大部分已熔解,石膏已完全转化为酐,飞灰粒度与水泥相同,但与 $Ca(OH)_2$ 的反应已相当缓慢,要经过较长时间的硬化后才具有较高的强度,这类灰渣在某些情况下可部分用着水泥原料。

第三类灰渣:其燃烧温度1500~1700℃,全部矿石均熔化,飞尘粒度比水泥更细,比表面约为5000cm^2/g,这种灰渣和 $Ca(OH)_2$ 反应较好,其活性较高,可用着水泥原料。

496. 灰渣制砖的主要工艺流程是什么?

灰渣制砖的工艺流程如图7-54所示。

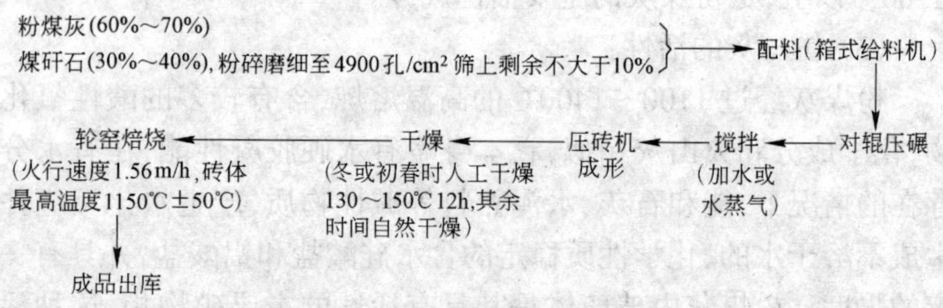

图7-54 灰渣制砖工艺流程

这种烧结砖和一般黏土砖的性能比较如表7-23所示。

表 7-23　粉煤灰砖与黏土砖的比较

砖　名	单块重/kg	抗压强度/kg·cm^{-2}	抗碎性能/kg·cm^{-2}	吸水率/%
粉煤灰砖	2.1	210	41	13.6
黏 土 砖	2.75	150	21	7.0

粉煤灰烧结砖重量轻、抗压强度高，抗碎性能好，是一种好的建筑材料，但其半成品早期强度低，在人工运输和入窑阶段易于脱棱断角，影响产品外观，其烧结温度不能波动太大。

497．怎样用灰渣作人造骨料-陶粒和陶粒混凝土？

在浇注混凝土时，需要大量的骨料，利用灰渣制成骨料，不仅可以解决天然骨料供应不足的问题，而且用灰渣制成的人造骨料-陶粒具有重量轻，隔热性能好，可以制成轻质混凝土构件，减轻建筑物的自重。

灰渣陶粒是用粉煤灰加黏土及少量燃料混合制成球形，经过高温焙烧而获得产品。对原料的要求是粉煤灰细度在 4900 孔/cm^2 筛上剩余量小于 40%，黏土细度为筛余 7% 以下，燃料可用无烟煤或粉焦，细度为筛余 50% 以下，配比为：

粉煤灰　79%～83%　　生料球粒径　5～15mm

黏　土　13%～15%

燃　料　4%～6%

生料球要有一定的强度，避免在运输过程中不变形，还应有足够的稳定性，陶粒的焙烧是在移动式烧结机中进行的，焙烧温度为 1150～1200℃，陶粒含碳量要适当，太高则会在烧结过程中形成大块，太小则不能完成焙烧作用，成品经检验合格后，就可以用做混凝土骨料。

用粉煤灰陶粒、砂、水泥可配制成粉煤灰陶粒混凝土，配比为：水泥:砂:陶粒＝1:(2.09～3):(2.09～3)，水泥可采用 400 号或 500 号，这样可配制成 100 号至 400 号的粉煤灰陶粒混凝土，这种混凝土制成的构件可用 6m 跨度的各种楼板和梁，经实际使用和检验,它在承载能力、变形、裂缝等方面均能满足建筑设计要求。

498. 用灰渣怎样制成水泥?

灰渣主要可作为火山灰质混合物和水泥熟料混合磨细可制成粉煤灰水泥,其工艺流程如图 7-55 所示。

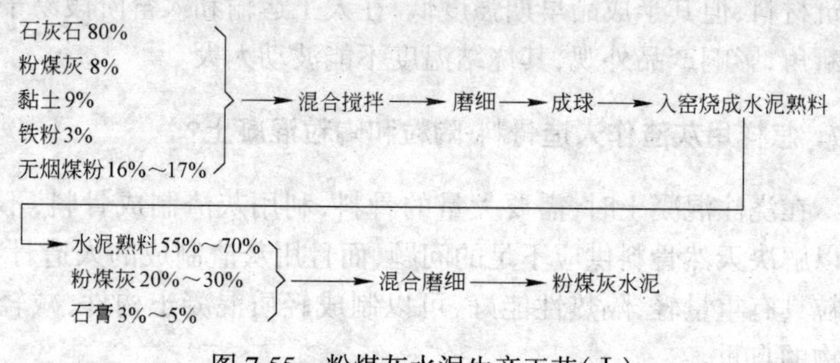

图 7-55　粉煤灰水泥生产工艺(Ⅰ)

另一工艺流程如图 7-56 所示。

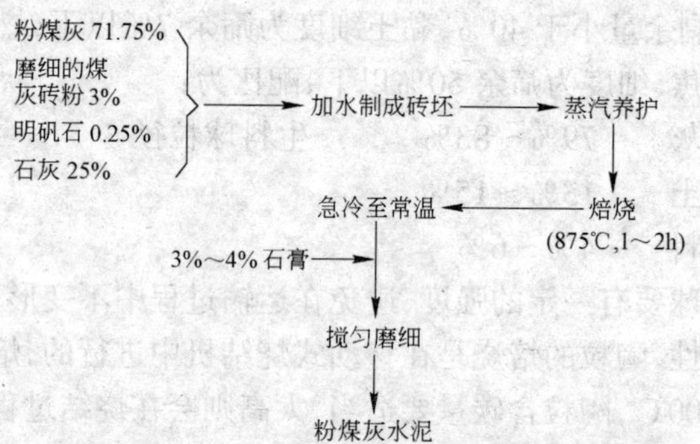

图 7-56　粉煤灰水泥生产工艺(Ⅱ)

499. 粉煤灰水泥与普通水泥的性能有何不同?

这两种水泥的性能比较如表 7-24。

表 7-24　粉煤灰水泥与普通水泥的性能比较

水泥品种标号	混入材料			细度 4900 孔筛余/%	比表面积 $/cm^2 \cdot g^{-1}$	凝结时间		抗拉强度/MPa			耐压强度/MPa		
	矿渣	粉煤灰	煤渣			初凝	终凝	3 天	7 天	28 天	3 天	7 天	28 天
400 号矿渣水泥标准				<15	>2200	>45min	<12h		0.18	0.24		1.90	4.00
500 号普通水泥标准				<15	>2200	>45min	<12h	19	0.23	0.27	2.2	3.50	5.00
600 号普通水泥标准				<15	>2200	>45min	<12h	21	0.27	0.32	2.6	4.20	6.00
400 号炉渣水泥	60			7.9	2668	4:24	7:15		0.22	0.32		3.13	5.68
粉煤灰水泥(一)		15	15	4.3	3158	3:30	6:10	21	0.24	0.31	2.98	4.32	6.30
粉煤灰水泥(二)		30		3.1	3357	3:43	6:08	23	0.26	0.32	3.12	4.49	6.54
500 号普通水泥	5		10	8.5	2750	3:20	5:11	24	0.26	0.31	3.43	4.98	6.66
600 号普通水泥	10			3.0	3290	3:09	5:5	25	0.28	0.36	3.61	5.26	7.14

从上表可以看出，粉煤灰水泥在质量上完全符合规定标号的水泥标准，它还具有水化热小、干缩性小、胶砂流动度大，易于浇灌和密实，成品表面光滑等优点，它在抗硫酸盐腐蚀方面比普通水泥为好。

用粉煤灰代替黏土制作水泥，据有关资料介绍，作为水泥原料的黏土一般 SiO_2 含量在 60%～75%，$Al_2O_3$10%～25%，SiO_2/Al_2O_3 约为4～5时最佳，而粉煤灰中含 SiO_2 为40%～60%，Al_2O_3 为23%～30%，为增加 SiO_2 的含量，可在粉煤灰中加入硅石，以生产较好质量的水泥。

500．国内外对灰渣在农业生产上的应用有哪些研究成果？

将灰渣用于农业投资少，见效快已被国内外很多部门所采用。在日本，粉煤灰作为肥料装袋出售，最高售价接近于煤价，名古屋大学曾在6个农场对水稻、油菜、豌豆、西红柿等做过煤灰肥效试验，证明了它对这些作物的增产效果。美国则利用粉煤灰改良土壤，使土质疏松，有良好的透气性，试验种植的豆类获得高产。美国蔬菜研究站也进行过煤灰对蔬菜生长的试验研究，由于施加粉煤灰后土壤的保水能力增30%，种植的蔬菜得到增产。

我国也对不同的土壤进行了施加粉煤灰的试验，其结果可综合如下：

(1) 对一百多组实验数据进行分析，发现粉煤灰对农作物有明显的增产效果者占95.5%，其余则不明显，以每亩施灰5000kg为例，增产10%出现的几率最大。

(2) 在一定的施灰量范围内，农作物的增产随施灰量的增加而增加，但以亩施灰量为5000kg或略小于5000kg为最佳。

(3) 增产效果和土壤性质密切相关，对砂质土壤，在施加煤灰后，增产效果不明显，和施灰量也没有直接关系。对黏土地可以起到疏松土壤作用，有较好的增产效果。对酸性红土能起中和作用，也可增产。其余对草甸土、黑鳅土、黄黏土、白善土都有一定的改良土壤的作用，在一定程度上可以当作是土壤改良剂。

(4) 对蔬菜、薯类作物的增产效果最好,其次是粮食作物,对经济作物和豆类也有增产效果。

501. 施用粉煤灰为什么会使农作物增产?

施用粉煤灰后农作物增产的原因主要有以下几个方面:

(1) 改变了土壤的机械组成,小于 0.01mm 的物理性黏粒随粉煤灰的增加而减少,如每亩施灰 2500kg,小于 0.01mm 物理性黏粒占 49.3%,当施用 5000kg 时,则只占 46.2%,黏粒减少,土壤疏松,宜于耕作。

(2) 粉煤灰为黑色,吸热性能好,从而提高了地温,例如:施灰 1250kg/亩时,地面温度 16℃;施灰 5000kg/亩时,地面温度 17℃,有关研究资料表明,当施灰增至 7500~20000kg/亩时,测得在地面下 5~10cm 的土层内增温 0.7~2.4℃,较一般增温剂效果好。由于地温升高,使作物早发茁壮,冬季有保温作用,保持越冬作物安全过冬。

(3) 施用粉煤灰后,能保持土壤水分,据试验,施灰比不施灰土壤水分高 4.9%~9.6%,如施灰量为 625kg/亩,土壤含水率 21.98%,施灰 20000kg/亩时,含水率为 26.2%。

(4) 施用粉煤灰后,土壤空隙率增加,一般可增加 6%~22%,从而改善了土壤的透气性和透水性,有助于养分的转变和微生物的活动。

(5) 增加了土壤的有效养分,提高了土壤的肥力。粉煤灰含氮 0.05%~0.06%,比一般土壤略低,但同时含有 P_2O_5 约 0.08%、钾素 4% 左右,还含有 Mn、Fe、Na、Si、Ca 等植物营养元素,可视为一种有复合微量元素的肥料,对作物的生长有良好的促进作用。

(6) 它不仅作肥料,而且可以防治小麦的麦锈病,水稻的稻瘟病和果叶的黄叶病。例如黄叶病,发生黄叶的原因是缺铁质,铁是形成叶绿素的主要催化剂,在施用粉煤灰后,土壤中的含 Fe 量增加,一般可增加 2%,再加之对土壤改良作用明显,使果树容易吸收土壤中的铁质而黄叶病得到治疗。

502. 施用粉煤灰对蔬菜和粮食质量有何影响?

施用粉煤灰对蔬菜和粮食质量有无影响,有无污染是我们十分关注的问题,山西农学院曾对这个问题进行了研究,在不同土壤施灰10000kg/亩,发现对玉米和水稻的品质不但没有坏影响,反而有所改善,使玉米和水稻中的粗蛋白增加0.1%~0.79%,蛋白质增加0.3%~0.59%;关于重金属的含量,有关研究资料表明,各类土壤在施用粉煤质后,Cd、Cr、Hg的含量在土壤中无积累现象,Pb、As在土壤中有明显增加趋势,但都在允许值之下,致癌物质3,4苯并芘的含量,因为粉煤灰中的含量比原有土壤中的含量小,所以在施用粉煤灰后生长的农作物中的含量是下降的,如表7-25所示。

表7-25 施用粉煤灰和不施用粉煤灰农作物含3,4苯并芘比较

样品名称	糙米中含量/%	稻壳中含量/%
无灰稻谷	2.48×10^{-7}	50×10^{-7}
1000kg/亩粉煤灰种的稻谷	0.52×10^{-7}	3.76×10^{-7}
3000kg/亩粉煤灰种的稻谷	0.29×10^{-7}	2.06×10^{-7}
5000kg/亩粉煤灰种的稻谷	0.89×10^{-7}	7.15×10^{-7}

503. 粉煤灰中的空心微珠有何特性?

在粉煤灰中发现有漂珠和空心微珠已经是很久以前的事了,随着科学技术的进步,对这种空心玻璃体物质在工程技术上应用的巨大潜力正逐步地被人们所认识,在国外,美国、俄罗斯、德国均有专门研究空心微珠的研究机构,我国电建所、电站也开展了这方面的工作及空心微珠的提取工作并取得了显著成果。

粉煤灰中的空心微珠,最多可达50%~70%,粒径为0.3~

200μm，其中0.3~5μm的约占20%，漂珠的壁厚约为其直径的5%~8%，而干法分离的空心微珠壁厚为直径的30%，因此，它有较高的耐压强度，美国尼苏达大学曾对空心微珠做耐压试验发现它可承受703MPa的压力，这种耐特高压的性能是别的材料所不能替代的。这种材料的另一特点是比较轻。

燃烧温度不低于1200~1400℃时，烟煤和无烟煤均能产生大量空心微珠，而燃用褐煤和劣质煤则几乎没有。

由于空心微珠的许多优点，它的应用就十分广泛，它有耐高温的性能，可以制成耐火防火材料；它的电介性能良好，可以制作高温绝缘漆；它的导热系数较小，$\lambda = 0.159W/m \cdot ℃$，可作为保温材料；它具有高的耐压强度，可用作潜艇材料和深海器具；它还可以用作塑料填充剂；它也可用于涂料、泡沫塑料、喷料、合成橡胶；它也可用于涂料、油漆、磁带、航海探测、航空航天材料等。

把空心微珠从粉煤灰中分离出来的技术，也在实践中不断完善。现在使用的是电磁分离和空气分离法的联合工艺。这种工艺已在我国分选空心微珠技术中得到应用。

504. 从粉煤灰中可提取哪些有用元素和物质？

粉煤灰中含有多种微量金属元素，这些金属多属稀有金属。提取和分离这些金属不仅可化废为宝，而且还减轻了对环境的污染。现在可以提取的有锗、钼、钒、铀等；粉煤灰中多量金属的利用也是十分有价值的，含量较多的 SiO_2 可提取制成白炭黑和水玻璃；Al_2O_3 可提取制取无水氯化铝、硫酸铝及高温水泥。含 Fe 较多的粉煤灰则可以把 Fe 提取后作冶炼原料。煤灰中的残余含炭量也可以提取作为燃料或吸附剂，这样为粉煤灰的综合利用开辟了一条广阔的道路。

505. 从粉煤灰中提取多量金属元素有哪些方法？

从粉煤灰中提取多量金属元素的主要方法有：

多量金属元素提取方法

- 电洗法——回收物质为炭。利用煤灰和炭的比电阻不同，炭的收率可达 90.4%
- 高温氯化法——非磁性粉煤灰在固定床上氯化，灰中的 Fe 在 400～600℃ 时，以 $FeCl_3$ 状态先除去，然后升温达 850～950℃，形成挥发性四氯化硅、三氯化铝的混合物，使之冷却在 120～150℃ 时，冷凝的固体 $AlCl_3$ 即可提取回收，收回率可达 70%～80%
- 电选法——从电除尘器收入的粉煤灰，送入高电压分离器中，由于铁的高电导，和硅酸盐分离，收率可达 98%
- 矿选空气分离，重介质分离，浮选提取——这是一家美国公司提出的方法，提取各种矿物，以美国 1980 年处理 4100 万 t 灰，可提取 900 万 t 氧化铝，含 Fe65% 的铁精粉 7000 万 t，SiO_2 和 CaO 的产物 1900 万 t，45.4 万 t 的 TiO_2，36.3 万 t 的 P_2O_5

506．煤炼焦时排入大气中的污染物的主要特点是什么？

焦化生产排入大气中的主要污染物质为粉尘和有害气体两大类别，粉尘主要产生于：一是原料料场，由洗煤厂运来的炼焦煤经人工或机械卸煤装置而进入煤的贮运系统，继而进入贮煤场，而在贮煤场进行各单种煤的均匀化作业，无论在贮运、均匀化作业中均产生一定细颗粒的煤粉尘向大气散发，视各地区的气候状况和进厂煤的水分含量不同而产生的粉尘污染物量不同。二是在煤的粉碎、配合及其输送过程中产生的粉尘在粉碎过程中，无论是先配后粉或先粉后配的工艺流程均要求 0～3mm 的粒级达到大于 85%，势必将造成操作环境区域的粉尘污染。三是在炼焦装煤、出炉、熄焦过程中向大气排放的粉尘。

另一类污染物质为有毒气体，主要产生于炼焦炉生产中推焦、装煤向大气排放的荒煤气以及焦炉炉门、炉顶管理不善、泄漏入大气的荒煤气；还有化产回收及化工产品的精制排入大气的有害气体。

507. 如何加强装煤操作,以减少排入大气中的荒煤气量?

加强装煤操作,对各个焦化厂及各个不同的焦炉炉顶的装备水平不一样,而有具体的操作方法、步骤。但其共同点是严格执行各厂制订的装煤操作的操作规程,就其上升管、装煤车为减少泄漏荒煤气而设置的各种设施要加强维护、不断完善,开工使用率要达到98% 以上,对装煤操作提出的基本要求是:

一是装满煤。按炭化室设计的有效容积,都要装满。若不能装满,则造成炉顶空间增大,空间温度上升,煤气停留时间过长,化学产品分解,使炭化室及上升管内易结石墨,堵塞煤气导出通道,乃至往大气中泄漏。

二是平好煤。炭化室内煤料顶部是用推焦车上的平煤杆来进行平整的,经过平整的煤料顶部不堆积、不缺角,这样就可避免因炉顶问题造成推焦困难,乃至影响荒煤气的导出。同时因为不缺角,可防止发生炉墙的局部高温而引起的烧坏炉墙,也是防止炉门上部冒烟冒火的重要措施之一。

三是装煤均匀。要保证装煤系数在0.9以上,装煤均匀性可用下式表示:

$$装煤=(M-A)/M \tag{7-103}$$

式中 M——该班实际装煤的炉数;

A——与规定装煤量±200kg以上的炉数。

装煤量过少过多,均会影响焦炉的不良操作,而导致不应该发生的污染。

508. 湿法熄焦对大气环境有何危害?

所谓湿法熄焦则是将温度为30℃左右的工业水喷洒在赤热的焦炭上,焦炭温度为1000~1100℃左右,当水遇到赤热的焦炭后立即汽化蒸发带走焦炭的热量,使焦炭冷却,产生的水蒸气经熄焦塔顶而排入大气。熄焦水蒸发量约为0.6m^3/t焦炭,未蒸发的水流入粉焦沉淀池,澄清后的熄焦水流入清水池循环使用。若一座年产 45 万 tIIBP 型焦炉，每天就有 700 多立方米的水被蒸发掉，其中含有二氧化硫、残余氨、氰化物、酚等有害或有毒物质，粉焦也被带入大气，污染周围环境。倘若使用酚水熄焦，不仅严重腐蚀熄焦设备，对环境的污染程度将更为加剧。

根据有关资料统计，一座年产 45 万 t 焦炭的 IIBP 型焦炉，用一次处理后含酚废水熄焦，每天排至大气中的污染物有酚 200kg，硫化氢 100kg，氨 200kg。

熄焦逸出物受熄焦水性质以及熄焦塔类型、断面尺寸和高度等因素的影响。

当用污水熄焦时，熄焦塔周围空气中有害物质的含量如表 7-26 所示。

表 7-26 采用污水熄焦时熄焦塔周围空气中有害物质的含量

有害物质	卫生标准	离熄焦塔不同距离处有害物质的实际含量/$mg\cdot m^{-3}$		
		500m	3000m	5000m
灰　尘	0.5	0.83	1.04	1.10
氧化氮	0.085	3.84	0.80	0.66
一氧化碳	3.0	25.20	22.40	16.80
硫化氢	0.008	0.12	0.25	0.06
含硫气体	0.5	0.83	2.10	2.78
酚	0.01	0.06	0.03	0.06

509. 炼焦炉加热燃烧，从烟囱排出的废气的组成和性质是什么？

焦炉炭化室内煤料的加热是由煤气和空气分别进入燃烧室混合燃烧而产生的热量来进行的。焦炉用加热煤气的组成如表 7-27 所示。

表 7-27 焦炉用加热煤气的组成

名　称	组成(体积分数)/%								低发热值/$kJ\cdot m^{-3}$
	H_2	CH_4	CO	C_mH_n	CO_2	N_2	O_2	其他	
焦炉煤气	55～60	23～27	5～8	2～4	1.5～3.0	3～7	0.3～0.8	灰	17167～18842

续表 7-27

名　称	组成(体积分数)/%								低发热值/kJ·m^{-3}
	H_2	CH_4	CO	C_mH_n	CO_2	N_2	O_2	其他	
高炉煤气	1.5～3.0	0.2～0.5	26～30		9～12	55～60	0.2～0.4	灰	3810～4396
发生炉煤气	5～9		32～33		0.5～1.5	64～66		灰	4145～4313

煤气燃烧的主要反应如下：

$$H_2 + 1/2O_2 \longrightarrow H_2O \tag{7-104}$$

$$CO + 1/2O_2 \longrightarrow CO_2 \tag{7-105}$$

$$CH_4 + 2O_2 \longrightarrow CO_2 + 2H_2O \tag{7-106}$$

$$C_2H_4 + 3O_2 \longrightarrow 2CO_2 + 2H_2O \tag{7-107}$$

$$C_6H_6 + 7/2O_2 \longrightarrow 6CO_2 + 3H_2O \tag{7-108}$$

根据上式反应，燃烧后生成的废气各成分及其组成如下(计算时以 100m^3 干煤气为基准，设过剩空气系数 $\alpha = 1.25$，煤气的饱和温度为 20℃，空气的相对湿度为 0.6)：

	V_{CO_2}	V_{H_2O}	V_{N_2}	V_{O_2}	V
废气各成分量/m^3	40.06	125.41	436.37	23.0	624.84
废气体积组成/%	6.41	20.06	69.85	3.68	100.0

根据计算可知：

燃烧 1m^3 焦炉煤气所需空气量为高炉煤气的 6.5 倍，产生的废气量是其 3.5 倍。但对同一热量要求，焦炉煤气燃烧所需的空气量是高炉煤气的 1.3 倍，而产生的废气量只为 0.7 倍。

燃烧产生的废气全部排入大气。如果按年产 50 万 t 全焦的炼焦炉一座，每小时排入大气的废气约为：75000m^3/h，其中二氧化碳排出量为 4800m^3/h。

510．炼焦炉因生产方式和产量不同，其污染物排放量有何特点？

炼焦炉因其装备水平、炉型结构不同，所使用原料的差异及其产量的不同，其排污总量是不同的，根据有关资料刊登，每炼 1t 焦炭在装煤和出焦时排入大气的有毒、有害物质其平均排放量如表 7-28 所示。

表 7-28　炼 1t 焦炭在装煤和出焦时排入大气的有毒、有害物质平均排放量

炼 1t 焦炭所排出的污染物质								
污染物	煤尘	CO	H_2S	CO_2	苯属烃	氰化物	氮化物	焦油
数量/g	5000	330	544	21	158	70	370	54

由上表可见，炼焦炉是一个重要污染源，治理好焦炉污染是焦化厂的重要任务之一。

511. 在焦化厂的不同生产工序中，污染物排放量有何不同?

从下面有关资料我们可以看出，在焦化厂不同的生产工序，其排污程度（主要指污染物排放量）也是不同的，一座日产 1000～1200t 焦炭的焦化厂各工序污染物排放量如表 7-29 所示。

表 7-29　一座日产 1000～1200t 焦炭的焦化厂各工序污染物排放量

工　序	卸煤	皮带运输	焦炉加热	装煤	出焦	熄焦	合计
污染物排放量/$kg \cdot h^{-1}$	20	25	5	70	20	10	150
所占比例/%	13	17	3	47	13	7	100

在煤焦工序中，装煤操作几乎占了这几个工序对大气污染的 50%。

512. 同一焦化厂，不同污染物质排放量有何区别?

在焦化厂生产过程中，各种不同污染物质向大气排放量是各不相同的，国外某焦化厂日产焦炭 4500t，其污染物的排放情况如表 7-30 所示。

表 7-30　国外某焦化厂日产焦炭 4500t 其污染物的排放情况

排放物质	每小时排放量/kg	每天排放量/t
煤和焦炭粉尘	190	4.56
一氧化碳	2700	64.8
二氧化碳	250	6
硫化氢	50	1.2
酚	60	1.44
芳香烃	80	1.92
氰化物	19	4.56
氨	60	1.44
吡啶基化合物	8	0.192
合　计	3588	86.112

513．焦油加工时产生的沥青烟气是怎样污染大气环境的？

煤在高温干馏时，将气态产品荒煤气冷却以及在回收系统进一步冷却后就可直接得到粗焦油产品，对粗焦油加工即可获得沥青、蒽油、工业萘、粗酚等产品。在沥青生产和使用过程中，逸散出来的沥青烟气含有多种多环芳烃和杂环化合物，苯并(a)芘在沥青中的含量约为 0.11%～0.84%，在沥青烟气中的含量约为 1.3～2.0mg/m^3，严重时达 20mg/m^3，某厂生产改质沥青，从反应釜、高置槽排出的沥青烟气含 3、4 苯并芘在 29mg/m^3、细雾状沥青含量高达 14450mg/m^3。

这种黄色的沥青烟气，强致癌物质 3、4 苯并芘的含量超过有关规定的上千倍，其毒性很大，人吸入沥青烟气能引起头痛、眩晕、恶心、呕吐、肝脏肿大及白血球增高，接触沥青烟气可引起急性光敏性皮炎、角膜炎并使皮肤产生明显色素沉着，形成黑头粉刺、毛囊炎和血管肿瘤。不经处理的沥青烟气逸散至大气中，其下风侧草木枯黄而死亡。可见，治理这种烟气并消除污染是刻不容缓的。

从事煤焦油加工而生产沥青的焦化厂采用了许多有效的治理

工艺，都获得了良好效果，尤以高效文氏管喷射器处理沥青烟气最为突出。

514. 蒸汽喷射装煤是怎样防止荒煤气泄漏入大气的？

装煤时荒煤气导出系统示意图如图 7-57 所示。

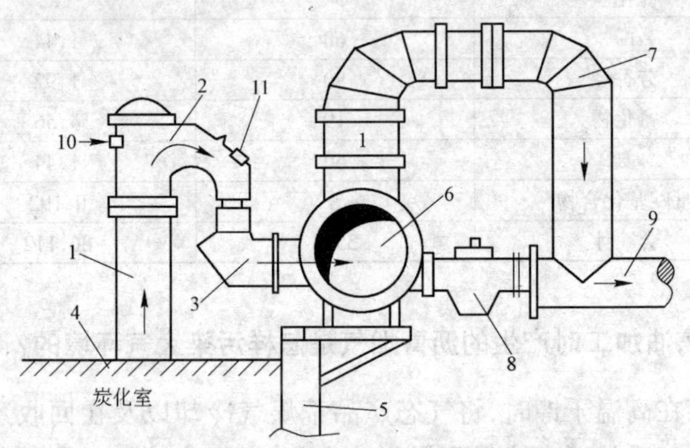

图 7-57　荒煤气导出系统示意图

1—上升管；2—桥管；3—承插管；4—炉顶；5—炉柱；6—集气管；7—“Π”形管；8—焦油盒；9—吸气管；10—蒸汽喷射口；11—氨水喷射口

荒煤气由炭化室炉顶空间经上升管进入桥管、承插管、“Π”形管、吸气管流入回收气液分离装置。集气管中的焦油氨水混合物进焦油盒，在焦油盒中，排除焦油渣，然后流入吸气管中。在装煤时，在蒸汽喷射口 10 处，喷入 0.8～1.0MPa 中压蒸汽，关闭上升管盖，使顶炉形成负压，就可防止荒煤气和煤粉尘外漏，保证炉顶实现无烟装煤。当装煤完毕后，及时关闭中压蒸汽。

515. 为什么要采用高压氨水消烟装煤？

采用蒸汽喷射无烟装煤主要存在的问题是增加了煤气初冷系统的水负荷（即剩余氨水量增加）和初冷器的负荷，剩余氨水量的增加将导致增大蒸氨负荷和生化处理负荷及初冷系统能耗的增大，为了克服这一毛病，在稳定配煤水分不增加剩余氨水量的前提下,由原循环冷却氨水中分离一部分为高压氨水,在图 7-58 2 处,用高压氨水的喷射代替蒸汽的喷射,以形成负压引导荒煤气进入集气管,消除由装煤孔逸出的烟气,以达到无烟装煤的目的,其流程示意图如图 7-58 所示。

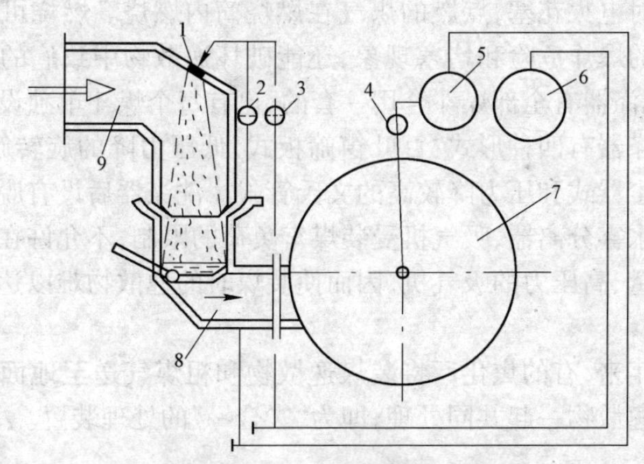

图 7-58　高低压氨水喷洒示意图

1—高低压氨水喷嘴;2—高压氨水三通阀;3—低压氨水三通阀;4—高压氨水泄压阀;5—高压氨水管;6—低压氨水管;7—集气管;8—承插管;9—桥管

装煤操作进行时,打开高压氨水阀 2,关闭低压氨水阀,则由于高压氨水的喷射造成的吸力使炭化室煤气吸入并送至集气管,在装完及平完煤后,关闭高压氨水阀 2,启开低压氨水阀,使煤气恢复正常冷却。操作中当关闭高压氨水阀后,则高压氨水管道通往集气管的阀门自动泄压,此时高压氨水冲刷集气管底部沉积的焦油渣,保证集气管的清洁畅通。

516. 为实现无烟装煤,在装煤车结构上采取了哪些措施?

为实现彻底地无烟装煤,近年来,国内外许多焦化厂改进煤车结构,自动取、装炉盖,并经过抽气、除尘、净化、燃烧再排入大气,实现了焦炉的无烟炉顶操作。

装煤时,从装煤车煤斗烟罩处抽吸装煤孔周围的逸散物和粗煤气,将其点火焚烧,再经洗涤器除尘、脱水,然后经吸气机、排气筒排入大气。这几道工序均是在装煤车上完成的,在装煤车回煤塔装煤时,排出洗涤器内的污水并向水箱注入净水。洗涤装置由燃烧器、洗涤器和吸气机三部分组成,燃烧器一般多在外套筒内壁装设一对电火花塞,点燃的煤气在燃烧筒内燃烧。燃烧可以消除通道内的爆炸危险和堵塞现象,还能破坏逸散物中致癌的多环芳香烃,洗涤器有全部煤斗合用一套的,也有每个煤斗单独设置一套的。洗涤器有四种形式:百叶窗筛板式、低压力降的旋转筛板式、离心捕尘器式和压力降较高的文氏管式。洗涤器后设有脱水器或离心式水雾分离器,吸气机受装煤车负荷的限制,不允许在车上装设大流量、高压力的吸气机,因而使装煤时的逸散物难以达到理想的控制。

近年来,有的焦化厂将装煤逸散物和粗煤气送至地面除尘站与推焦逸散物一起共同处理,即为"二合一"的处理装置。

517. 防止推焦逸散物对大气的污染有哪些措施?

推焦操作时,焦炭已经成熟,粗煤气中的多环芳烃的含量已很少,以 1t 装炉煤计算,推焦逸散物中苯并(a)芘的含量与装煤逸散物中苯并(a)芘的含量比较要少得多,降低推焦逸散物中致癌物质的关键是保证焦炭充分而均匀地成熟。常用的控制推焦逸散物的方法有以下几种:

(1) 采用移动烟罩捕尘和地面净化相结合的办法。移动烟罩可把整个熄焦车盖住,烟罩设有两个支点,一个支点固定在拦焦机上,随拦焦机行走,另一个支点在轨道上移动,其轨道架设在水平烟气管道的支柱上,烟罩上部设有冷却装置,以降低烟气温度。冷却后的烟气通过烟罩顶部可移动的小车式连接罩,进入水平烟气管道。移动烟罩可行走至任意炭化室捕集推焦逸散物,烟气经水平烟气管道送至地面除尘站,在湿式除尘器或袋式除尘器中进行净化,尾气经吸气机和排气筒排入大气。除尘效率可大于 95%,尾气含尘量可小于 $90mg/m^3$。这种装置首先在德国的明尼斯特-

斯太因焦化厂开发应用,故因此而得名为明尼斯-斯太因式移动烟罩捕尘。

(2) 日本式移动烟罩捕尘和地面系统。这种方式与明尼斯特-斯太因式捕尘大同小异,其地面处理系统设有高效的袋式除尘器,当入口烟气含尘量为 5～12g/m^3 时,出口尾气含尘量可降至 50mg/m^3,该系统的总压力降较大,耗电量较高。

(3) 焦罐车除尘系统。这套系统的移动烟罩设在拦焦车上,采用一点接焦的焦罐可以减少烟罩下部断面,减轻烟罩重量,烟罩可完全盖住焦罐顶部,推焦时,移动烟罩上的连接管和焦罐车上洗涤装置的连接管对接,导焦机和焦罐排放的烟尘被吸至湿式洗涤装置净化并降温,然后经吸气机和排气筒排入大气。车上设有水泵和水箱,推焦后,焦罐运行至熄焦塔时,将污水排出。

(4) 采用 HKC-EBV 热浮力罩。推焦排出的烟气温度高,密度小,具有浮力。热浮力罩就是根据这一原理设计的。这是一种可移动的,有捕尘和除尘作用的烟罩,热浮力罩是流线形的,它的下部断面较大,可以盖住常规熄焦车的 2/3,烟罩一侧铰接在拦焦车上,另一侧支撑在一条桥式轨道上,此轨道位于焦台外侧,烟罩的走行装置,也设在这一侧并与拦焦车同步运行。从熄焦车上排出的烟尘进入罩内,依靠浮力上升至顶部的除尘装置,先脱除大颗粒物,然后进入水洗涤室进一步降尘,再经罩顶排入大气。导焦槽和拦焦车排放的烟气则由吸气机抽吸,经吸气管进入另一台水洗涤器除尘,此洗涤器设在焦台外侧轨道的烟罩操作台上,洗涤后的烟气再经离心分离器脱水,由吸气机经排气筒排入大气。这种热浮力罩设备少,投资和操作费用最低,但除尘效率不够高,一般为 80%～93%。

(5) 焦侧大棚。沿焦炉焦侧全长设置大棚,用以收集焦炉焦侧炉门和推焦时排放的烟尘,大棚顶部设有吸气主管,通向地面站的湿式除尘器,用吸气机抽吸大棚内的烟气,经地面站净化后排入大气。除尘效率约为 95%,这种焦侧大棚主要的优点是:有效控制焦侧炉门和推焦操作时产生的烟尘,原有的拦焦车、熄焦车均能利用;焦炉操作台和焦侧轨道不必改建。存在的主要问题是:推焦时有大颗粒焦尘飘落,大棚内环境较差,人工清扫困难;大棚内的钢结构件易发生腐蚀;在刮风时,仍有烟气从大棚端部排出;大棚投资高,吸气机流量大,能耗比较高。

518. 常规湿法熄焦,采用何种措施减少熄焦逸散物对大气的污染?

常规湿法熄焦系统,主要由熄焦塔、粉焦沉淀池、泵房和粉焦抓斗机等组成。熄焦系统的工艺如图 7-59 所示。

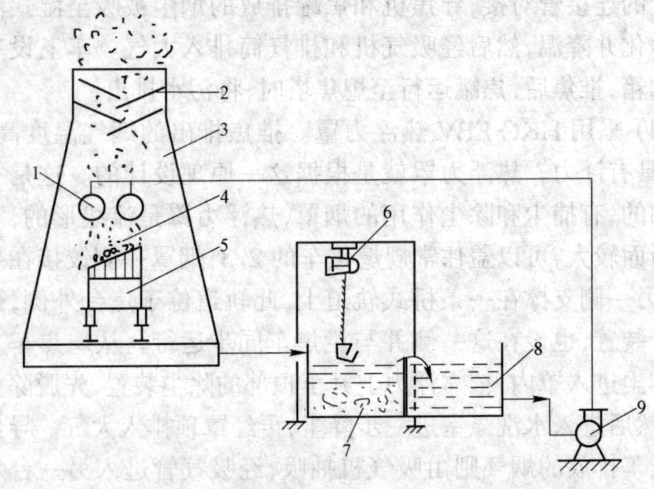

图 7-59 常规湿法熄焦系统工艺示意图

1—熄焦水管;2—捕尘挡板;3—熄焦塔;4—焦炭;5—消火车;
6—粉焦抓走行机构;7—粉焦池;8—澄清后的熄焦水;9—熄焦循环泵

熄焦水喷洒在赤热焦炭上产生大量水蒸气,水蒸气中所含酚、硫化物、氰化物、一氧化碳和几十种有机化合物,与熄焦塔两端敞口吸入的大量空气形成混合气流,这种混合气流夹带大量的水滴和焦粉从塔顶逸出,形成对大气的污染。为防止和减轻污染可采取如下措施:

一是尽量使用清水或经过净化处理过的废水熄焦,当使用清水熄焦时,熄焦污染物主要含颗粒粉尘,据有关焦化厂测定,颗粒逸散物平均为0.21kg/t煤,大部分直径小于10μm,而用污水熄焦时,颗粒排放物为1.62kg/t煤。

二是采用结构合理的熄焦塔,并在出口增设抽烟筒和捕尘挡板,采用这种装置的熄焦塔投资少,设置简单,效果显著,除尘效率可达60%以上,有的厂还在靠近出口烟囱处设置二次喷淋,大量的粉焦在熄焦开始后的前20s内逸出,二次喷洒并不增加焦炭的水分,而熄焦放散物的粉尘可减少约2/3。

三是采用干法熄焦。它除了具有节能和提高焦炭质量的优越性外,还是防止熄焦污染物对大气污染的有效措施。因为干法熄焦采用的是密闭设备,由惰性气体反复循环冷却焦炭,不发生水与红焦的接触而不产生前述的气流排放,对大气环境的保护效果是十分明显的,湿、干法熄焦的对比参见表7-31。

表7-31 湿、干法熄焦比较

污染物/kg·h^{-1} 熄焦方法	酚	氰化物	硫化物	氨	焦尘	一氧化碳
湿法熄焦	33	4.2	7.0	14.0	13.4	21.0
干法熄焦	无	无	无	无	7.0	22.3

四是采用两段熄焦。两段熄焦的特点是:以定点焦罐车代替普通熄焦车,当焦罐车进入熄焦塔下部时,因为焦罐中焦炭层较厚,约为4m左右,熄焦水从上部喷洒的同时,还从焦罐车侧面引水至底部,再从底部往上喷入焦炭内,熄焦后,焦炭水分为3%~4%,因焦炭层厚,上层焦炭可以阻止底层粉尘向大气逸出,采取这一措施,是一项有效而又经济的防止粉尘散发的办法。

519. 焦化厂在原料贮存中,如何防止煤尘对大气的污染?

焦化原料料场煤堆表面煤尘飞扬,尤其是在刮风季节,这种煤尘的逸出是造成周围环境污染的主要原因。防止煤尘飞扬的主要措施是:

喷水——在煤堆表面喷水，煤堆湿润到一定深度，表面造成一层硬壳，可以起到防尘作用。喷水设施有如下几种：

(1) 固定管道式，沿煤堆长度方向的两侧设置水管，在水管上每隔一定距离（30～40m）安装一个带有竖管的喷头。

(2) 半固定管道式。沿煤堆长度方向设置钢制水槽，而喷头和泵安装在堆取机上，可以随机移动喷洒。

(3) 移动式喷洒机组，即喷洒车。

喷覆盖剂——在煤堆表面喷洒覆盖剂，不仅能有效防止煤尘的逸出，同时还可防止雨水的冲刷，而造成洗精煤的流失，还能起到防止煤的氧化和自燃。作为煤料覆盖剂的物质种类很多，有无机盐类，各种有机物，如沥青、焦油、石油树脂、醋酸乙烯树脂、聚乙烯醇等，喷洒设备主要采用固定管道式和喷洒车两种，喷洒剂浓度一般为3%浓度的覆盖剂，喷洒量为贮煤量的 $1.5\times10^{-5}\sim2.0\times10^{-5}$ 倍，相当于每平方米煤堆表面积喷量2kg左右。

520. 在炼焦用煤的准备车间，采取什么措施防止煤尘逸出而污染大气？

在炼焦用煤的粉碎过程中，配煤槽及煤塔顶部的布料过程中将产生大量粉尘，不仅污染周围大气环境，损害职工身体健康，而且在一定条件下会引起煤尘爆炸，导致安全事故的发生，使人民的生命财产遭受不应有的损失。当煤的水分较低时，这种危险的可能性就越大，为此，必须对备煤过程中产生的煤尘采取一定的措施。

粉碎机室的集尘。在煤粉碎机上部的带式输送机头部和出料带式输送机的落料点附近安装吸尘罩，当采用电动给料器给料时，从电振给料器至粉碎机入料口需全部密封。为控制尘源，在带式输送机导料板出口处安装双层遮尘帘，适当扩大粉碎机下部溜槽断面，以降低出口处理的风压，吸风管道尽量避免水平布置，确需安置的水平管道必须设置清扫孔。将集气后的含尘气体送袋式除尘器中进行除尘，经除尘后的气体排至大气，回收下来的煤尘返回粉碎机后的运输带上与配合煤一起进入煤塔。

贮煤塔顶部集尘。一般采用旋风除尘或布袋除尘,捕集的粉尘用管道返回煤塔内从装煤车再入炉炼焦。

配煤槽顶部密封防尘。所采取的密封措施有:

(1) 采用自动开启的密封盖板。在槽顶部料口全长方向,安装两排铁盖板,其一端相互搭接密封,另一端用铰链与土建基础固定成"人"字形,使用时钢盖板借助卸料车或移动式带式输送溜槽的犁头自动开启,犁头移过后,两块盖板自动复位闭合密封。

(2) 胶带密封。将配煤槽开口大部分用可移动的宽胶带覆盖,仅留出卸料口,胶带随着可逆皮带的移动而改变卸料口位置。

521. 如何治理并控制沥青烟气的排放?

沥青烟气未经处理而排至大气中,对大气环境的污染及对人体的危害已经成为众所周知的事实。沥青通常以三种形态存在于沥青烟气中,一是直径为 0.01~1.0μm 的液滴,二是吸呼或黏着在悬浮状固体微粒上,三是蒸气状态。根据烟气存在的状态不同,捕集所采用的方法也有所不同。净化方法主要有:水洗、油洗吸收、静电捕集、吸附和焚烧。

水洗法——沥青烟气与循环洗涤水在洗涤塔中逆向接触,烟气中的沥青被冲洗冷却捕集于水中,循环水定量排入污水处理系统。

油洗吸收法——用洗油或脱晶蒽油在吸收塔或喷射吸收器中与沥青烟气接触,沥青被吸收剂洗涤和吸收,此法不仅可以除去悬浮的沥青液滴,还可以除去部分气态沥青。

静电捕集法——沥青烟气通过高压静电场被电离的沥青雾滴向电极移动,并沉积在电极上,净化的尾气排入大气,本法适用于热沥青加工和使用过程中产生的沥青烟气的净化,当电压为 10~20kV 时,沥青烟气中沥青含量可以从 200~1000mg/m^3 降至 10~50mg/m^3,净化效率可达 90%~99%。

吸附法——以焦炭、氧化铝和活性白土等为吸附剂,在沸腾床、流动床或气力输送管中吸收沥青烟雾。沥青烟气先经过喷雾冷却管，经初步净化后进入文氏管反应器，在反应器中与焦粉接触而被吸附。尾气再进入布袋过滤器进一步净化。定期排出一部分吸附沥青后的焦粉，大部分焦粉返回系统循环使用，此法的去除效率在95%以上。

焚烧法——将沥青烟气在专用的焚烧炉中焚烧、热裂解，为破坏苯并(a)芘，通常需要较高的焚烧温度和较长的滞留时间，当温度为800～1000℃，滞留时间为3～13s，苯并(a)芘的去除率可达99%，废气中苯并(a)芘的含量可降至20mg/m^{3}以下。

522．采用高效文氏管喷射器吸收洗涤沥青烟气有何特点？

高效文氏管喷射器洗涤沥青烟气的工艺流程如图7-60所示。

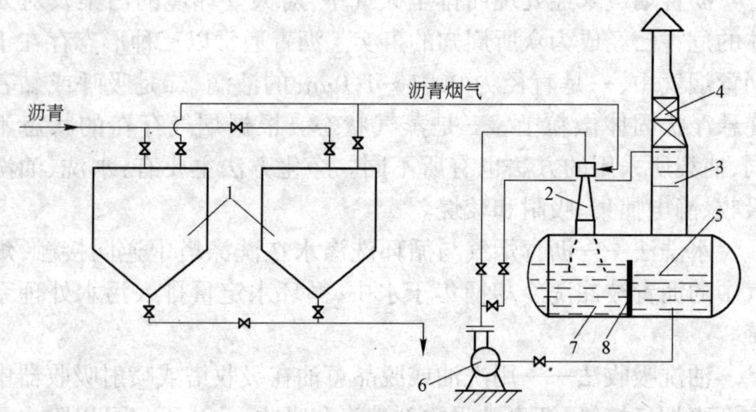

图7-60　高效文氏管喷射器洗涤沥青烟气工艺流程图

1—沥青高置槽；2—高效文氏管；3—洗涤塔；4—捕雾层；
5—洗涤油循环油槽；6—循环油泵；7—洗涤油槽；8—油槽隔板

这种工艺流程具有以下特点：

(1) 工艺结构紧凑、文氏管、洗涤净化塔、贮槽三位一体，占地面积小。

(2) 采用高效文氏管喷洒，具有足够的吸力和压头，维护非常方便，洗涤剂喷洒喷嘴采用具有特殊结构的喷心，喷洒断面实心，国内某厂该喷嘴已使用15年不需更换，仍然效果很好。

(3) 净化效率高。

523. 为什么说干法熄焦是防止炼焦出炉对环境污染的主要措施?

湿法熄焦对环境质量的影响前面已经作了回答，那么干法熄焦不仅是节能的重要措施也是环境保护的重要措施。

干法熄焦的工艺原理(图7-61)简述如下：

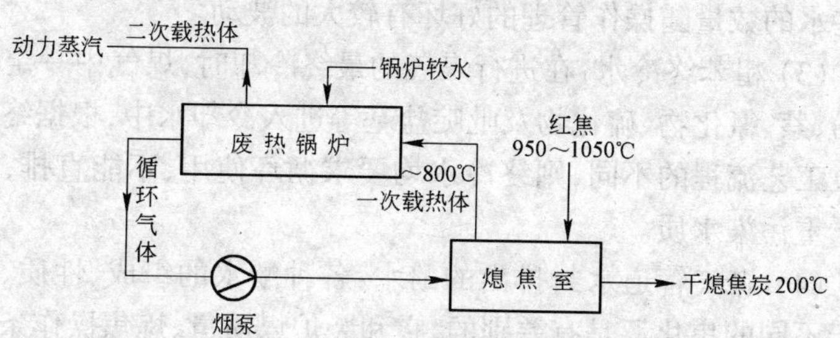

图7-61　干法熄焦原理图

950～1050℃的赤热焦炭从炭化室中推出后进入干熄焦室，用烟泵送入惰性气体或非助燃性气体将熄焦室内红焦的热量带走，800℃高温的一次载热气体进入废热锅炉，在废热锅炉中产生二次载热体动力蒸汽供工业生产和其他使用，将循环气体温度降低后再由烟泵送至熄焦室，如此循环工作，经干熄后的焦炭送往用户。

生产实践证明，每干熄1t焦炭可以回收1055124kJ的热量，即可从赤热焦炭的热量中回收90%的热量，通过废热锅炉，每干熄1t焦炭可产生400～500kg的过热蒸汽，温度为400℃，压力为1.4MPa，由于干熄焦操作是在一个完全密闭的循环系统中进行的，对大气和水体均不产生污染。

524. 煤的焦化所产生的酚氰污水主要来源于哪几个方面，其水质有何特征?

煤的焦化所产生的酚、氰污水来源很多，这些水中都不同程度的含有酚、油、硫化氢、氰化物、硫氰化物、吡啶、苯等多种有害物质，其中以酚、油的含量最多。

这些酚水主要来源于以下几个方面：

(1) 剩余氨水：由装炉煤的外在水分和煤在炼焦过程中形成的化合水所组成，在正常情况下，其数量占全厂酚水量的 50% 以上。

(2) 产品加工过程中所产生的废水：主要来自于化产回收和精制各有关工段的分离水以及各种贮槽定期和事故排放的污水，这些水的数量随操作管理的好坏有较大的波动。

(3) 粗苯终冷水：在进行煤气的最终冷却时，煤气中一定数量的酚、萘、氰化物、硫化物及吡啶盐基等进入冷却水中，根据终冷后回收工艺流程的不同，则终冷水均要求循环使用，不能直排，否则将严重污染水质。

(4) 煤气管道水封排出的酚水：各种酚水的组成、性质、数量对于不同的焦化厂是有差别的，它和装炉煤质量、炼焦操作条件及化产车间的工艺流程、设备构造、操作管理等有关。

我国某些焦化厂酚水水质情况见表 7-32 和表 7-33。

表 7-32　大型焦化厂各种酚水的水质情况

酚水名称	酚/$g\cdot L^{-1}$	油/$g\cdot L^{-1}$	全氨/$g\cdot L^{-1}$
剩余氨水蒸氨后废水	1.3～2.3	0.3～0.4	0.776
精酚脱水釜废水	27～50	1.6～69	0.057
精吡啶装置苯水分离器废水	0.4～2.1	8.9～44	
焦油一次蒸发器分离水	5.4～6.3	0.5～10	0.3～2.5
焦油原料油库分离水	1.9～3.5	1.86～111	0.3
焦油馏分洗涤器分离水	3.7～9.9	0.3～10	0.8
粗酚蒸吹塔分离水	4.2～14.9	5.1～22	1.931
硫酸钠废水	6.2～11.8	1.7～12.7	0.078
精苯工段原料槽分离水	0.4～1.2		0.14
粗苯终冷废水	0.1～0.5		

表 7-33　中小型焦化厂各种酚水的水质情况

酚水名称	挥发粉 /g·L^{-1}	挥发氨 /g·L^{-1}	硫化氢 /g·L^{-1}	吡啶 /g·L^{-1}	全氨 /g·L^{-1}	硫氢化合物 /g·L^{-1}	氰化物 /mg·L^{-1}	pH 值
蒸氨塔后废水	1.33～2.3	0.11～0.13	0.02～0.7	0.15～0.36	0.78	0.64	3.3～4.9	7～10
粗苯分离水	0.49～0.67	0.04～0.068	0.051～0.059					6～8
焦油一次蒸发器分离水	5.4～6.2	2.49	0.06～1.8	0.8～12			0.33～6.5	8～10
焦油原料槽分离水	3.2～3.5		0.1～2.4	0.6		0.98	54.3	10～12
酚钠中和分离水（硫酸钠废水）	6.24～11.8	0.43	0.09～0.47	0.023～0.13			2.27	4～6
焦油工段洗涤蒸吹塔废水	4.15～14.9		0.09～0.43	0.58			0.325	9～10
防腐油槽分离水	2.5							7～8
沥青池废水	0.0009～0.077	0.03	0.131	0	0.039		100.25	6～7
精苯工段原料槽分离水	0.4～0.66	0.017～0.06	0.17	1.05	0.14	0	72.15	5～7
精苯控制分离器分离水	0.5～0.89	0.04～0.084	0.088～0.27	0.06	0.053	0	88.1	5～8
精苯工段酸焦油残渣分离水	0.42～0.77		2.55～7.14	0.026～0.2	0.18～0.199	0	103.35	

525. 什么叫蒸汽循环法脱酚?

以蒸汽为循环介质去除酚水中的酚污染物质的方法,即为蒸汽循环法脱酚。

其主要工艺示意图如图 7-62 所示。

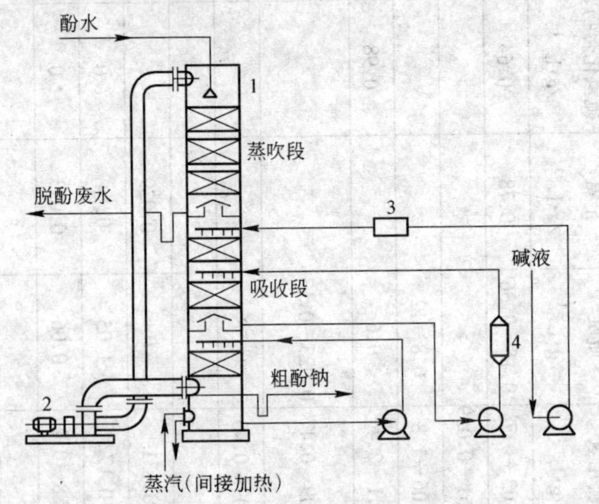

图 7-62 蒸汽法脱酚工艺流程

1—脱酚塔;2—蒸汽循环鼓风机;3—送碱自动断路器;4—预热器

经过蒸氨后的酚水用泵送至脱酚塔 1 的顶部喷洒,脱酚塔主要由上下两部分组成,中间没有带帽罩的蒸汽通道隔板(断塔板),隔板以上为蒸吹部分,此部分有三段木格填料,由喷头喷出的酚水顺着木格填料流下,101～102℃的饱和水蒸气由下向上通过三段木格填料与酚水逆向流动,充分接触,水中的酚类物质即被蒸汽蒸吹出来。

含酚的蒸汽由脱酚塔的顶部用蒸汽循环风机将其抽出,再由塔底压入。脱酚塔下部装有三段金属螺旋填料,上段填料定期地用泵打来的 10%的新鲜苛性钠溶液进行喷洒,中段和下段填料用碱性酚盐溶液喷洒。当含酚水蒸气与苛性钠溶液接触时,生成溶于水的酚钠盐而将酚去除。

$$C_6H_5OH + NaOH \longrightarrow C_6H_5ONa + H_2O \qquad (7\text{-}109)$$

脱酚后的水蒸气循环使用。塔底的酚盐溶液大部分用于循环喷洒,少部分则流入酚盐贮槽。

蒸汽法脱酚后的废水含酚一般为 200～400mm/L,此废水再送生化进一步处理。

526. 溶剂萃取法脱酚的基本原理是什么?

酚在水中有一定的溶解度,当选用一种与水互不相溶,对酚具有比水更大得多的溶解能力的有机溶剂,把这种有机溶剂加入水中并充分与酚水接触,则酚水中的酚绝大部分转入溶剂中,从而将酚从水中去除,这一过程称为溶剂萃取(或称液-液萃取)。

在萃取脱酚操作中,用稀碱液对已萃取了酚的溶剂进行处理,将溶剂中的溶质(酚)以酚钠形式分出,使溶剂得到再生并循环使用。

溶剂萃取过程是以相际的平衡作为传质过程的极限,在一定温度下,当达到平衡时,则溶质在不互溶的两液相中的浓度之比保持不变,此值称为分配系数,用 K 表示为:

$$K = \frac{\text{溶质在萃取剂(E 相)中的浓度}}{\text{溶质在原溶液(R 相)中的浓度}} = \frac{C_E}{C_R} \qquad (7\text{-}110)$$

在一定温度下,对于一定体系而言 K 为常数。此时的浓度为平衡浓度,如所取的浓度单位不同或两相的先后次序改变,则分配系数的数值也随之变化。

溶剂萃取法脱酚工艺流程如图 7-63 所示。

527. 如何选择萃取剂?

影响溶剂脱酚过程的效率及操作的好坏,其中很重要的因素之一是选择什么样的萃取剂。

能从酚水中萃取出酚的有机溶剂很多。那么在选取萃取剂时,其基本要求是:分配系数K值尽量高,价廉易得;不溶或微溶

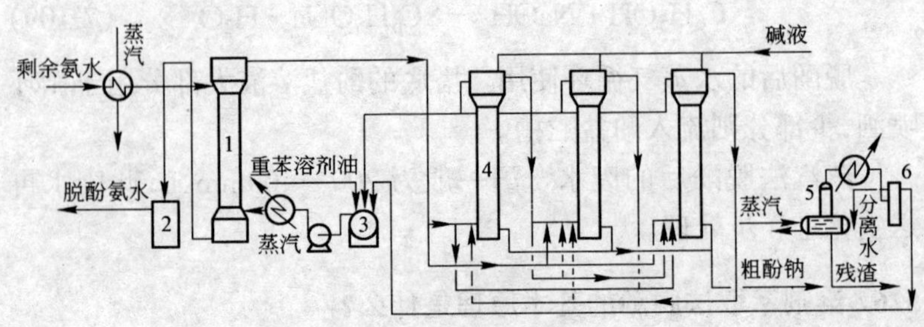

图 7-63　溶剂萃取法脱酚工艺流程

1—萃取塔；2—氨水分离器；3—循环油槽；4—碱洗塔；5—再生釜；6—油水分离器

于水；在水中不乳化；蒸汽压小，不易挥发；化学稳定性好；易于再生等。目前在我国焦化厂已得到普遍使用的溶剂如表 7-34 所示。

表 7-34　目前在我国焦化厂已得到普遍使用的溶剂

溶剂名称	分配系数	性　质
轻　　苯	2～2.5	不易乳化、易分离、易挥发、溶于水、耗量大
脱酚中油	4.8	易乳化、含萘量较高、分层较慢
重　　苯	2.34	乳化较差、分层较快、不易挥发、操作条件好
重溶剂油	2.47	性质与重苯相近
焦油洗油	14～16	微溶于水、易于再生、较易乳化、价廉易得
N-503 轻柴油	8～10	不易乳化和挥发、效率高、耗量少、操作条件好、价格较贵

由上表可见，综合评述 N-503 轻柴油作为萃取剂是较为理想的。

528．脉冲萃取脱酚的工艺过程是什么？

脉冲萃取脱酚的工艺流程如下：

原料氨水进入三台氨水贮槽，经静止沉淀分离出悬浮焦油后，用氨水泵送经焦炭过滤器至氨水加热器，在此加热至50～55℃后进入萃取塔的顶部分布器，萃取剂自循环油槽用循环油泵送经预热器加热到 40～45℃ 后进入萃取塔底部分布器。油与氨水由于比重不同在塔内逆流流动，塔内带孔叶片（即筛板）的上下往复运动，油（分散相）被分散成极小的颗粒后缓慢地上升，氨水（连续相）

则缓慢地下降,因为酚在油中的溶解度比在水中的大,水中的酚即扩散到油中去。脱酚后的氨水在塔的下部澄清段澄清后,流入脱酚氨水槽,再用泵送去蒸氨。

含酚萃取剂在塔顶部澄清段澄清后,依次进入三台串联碱洗塔,酚和苛性钠起中和反应生成酚钠盐,碱洗再生后的油从最后一个碱洗塔顶部流入循环槽供循环使用。三台碱洗塔是轮换串联使用的,每塔一次加入浓度为20%的苛性溶液,加入高度为塔工作高度的50%,碱洗一定时间后,当酚钠溶液中游离碱下降到10%时即停塔,静止2h后,用泵抽入酚盐贮槽,再往空碱洗塔内加入新配的20%的碱液,如此循环使用。

从循环油泵的压出管道中连续抽出1%～2%的油送溶剂再生装置进行再生。

在配碱槽中进行新碱液的配制,生成的乳浊液送乳浊液沉淀槽,澄清后乳浊液送再生釜处理,油进入循环油槽。

529. 采用先脱酚后蒸氨的工艺有何优点和缺点?

先脱酚后蒸氨与先蒸氨后脱酚相比,其主要优越性在于:

(1) 减少了因蒸氨而造成的挥发酚的损失(蒸氨约损失50%),能回收较多的酚类产品,避免了因先蒸氨而造成的酚水量增大。

(2) 蒸氨后废水温度高达90℃以上,先脱酚减少了冷却设备的面积和冷却水的耗量。

(3) 若用重苯作为萃取剂时,先脱酚能保持重苯中的吡啶碱含量,而适量的吡啶碱能提高重苯的萃取效率。

(4) 先脱酚可使氨水中的焦油因溶于萃取剂中而大为减少,可提高蒸氨塔的效率,延长其使用周期。

(5) 溶解于水中的油在蒸氨时可以蒸出,减轻了生化除浮油装置的负荷。

(6) 进入萃取的氨水含酚量提高后,碱洗塔再生的周期可以缩短,由油带入的水相对减少,从而降低了碱耗。

主要存在的问题是:

(1) 因氨水中焦油含量较多,易使萃取剂污染。

(2) 剩余氨水的 pH＝8～9,在碱性条件下进行萃取,容易发生乳化现象。

(3) 其他工段酚水的含酚量少,相应地增加了蒸氨塔的负荷。

(4) 先脱酚时,氨水中含有的硫化物、氰化物将转入酚盐中,此酚盐在蒸吹时,由于受蒸吹釜的高温作用,加速了硫化物、氰化物与铁的反应,导致蒸吹釜及加热器等设备的腐蚀,而在酸洗分解时,又会形成硫化氰和氰化物腐蚀设备及管道。

530. 影响溶剂萃取脱酚效率的因素有哪些?

有下列因素影响溶剂萃取脱酚的效率:

(1) 氨水处理量:以不产生液泛为极限,在极限条件下,脱酚效率随氨水处理量的增加而升高。

(2) 油水比:油水比和脱酚效率的关系参见图 7-64。

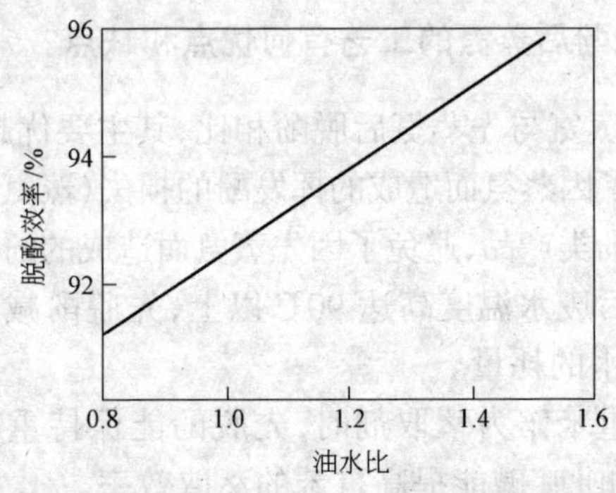

图 7-64 油水比与脱酚效率的关系

提高油水比有利于提高脱酚效率,但油水比过高,将增加油的循环量,相对减少氨水处理量,使油耗增加及萃取后油中含酚量降低,影响碱洗效果,实际生产中采用油水比为 1:1。

(3) 油中吡啶碱含量:在萃取剂中含有适量的重吡啶碱将有利于提高萃取效率,据有关资料介绍,当油中重吡啶碱含量为 5% 时,具有较好的萃取效率,当再增加重吡啶碱含量时,脱酚效率增加不多，而被水带走的重吡啶碱将要增多，碱洗时很难得到含酚量低的油。

(4) 塔板结构：根据国内某厂的实测数据，适宜的塔板结构为：1)筛板上孔眼直径为 6mm；2)塔板数为 20～24 块；3)筛板间距为 200mm；4)筛板上自由面积 ε 的增大，有利于增大生产能力，可取 $\varepsilon=24\%$，筛孔呈三角形排列。

(5) 搅拌强度：脉冲筛板塔是靠塔内筛板做上下高频率的往复振动进行搅拌的，其振幅大小直径影响分散颗粒的分散状况，振幅过小则分散不好，脱酚效率下降；振幅过大则影响轻相上升，使生产能力下降，严重时会造成液泛，一般宜取频率为 300～350 次/min，振幅 4～6mm，此时的搅拌强度为 3500～4000mm/min。

(6) 温度：温度主要是影响两相的物理性能，提高温度有利于加速传质并有利于两相分离，也不易乳化。但操作温度过高，容易产生液泛。生产操作中，氨水温度可控制在 45～55℃，油温控制在 40～50℃。

531. 污水生化处理的基本原理是什么？

活性污泥法是利用活性污泥中的好氧菌及其他原生动物对污水中的酚、氰等有机物质进行吸附和分解以满足其生存的特点，把有机物质最终变成二氧化碳和水。整个过程是由物理化学作用和生物化学作用来完成的。物理化学作用是利用活性污泥对污水中酚、氰等有机物质的吸附能力，使污水得到净化，这个过程是在曝气池吸附段完成的；生物化学作用是在有氧的条件下，好氧菌在新陈代谢的过程中，借助于体内外酶的作用把碳氢化合物氧化分解成二氧化碳和水，反应过程为：

$$C_6H_5OH \longrightarrow C_6H_4(OH)_2 \longrightarrow \text{中间产物} \longrightarrow \begin{array}{l} CH_2-COOH \\ | \\ CH_2-COOH \end{array} \longrightarrow CH_3COOH \xrightarrow{\text{氧化}} H_2O + CO_2 \tag{7-111}$$

$$\mathrm{HCN+H_2O \longrightarrow \overset{OH}{\underset{|}{HC}} = \overset{H}{\underset{|}{N}} \longrightarrow HCONH_2 \xrightarrow{+H_2O} \underbrace{HCOOH+NH_3}} \xrightarrow{氧化} CO_2+H_2O \tag{7-112}$$

上述反应的全部过程是在好氧菌的体内外酶的作用下完成的。酶是一种具有生物催化作用的活性蛋白质,溶于水中的有机物质通过好氧菌的细胞进入微生物内部,不溶于水的有机物则在细菌体外酶的作用下变成溶解物质,然后渗入细胞内部。细菌通过自己的生活活动将有机物氧化、分解,并部分合成新细胞,最后在细菌体内酶的作用下,使有机物分解成二氧化碳和水。

生化作用的过程主要是在曝气池再生段内充分供氧的条件下进行的,细菌利用分解有机物质所得到的能量和产物合成自己的新细胞,其反应过程为:

$$n(\mathrm{C}_x\mathrm{H}_y\mathrm{O}_z)+n\mathrm{NH_3}+n(x+1/4y-1/2z-5)\mathrm{O_2}\xrightarrow{酶}(\mathrm{C_5H_7NO_2})_n+\mathrm{CO_2}+\mathrm{H_2O}-\Delta\mathrm{H} \tag{7-113}$$

随着曝气过程的进行,细菌进入代谢期,细菌体本身进行如下的氧化分解过程:

$$(\mathrm{C_5H_7NO_2})_n+5n\mathrm{O_2}\xrightarrow{酶}5n\mathrm{CO_2}+2n\mathrm{H_2O}+n\mathrm{NH_3}-\Delta\mathrm{H} \tag{7-114}$$

因为好氧菌的新陈代谢活动,菌体得到增殖,活性污泥也有了增长。

532. 活性污泥法的工艺流程是什么?

活性污泥法的工艺通常是由预处理、生化处理、混凝处理、污泥处理等组成,如要求深度净化时,还包括了活性炭净化。工艺流程如图 7-65 所示。

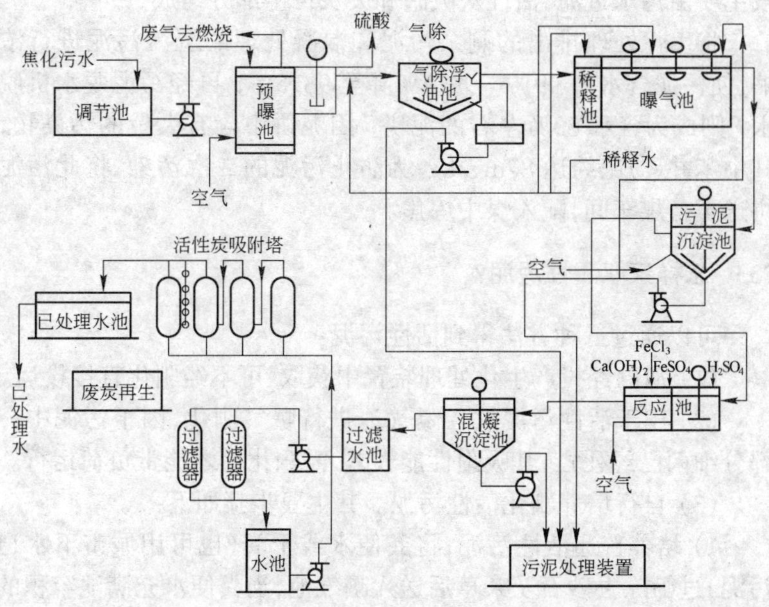

图 7-65　焦化污水处理工艺流程图

在预处理阶段，污水通过调节池、预曝气池、气浮除油池和稀释池以达到水质均匀稳定，含氰、含油量降低，水温、pH 值均能满足生化装置的进水要求。

经过预处理的污水，在曝气池内曝气 24h 左右，在好氧细菌的作用下，对污水进行净化，污水曝气后进入污泥沉淀池，沉清后的废水流入混凝装置，用污泥回流泵将沉淀出的污泥送回曝气池，剩余污泥送污泥处理装置。

络合除氰是在反应池中进行的，通过调节 pH 值(投加铁盐)，使污水中的氰先形成铁氰化物和亚铁氰化铁沉淀下来而被除去，混凝沉淀是在碱性条件下投加混凝剂，在凝聚和絮凝吸附过程中进一步去除污染物，降低 COD 值。

在活性炭处理阶段，主要是利用活性炭具有多孔和巨大表面积的特性，通过物理和化学吸附作用，进一步去除污染物。这一阶段主要由污水过滤、活性炭吸附和废炭再生部分组成。

将生化处理排出的剩余污泥和混凝处理的沉淀污泥进行浓缩，使污泥含水由99%～99.5%降至98.5%，再经污泥脱水机脱水，则成为含水80%左右的泥饼，因泥饼中含有大量的污染物，其中苯并(a)芘约达87mg/kg，为防止污泥的二次污染，将此污泥饼送至备煤车间，配入煤中炼焦。

533．怎样获取活性污泥？

可以通过三种方法得到活性污泥：

(1) 从已经投产生化处理装置中获取，可不经驯化直接投运。

(2) 用于活性污泥放入曝气池进行曝气驯化，因干污泥中一部分细菌已经死亡，其吸附性能较差，需驯化后才能带负荷运行。

(3) 自行培养驯化活性污泥。其主要步骤如下：

1) 培养普通活性污泥，将粪便水或干粪(也可用城市下水道污泥)过筛除去砂石及杂草后送入曝气池，当粪便水充满池容积的五分之一左右时，加工业水稀释至设计水位，然后开鼓风机进行曝气，经过4～5d曝气后，开始换水，每1～2d一次，换水时停止曝气，澄清1h，排去上半部池水，再加新水。在连续曝气的条件下，病原菌及厌氧菌死亡，而好氧菌得到繁殖增长，活性污泥也不断成熟，绒絮的外形逐步清晰，其颜色也由淡黄色渐变为黑褐色，这时可认为普通活性污泥的培养工作已经结束。

2) 污泥的驯化，可先将池中加入低浓度的酚水(0.005%左右)，继续鼓风，每天化验脱酚效果，约5～6d后，不能适应酚水的细菌逐渐死亡，抗酚菌逐渐成长，待脱酚能力达90%左右，便可提高酚水含酚浓度至0.01%左右，最后一直调至含酚200mg/L，当污泥绒絮良好，指数在80～150之间，脱酚效率达90%以上后，即可认为驯化工作结束，可转入正常运行。

534．影响生化处理的主要因素有哪些？

影响生化处理的主要因素有：

(1) 入曝气池污水中有害物质的允许浓度:这些有害物质的允许浓度如表 7-35 所示。

表 7-35 入曝气池污水中有害物质的允许浓度

项目	挥发酚 /mg·L^{-1}	氰化物 /mg·L^{-1}	硫化物 /mg·L^{-1}	苯 /mg·L^{-1}	吡啶/mg·L^{-1}
允许浓度	300	20	50	100	13
焦化厂实际情况	100~300	30~40	50	50	
项目	油及焦油 /mg·L^{-1}	挥发 NH_3 /mg·L^{-1}	水温/℃	硫酚氰铵 /mg·L^{-1}	pH 值
允许浓度	50			22	
焦化厂实际情况	200	300~400	10~40		6.5~8.5

氰化物及油类含量已超过规定指数,但尚未发现显著影响。

(2) 温度:温度是细菌能否旺盛繁殖的重要因素,一般曝气池水温应控制在 30℃ 左右,因为生化处理的细菌属于中温细菌,细菌体的原生质和酶多是蛋白质所组成。温度过高,蛋白质就会凝固,酶的作用受到破坏。尽管低温不会导致细菌很快死亡,但会使细菌的活动力变得很低,使繁殖停止。

(3) pH 值:pH 值过高或过低均能使酶的活力降低,甚至丧失活力,正常情况下,pH 值应控制在 6.5~8.5 之间,还要防止 pH 值的突然变化。

(4) 供氧:必须保证鼓风机向曝气池正常的供入空气,因为好氧菌只有在充分供氧的情况下,细菌的新陈代谢才会旺盛,分解有机物质的效率才会高,为此曝气池污水中的溶解氧以控制在 2~4mg/L 为宜,如果溶解氧过高,会促成污泥中微生物自身氧化分解。

(5) 加磷:生化处理过程中,微生物所必须的营养物质碳、氮及微量的钙、镁、钾、铁等,在含酚氰废水中都不缺乏,但磷的含量往往不足。磷是合成酶和微生物细胞不可缺少的物质,故必须向污水中投加一定的磷量,保证出水含磷量为 1mg/L 左右。

(6) 化学毒物:生化处理混合污水中有毒物质最大允许浓度为:氯酚 10mg/L,苯酚-1000mg/L,间苯二酚 200mg/L;邻苯二酚 100mg/L,苯胺 100mg/L,硫氰酸铵 500mg/L,甲酚 1000mg/L。

535. 什么是污泥指数、COD 和 BOD?

(1) 污泥指数是一个说明污泥物理性能的指标,以 mL/g 表示,若干污泥重量大,说明污泥密度大,矿物质多,容易沉淀。污泥指数高,处理酚水效果要好一些,但过高会造成污泥膨胀而从沉淀池流失,一般控制在 80～150 之间为好。其计算式为:

$$\text{污泥指数}=\frac{\text{沉淀 30min 后的污泥体积(mL/100mL 污泥水)}}{\text{干污泥重(g/100mL 污泥水)}} \tag{7-115}$$

(2) COD(化学需氧量)。废水中的有机物在化学氧化过程中所需要的氧量,即为化学需氧量(COD)。COD 值的大小说明了水质被污染的程度,测定 COD 最常用的方法是在酸性条件下,温度为 180℃时,用重铬酸氧化,使大部分有机化合物氧化分解,测量简单准确并且不受菌种驯化和温度的影响,从而使 COD 成为废水处理过程中一个有实用价值的参数,化学需氧量的单位为 mg/L。

(3) BOD(生化需氧量)。1L 含有机化合物的污水中,在有氧的条件下,由于细菌的作用,使有机化合物完全氧化时所需的溶解氧量,即为生化需氧量。根据生化需氧量的大小,可以估计出污水被污染的程度。在 20℃的条件下将污水试样培养 5 日,这样得出的结果称为 5 日生化需氧量,它约占完全生化需氧量的 80%～85%。

参考文献

1 关伯仁等编著. 环境科学基础教程. 北京：中国环境科学出版社，1995

2 蒋展鹏主编. 环境工程学. 北京：高等教育出版社,1999

3 张永照，牛长山合编. 环境保护与综合利用. 北京：机械工业出版社，1982

4 《中国冶金百科全书》编辑部. 中国冶金百科全书(炼焦化工). 北京：冶金工业出版社，1992

5 《炼焦工艺学》编写组. 炼焦工艺学. 北京：冶金工业出版社，1984

6 郭崇涛主编. 煤化学. 北京：化学工业出版社，1992

7 任庆烂主编. 炼焦化学产品的精制. 北京：冶金工业出版社，1987

8 陶著主编. 煤化学. 北京：冶金工业出版社，1987

9 姚昭章主编. 炼焦学. 北京：冶金工业出版社，1986

10 于尔铁编著. 选煤技术基础知识(修订本). 北京：燃料化学工业出版社，1974

11 徐骏等编著. 煤炭可选性评定. 北京：煤炭工业出版社，1982

12 袁永松主编. 中国钢铁工业年鉴(2000 年). 北京:《中国钢铁工业年鉴》编辑部，2000

13 陈英旭主编. 环境学. 北京：中国环境科学出版社，2001

冶金工业出版社部分图书推荐

书　名	定价(元)
炭素工艺学	24.80
炭素材料生产问答	25.00
煤焦油化工学	25.00
炼焦生产问答	20.00
燃气工程	64.00
煤化学	25.00
煤化学产品工艺学	45.00
炼焦化工实用手册	36.00
焦化厂化产生产问答(第2版)	12.00
炼焦学(第3版)	39.00
焦化产品回收与加工车间的设备手册	12.00
现代高炉粉煤喷吹	19.00
高炉喷吹煤粉知识问答	25.00
高炉炼铁生产技术手册	118.00
实用高炉炼铁技术	29.00
高炉生产知识问答(第2版)	35.00
除尘技术手册	78.00
现代除尘理论与技术	26.00
水污染控制工程(第2版)	31.00
环保工作者实用手册(第2版)	118.00
工业企业粉尘控制工程综合评价	27.00
环保知识400问(第2版)	23.00
膜法水处理技术(第2版)	32.00
环境生化检验	14.80
焦化废水无害化处理与回用技术	28.00
炼焦煤性质与高炉焦炭质量	29.00
干熄焦技术	58.00
球团矿生产技术	38.00